원소의 이름

신비한
· 주기율표 사전 ·

118개 원소에는 모두 이야기가 있다

원소의 이름

ANTIMONY & JUPITER'S
GOLD WOLF

피터 워더스 지음 | 이충호 옮김

윌북

신화와 전설이 마침내 과학이 되다: 원소의 이름 속에 숨겨진 이야기를 찾아서

곽재식[작가, 공학박사]

말이 예스러워서 예전만큼 자주 쓰이는 말은 아니지만, 한국어에서는 흔히 수산화소듐(수산화나트륨)을 양잿물이라고 부른다. 나는 수산화소듐을 생산하는 화학 회사에서 일했던 적이 있는데, 회사 직원들 중에는 "우리는 양잿물 공장 다니는 사람"이라는 식으로 일부러 양잿물이라는 말을 제품 이름으로 쓰는 분들이 종종 있었다. "양잿물"은 입에 잘 달라붙는 더 한국어스러운 말이라서 평범한 일상생활에서 쓰는 말 사이에 잘 어울리기도 하거니와, 속담이나 관용 표현 중에도 가끔 쓰이는 말이라 재미있고 친근하다는 느낌도 있었다.

수산화소듐을 양잿물이라고 부르는 것은 수산화소듐이 등장하기 전에 비슷한 성질을 가진 물질을 "잿물"이라고 불렀기 때문이다. 그리고 보통 세탁에서 표백용으로 자주 사용하는 물질이었던 잿물의 이름이 잿물이 된 이유는 식물을 태운 재를 물에 섞어서 추출하는 방식으로 그 물질을 만들어냈기 때문이다. 그러다가 조선 말기가 되어 과학기술이 발달한 유럽에서 온 여러 제품들이 조선에 수입되었고, 그때 수산화소듐도 등장했다. 수산화소듐은 예전 방식으로 만들어 사용하던 잿물이라는 제품보다 성능이 뛰어났기 때문에 인기가 있었다. 당시 사람들은 서쪽으로 바다를 건너면 있는 먼 나라라고 해서, 유럽과 미국을 흔히 "서양"이라고 불렀는데, 유럽의 과학기술로 제조

된 수산화소듐은 서양의 잿물이라는 뜻으로 "양잿물"이라는 이름이 붙게 되었다. 그러니까, 양잿물도 양파, 양송이 같은 이름과 같은 방식으로 만들어진 말이다.

　이렇게 보면, 양잿물이라는 말에는 그 물질의 이름이 붙게 될 당시 어떤 사정이 있었는지, 과거의 사람들은 그 물질의 어떤 특징에 주목했는지 같은 이야기들이 숨어 있다. 즉, 물질의 이름 속에는 그 물질에 관한 과거의 유행과 문화가 남아 있고, 그 물질을 찾아내고 사용하던 옛 역사가 녹아 있다. 좀 더 나아가서 누가 그 이름을 붙였는지, 그 이름을 퍼뜨린 사람은 누구인지 추적해보면, 과학기술이 발전하면서 그 물질에 공을 세운 사람은 누구였고, 어떤 직업을 가진 사람들이 그 물질에 관한 문화를 바꾸어나갔는지에 대해서도 알 수 있다.

　『원소의 이름』은 화학 원소의 이름이 자리 잡은 과정들을 설명하면서 원소의 발견과 전파에 관한 당시의 사정을 이야기하는 책이다. 흔히 우스갯소리로 끝말잇기를 할 때 '소듐', '리튬', '마그네슘' 같은 원소 이름을 대면 마땅히 이어나갈 수 있는 말이 없기 때문에 쉽게 이길 수 있다고 말한다. 하지만 그만큼 낯설고 어렵게 느껴지는 원소의 이름조차도, 처음 그 이름이 생겨날 때에는 각각 재미난 사연이 있었던 것이다. 게다가 이 책은 원소의 이름이 이런 이유로 탄생했다는 짤막한 언급을 넘어서서, 원래는 무슨 이름으로 불리다가 어떤 이유로, 누구의 활약 때문에 이름이 바뀌어갔다는 생동감 있는 사연을 들려준다. 우리가 가장 먼저 접하고 가장 눈에 잘 보이는 '이름'이라는 소재를 이용해서 화학과 물리학의 발전 과정에 얽힌 곡절을 알려주는 셈이다.

　과학의 눈으로 보았을 때 세상을 이루고 있는 재료가 화학 원소라고 한다면, 이 책은 그런 과학의 시각이 탄생한 과정에 있었던 사회의 문화를 잘 보여준다. 이름을 찾아가는 책인 만큼 여러 나라 언어에 관한 지식이 있고, 그 말이 퍼져나가는 과정을 보여주면서 여러 나라들의 외교 관계와 역사에 이르는 다양한 이야깃거리들이 함께 녹아들어 있다. 그 덕분에 어디서도 접하기 힘들었던 과학을 보는, 세상을 보는 색다른 관점을 얻게 된다. 말하자면, 화학, 물리학, 공학, 역사, 신화, 종교, 외국어 같은 여러 분야의 지식이 화학 반응을 일으켜 새로운 깨달음을 주는 책이다.

　한편으로는 과학 발전의 초창기에 얽힌 이야기를 깊게 다루면서, 과거 사람들이 갖고 있던 주술적이고 신비주의적인 믿음이 어떻게 근대의 과학으로 바뀌어왔는가 하는 이야기를 보여준다는 점도 흥미롭다.

　옛 사람들은 불꽃을 잘 만들어내는 물질을 보면, 그것이 불의 기운을 뿜어내는 정령이나 요정과 관계가 있다고 생각했다. 하지만 용기 있고 끈질긴 많은 사람들이 실험과 분석을 거듭하면서 불의 정령이 아니라 열과 빛을 일으키며 빠른 화학 반응을 일으키는 어떤 화학 물질이 있다는 사실을 밝혀냈다.

　이렇듯 이 책에는 중세 연금술사와 마녀가 주술을 위해서 사용하던 마법 주문 같은 말들이 어떻게 화학자들이 사용하는 원소의 이름으로 바뀌어갔을지 같은 흥미진진한 이야기가 가득하다. 원소의 이름들은 신화와 전설의 세계와 현실의 과학 세상을 이어주는 징검다리와 같다. 그리고 신화와 과학을 넘나들며 원소의 이름들에 얽힌 사연을 짚어가는 이 책은 당연히 재미있을 수밖에 없다.

2016년 11월, 국제순수응용화학연합IUPAC은 새 원소 4종의 이름을 니호늄nihonium, 모스코븀moscovium, 테네신tennessine, 오가네손oganesson으로 결정했다고 공식 발표했다. 네 원소의 추가로 1번 수소부터 118번 오가네손까지 모든 칸에 정식 이름이 붙은 원소가 들어가고, 일곱 줄의 가로줄이 완전히 채워짐으로써 마침내 주기율표가 '완성'되었다. 앞으로 새로운 원소가 합성될 가능성은 남아 있다(연구는 아직도 계속되고 있다). 하지만 앞으로 이처럼 말끔한 형태의 주기율표가 다시 나타날 가능성은 극히 드문데, 다음번 세로줄을 가득 채우려면 새 원소가 54종이나 더 만들어져야 하기 때문이다.

원소의 이름을 짓는 것은 결코 사소한 문제가 아니며, 대개 몇 년의 시간이 걸린다. 독립적인 기관, 즉 국제순수응용화학연합과 국제순수응용물리학연합IUPAP의 합동실무위원회가 먼저 증거를 검토하면서 해당 원소의 원자가 실제로 만들어졌다는(아주 짧은 순간만 존재하더라도) 사실과 그것을 누가 맨 먼저 만들었는지 확인해야 한다. 그리고 그 발견을 한 당사자들이 모두 그 이름에 합의할 때까지 기다려야 한다. 그러고 나서 합동실무위원회는 제안된 이름이 타당한지 검토를 거친 뒤 승인한다. 이 힘든 과정에도 불구하고, 네 원소의 이름을 이렇게 정한 이유는 명백해 보인다. 니호늄은 일본어로 일본을 뜻하는 '니혼'에서 유래했고, 모스코븀은 이 발견이 일어난 합동핵연구소JINR가 있는 모스크바에서 유래했으며, 테네신은 초중원소

연구에 크게 기여한 연구소들이 있는 미국 테네시주에서 유래했고, 오가네손은 초악티늄족 원소 연구의 선구자인 유리 오가네시안Yuri Oganessian의 이름을 딴 것이다.

나머지 원소들도 아인슈타이늄einsteinium이나 저마늄germanium처럼 그 이름의 유래를 쉽게 짐작할 수 있는 경우가 일부 있다. 하지만 많은 원소는 이름의 기원이 덜 분명하거나, 심지어 확실하게 알려지지 않은 경우도 있다. 이 책에서는 바로 이런 원소들을 집중적으로 다루려고 한다. 이 책은 단순히 원소 이름의 어원을 찾는 데 그치지 않는다. 대신에 이 원소들에 결국 현재의 이름이 붙게 된 이유와 과정을 탐구한다. 예를 들면, 셀레늄selenium은 달의 여신에서 딴 이름이라는 것은 쉽게 알 수 있다. 하지만 발견자가 애초에 그 이름을 선택한 이유는 무엇일까? 이 질문에 대한 답은 훨씬 복잡하다. 마찬가지로 산소oxygen는 누구나 아는 원소이지만 결코 이상적이지 않은 이름이 붙어 있는데, oxygen은 '산을 만드는 것'이란 뜻이기 때문이다. 그런데 같은 시대에 살았던 사람들 중에는 oxygen이 '뾰족한 턱'이나 심지어 '식초 상인의 아들'을 뜻한다고 생각한 사람도 있었다. 산소라는 이름이 어떻게 붙게 되었는지 정확한 내력을 알려면, 화학사 전체를 자세히 들여다보면서 관련 과학자들과 그들의 이론이 어떻게 변했는지 이해해야 한다.

이 책에서는 원소의 발견자나 명명자가 사용한 언어를 생생하게 느낄 수 있도록 수백 년 전의 것이라 하더라도 가능하면 원출처(혹은 적어도 영어로 번역된 문장)를 그대로 인용했다. 긴 에스(ʃ)나 v와 u가 바뀐 사례만 제외하고 옛날 영어 철자도 그대로 두었다.

차례

일러두기

———

1. 그림 24, 31, 36, 43을 제외한 나머지 그림들의 출처는 모두 저자의 개인 소장품이다. 그림 45는 케임브리지 대학교 세인트캐서린스 칼리지의 학장과 교수들이 제공했다.
2. 모든 각주는 옮긴이의 설명이다.

새 원소의 이름을 짓는 것은 결코 쉬운 일이 아니다.
영어 알파벳은 문자가 26개밖에 없는데, 이미 발견된 원소만
70종이 넘기 때문이다.

윌리엄 램지William Ramsay, '발견되지 않은 기체An Undiscovered Gas', 1897

지금은 118종의 원소가 알려져 있다.

1

천체

고개를 들어 하늘을 바라보라.
너에게 7개의 행성을 찾는 법을 가르쳐주겠다.

애시몰Ashmole, 1652

　가장 오래전부터 알려진 원소들은 그 이름의 유래를 확실히 알수 없지만, 가장 오래된 금속들은 아주 일찍부터 하늘의 천체들과 연관이 있다고 간주되었다. 〈그림 1〉은 17세기의 책에 실린 판화 작품으로 〈일곱 가지 금속〉이란 제목이 붙어 있다. 연금술과 천문학 사이의 연관성을 모르면, 이 이미지가 어떻게 일곱 가지 금속을 나타내는지 즉각 분명하게 알 수 없다. 오늘날에는 이 연관성이 매우 기이해보이겠지만, 18세기와 19세기뿐만 아니라 20세기와 21세기에도 여전히 새로운 원소에 붙는 이름이 천문학에서 유래한 경우가 많다는 사실을 알게 될 것이다. 과거의 역사에서 나타난 이러한 연관성을 이해하지 못하면, 최근에 발견된 일부 원소들의 이름이 왜 그렇게 정해졌는지 이해하기 어렵다.

일곱 방랑자

　밤하늘을 보면, 멀리 있는 별들은 상대적으로 동일한 위치에 머물면서 하늘에서 함께 우아하게 움직이는 것처럼 보인다. 물론 오늘날 우리는 이러한 별들의 움직임은 사실은 지구의 자전에서 비롯된착시 현상임을 알고 있다. 우리 조상들은 상상력을 발휘해 밝은 빛의

그림 1 1624년에 다니엘 스톨키우스Daniel Stolcius가 쓴 『연금술의 정원Viridarium Chymicum』에 실린 이 판화 작품은 '일곱 가지 금속'을 묘사하고 있다.

점들을 연결해 용, 돌고래, 큰곰처럼 흥미로운 패턴을 만들었다. 큰곰은 오늘날 서양에서는 지역에 따라 '큰 국자Big Dipper'나 '쟁기Plough' 혹은 '큰 냄비Big Saucepan'라고 부르기도 한다(비록 큰곰에 비해 상상력이 좀 빈약하긴 하지만). 그런데 별자리라 부르는 이 패턴은 오랜 시간이 지나도 변하지 않지만, 독자적인 삶을 살면서 하늘을 가로지르며 움직이는 천체가 7개 있었다. 이 천체들을 '행성planet'이라 불렀는데, 행성은 '방랑자'를 뜻하는 그리스어에서 유래했다(그리스어 πλάνητες ἀστέρες[planetes asteres]는 '배회하는 별들'이란 뜻이다).

이 7개의 천체는 태양, 달, 수성, 금성, 화성, 목성, 토성인데, 3000년 이전부터 고대 바빌로니아인은 이 천체들을 모두 관측하고 기록을 남겼다. 16세기까지만 해도 서양 사람들은 지구가 우주의 중심이고, 7개의 천체는 지구 주위를 돈다고 믿었다. 〈그림 2〉는 이 체계에 따라 이 천체들의 상대적 궤도를 나타낸 것이다. 그 순서는 폴란드 연금술사 미카엘 센디보기우스Michael Sendivogius가 『연금술의 새로운 빛Novum Lumen Chymicum』에서 잘 묘사했다. "토성이 가장 먼 곳 혹은 가장 높은 곳에 있고, 그다음에 목성이 있으며, 그 뒤를 이어 화성, 태양, 금성, 수성이 차례로 있고, 맨 마지막에 달이 있다."

물론 지금은 이 7개 중에서 5개만 행성으로 분류되며, 이 행성들은 지구와 함께 태양 주위를 돈다. 달은 지구가 태양 주위를 돌듯이 지구 주위를 돈다. 〈그림 3〉은 오늘날의 태양계 모습을 보여준다.

지동설의 관점에서 본 태양계 모습은 16세기 전반에 니콜라우스 코페르니쿠스Nicolaus Copernicus(1473~1543)가 처음 기술했다. 아주

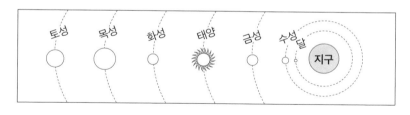

그림 2　옛날 천문학자들이 믿었던 천동설에 따른 태양계 모습

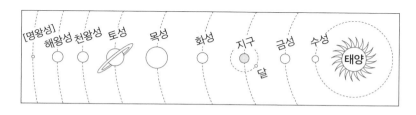

그림 3　오늘날의 지동설에 따른 태양계 모습

심오한 그의 이론은 근대 천문학의 시작을 알리는 업적으로 자주 거론되며, 과학 혁명을 낳는 계기가 되었다. 2009년, 이 업적을 기리기 위해 주기율표의 한 칸이 그에게 헌정되었다. 인공 원소인 112번 원소의 이름이 코페르니슘copernicium으로 정해짐으로써 천문학과 화학 사이의 연관성이 21세기까지 이어졌다.

태양계의 나머지 행성들은 적절한 망원경이 발명되기 전에는 발견되지 않았다. 그러다가 1781년에 천왕성이 발견되었고, 1846년에는 해왕성이, 그리고 1930년에는 명왕성이 발견되었다. 명왕성은 한동안 어엿한 행성으로 대우받았지만, 2006년에 태양계 천체들을 재분류하면서 '왜행성'으로 지위가 강등되었다. 하지만 이 이야기는 너무 앞서 나간 것이다. 가장 먼 곳에 있는 행성들 이야기는 나중에 자세히 다룰 것이다. 그 전에 먼저 원래 행성으로 분류되었던 7개의 천체부터 살펴보기로 하자.

숫자 '7'은 오래전부터 신비적 의미를 지닌 수로 간주되었다. 일주일은 성경에서 천지창조에 걸린 7일을 반영해 7일로 정해졌다. 7대 죄악(색욕, 폭식, 탐욕, 나태, 분노, 질투, 교만)이 있는가 하면, 이에 대비되는 7대 주선(순결, 절제, 자선, 근면, 인내, 친절, 겸손)이 있다. 이슬람교에서는 하늘과 지옥이 각각 일곱 층씩 있다고 말한다. 로마는 일곱 언덕 위에 세워졌다. 아이작 뉴턴Isaac Newton이 무지개를 일곱 색깔로 나눈 것은 음계의 일곱 음정을 모방한 것이라고 한다.

시간이 지나면서 일곱 천체는 일주일의 각 요일과 고대 신화에 나오는 신들과 연관 지어졌다. 일요일Sunday은 태양Sun과, 월요

♦ 영국에 최초로 인쇄술을 도입한 사람이자 신문 작가이다.

일Monday은 달Moon과, 화요일(영어 Tuesday보다 프랑스어 mardi를 생각하면 연결 관계가 더 확실해진다)은 화성Mars과, 수요일(프랑스어로 mercredi)은 수성Mercury과, 목요일(프랑스어로 jeudi)은 목성Jupiter과, 금요일(프랑스어로 vendredi)은 금성Venus과, 토요일Saturday은 토성Saturn과 짝지어졌다. 고대에 알려진 금속이 일곱 가지(금, 은, 구리, 철, 주석, 납, 수은)뿐이었다는 사실도 우연의 일치로 보기 어렵다. 이 금속들도 각각 하늘의 특정 천체와 연결되었다. 구체적인 연결 관계는 시간이 지나면서 조금 변하긴 했지만, 15세기 무렵이 되자 일반적인 합의에 이르렀다. 이 관계는 14세기에 나온 제프리 초서Geoffrey Chaucer의 『캔터베리 이야기Canterbury Tales』에 잘 묘사돼 있는데, 윌리엄 캑스턴 William Caxton♦은 15세기에 이 작품을 아주 아름다운 책으로 인쇄했다. 〈그림 4〉에 그 문장이 현대적인 번역문과 함께 실려 있다.

초서와 같은 시대에 살았던 존 가워John Gower의 『연인의 고백

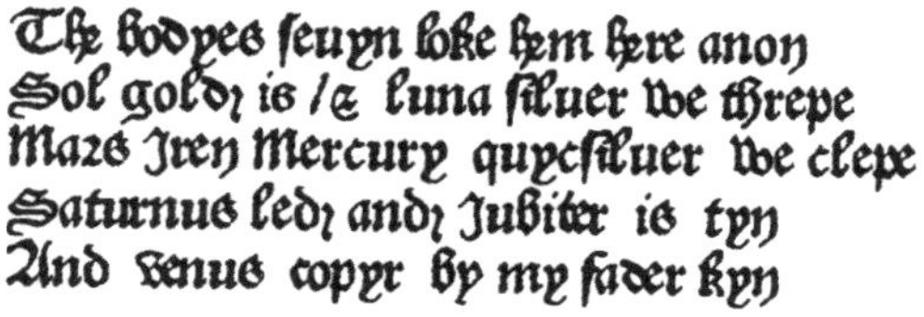

The bodyes seuyn loke hem here anon
Sol golds is /a luna siluer we threpe
Mars Iren Mercury quycsiluer we clepe
Saturnus leds and Jubiter is tyn
And venus copyr by my fader kyn

여기서 7개의 육체에 관해 말씀드리겠습니다. 그것은
태양에 해당하는 금, 달에 상응하는 은, 화성에 해당하는
철, 수성에 상응하는 수은, 토성에 해당하는 납, 목성에
상응하는 주석, 금성에 해당하는 구리입니다.

그림 4　초서의 『캔터베리 이야기』에 나오는 '일곱 천체'에 관한 묘사를 캑스턴이 사용한 검은색 활자체로 재현한 것이다. 현대적인 번역문은 17세기 영어를 전문으로 연구하는 영어학자 폴 하틀Paul Hartle이 번역한 것이다.

Confessio Amantis』에도 비슷한 구절이 나온다. 이 작품 역시 캑스턴이 15세기에 인쇄했는데, 〈그림 5〉가 해당 구절을 보여준다.

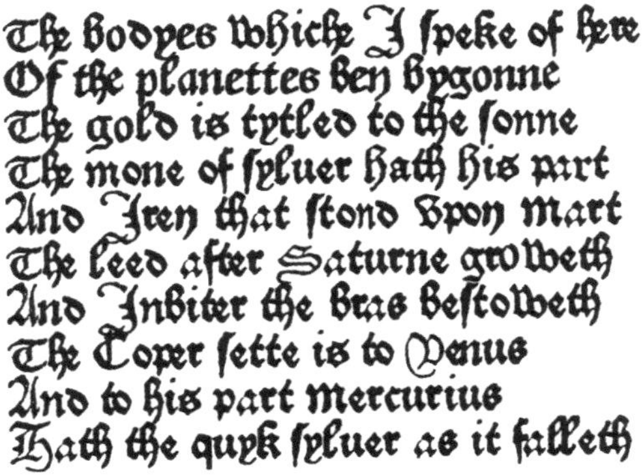

> The bodyes whiche I speke of here
> Of the planettes ben bygonne
> The gold is tytled to the sonne
> The mone of syluer hath his part
> And Iren that stond vpon Mart
> The leed after Saturne groweth
> And Inbiter the bras bestoweth
> The Coper sette is to Venus
> And to his part Mercurius
> Hath the quyk syluer as it falleth

내가 여기서 이야기하는 물체들은 행성들에서
유래했습니다. 금은 태양에 속하고, 달은 은에 자신의
자리를 내주고, 철은 화성을 나타내고, 납은 토성에서
성장의 힘을 얻고, 목성은 놋쇠를 주고, 구리는 금성에서
유래하고, 수성은 수은에서 질서를 얻습니다.

그림 5 가워의 『연인의 고백』에 나오는 '일곱 천체'에 관한 묘사를 15세기에 캑스턴이 인쇄한 것. 현대적인 번역문은 폴 하틀이 번역한 것이다.

행성과 금속 사이의 연관성 개념이 어떻게 발달했는지 궁금할 것이다. 태양에서 오는 햇빛이 식물의 생장에 필요하다는 것은 보편적인 상식이었다. 신은 식물을 완전히 자란 상태로 창조하지 않고, 대신에 햇빛과 비에서 자양분을 얻어 자라는 씨의 형태로 창조했다. 같은 개념이 금속에까지 확대되었는데, 미카엘 센디보기우스는 다음과 같이 설명했다.

식물이 금속에 비해 어떤 특권을 누리기에, 신이 식물에는 씨를 주면서 금속에는 아무 이유도 없이 그것을 주지 않는단 말인가? 금속도 나무만큼 신에게서 존중을 받아야 하지 않겠는가? 씨가 없이는 어떤 것도 자랄 수 없다는 것을 진리라고 인정하기로 하자. 왜냐하면, 씨가 없다면 그것은 죽은 것이기 때문이다. 따라서 네 원소가 금속의 씨를 만든다고 인정할 필요가 있다. … 의심의 여지가 없는 이 진리를 믿지 않는 사람은 자연의 비밀을 탐구할 자격이 없다.

그래서 많은 사람들은 금속과 광물이 땅속에서 씨로부터 '자란다'고 믿었다. 이를 뒷받침하는 논리적 근거도 있는데, 바로 많은 원소와 광물이 땅속의 특정 지역에서만 생긴다는 사실이다. 하지만 그 과정은 대개 수천 년 혹은 수백만 년이 걸리며, 씨로부터 원소가 만들어지는 일과는 관련이 없고 이미 존재하고 있던 것들이 한 장소에서 특정 형태로 농축되어 일어난다. 존 웹스터John Webster는 1671년에 출판된 『메탈로그라피아 혹은 금속의 역사Metallographia or, A History of Metals』에서, 금속이 이미 신에 의해 완성된 형태로 땅속에 존재한다는 광부의 믿음을 반박하면서 상당히 현대적인 견해를 제시한다. 그는 금속이 암석이나 절벽, 돌 속으로 침투하기 전에 "물이나 수증기 또는 증기의 형태로" 용액 상태로 존재했다고 주장했다.

웹스터는 개인적으로는 행성과 금속 사이의 연관성을 믿지 않았지만, 프랑스 화학자 니콜라 레머리Nicolas Lémery는 1677년에 출판된 『화학 강의Cours de chymie』에서 일부 사람들이 믿었던 개념을 아주 잘 묘사했다.

점성술사들은 우리가 방금 이야기한 일곱 가지 금속과 일곱 행성 사이에 유사점과 일치하는 점이 아주 많으며, 한쪽에 무슨 일이 일어나면 다른 쪽에도 반드시 그 영향이 미친다고 주장해왔다. 그들은 이러한 연관성이 행성과 금속 사이를 오가는 무한히 많은 작은 물체들을 통해 일어난다고 믿는다. 그리고 이 작은 물체들은 자신들과 일치하는 행성과 금속의 구멍을 쉽게 통과할 수 있는 모양으로 생겼지만, 다른 물체들에는 그 구멍의 모양이 자신들을 받아들이게끔 생기지 않아 들어갈 수 없다고 가정한다. 또한 우연히 다른 물체 속으로 들어간다고 하더라도, 그곳에 자리를 잡고 머물면서 자양분을 공급할 수 없다고 한다. 왜냐하면, 그들은 금속이 각자의 행성에서 오는 영향력을 받아 자양분을 얻고 완전해지며, 행성 역시 금속에서 오는 영향력을 받는다고 생각하기 때문이다.

이런 이유 때문에 그들은 이 일곱 가지 금속에 각자를 지배하는 일곱 행성의 이름을 붙였다. 그래서 금을 태양, 은을 달, 철을 화성, 수은을 수성, 주석을 목성, 구리를 금성, 납을 토성이라고 부른다.

이와 비슷하게, 그들은 행성들이 자신의 영향력을 우리의 반구에 자유롭게 미칠 수 있도록 각각 할당된 요일이 따로 있다고 상상한다. 그래서 만약 월요일에는 은에, 화요일에는 철에 그리고 나머지 요일에도 각각 그에 해당하는 금속에 치중해 노력한다면, 다른 날들보다 목적을 달성하기가 훨씬 수월할 것이라고 말한다.

또, 연금술사들은 일곱 행성이 우리 몸의 특정 부위를 지배한다고 가르친다. 그리고 금속들이 행성들을 대표하기 때문에, 각각의 금속마다 특정 부위의 이상을 치료하고 건강을 유지하는 데 특별한 효과가 있다고 가르친다. 그래서 그들은 *심장*을 금에, *머리*를 은에, *간*을 철에, *폐*를 주석에, 콩팥을 구리에, 지라를 납에 배정한다.

레머리는 이것은 '가장 냉철한' 점성술사들이 하는 말이며, 다른 점성술사들의 이론은 훨씬 터무니없다고 덧붙인다. 그는 계속해서 이렇게 말한다.

이 주장들을 반박하고 그 근거가 전혀 없음을 보여주는 것은 어려운 일이 아니다. 행성에 충분히 가까이 다가가 정말로 행성이 금속과 같은 속성을 지녔는지 혹은 행성에서 발산된 어떤 기운이 정말 우리에게 떨어지는지 확인한 사람은 지금까지 아무도 없기 때문이다.

레머리는 금속을 가지고 훌륭한 치료법을 많이 만들 수는 있겠지만, 이 약들의 효과는 "별들보다는 더 가까이 있는 원인들로 훨씬 잘 설명할 수 있다."라고 결론 내린다.

금속과 행성 사이의 이 연관성을 거기서 얻을 수 있는 일부 '훌륭한 치료법'과 함께 하나씩 차례로 살펴보기로 하자.

태양과 금

〈그림 6〉은 17세기의 연금술 교재에서 금을 어떻게 묘사했는지 보여주는데, 천문학에서 그 금속에 대응하는 천체로 나타냈다. 태양과 금은 공통으로 지닌 찬란한 황금색에서 명백한 연결 관계를 찾을

SOL. Gold. AURUM : Metallorum Rex.

그림 6　　화학 교재에서 금을 태양으로 묘사한 삽화. 왼쪽 그림(1662)은 금을 금속들의 왕으로 묘사하는데, 금을 나타내는 연금술 기호가 사자의 입에 표시돼 있다. 오른쪽 목판화(1673)는 금을 망치로 두들겨 금박을 만드는 작업을 하고 있는 금 세공인을 보여준다.

수 있다. 태양은 태양계에서 유일무이한 존재이며, 사실상 태양계를 정의하는 천체이다. 금은 알려진 나머지 금속들과 분명히 구별되는 성질을 지니고 있다. 대부분의 금속은 시간이 지나면 겉모습이 변한다. 철은 녹이 슬고, 납은 겉 부분이 하얗게 변하며, 은은 검은색으로 변색되고, 구리는 표면에 초록색 녹이 생긴다. 이와는 대조적으로 금은 화학적으로 비활성인 금속이다. 금은 공기 중이나 땅속의 어떤 물질과도 반응하지 않으며, 찬란한 광채를 거의 영원히 유지한다. 금으로 만든 인공 유물은 수백 년이 지난 뒤에 땅속에서 파내더라도, 처음에 만들어진 때와 똑같이 찬란한 광채를 발한다. 이러한 화학적 강인성은 산과의 반응에서도 유지되는데, 일반적인 무기산에 비활성을

26

나타내는 금속은 금이 유일하다. 예를 들면, 나머지 여섯 가지 금속은 질산에 쉽게 녹는다. 질산은 고체를 잘 녹이는 성질 때문에 옛날에는 '아쿠아 포르티스aqua fortis', 즉 '강수強水'라고 불렀다. 하지만 금을 녹이는 데에는 이보다 더 강력한 산이 필요한데, 진한 염산과 진한 질산을 약 3 대 1의 비율로 섞으면 금을 녹일 수 있다. 산들의 왕에 해당하는 이 물질을 '아쿠아 레기아aqua regia', 곧 '왕수王水'라고 부른다.

오늘날 화학자들이 금을 나타내는 데 사용하는 화학 기호 Au는 금을 뜻하는 라틴어 '아우룸aurum'에서 유래했지만, 연금술사들은 금과 태양을 나타내는 기호로 원(완벽한 기하학 도형인)을 사용했다. 그들은 금을 완벽한 금속으로 간주했고, 나머지 금속은 모두 땅속에서 서서히 성숙해가는 단계를 거쳐 마침내 완벽한 경지인 금에 이른다고 생각했다. 웹스터는 『메탈로그라피아 혹은 금속의 역사』에서 이렇게 썼다. "자연의 궁극적인 출산은 모든 금속을 결국에는 완벽한 금의 경지에 이르게 하는 것이다. 다 자라지 않은 상태에서 때 이르게 지구의 배 속에서 금속을 꺼내지만 않는다면, 자연은 이 목적을 달성할 것이다." 연금술사의 목표 중 하나는 교묘한 조작으로 불완전한 금속이 서서히 금으로 발달해가는 이 자연적 과정을 더 빨리 일어나게 하는 것이었다.

태양과 금 사이의 연관성은 크리스토퍼 글레이저Christopher Glaser가 1677년에 출판한 『완벽한 화학자The Compleat Chymist』에서 아주 잘 요약했다. "그것은 모든 금속 중에서 가장 완벽한 것이기에 금속들의 왕이라 불러도 손색이 없다. 그것은 태양이라고도 불리는데, 환한 빛으로 우리 세계를 밝히는 큰 세계의 태양과 매우 닮았기 때문이며, 우리의 작은 세계♦의 태양인 심장과도 닮았기 때문이다."

태양과 심장 사이의 연관성은 행성들이 우리 몸의 다양한 부위에 미치는 것으로 여겨지던 많은 영향력 중 하나에 지나지 않는다. 사실, '인플루엔자influenza'라는 단어 자체도 천체의 나쁜 영향력에서 유래한 것으로 보인다. 상상이 빚어낸 이 연관성은 17세기 후반에 런던의 의사 윌리엄 새먼William Salmon이 널리 퍼뜨렸다. 새먼은 좀 더 구체적으로 태양은 "심장과 동맥, 등과 시력, 남자의 오른쪽 눈과 여자의 왼쪽 눈을 지배한다."라고 주장했다. 질병과 관련해서 글레이저가 금이 "실신, 떨림, 졸도, 얼굴의 여드름, 붉은 담즙, 시력 저하, 고열, 썩은 악취와 부패 등을 비롯해 심장의 모든 격정을 나타낸다."라고 덧붙인 것은 그다지 놀랍지 않다.

　　17세기에 나온 다른 화학 책과 약품 해설서에는 땀을 촉진하는 '태양 발한제Solar Diaphoretick'와 '혈액 부패로 생기는 병'에 쓰는 '폭발성 금aurum fulminans'과 같은 치료제에 대한 내용이 실려 있다. 폭발성 금은 '천둥치는 금'이라고도 불렀다. 이것은 왕수에 금을 녹인 용액에 암모니아를 첨가해 만든 화합물로, 폭발성이 아주 강한 물질이다. 레머리는 1686년에 출판한 『화학 강의』에서 이 화합물을 불 속에 넣을 때 일어나는 폭발의 기원에 대해 설명했다. "큰 폭발 혹은 거기서 유래하는 폭음은 속에 갇힌 정령들이 밖으로 빨리 빠져나오기 위해 아주 치밀한 금의 구조를 격렬하게 쪼갤 때 일어나며, 이것은 불의 작용을 통해 일어난다."

　　레머리는 "혹시라도 폭발성 금을 섭취하면, 그것을 수저에 부어 불 위에 올려놓았을 때처럼 위에서 가열되어 폭발이 일어나지 않을

♦　　인간의 신체를 가리킨다.

까 염려할 필요는 없다. 왜냐하면, 수분과 많이 접촉할수록 그것이 만들어내는 폭음이 더 작아지기 때문이다." 흥미롭게도 현대에 와서도 심장 질환 치료에 폭발성이 매우 높은 물질을 약으로 사용하고 있다. 다이너마이트의 주요 성분인 니트로글리세린은 소량으로 사용하면 협심증 치료에 아주 큰 효과가 있다.

태양과 금 사이의 역사적 연관성은 현재 사실상 거의 잊혔지만 새 원소가 그 연관성을 계속 이어가고 있다. 헬륨helium이 바로 그 주인공이다. 8장에서 보게 되겠지만, 이 원소에 태양과 연관된 이름이 붙은 것은 그럴 만한 이유가 충분히 있다. 헬륨은 1868년에 태양에서 처음 발견되었기 때문이다. 유일하게 지구 밖에서 처음 발견된 원소인 헬륨은 그리스 신화의 태양신 헬리오스Helios에서 그 이름을 땄다(로마 신화의 태양신은 솔Sol이다). 마침내 지구에서 헬륨을 추출하는 데 성공했을 때, 헬륨은 금속이 아니라 비활성 기체로 밝혀졌다. 지금까지 금속이 아닌 원소 중에서 '-윰-ium'이란 접미사가 붙은 원소는 헬륨뿐이다. 이 접미사는 나트륨natrium, 크로뮴chromium, 우라늄uranium과 같은 금속 원소에만 붙여왔다.

은과 달

금과 태양처럼 달의 겉모습과 은 사이에는 명백한 연관성이 있다(〈그림 7〉 참고). 글레이저는 이렇게 썼다. "은은 금보다 변하기 쉽고 덜 무겁고 덜 완벽한 금속이다. 심지어 이런 성질 면에서 나머지

LUNA. Silber. ARGENTUM.

LVNE.

그림 7   화학 교재에서 은을 달로 묘사한 삽화. 왼쪽 그림에서는 은을 대표하는 달의 여신 루나가 머리에 은을 나타내는 연금술 기호를 달고 있다. 오른쪽 그림에서는 은 세공인이 성배를 비롯해 다양한 종교 용품을 만들고 있다.

모든 금속보다 훨씬 떨어지는데도 완벽한 금속으로 간주되는데, 그것은 은이 금의 완벽함에 아주 가까운 속성을 갖고 있기 때문이다. 은은 그 색 때문에 그리고 뇌 질환에 훌륭한 치료약으로 쓰이기 때문에 루나Luna라고 불리는데, 이러한 동질성 덕분에 달의 인상을 쉽게 얻는다.”

달과 뇌 질환 사이의 연관성은 오늘날 영어에서 ‘미치광이’ 또는 ‘정신병자’를 뜻하는 ‘lunatic’이라는 단어로 남아 있는데, 이 단어는 달의 위상에 따라 반복되는 정신 질환을 가리켰다. 새먼은 달의 영향력을 더 확대했다. “달은 뇌 대부분, 위, 창자, 방광, 남자의 왼쪽 눈과 여자의 오른쪽 눈을 지배한다." 은으로 조제한 약은 "뇌를 특별히 강화시키고, 야성적 충동을 진정시키며, 머리와 관련된 질환과 간질, 중풍 등에 탁월한 효과가 있다고 한다."

은으로 조제한 약에 천문학적 이름을 쓰는 관행은 19세기와 20세기까지 계속 이어졌다. 일명 '달의 지짐제lunar caustic'는 상처를 지지는 데 자주 쓰였는데, 오늘날 '질산은'이라 부르는 물질이다.

은을 나타내는 연금술 기호는 초승달이었지만, 오늘날 사용하는 화학 기호는 Ag이다. 이것은 은을 뜻하는 라틴어 '아르겐툼argentum'에서 유래했다. 아르헨티나도 이 단어에서 유래했는데, 국명을 원소에서 딴 나라는 아르헨티나가 유일하다. 나라 이름(프랑스, 폴란드, 독일, 미국 등)을 딴 원소는 많지만, 그 반대는 아주 드물다. 키프로스의 예가 하나 더 있다고 볼 수도 있는데, 이에 대해서는 나중에 다시 자세히 이야기할 것이다.

수은 — 원소와 신과 행성

먼 옛날부터 알려진 금속 중에서 아직도 그에 대응하는 행성 그리고 신과 똑같은 이름으로 불리는 것은 오직 수은뿐이다(〈그림 8〉참고).◆ 먼 옛날부터 알려진 나머지 금속들과 마찬가지로 수은과 천체

◆ 수은은 영어로 mercury인데, 수성도 Mercury이며, 로마 신화에서 상업의 신 메르쿠리우스Mercurius도 영어로는 Mercury이다.

MERCURIUS. ARGENTUM VIVUM. Quecffilber.

MERCVRE.

그림 8 원소 수은을 묘사한 17세기의 그림. 왼쪽 그림에서는 카두케우스caduceus라는 지팡이를 들고 있는 신으로 의인화했고, 오른쪽 그림에서는 구토제로 묘사했다.

사이의 연관성은 다소 불분명하다. 이 관계를 이해하려면 기초 천문학 지식이 약간 필요하다.

태양에서 가장 가까운 행성인 수성은 태양의 밝은 빛에서 멀리 벗어나지 않기 때문에, 지구에서 보기가 힘들다. 아마도 이 때문에 고대 세계에 알려진 행성 중에서 가장 나중에 발견되었을 것이다. 지구는 태양 주위를 한 바퀴 도는 데 약 365일(1년)이 걸린다. 행성이 궤도를 한 바퀴 도는 데 걸리는 시간은 태양과의 거리에 따라 달라진다. 수성은 지구일로 88일밖에 걸리지 않는 반면, 수성 다음으로 태양에서 가까운 행성인 금성은 225일이 걸리고, 고대 세계에 알려진 행성 중 가장 먼 행성인 토성은 29.5년이 걸린다. 그래서 토성은 고정된 별자리들 사이에서 아주 느리게 움직이는 반면, 수성은 눈에 보일 때에는 아주 빠르게 질주한다.

수성이 로마 신화에서 신들의 전령인 메르쿠리우스와 연관지어진 것은 태양 뒤로 숨었다가 앞으로 나왔다가 하는 이 빠른 움직임 때문이었을 것이다. 발이 빠른 이 신은 모습을 감추는 황금 투구와 발뒤꿈치에 달린 날개로 쉽게 알아볼 수 있다. 원소 자체도 뛰어난 능력이 있는데, 상온에서 액체 상태인 금속은 오직 수은뿐이다. 수은은 온도가 -39°C 아래로 내려가야만 고체로 변한다. 고대 영어에서 수은을 나타내는 단어는 대개 'quicksilver'를 사용했다(철자는 다양한 형태가 있었다). 여기서 'quick'은 빠르다는 뜻보다는 '살아 있는'이라는 뜻으로 쓰였다. 이 용법은 'the quick and the dead(산 자와 죽은 자)'와 손톱의 'quick(손톱 밑의 속살)'이라는 표현에 남아 있다. 수은을 가리키는 원래의 라틴어 단어는 '아르겐툼 비붐argentum vivum'으로 문자 그대로 해석하면 '살아 있는 은'이었다. 수은의 화학 기호 Hg는 '은수銀水'를 뜻하는 그리스어 '히드라기로스hydrargyros'를 현대적인 라틴어로 옮긴 '히드라기룸hydrargyrum'에서 유래했다.

그림 9 수성과 수은을 나타내는 연금술 기호(오른쪽)는 메르쿠리우스가 들고 다니는 지팡이 카두케우스이다.

수은의 연금술 기호는 신이 들고 다니던 지팡이 카두케우스에서 유래했다(〈그림 9〉 참고). 이 기호는 가끔 의술을 나타내는 기호로 잘 못 사용된다(예컨대 미 육군 의무대 휘장으로). 메르쿠리우스나 헤르메스Hermes 신은 의술과 아무 관련이 없다. 그리스 신화에서 의술을 관장하는 신은 아스클레피오스Asclepios이다. 아스클레피오스의 상징은 뱀 한 마리가 친친 감고 있는 지팡이로, 두 마리가 감고 있는 헤르메스의 지팡이와 다르다.

수은의 기묘한 성질 중 하나는 다른 금속과 섞여 아말감amalgam 합금을 만드는 능력이다. 수은에 금을 집어넣으면, 금이 녹아 금아말감이 생긴다. 이 반응은 금을 정제하는 방법으로 사용되었는데, 수은이 금하고만 반응해 암석 찌꺼기가 따로 분리되기 때문이다. 그러고 나서 금아말감을 가열하면, 수은이 기화해 날아가고 순수한 금만 남는다. 수은은 대부분의 금속과 합쳐져 아말감을 만든다. 일부 예외적인 금속 중에는 수은 위에 둥둥 뜨는 철과 밀도가 높아 아무 변화 없이 바닥으로 가라앉는 백금이 있다. 수은은 비행기에서는 금지 품목인데, 조금만 쏟더라도 알루미늄 재질의 기체를 녹여 재앙을 초래할 수 있기 때문이다. 아말감은 지금도 치과용 충전재로 널리 쓰이고 있다. 은과 주석과 구리의 고체 합금을 액체 수은과 섞으면 전체 덩어리가 물렁해져서 치아에 생긴 구멍을 때우기에 적합한 모양으로 쉽게 만들 수 있는데, 이것은 2분쯤 지나면 단단하게 굳는다.

다른 금속과 쉽게 섞이는 수은의 이 능력에서 수성과 수은 사이의 연관성이 또 하나 생겨난다. 수성은 가장 빨리 움직이는 행성이기 때문에, 지구에서 볼 때 일부 행성과 동일한 우주 공간 지점에 나타날 확률이 더 높다. 천문학(그리고 점성술)에서는 이 사건을 '합☌'◆이라고 부른다. 17세기에 글레이저가 수은을 다음과 같이 묘사한 것은 이 때문이다. "수은quick-silver은 무겁고 반짝이는 광물 유체이다. … 다른 행성들의 영향력과 자신의 영향력이 자주 섞이고, 합의 종류에 따라 다른 효과를 내는 *하늘의 수성Celestial Mercury*과 그 행동이 일치하기 때문에 수성*[Mercury]*이라 부른다. 그래서 우리의 수성은 다른 금속들과 쉽게 합쳐지며, 합쳐지는 금속 물체나 광물 용제와 주고받는 성질에 따라 그 효과가 다양하게 나타난다."

약으로 사용되는 수은은 항상 논란이 되었는데, 그 명성은 만능약과 치명적인 독 사이에서 왔다 갔다 했다. 1730년대에 '케임브리지 트리니티 칼리지의 한 신사'가 쓴 『수은 찬양: 수은의 용도와 성질에 관한 논고Encomium Argenti Vivi: A Treatise upon the Use and Properties of Quicksilver』라는 책이 나왔다(저자는 토머스 도버Thomas Dover 박사라고 전해진다). 서문에서 도버 박사는 이렇게 썼다. "*이전에는 사람들이 수은을 섭취하길 두려워했다. 끔찍한 효과에 대한 일반적인 염려와 독성 때문에 모두가 수은을 공포의 대상으로 여겼다. 지금은 기묘한 변화가 일어났다! 이러한 두려움이 싹 사라졌다. 온갖 사소한 질환에 수은이 쓰이고 있으며, 심지어 어린이도 다른 것과 섞지 않고 날것 그대로 수은을 섭취하고 있다. 일반 가정에서도 코담배나 담배만큼 일상적으로 사용한다.*" 몇 년 뒤 아이작 스웨인슨Isaac Swainson이 『벌거벗은 수은Mercury Stark Naked』을 출판했는데, "이 독성 광물의 의학적 허울을 벗기는 것"을 목표로 삼았다.

그보다 100여 년 전에 새먼은 수성에 대해 이렇게 썼다. "뇌와 상

♦　지구에서 볼 때 두 천체의 위치가 겹치는 현상을 뜻한다.

상력, 혀, 손, 발을 지배한다. 뇌에 영향을 미치는 질병, 이를테면 현기증, 정신 착란, 기억 상실, 경련, 천식, 발음 불분명, 쉰 소리, 기침, 코카타르, 뇌 정지, 언어 장애 그리고 지적 기능을 저하시키는 그 밖의 모든 질병과 관계가 있다." 이 무렵에 사람들이 수은이 이런 질환 치료에 도움이 된다고 생각했는지, 아니면 이 질환들을 유발하는 원인이라고 생각했는지는 명확하지 않다. 19세기에는 다양한 직업에서 수은 중독 증상(근육 경련과 정신 기능 및 행동의 변화를 포함)이 나타난다는 사실을 사람들이 분명히 인지했다. 잘 알려진 사례는 모자 제조 산업에서 나타났는데, 관련 종사자들은 토끼 모피를 빳빳하게 만드느라 질산수은을 일상적으로 사용했다. 수은에 자주 노출된 사람들 사이에 '털모자 제조공 떨기hatter's shakes' 증상이 나타났고, '완전히 미친'이란 뜻으로 '모자 제조공처럼 미친as mad as a hatter'이라는 표현까지 생겼다. 이런 사례들은 루이스 캐럴Lewis Carroll이 『이상한 나라의 앨리스Alice in Wonderland』에서 모자 장수를 묘사할 때 영향을 미친 것으로 보인다.

한때 수은은 설사제로 처방되었다. 도버는 이 약은 불쾌하기는커녕 "유혹적이고, 근사한 젤리처럼 보이며, 혀에서 아무 맛도 나지 않고, 목으로 넘어갈 때에나 위 속에서나 아무 느낌이 없다."라고 묘사했다. 수은 처방은 그 독성이 훨씬 잘 알려진 20세기에도 계속되었다.

철과 화성

화성을 영어로 마스Mars라고 하는데, Mars는 로마 신화에 나오는 전쟁의 신 '마르스'로, 그리스 신화의 아레스Ares에 해당한다. 전쟁 도구를 만드는 데 쓰이는 금속을 붉은 행성과 연결 짓는 데에는 많은 상상력이 필요하지 않았을 것이다(〈그림 10〉 참고). 화성과 철을 나타내는 연금술 기호(생물학자들이 '수컷'을 나타내는 기호로도 사용하는)는 전쟁의 신이 든 창과 방패에서 유래한 것으로 보인다(〈그림 11〉 참고). 철의 화학 기호 Fe는 철을 뜻하는 라틴어 '페룸ferrum'에

그림 10　철을 상징적으로 묘사한 17세기의 그림. 왼쪽 그림은 철을 상징하는 전쟁의 신 마르스를 묘사한 것이다. 오른쪽 그림에서는 칼 장수 또는 칼 가는 사람이 철제 도구를 날카롭게 벼리고 있다.

서 유래했다. 편자공을 가리키는 'farrier'(옛날 영어에서는 'ferrer')라는 단어도 여기서 유래했는데, 편자공도 대장장이처럼 철을 만지는 직업이다.

무아즈 샤라Moyse Charas는 1676년에 출판된 『왕립 약전Pharmacopée Royale Galénique et Chymique』에서 "철은 마르스라는 이름으로 불린다. 전쟁 무

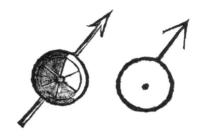

Mars and Iron.

그림 11　연금술에서 철을 나타내는 기호는 전쟁의 신이 사용한 무기에서 유래했다.

기를 만드는 데 쓰여서 전쟁의 신 이름을 땄거나, 그 신과 같은 이름의 행성에서 받는 영향력 때문에 그렇게 불린다."라고 썼다. 다른 사람들은 붉은 행성의 모습이 빨갛게 달아오른 대장장이의 석탄 또는 빨갛게 달아오른 철 자체와 비슷하다는 점을 지적했다. 사실, 화성과 철 사이에는 옛날 사람들이 몰랐던 연관성이 있다. 화성의 붉은색은 표면을 뒤덮고 있는 산화철 때문에 나타난다. 이 산화물은 지구에서는 흔히 적철석의 형태로 산출되는데, 적철석 역시 핏빛처럼 붉기 때문에 붙은 이름이다. 존 메이플릿John Maplet이 1567년에 출판한 『푸른 숲A Green Forest』에서는 적철석을 다음과 같이 묘사했다. "적철석은 약간은 불그스름하고 약간은 핏빛을 띤 암석으로, 아프리카와 인도와 아라비아에서 발견된다. 적철석이란 이름이 붙은 이유는 분해되어 피처럼 붉은색으로 변하는 일이 잦기 때문이다. 또, 적철석은 피의 분출이나 흐름을 막기 때문에 지혈제로도 쓰인다."

적철석을 출혈을 멈추는 용도로 쓸 수 있다는 생각은 아마도 풍

화된 이 광물이 커다란 혈전血栓처럼 생긴 모습이라는 사실에서 영감을 얻었을 것이다. 그런데 오늘날 우리는 철이 몸속에서 피를 만드는 필수 요소라는 사실을 알고 있다. 몸속에서 적혈구를 통해 산소를 실어 나르는 헤모글로빈 분자는 그 중심에 철 원자가 자리 잡고 있다. 공기 중의 산소와 가역적으로 결합하는 것도 바로 이 철 원자이다. 철 원자는 독가스인 일산화탄소하고도 덜 가역적으로 결합하면서 치명적인 결과를 초래한다. 음식물을 통해 철을 충분히 섭취하지 못하면 빈혈에 걸리기 쉽기 때문에, 철은 흔히 식품 보충제에 첨가된다. 예를 들면, 일부 시리얼에는 철가루가 포함돼 있는데, 철가루는 위에서 산에 쉽게 녹는다. 이 치료법이 얼마나 간단하고 효과적인지를 감안하면, 19세기가 될 때까지 철이 빈혈 치료약으로 인정받지 못했다는 사실이 이상해 보인다. 철을 포함한 약제는 많이 사용되었다. 예를 들면, "간, 지라, 이자, 장간막 폐쇄"에 효과가 좋은 '마르스의 녹반'(황산철)이라든가, "기생충과 위와 창자의 부패에 매우 효과적인" 주석酒石♦을 이용한 '마르스의 식욕 촉진 팅크제', 임질에 효능이 좋다고 여겨진 '마르스의 크로커스' 또는 '마르스의 사프란' 등이 있었다. 하지만 이 중에서 구체적으로 혈액 관련 질환을 위해 처방된 것은 하나도 없었다. 새먼은 화성이 "쓸개와 왼쪽 귀, 이해력과 냄새 감각, 머리와 얼굴 대부분을 지배한다."라고 썼다. 하지만 혈액은 전혀 언급하지 않았다.

화성 마르스에 대응하는 여신은 금성 베누스Venus였는데, 금성은 구리와 연관 지어졌다. 그 이야기는 잠시 후에 나오지만, 적절한 맥락을 알려면 먼저 신화를 좀 살펴볼 필요가 있다.

♦   포도주 제조용 통에 침전하는 물질로 주석산의 원료이다.

납과 토성

토성Saturn은 맨눈으로 보이는 행성 중에서 가장 먼 곳에 있다. 토성은 가장 느리게 움직이고 궤도 반지름이 가장 긴 행성이기 때문에, 밀도가 높고 묵직한 금속인 납과 짝지어진 것은 자연스러워 보인다. 옛날 문헌에서 납과 로마 신화에 나오는 농경과 계절의 신 사투르누스Saturnus♦는 절름발이 노인으로 자주 묘사되었는데(〈그림 12〉참고), 이 역시 토성의 느린 움직임을 특징적으로 나타낸다.

새먼에 따르면, 토성은 "지라와 오른쪽 귀, 뼈, 치아 접합부를 지배한다." 지금은 납에 독성이 있다는 사실이 잘 알려져 있다. 납은 뼈속에 축적되어 철이 헤모글로빈에 들어가지 못하게 방해한다. 그런데도 19세기 전반까지 납은 의료용 약제로 많이 사용되었다. 많이 사용된 한 가지 물질은 '납 설탕'으로도 불린 '마기스테리움 사투르니움Magisterium Saturnium'이었는데, 오늘날 화학자들은 아세트산납 또는 초산납이라고 부른다. 이 물질은 공기 중에서 납을 가열해 산화납으로 만든 다음, 식초를 첨가해 만들었다. 식초 속의 아세트산은 납 산화물을 녹여 아세트산납을 만든다. 납 설탕이란 이름이 붙은 이유는 그 맛이 놀랍도록 달기 때문인데, 심지어 특히 로마 시대에는 와인을 달콤하게 만드는 용도로 쓰였다(납의 독성이 아주 강하다는 사실을 잊지 마라). 베토벤이 납 중독으로 죽었다는 이야기도 있는데, 인위적으로 맛을 달콤하게 만든 와인을 많이 마시다가 중독되었을 가능성이 있다. 1669년의 한 문헌은 "이 설탕을 섭취하면, 그 차가움으로 인해

♦ 　영어 Saturn은 토성을 가리키는 동시에 사투르누스도 가리킨다.

SATURNUS. Bley. PLUMBUM.

SATVRNE.

그림 12 납을 상징적으로 나타낸 17세기의 그림. 왼쪽 그림에서 보듯이 사투르누스 신은 흔히 큰 낫을 든 모습으로 묘사되었는데, 연금술에서 납을 나타내는 기호는 큰 낫에서 유래했다. 오른쪽 그림에서는 납 세공인이 지붕 안쪽에 덧대는 판을 만들려고 녹인 납을 틀에 붓고 있다. 납관은 로마 시대부터 20세기까지 물을 운반하는 용도로 쓰였다.

성적 욕구가 사그라든다. 따라서 독신으로 동정을 지키는 삶을 살아 가는 사람들에게 좋다."라고 썼다.

　18세기 후반에 프랑스 외과의 토마 굴라르Thomas Goulard는 『여러 가지 외과 질환에 쓰이는 다양한 납 약제, 특히 토성 추출물의 효과에 관한 논고Traité sur les effets des préparations de plomb, et principalement de l'extrait de saturne, employé sous différentes formes, et pour différentes maladies chirurgicales』라는 책을 썼다. 이 당시 처방은 대부분 타박상과 화상 같은 외부 통증이나 질환에 대해서만 내렸다. 굴라르는 이 약제의 성공을 증언한 사례를 다양하게 소개하는데, 이를 통해 18세기 프랑스인의 삶을 엿볼 수 있다. "리슐리외 공작의 한 수습 기사는 말을 타다

입은 타박상 때문에 고환에 염증이 생겼다. 많은 약을 처방받아 썼지만 효과가 없었고, 증상은 점점 더 악화돼갔다. 나는 식물-광물 용액[아세트산납] 습포를 상처 부위에 붙이라고 처방했는데 이 처방은 금방 효과가 나타나 그는 고통이 줄어들었다. 다음 날에는 통증이 완전히 가라앉았고, 8~10일 뒤에는 완치되었다."

1666년에 출판된 『키미카 반누스Chymica Vannus』◆에서 토성을 묘사한 그림에는 고대 신화의 상징이 생생하게 드러나 있다(〈그림 13〉 참고). 신은 큰 낫을 들고서 아기를 잡아먹고 있다. 미술가들도 이와 비슷하게 섬뜩한 장면을 묘사했다. 예컨대 1636년에 페테르 파

그림 13 『키미카 반누스』(1666)에서 납을 토성으로 묘사한 그림

울 루벤스Peter Paul Rubens가 그린 그림과 1820년경에 프란시스코 고야Francisco Goya가 그린 그림도 같은 주제를 표현하고 있다. 그리스 신화에서 사투르누스에 대응하는 신은 농경과 계절의 신 크로노스Kronos이다(Cronos라고도 하며, 그리스어로는 Κρόνος라고 쓴다). 이는 시간의 신 크로노스Chronos(그리스어로는 Χρόνος)와 혼동하기 쉽다. 우리가 흔히 생각하는 시간의 할아버지Old Father Time♦♦와 죽음의 신 Grim Reaper♦♦♦ 이미지는 주로 두 번째 크로노스에서 유래했지만(시간은 결국 우리를 따라잡고 말기에), 큰 낫은 아마도 사투르누스/크로노스와 혼동한 데에서 유래했을 것이다.

토성과 납을 나타내는 연금술 기호는 큰 낫 또는 낫에서(〈그림 14〉 참고) 유래했다고 전한다.

화학자들이 사용하는 원소 기호 Pb는 납을 뜻하는 라틴어 '플룸붐plumbum'에서 유래했다. 영어에서 '연직선'을 뜻하는 'plumb line'과 '배관공'을 뜻하는 'plumber'(전통적으로 납관을 다루는 직업)도 이 단어에서 유래했다.

사투르누스의 큰 낫은 농업과는 관계가 없으며, 그 유

Saturn and Lead.

그림 14 사투르누스의 큰 낫은 납을 나타내는 연금술 기호가 되었다.

♦　　'화학의 풍구'라는 뜻의 연금술 책이다.
♦♦　　시간을 의인화한 가상의 존재. 큰 낫과 모래시계를 든 노인의 모습이다.
♦♦♦　큰 낫을 들고 망토를 걸친 해골 모습의 신을 말한다.

래는 훨씬 섬뜩하다. 기원전 8세기에 그리스 신들의 계보를 서술한 헤시오도스Hesiodos의 『신통기Theogony』에 따르면, 큰 낫은 대지의 여신이자 사투르누스/크로노스의 어머니인 가이아Gaia가 부싯돌로 만들었다. 가이아는 아들이 그의 아버지인 하늘의 신 우라노스Uranos와 싸우는 데 도움을 주기 위해 그 낫을 주었다. 헤시오도스는 하늘의 신이 내려와 자신의 몸을 땅 위에 펼쳤을 때 어떤 일이 일어났는지 다음과 같이 묘사했다. "그의 아들이 숨어 있던 곳에서 왼손을 뻗었다. 오른손으로는 날카로운 이빨이 길게 늘어선 거대한 낫을 들고서 재빨리 아버지의 성기를 잘라내 뒤쪽으로 멀리 던져버렸다."

이 이야기는 잠시 후에 다시 하기로 하자. 사투르누스/크로노스는 아이를 잡아먹는 모습으로 자주 묘사된다. 그 이유는 자식에게 쫓겨날 것이라는 예언을 들은 사투르누스가 그런 일을 미연에 방지하기 위해 자식들이 태어나자마자 모조리 잡아먹었기 때문이다. 아내인 레아Rhea는 "큰 슬픔에 빠졌고, 부모인 대지의 여신과 하늘의 신에게 아이를 몰래 기를 수 있는 계책을 알려달라고 간청했다." 결국 레아는 아이 대신에 돌을 포대기에 싸 건네는 속임수로 사투르누스의 사악한 계획을 수포로 돌아가게 했다. 사투르누스는 그 속임수를 눈치채지 못하고 포대기에 싸인 돌을 통째로 집어삼켰다. 그렇게 해서 살아난 아이가 자라서 예언대로 아버지를 끌어내리고 신들의 왕이 되었다. 일부 버전에 따르면, 잔인한 운명의 반전이라고나 할까, 아들은 아버지가 할아버지에게 했던 패륜 행위를 반복하면서 아버지를 거세해 복수를 했다고 한다. 반란을 일으켜 신들의 왕이 된 아들은 그리스 신화에서는 제우스Zeus이고, 로마 신화에서는 유피테르Jupiter이다(유피테르는 영어 발음으로는 '주피터'라고 읽는다).

주석과 목성

목성이 신들의 왕인 제우스, 즉 유피테르와 짝지어진 것(〈그림 15〉 참고)은 아마도 그것이 태양계에서 가장 큰 행성일 뿐만 아니라, 밤하늘에서 달과 금성 다음으로 밝은 천체라는 사실 때문일 것이다. 주석과 목성 사이의 연관성은 덜 분명한데, 어쩌면 주석이 고대의 일곱 가지 금속 중에서 행성과 연결되지 않고 남아 있던 마지막 금속이어서 달리 선택의 여지가 없었을지도 모른다. 하지만 주석을 구부릴 때 나는 소리(주석 울림)에서 제우스의 천둥을 떠올렸을 것이라는 주장도 있다.

그림 15　주석을 나타낸 17세기의 그림. 왼쪽 그림은 왕좌에 앉아 있는 유피테르를 묘사하고 있다. 홀 꼭대기에 그를 상징하는 기호가 있는데, 아마도 번개의 형태에서 땄을 것이다. 오른쪽 그림에서는 주석을 다루는 세공인이 주석 또는 백랍 같은 주석 합금으로 다양한 잔을 만들고 있다.

주석과 목성을 나타내는 기호는 신들의 왕이 던지는 번개의 형태에서 유래했을 가능성이 있다. 아니면, 그의 왕관에서 유래했을 수도 있다. 1783년에 옥스퍼드의 외과의이자 화학 교수인 마틴 월Martin Wall이 주장한 또 다른 가설에 따르면, 그 기호는 로마 신 유피테르와 이집트 신 아몬Amon 사이의 연관성에

그림 16　연금술에서 주석을 나타내는 기호. 이 기호의 유래를 설명한 18세기의 책에서 인용했다.

서 유래했다고 하는데, 아몬은 숫양의 머리를 한 모습으로 자주 묘사되었다. 이 개념을 표현한 〈그림 16〉은 월의 책에 실린 것이다. 주석의 화학 기호 Sn은 주석을 뜻하는 라틴어 '스탄눔stannum'에서 유래했다. 주석 광산이란 뜻의 영어 단어 'stannary'도 여기서 유래했다.

　새먼은 목성이 "폐와 간, 혈관과 혈액을 지배한다."라고 서술했고, 글레이저는 주석에 대해 "이것은 큰 세계의 목성과 닮은 점 때문에 목성[Jupiter]이라고 부르며, 이런 관련성 때문에 주석으로 만든 치료약은 간과 자궁 질환에 효과가 있다."라고 주장했다. '주피터의 염'(아세트산주석을 가리킨 것으로 보임)은 "모든 히스테리 질환에 큰 효과가 있는" 것으로 여겨졌지만, 주석 치료약이 특별히 보편적으로 사용된 것 같진 않다.

　주석은 고대 세계에서 요긴하게 쓰였는데, 구리에 첨가하면 금속의 강도가 크게 높아진 청동 합금을 만들 수 있었기 때문이다. 주석 생산으로 유럽 전체에서 명성이 높았던 영국 남서부의 콘월 지역

은 아마도 기원전 2000년경부터 주석을 수출했을 것이다. 심지어 브리튼Britain♦이라는 국명이 주석에서 유래했다는 주장이 있다. 네덜란드 레이던 대학교의 화학·식물학·물리학 교수였던 헤르만 부르하버Hermann Boerhaave(1668~1738)는 1732년에 라틴어로 출판한 『화학 원소들Elementa Chemiae』에서 주석에 대해 이렇게 썼다. "가장 질이 좋은 종류의 주석은 *그레이트브리튼Great Britain*에서 나오는데, 이 지역에서는 아주 많은 양이 산출된다. 그래서 보샤르는 브레타니아*Bretania*라는 단어가 주석 산지를 뜻하는 *Syriac Barat Anac*에서 유래했다고 추측했다." 17세기의 프랑스 학자 사뮈엘 보샤르Samuel Bochart는 '브리튼'(Barat Anac의 축약형인 Bratanac를 거쳐)의 유래를 이렇게 주장했을지 몰라도, 그 밖에 그 유래를 설명하는 주장은 여러 가지가 있다. 파란색 염료를 채취하는 나무를 뜻하는 'brith'라는 단어에서 유래했다는 설도 있고, 단순히 '북쪽의 섬'을 뜻하는 'bor-i-tain'에서 유래했다는 설도 있다.

다시 신화 이야기로 돌아가보자. 헤시오도스에 따르면, 사투르누스는 아버지를 거세한 뒤에 잘라낸 그 살덩이를 바다에 던졌다. 14세기에 존 가워는 고대 영어로 쓴 시에서 사투르누스의 성기를 바다로 던진 자가 유피테르라고 말했다(〈그림 17〉 참고). 여신 베누스는 여기서 탄생했다. 즉, 사투르누스/크로노스의 잘려 나온 살에서 태어난 것이다. 더 가능성이 더 높은 이야기에 따르면, 베누스의 탄생은 사투르누스/크로노스의 아버지 우라노스에게서 잘려 나온 살에서 유래했다고 한다.

♦ 잉글랜드, 스코틀랜드, 웨일스를 합친 지역이다.

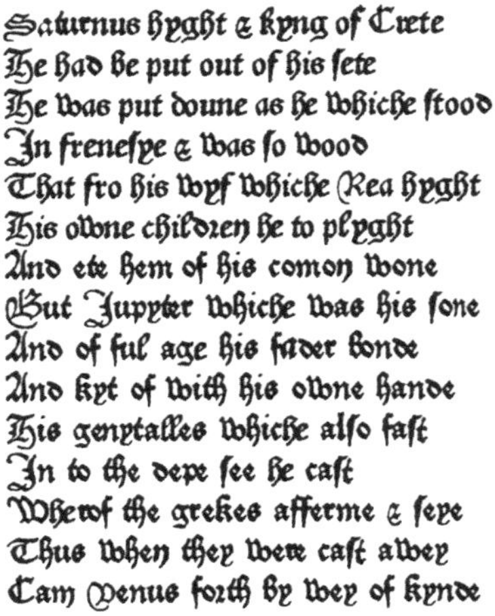

Saturnus hyght a kyng of Crete
He had be put out of his sete
He was put doune as he whiche stood
In frenesye a was so wood
That fro his wyf whiche Rea hyght
His owne children he to plyght
And ete hem of his comon wone
But Jupyter whiche was his sone
And of ful age his fader bonde
And kyt of with his owne hande
His genytalles whiche also fast
In to the depe see he cast
Wherof the grekes afferme a seye
Thus when they were cast awey
Cam Venus forth by wey of kynde

크레타에 사투르누스라는 왕이 있었지. 그를 왕좌에서 끌어내려야만 했다네. 그는 광란에 휩싸인 왕으로 기록되었는데, 얼마나 미친 짓을 했던지 아내 레아로부터 자신의 자식들을 빼앗아 꿀꺽 삼키는 것이 관례적인 행사였다네. 하지만 아들 유피테르가 장성하여 아버지를 묶고는 자신의 손으로 잘라버렸지. 아버지의 성기를. 그리고 그것을 곧바로 깊은 바닷속으로 던져버렸다네. 이것에 대해 그리스 사람들은 이렇게 주장하고 기록했지. 그것이 바다에 흩어졌을 때 거기서 베누스가 태어났다고.

그림 17 가워의 『연인의 고백』에 실린 시를 15세기에 캑스턴이 인쇄했다. 현대적인 번역문은 폴 하틀의 번역을 인용한 것이다.

구리와 금성

로마 신화에서 사랑의 여신으로 나오는 베누스는 그리스 신화의 아프로디테Aphrodite에 해당한다. 아프로디테는 '거품에서 태어난 자'란 뜻이다. 헤시오도스는 크로노스가 아버지 우라노스를 거세한 뒤에 아프로디테가 탄생한 과정을 자세히 묘사했다.

크로노스는 우라노스의 성기를 다이아몬드로 만든 도구로 잘라낸 뒤에 땅에서 파도가 일렁이는 바다로 던졌지만, 그것은 오랫동안 파도 위에 떠다녔다. 그 불멸의 살에서 하얀 거품이 솟아오르더니 그 안에서 한 여자가 생겨났다. 처음에 그녀는 신성한 키테라섬으로 다가갔다가, 거기서 바다로 둘러싸인 키프로스로 갔다. 그리고 정숙하고 아름다운 여신이 그곳으로 걸어 나오자, 그녀의 가느다란 발밑 주위에서 풀들이 자라기 시작했다. 신들과 사람들은 그녀를 아프로디테라고 불렀는데, 거품에서 태어났기 때문이다. 또, 키테라에 다가갔기 때문에 키테레이아Cythereia, 큰 파도가 일렁이는 키프로스에서 태어났기 때문에 '키프로스에서 태어난'이란 뜻으로 키프로게네스Cyprogenes라고 부른다. 그리고 남근에서 생겨났기 때문에 '남근을 좋아하는'이란 뜻으로 필로메데스Philommedes라고도 부른다.

아프로디테가 결국 정착한 섬 키프로스는 고대 세계에서 구리 광산으로 유명했다. 구리copper를 뜻하는 라틴어 '쿠프룸cuprum'은 이 섬 이름에서 유래했을지 모른다. 하지만 반대로 키프로스라는 이름이 구리에서 유래했을 가능성도 있다. 어느 쪽이건, 오늘날 구리의 화학 기호 Cu는 라틴어 단어에서 유래했다(〈그림 18〉 참고).

베누스의 기원과 베누스가 사랑의 여신이라는 사실을 감안할 때, 글레이저가 금성이 "자궁과 남근, 고환, 모든 생식 기관, 콩팥, 목구멍, 여성의 가슴을 지배한다."라고 한 것은 전혀 놀랍지 않다. 글레이저는 구리에 대해 "화학자들은 구리를 금성[Venus]이라고 부르는데, 구리가 금성에서 받는 영향력과 생식 기관 질환에 미치는 효과 때문이다."라고 기술했다.

영어로 성병을 뜻하는 'venereal disease'라는 단어는 바로 이 '생식 기관 질환'과의 연관성에서 생겨났다. 글레이저는 '금성의 휘발성

그림 18　구리 원소를 표현한 그림들

녹반과 자연 변성물'(아마도 황산구리) 같은 화합물이 '임질에 탁월한 효과가 있는 치료약'이라고 썼다. 임질은 실제로는 세균 감염으로 생기는 반면, 비슷한 성병 다수는 진균(곰팡이균) 때문에 생긴다. 구리는 항진균 효과가 아주 뛰어나서, 지금도 세계 각지의 일부 지역에서는 진균 감염, 특히 과일나무의 진균 감염을 치료하는 데 쓰인다. 황산구리 외에 아세트산구리처럼 구리를 포함한 다른 약제도 가끔 쓰인다. 아세트산구리는 가끔 영어로 '버디그리스verdigris'라고도 부르지만, 이 이름은 대개 구리 표면에 생기는 푸른색 녹을 가리킨다. 이 단어는 옛날 프랑스어에서 유래했는데, 문자 그대로 해석하면 '그리스의 초록색'이란 뜻이다. 우리는 오래된 구리 지붕의 색을 통해 이 색에 익숙한데, 더 유명한 예로는 뉴욕에 있는 자유의 여신상이 있다.

자유의 여신상은 처음에는 구리 금속의 색을 띠고 있었다. 오늘날 그 표면을 덮고 있는 녹청綠靑은 구리와 산소, 물 그리고 황을 포함한 공기 중의 미량 기체 사이에서 일어난 화학 반응의 결과로 생겨났다.

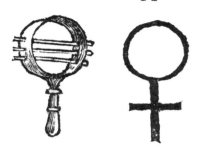

Venus and Copper.

그림 19 구리를 나타내는 연금술 기호 (오른쪽). 1783년에 월은 이 기호가 시스트 룸(왼쪽)에서 유래했다고 주장했다.

초기의 많은 저자는 구리를 나타내는 연금술 기호가 베누스의 거울에서 유래했다고 주장했다. 하지만 마틴 월을 비롯해 다른 사람들은 고대 이집트의 타악기인 시스트룸sistrum에서 유래했다고 주장했다(〈그림 19〉 참고). 시스트룸은 가끔 이집트의 여신 이시스Isis가 사용한 악기라고 여겨지는데, 후세 사람들이 이시스를 여신 베누스와 연결 지었을 수 있다. 생물학자들은 이 기호를 빌려와 '암컷'을 나타내는 일반적인 기호로 사용했다.

7의 종말

행성과 금속 사이의 연관성을 모든 사람이 믿었던 것은 아니다. 앞에서 보았듯이, 그중에서 레머리는 특히 이 개념을 크게 의심했다. 하지만 레머리 이전에도 그 연관성이 지속될 수 없다는 사실을 깨달

은 사람들이 있었는데, 새로운 금속과 어쩌면 새로운 행성도 더 발견
될 게 확실했기 때문이다.

1640년에 출판된 『금속의 기술Arte de los Metales』에서 에스파냐 야
금학자 알바로 알론소 바르바Alvaro Alonso Barba는 이렇게 썼다.

> 그들은 행성의 수와 이름, 색을 금속에 부여하고, 금을 태양, 은을 달,
> 구리를 금성, 철을 화성, 납을 토성, 수은을 수성이라고 부른다. … 하지
> 만 이러한 종속과 적용은 불확실하며, 금속의 수가 7개뿐이라는 주장
> 역시 그렇다. 반면에 지구 내부에 우리가 알고 있는 것보다 더 많은 종
> 류가 있을 가능성이 매우 높다. 몇 년 전에 보헤미아의 수드노스산맥에
> 서 비스무트라는 금속이 발견되었는데, 이것은 주석과 납의 중간에 해
> 당하지만 둘과는 분명히 다른 금속이다. 이 금속을 아는 사람은 극소수
> 밖에 없으며, 일반인이 알지 못하는 금속이 더 많이 있을 가능성이 매우
> 높다. 설사 그러한 종속 관계와 금속과 행성 사이의 유사성을 인정한다
> 하더라도, 오늘날 훌륭한 망원경을 통해 행성의 수가 7개 이상이라는
> 사실이 발견되었다. 갈릴레오 갈릴레이는 목성의 위성들에 관한 논문을
> 썼는데, 거기에는 새로운 행성들의 수와 운동에 관한 흥미로운 관찰이
> 실려 있다.

실제로 15세기부터 새로운 원소들이 더 발견되었지만, 그중 대다
수는 진정한 금속의 특징을 지니고 있지 않았다. 비스무트와 안티모
니(안티몬), 아연, 코발트는 서서히 '정식' 금속은 아니더라도 최소한
준금속으로 인정받게 되었다. 하지만 18세기 전반에 페루에서 백금이
발견되고, 연구를 통해 그 성질이 밝혀졌다. 그러자 백금이 분명히 금

속이며, 그것도 많은 점에서 금만큼 훌륭한 금속이라는 사실을 인정하지 않을 수 없었다. 한동안 백금은 '여덟 번째 금속'으로 알려졌다.

새로운 금속과 함께 새로운 행성도 발견되었다. 갈릴레오 갈릴레이Galileo Galilei는 1609년 무렵에 목성의 4대 위성을 관측했지만, 이것들은 정식 행성, 즉 태양 주위를 도는 천체가 아니었다. 새로운 행성은 1781년에 윌리엄 허셜William Herschel의 관측을 통해 발견되었다. 허셜은 자신의 후원자였던 영국 왕 조지 3세를 기리기 위해 이 행성에 '조지의 별'을 의미하는 '게오르기움 시두스Georgium Sidus'라는 이름을 붙였다. 경쟁 관계에 있던 독일 천문학자 요한 엘레르트 보데Johann Elert Bode는 '천왕성Uranus'이라는 이름을 제안했다. 보데는 사투르누스(토성)가 유피테르(목성)의 아버지이므로, 새로 발견된 행성에 사투르누스의 아버지인 우라노스(천왕성)라는 이름을 붙이는 게 논리적이라고(로마 신화와 그리스 신화를 뒤섞은 점을 눈감아 준다면) 주장했다. 결국 보데의 제안이 받아들여졌고(저항은 영국에서만 나왔다), 새로운 행성에는 그리스 신화에 나오는 하늘의 신 이름이 붙게 되었다.

천왕성이 발견되고 나서 얼마 지나지 않은 1786년, 독일 광물학자 마르틴 하인리히 클라프로트Martin Heinrich Klaproth는 피치블렌드(훗날 마리 퀴리가 미량으로 섞여 있던 라듐과 폴로늄 원소를 발견한 바로 그 광물)라는 광물의 성질을 연구하고 있었다. 클라프로트는 거기서 새로운 금속(사실은 그 금속의 산화물 형태였다)을 분리해내고서는 논문에 다음과 같이 기술했다.

고대 철학자들은 지구를 물질 우주의 중심으로 생각하고, 반대로 태양을 나머지 행성들처럼 지구 주위를 주기적으로 도는 하나의 행성으로 여겼다. 그리고 행성이라고 생각했던 일곱 천체가 그 당시 알려진 일곱 금속과 일치한다는 사실에서 자연의 큰 불가사의를 발견했다고 자화자찬했다. 그들은 이 불가사의를 기반으로 그 위에 세운 다양한 가설들의 결과로 각각의 금속에 특정 행성을 배정하고, 천체의 기운이 각 금속의 발생과 성장을 촉진한다고 상상했다. 마찬가지로 그들은 행성의 이름과 기호를 그 행성에 종속된 금속에 배정했다. 하지만 금속의 수는 그 후 연구를 통해 늘어난 지 오래되었다. 그리고 새로운 행성의 발견은 금속의 발견과 보조를 맞추지 못하여, 새로 발견된 금속은 이전 금속처럼 행성에서 그 이름을 얻는 영광을 누리지 못하게 되었다. 그래서 새 금속들은 우연히 지어진 이름에 그리고 대개는 평범한 광물학자가 지은 이름에 만족할 수밖에 없다.

최근까지 모두 17가지 금속 물질이 각자 독특한 성질을 지닌 독립적인 금속으로 인정되었다. 이 논문의 목적은 그 수에 하나를 더 추가하기 위한 것인데, 이 금속의 화학적 성질은 이어지는 논문에서 설명할 것이다.

그리고 15페이지 뒤에서 클라프로트는 이것이 정말로 새 원소임을 보여주었다. 그러고 나서 마침내 자신이 발견한 원소에 이름을 짓는 문제를 거론했다. "나는 화학 분야에서 이 새 금속 원소가 발견된 화학적 사건의 시기가 우연히도 *새 행성 천왕성*Uranus이 발견된 천문학적 사건과 일치한다는 사실을 기념하기 위해 우라니테uranite라는 이름을 선택했다." 이 논문의 영어 번역본에서는 천왕성 뒤에 별표가 붙어 있고, "이 행성은 영국에서만 *게오르기움 시두스*라고 부른다."라는 역주가 달려 있다. 흥미롭게도 이전에 발표한 논문에서 클라프로트는 자신이 발견한 새 금속을 "더 적절한 이름이 나올 때까지만" 우라니테(이 이름은 얼마 후 좀 더 관습적인 이름인 '우라늄'으로 바뀌었다)로 부르자고 제안했다.

클라프로트에 관한 이야기는 잠시 후 다시 하기로 하고, 그 전에 먼저 태양계의 행성 발견에 관한 이야기를 마무리 짓기로 하자. 허셜의 놀라운 발견이 일어난 지 얼마 지나지 않아 새로운 '행성'이 여러 개 나타났다. 그중 첫 번째는 1801년 1월 1일에 이탈리아 천문학자 주세페 피아치Giuseppe Piazzi가 별로 생각하고서 관측한 천체였는데, 계속 관측하다 보니 이 천체가 별자리들을 배경으로 움직인다는 사실이 드러났다. 피아치는 신중을 기하여 그것이 행성이 아니라 혜성이라고 발표했지만, 유명한 독일 수학자 카를 프리드리히 가우스Carl Friedrich Gauss가 태양 주위를 도는 이 천체의 궤도가 화성과 목성 사이에 있다고 정확하게 예측하면서 그 정체는 작은 행성으로 밝혀졌다. 피아치는 로마 여신의 이름을 따 이 행성을 '세레스Ceres'라고 불렀다.♦ 천문학적 관점에서 볼 때 세레스는 지름이 약 1000km(달의 지름의 3분의 1에 해당)에 불과해 정말로 아주 작은 행성이었다.

1802년, 같은 우주의 같은 영역에서 또 다른 행성이 발견되었다. 이 행성에는 그리스 신화에 나오는 지혜의 여신 팔라스 아테나Pallas Athena의 이름을 따 팔라스Pallas라는 이름이 붙었다. 그리고 1804년에 또 하나의 행성이 발견되어 로마 신화에서 마르스의 어머니 여신 이름을 따 유노Juno란 이름이 붙었다. 결국 태양계의 같은 지역에 이보

♦ 　우리나라 천문학계에서는 라틴어식으로 읽지 않고 영어식 발음으로 '세레스'라고 하지만, 라틴어 발음은 '케레스'이다. 로마 신화에서 케레스는 대지의 여신으로, 그리스 신화의 데메테르Demeter에 해당한다.

다 더 작은 천체들이 아주 많이 있다는 사실이 발견되면서 이 '작은 행성'들은 결국 소행성으로 분류되었다. 소행성대라고 부르는 이 지역은 대략적으로 화성과 목성 사이의 우주 공간에 위치한다. 하지만 이러한 구분이 일어나기 전에 최초로 발견된 두 소행성 세레스와 팔라스는 원소에 그 이름을 빌려주게 되었다. 두 소행성의 발견 직후에 발견된 두 원소에는 각각 세륨cerium과 팔라듐palladium이란 이름이 붙었다. 심지어 '유노늄junonium'이란 원소도 한동안 있었는데, 얼마 지나지 않아 유노늄은 세륨과 같은 원소로 밝혀졌다. 새로운 원소가 또 하나 발견된 뒤에(나중에 잘못된 것으로 밝혀졌지만), 1879년 12월 25일자 《네이처Nature》에 실린 농담조의 주석은 다음의 말로 끝을 맺었다. "천문학자들이 소행성들을 예의 주시하는 것처럼 화학자들은 이 사소한 원소들을 예의 주시해야 할 것이다. 그러지 않았다간 우리가 서 있는 곳이 어디인지 알 수 없게 될 것이다."

태양계에서 발견된 다음번의 진짜 행성(해왕성)은 1846년에 태양 주위의 궤도를 돈다는 사실이 확인되었다. 하지만 이 행성은 200년도 더 전인 1612년에 갈릴레이가 먼저 관측했을지도 모른다. 이 행성에는 유피테르의 동생인 바다의 신 넵투누스Neptunus의 이름을 따 '넵튠Neptune'(우리말로는 해왕성)이란 이름이 붙었다(넵투누스는 그리스 신화의 포세이돈Poseidon에 해당한다).

러시아 화학자 드미트리 멘델레예프Dmitri Mendeleev가 1869년에 원소들을 체계적으로 분류한 주기율표를 만들었을 때, 우리가 알고 있던 원소들 중에서 가장 무거운 것은 우라늄이었다. 지금은 주기율표에 우라늄 다음에도 원소가 많이 있지만, 이 중에서 우라늄처럼 지구에서 천연으로 산출되는 것은 하나도 없다. 이 초우라늄 원소들은 모두 방사성 붕괴 과정을 통해 자연 발생적으로 붕괴한다. 그래서 처음에 태양계의 나머지 물질과 함께 생겨난 초우라늄 원소가 있었다 하더라도, 그 후 시간이 지나면서 이미 오래전에 사라졌다. 주기율표에서 우라늄 바로 뒤쪽에 위치한 원소는 1940년에 가서야 처음 발견되었는데, 실험실에서 우라늄 원자에 중성자를 충돌시키는 과정을 통해 극소량의 '넵투늄neptunium'이 만들어진 것이다.

주기율표에서 넵투늄 다음의 원소 플루토늄은 명왕성에서 그 이름을 땄다. 명왕성의 영어 이름 '플루토Pluto'는 로마 신화에서 지하 세계를 다스리는 신인 플루톤Pluton을 가리킨다(플루톤은 그리스 신화에서 제우스와 포세이돈의 형제인 하데스Hades에 해당한다). 명왕성은 1930년에 클라이드 톰보Clyde Tombaugh가 발견했는데, 플루토라는 이름은 그 당시 열한 살의 소녀였던 베니샤 버니Venetia Burney가 제안했다. 그로부터 10년 뒤, 넵투늄을 인공적으로 처음 만드는 데 성공한 버클리의 캘리포니아 대학교 연구소에서 글렌 시보그Glenn T. Seaborg(1912~1999)가 이끄는 팀이 플루토늄plutonium을 만들었다. 시보그는 새 금속 원소가 주기율표에서 맨 마지막 원소일 거라고 잘못 생각하고서 '울티뮴ultimium'이나 '엑스트레뮴extremium'이란 이름을 붙이려 했다고 한다. 이 이름을 채택하지 않은 것은 천만 다행이었는데, 플루토늄 이후에도 지금까지 24종의 원소가 더 만들어졌기 때문이다. 이 원소들 중에는 버클리와 캘리포니아, 아메리카에서 이름을 딴 버클륨berkelium과 캘리포늄californium, 아메리슘americium과 시보그 자신의 이름이 붙은 106번 원소(시보귬seaborgium)가 포함돼 있다. 살아 있는 과학자의 이름이 붙은 사람은 시보그가 처음이었다. 게다가 그는 원소 기호만 사용해 자신에게 편지를 보낼 수 있는 유일한 사람이기도 했다. 그 주소는 Sg, Bk, Cf, Am이다. 2016년 11월 28일, 러시아 물리학자 유리 오가네시안은 두 번째로 살아 있는 사람의 이름이 원소에 붙는 영예를 누렸다. 118번 원소 오가네손organesson은 87번 원소 프랑슘francium부터 시작하는 주기율표의 일곱 번째 가로줄을 완전히 채웠다.

2003년 10월 21일, 캘리포니아주에 있는 팔로마 천문대는 해왕성 너머에서 새로운 천체를 발견해 '2003 UB313'이라고 명명했다. 2006년 9월 6일, 캘리포니아 공과대학교에서 마이크 브라운Mike Brown이 이끄는 팀이 이 천체의 이름을 '에리스Eris'로 정하자고 제안했다. 에리스는 그리스 신화에 나오는 불화와 다툼의 여신으로, 시기와 질투를 부추기고 남자들 사이에 싸움과 분노를 조장한다(세 여신에게 '가장 아름다운 자에게'라고 적힌 황금 사과를 던져 트로이 전쟁의 원인을 제공한 것으로 유명하다). 에리스는 이 천체에 딱 맞는 이름이었는데, 에리스의 발견은 명왕성을 태양계의 아홉 번째 행성이라는 지위에서 끌어내리는 계기가 되었기 때문이다. 명왕성 외에도 명왕성과 비슷한 질량(사실 에리스는 명왕성보다 질량이 더 크다)을 가진 여러 천체가 태양 주위를 돌고 있다는 사실이 밝혀지자, 행성의 정의를 새로 내리지 않을 수 없었다. 행성의 핵심 조건 중 하나는 자신의 주위를 도는 위성을 제외하고는 궤도 주변에서 다른 천체들을 '배제'해야 한다는 것이다. 다시 말해서, 행성은 자신이 지나가는 궤도 주변의 공간에서 지배적인 중력을 행사해야 한다. 이 때문에 명왕성과 세레스 그리고 새로 발견된 에리스를 비롯한 여러 천체는 왜행성으로 새로 분류되었다. 팔라스는 왜행성의 조건 중 하나, 즉 중력으로 구형을 유지할 수 있을 만큼 충분한 질량을 가져야 한다는 조건을 충족시키지 못해 소행성으로 남게 되었다. 그럼에도 불구하고, 명왕성과 세레스, 팔라스는 모두 원소에 그 이름을 남겼다. 현재 아직 그 이름이 원소에 붙지 않은 태양계 천체 중 가장 질량이 큰 천체는 에리스이다.

무시당한 행성

왜행성을 둘러싼 논란이 시작되기 전에(사실 해왕성이 발견되기 전에도) 태양계에서 원소에 그 이름이 붙지 않은 행성은 오직 하나만 남아 있었는데, 그 행성은 바로 지구였다. 이것은 지구 중심적 우주관을 감안하면 충분히 이해할 수 있다. 하지만 이 실수는 18세기가 끝나기 직전에 바로잡혔는데, 이번에도 그 일의 주인공은 클라프로트였다. 클라프로트는 트란실바니아◆에서 아주 희귀한 광물 샘플을 받았는데, 분석하기가 꽤 까다로웠다. 거기에는 분명히 금이 포함돼 있었지만, 다른 주요 성분은 그 정체를 파악하기가 어려웠다. 그 정체가 비스무트라고 생각한 사람도 있었고, 안티모니라고 생각한 사람도 있었다. 사실, 그 광물은 큰 골칫거리가 되어 '아우룸 파라독숨aurum paradoxum'(역설적인 금)이나 '메탈룸 프로블레마티쿰metallum problematicum'(미해결 금속)이라 불리게 되었다.

이 광물에 대해 클라프로트는 다음과 같이 썼다.

◆   현재 루마니아 서북부 지역에 해당한다.

자연이 트란실바니아의 땅 밑 지역을 채운 광물계의 다양한 산물 가운데, *흰색 금-광석*과 *회색 금-광석*으로 알려진 이 화석은 박물학자의 특별한 관심을 받을 자격이 있다.

지금까지 이 광물에 대해 확실하게 밝혀진 사실은 금과 은이 다양한 비율로 포함돼 있다는 것이다. 하지만 다른 구성 성분들에 대한 화학적 지식은 의문과 불확실성에 싸여 있다.

화학적 광물학에 생긴 이 공백을 메우기 위해 나는 이 값비싼 화석을 가지고 한 실험 결과를 여기에 제출한다. 가장 중요한 결과는 독특한 새 금속의 발견인데, 나는 이 금속을 어머니 *대지*를 가리키는 라틴어 텔루스*tellus*에서 그 이름을 따 텔루륨*tellurium*이라고 부르기로 했다.

텔루스는 로마 신화에 나오는 대지의 여신으로, 앞서 나왔던 그리스 신화의 가이아(우라노스의 아내로, 아들 크로노스에게 자신이 만든 낫을 주었던 여신)에 해당한다. 따라서 클라프로트가 이름을 지은 우라늄과 텔루륨은 각각 하늘의 신과 대지의 여신에서 그 이름을 딴 한 쌍의 원소이다.

클라프로트는 텔루륨의 한 가지 특징을 "탈 때 다소 역겨운 무*비슷한 냄새가 특히 유별나다.*"라고 지적했다. 그 후 이것은 문서로 잘 기록된 텔루륨의 한 가지 성질이 되었다. 19세기의 한 실험에서는, 자원자에게 텔루륨 0.5μg(거의 눈에 보이지도 않는 양)을 삼키라고 했더니 그 후 30시간 동안 무와 마늘 냄새가 섞인 입 냄새가 났다고 한다. 더 충격적인 보고도 있는데, 15μg을 섭취했더니 그 냄새가 237일 동안 지속되었다고 한다.

클라프로트는 당대 독일의 위대한 광물학자였지만, 스웨덴에서도 그와 필적할 만한 대가가 나왔다. 클라프로트 사후 36년 뒤에 태어난 엔스 야코브 베르셀리우스Jöns Jakob Berzelius가 그 주인공이다. 왜행성 세레스에서 이름을 딴 금속 원소 세륨은 이미 앞에서 만나보았다. 이 원소는 1803년에 클라프로트와 베르셀리우스가 각자 독자적으로 발견했지만, 그 이름은 결국 베르셀리우스가 제안한 것이 채택되었다(클라프로트는 그 금속 산화물의 색 때문에 '황토색'이란 뜻의 단어에서 유래한 '오크로이테ochroite'라는 이름을 제안했다). 베르셀리우스는 또한 원소와 화합물의 보편적인 기호 체계를 만들었는데, 이것은 오늘날까지도 쓰이고 있다. 하지만 여기서 우리의 관심을 끄는 것은 베르셀리우스가 발견한 또 다른 원소이다.

1817년 9월 23일, 베르셀리우스는 편지에서 자신이 얼마 전에 사들인 황산 제조 공장의 황 잔류물에서 클라프로트의 텔루륨을 극소량 발견했다고 썼다. 이 발견이 놀라웠던 이유는 제조 과정에 사용된 광물에서는 이 원소가 발견된 적이 전혀 없었기 때문이다. 그런데 다음 해 2월에 쓴 편지에서 베르셀리우스는 더 놀라운 소식으로 앞서 자신이 한 말을 정정했다. 그 원소는 텔루륨이 아니라, 황과 텔루륨 사이의 중간 성질을 지녔다고 했다. 그리고 이렇게 덧붙였다. "이 새로운 물질을 불로 가열하면, 하늘색 불꽃을 내면서 타며 아주 강한 무 냄새가 난다. 우리가 이 원소를 텔루륨이라고 생각했던 이유는 이 냄새 때문이었다. … 이 유사성 때문에 나는 새로운 물질의 이름을 셀레늄으로 정했다."

베르셀리우스의 실수는 충분히 이해할 만하다. 셀레늄은 주기율표에서 황과 텔루륨과 같은 족에 위치한다. 즉, 이 원소들은 화학적 성질이 서로 아주 비슷하다. 베르셀리우스는 이렇게 설명했다. "나는 텔루륨과의 유사성을 상기시키기 위해 그 이름을 셀레네Selene(달)에서 땄다." 셀레네는 그리스 신화에서 달의 여신으로 나오며, 로마 신화의 루나에 해당한다.

셀레나이트selenite라는 광물도 달과의 연관성 때문에 그런 이름이 붙었다. 예상과 달리 셀레나이트는 셀레늄 광석이 아니며, 사실 셀레늄을 전혀 포함하고 있지 않다. 셀레나이트는 실제로는 골절용 깁스를 만드는 데 쓰이는 석고, 즉 황산칼슘의 한 형태이다. 셀레늄과 마찬가지로 셀레나이트도 그 이름을 하늘의 여신에서 땄지만, 그 이유는 한때 셀레나이트가 달의 위상 변화에 따라 팽창과 수축을 반복한다고 생각했기 때문이다. 1세기에 플리니우스Plinius♦는 이렇게 썼다. "셀레나이트는 희고 투명한 보석으로, 꿀처럼 노란색 광택이 나며, 달이 보름달을 향해 차거나 반대로 기울어짐에 따라 그 속에서 달의 비율을 나타낸다."

셀레늄 원소는 분명히 달의 변화에 따라 차거나 기울어지지 않지만, 빛에 반응한다는 사실이 드러났다. 셀레늄은 빛에 노출되면 전기 전도성이 증가하는 반도체이다. 이 성질 때문에 셀레늄은 사진 촬영을 위한 광도계에 쓰여왔다.

다음 장에서는 하늘로부터 눈길을 돌려 지구의 내부를 들여다보면서, 16세기의 광부들과 그들이 맞닥뜨린 기묘한 악마들을 만나보기로 하자.

♦　이 책에서 언급하는 플리니우스는 모두 대大 플리니우스를 가리킨다.

2

도깨비와 악마

점점 증가하는 금속의 수에 주목한다고 해서 위험할 일은 전혀 없다.
이제 지식인들 사이에서 점성술의 영향력은 위력을 잃었고,
이미 태양계의 행성보다 더 많은 금속이 발견되었다.

크론스테트Cronstedt, 1770

　금속이 일곱 가지밖에 없다는 믿음은 수백 년 동안 지속되었는데, 17세기에 와서야 사람들은 어쩌면 금속의 종류가 그보다 더 많을지도 모른다는, 불편하지만 불가피한 진실에 눈을 뜨게 되었다. 에스파냐 야금학자 알바로 알론소 바르바가 새로운 금속 비스무트에 대해 1640년에 쓴 보고서는 이미 앞에서 언급한 바 있다. 비스무트는 16세기와 17세기에 관심을 끌기 시작한 금속 또는 금속 비슷한 여러 물질 중 하나였다. 웹스터는 1671년에 출판한 『메탈로그라피아 혹은 금속의 역사』에서 27장을 다음 문장으로 시작한다. "속된 말로 기술하긴 했지만, 일곱 가지 금속의 컬렉션과 그에 대한 이야기를 마쳤으므로, 이제 많은 사람들이 금속이라고 생각하는 다른 것들, 그리고 설사 금속이 아니더라도 적어도 준금속에 해당하는 것들을 살펴보기로 하자. 그중 일부는 옛날 사람들에게 알려지지 않았던 새로운 종류의 금속이나 광물로 간주된다."

　이 장에서 웹스터는 안티모니와 비소, 비스무트, 코발트, 아연을 다룬다. 오늘날 우리는 이것들을 각각 별개의 원소로 알고 있지만, 과거에는 혼동이 심해 이 이름들은 원소 자체보다는 화합물을 가리키는 용도로 사용되었다. 게다가 각 화합물과 원소를 다른 것으로 오인하는 일도 많았다. 이 때문에 그 역사를 살펴보는 것은 상당히 복잡하다. 그러면 바르바가 "주석과 납 중간의 금속이면서 주석과 납과는 완전히 다른 금속"이라고 한 비스무트부터 살펴보기로 하자.

비스무트

비스무트bismuth에 관한 최초의 기록은 바르바가 언급한 것보다 100년 이상 앞선다. 그 이름은 광산지질학에 관한 최초의 책에 'wissmad'라는 변형된 철자로 등장한다. 이 책은 16세기로 넘어올 무렵에 출판되었는데, 저자는 방앗간 주인의 아들로 태어나 1485년에 라이프치히 대학교에 들어간 울리히 륄라인 폰 칼브Ulrich Rülein von Calw였다. 칼브는 비스무트 광석은 그 밑에서 은이 발견되는 경우가 많아 은을 찾는 데 도움을 준다고 지나가는 말처럼 언급했다. 그래서 광부들은 비스무트를 '은의 지붕'이라고 불렀다. 훗날 웹스터는 『메탈로그라피아 혹은 금속의 역사』에서 다음과 같이 기술했다. "그것을 추출한 광석은 … 검은색이 더 짙고 납빛을 띤다. 가끔 그 속에 은이 들어 있으며, 그것을 파낸 장소에서 광부들은 그 밑에 있던 은을 얻는다. 광부들은 그 광석을 쿠핑Cooping, 즉 '은의 덮개'라고 부른다."

16세기에 독일에서 광산학의 권위자로 꼽혔던 게오르기우스 아그리콜라Georgius Agricola(1494~1555)는 비스무트의 이 유용한 성질에 주목했다. 그는 이 금속에 '비세무툼bisemutum'이라는 라틴어 이름을 붙였고, 이 금속을 주석을 가리키는 '플룸붐 칸디둠plumbum candidum'과 검은 납을 가리키는 '플룸붐 니그룸plumbum nigrum'과 구별하기 위해 '플룸붐 키네레움plumbum cinereum'(잿빛의 납)이라고 묘사했다. 아그리콜라가 광물학에 관해 쓴 최초의 개론서 『베르만누스Bermannus』는 1530년에 출판되었는데, 광물학자 베르만누스와 학자 니콜라우스 안콘Nicolaus Ancon과 요한네스 나이비우스Johannes Naevius가 광산들을 돌아다니면서 벌이는 대화 형식으로 기술되었다.

베르만누스: 이곳을 떠나기 전에 나는 또 다른 종류의 광물을 소개하고 싶소. 이것은 옛날 사람들은 몰랐던 종류의 금속이라오. 우리는 이 광물을 *비세무툼*이라고 부르지요.

나이비우스: 그렇다면 당신은 일반적으로 받아들여지는 일곱 가지 금속 외에 또 다른 금속이 있다고 믿나요?

베르만누스: 나는 금속이 더 많이 있다고 믿소. 광부들이 *비세무툼*이라고 부르는 이 금속은 플룸붐 칸디둠[주석]이나 플룸붐 니그룸[납]이라고 부를 수는 없는데, 이 둘과는 분명히 다르기 때문이지요. 따라서 이것은 제3의 금속일 수밖에 없소.

'비스무트'라는 이름은 아마도 '흰 덩어리'를 의미하는 옛 독일어 'wis mat(비스 마트)'에서 유래한 것으로 보이며, 이 금속의 잿빛이 그런 이름을 낳았을 것이다. 잿빛은 원소 자체의 색이 아니라 비스무트 광석의 색을 가리키는데, 일부 광석은 흰색을 띠고 있다. 비스무트 금속은 옅은 회색과 분홍색을 띠며, 표면을 얇게 덮고 있는 산화막 때문에 아름다운 무지개색이 어른거리는 경우가 많다. 이 겉모습 때문에 아그리콜라의 동료로 신교도 목사였던 요한네스 마테시우스Johannes Mathesius(1504~1565)는 비스무트의 어원에 대해 더 낭만적인 주장을 펼쳤다. 그는 『베르만누스』를 읽고 나서 광산업에 관심을 갖게 되어, 채굴에 관한 설교로 광부 신도들을 교육시켰다. 한번은 납과 비스무트에 관한 설교를 하면서 비스무트라는 이름이 '풀밭'을 의미하는 '비젠Wiesen'에서 나왔다고 말했는데, 그 이유는 이 금속의 색이 클로버가 활짝 핀 풀밭의 분홍색과 비슷하기 때문이라고 했다.

17세기 중엽에 독일 광부들은 비스무트 금속을 제련하기 시작했다. 낮은 열로도 광석에서 비스무트를 녹여서 뽑아낼 수 있었기 때문에, 1556년에 출판된 아그리콜라의 가장 유명한 저서『금속에 관하여De re Metallica』에 실린 목판화 그림처럼 이 과정은 화톳불 위에서도 쉽게 진행할 수 있었다(〈그림 20〉 참고). 광석(G) 주변에서 타고 있는

그림 20　　아그리콜라의『금속에 관하여』에서 비스무트 생산 과정을 보여주는 목판화 그림

화톳불에서 녹은 비스무트가 흘러나와 철제 솥(H와 D)으로 들어가고, 이것이 식으면 비스무트 반구들(B)이 생긴다.

비스무트 금속이 독일에서 만들어지긴 했지만, 독일 밖에서는 비스무트를 보기가 힘들었다. 심지어 1671년까지도 그랬는데, 웹스터는 그 상황을 이렇게 기술했다.

나는 대영 제국의 영토 내에서 [비스무트를] 조금이라도 얻었다는 이야기를 들은 적이 없다. 따라서 광물을 탐구하는 모든 독창적인 신사들과 광석을 찾거나 채굴하는 나머지 모든 사람들이 이 나라 안에서 이 금속의 존재를 듣거나 발견할 수 있는지 탐문하길 바란다. 왜냐하면, 이 금속은 매우 비싸 아주 큰 가치가 있는 재화이기 때문이다. 나 역시 이 광석을 조금이라도 손에 넣지 못해 썩 유쾌하지 못한데, 그래서 내가 알고 있는 지식으로는 독자에게 만족할 만큼 이 금속의 성질을 제대로 설명할 수 없다.

실제로는 100년도 더 전부터 영국에서 독일 광산업자들이 비스무트를 만들었지만, 웹스터는 이 사실을 전혀 알지 못했다. 그들이 사용한 회계 장부가 아직까지 남아 있는데, 거기에는 영국 호수 지방의 광산들에서 생산된 구리와 납, 은의 판매 내역이 자세히 적혀 있다. 1569년 1월 31일자 항목에는, 무게 147파운드의 비스무트 반구(아마도 아그리콜라가 묘사한 것과 같은) 4개를 케스윅에서 런던과 안트베르펜으로 운반한 비용으로 런던의 한 운송업자에게 14실링 6펜스를 지불했다고 기록돼 있다. 이 비스무트 시료의 사용처에 대한 단서는 영국에서 비스무트 대신에 쓰인 이름인 '틴글라스tinglass'에서 찾을 수 있다. 16세기 후반의 한 영국 문헌에 "*아그리콜라가 이야기한, 잿빛을 띤 종류의 납인 비세무툼과 같은 틴글라스*"라는 구절이 있다.

화학자의 바실리스크 또는 데모고르곤

웹스터에 따르면, 비스무트가 틴글라스라는 이름을 얻은 것은 백랍白鑞을 만드는 장인들이 "광채와 단단함을 더하고, 녹았을 때 쉽게 흘러가도록 하기 위해 그것을 주석과 섞었기" 때문이다.♦ 비스무트의 또 다른 별명인 '화학자의 바실리스크'도 비스무트가 주석을 단단하게 하고 광채를 더해준다는 사실로 설명이 가능하다. 바실리스크basilisk는 자신을 쳐다보는 사람을 모두 돌로 변하게 한다는 신화 속의 뱀을 가리킨다.

17세기의 독일 화학자 요한 루돌프 글라우버Johann Rudolf Glauber(1604~1670)는 '우리의 데모고르곤Demogorgon'(마왕)이라고 부른 이 준금속이 다른 금속을 단단하게 하는 성질에 대해 이야기했다. 데모고르곤은 그리스 신화에서 머리카락이 뱀이고 그 얼굴을 쳐다보는 사람은 모두 돌로 변하게 한다는 괴물 자매 고르곤Gorgon에서 그 이름을 딴 것이다.♦♦ 글라우버는 이렇게 썼다. "우리의 데모고르곤은 지구에서 있는 그대로 아무 준비도 안 된 상태로 나오지만,

---

♦ 틴글라스는 문자 그대로 해석하면 '주석 유리'라는 뜻이다. 백랍은 납과 주석의 합금으로, 불에 잘 녹고 쇠붙이에 잘 붙어 땜질에 쓰인다.

다음의 모든 금속을 변화시키고 개선하는 장점이 있다." 먼저 그는 비스무트가 납에 미치는 효과를 이야기한다. "조금 섞으면 토성[납]을 달[은]처럼 단단하고 희게 만들며, 이 혼합으로 온갖 종류의 그릇과 접시를 만들 수 있다." 이 새로운 합금은 은 자체만큼 훌륭해 보인다. "단지 달[은]의 소리가 나지 않고, 시험을 견뎌내지 못할 뿐이다." 이 말은 그 차이를 구별하려면 분석 시험이 필요하다는 뜻이다. 주석[목성]에 미치는 효과도 비슷하지만, 은의 경우에는 그 겉모습을 변화시킨다. "이 팅크를 달[은]에 뿌리면, 전체가 석탄처럼 새카맣게 변해 더 이상 달[은]처럼 보이지 않는다. … 이 방법으로 전시나 그 밖의 위험 상황에서 달[은]을 다른 것으로 위장할 수 있으며, 따라서 이렇게 하는 것은 적에게 빼앗기지 않고 보존하기에 좋은 방법이 될수 있다." 비스무트는 또한 금을 단단하게 만든다. "마찬가지로 이것은 태양[금]을 아주 단단하게 만들어 구부러지거나 파괴되지 않게 한다." 글라우버는 이렇게 단단해진 금의 용도를 여러 가지 들었는데, 그중에는 조각상과 주화, "특히 영원히 지속되는 그 속성을 반영해 친구들을 기억하기 위해 디자인된 반지" 등이 포함돼 있다. 심지어 "군주들도 이렇게 단단해진 태양[금]으로 만든 갑옷과 무기를 사용할수 있다. 이것은 철이나 강철보다 훨씬 나은데, 철이나 강철은 녹이 쉽게 슬지만 태양[금]은 녹이 슬지 않는다."

비스무트가 야금 분야에서 백랍을 만드는 데에만 쓰인 것은 아

♦♦ 데모고르곤에 고르곤이란 철자가 포함되어 있긴 하지만, 저자의 이 주장은 근거가 없다. 그리스 신화에서 물질 세계를 창조한 최고신이 데미우르고스demiourgos인데, 훗날 그 대격인 데미우르곤demiourgon의 철자가 잘못 바뀌어 데모고르곤이란 단어가 생겨났다는 것이 다수의 견해이다.

니다. 비스무트는 안티모니와 함께 '활자 주조용 합금'을 만드는 데에도 쓰였다. 다소 전문화된 이 용도는 안티모니와 비스무트의 희귀한 성질에서 비롯되었다. 이 두 금속은 물처럼 액체 상태가 고체 상태보다 밀도가 더 높다. 얼음이 물 위에 뜬다는 사실은 모두가 잘 알고 있지만, 사실은 이 성질은 물질 세계에서는 아주 특이한 것이다. 이 성질은 인쇄용 활자를 만드는 데 아주 이상적인데, 주형에 쏟아부은 액체 금속이 굳어지면서 약간 팽창하기 때문이다. 이 덕분에 주물의 완성도를 크게 높일 수 있다.

주기율표에서 이웃에 위치한 독성 원소들(폴로늄, 납, 탈륨)과 달리 비스무트 화합물은 특별히 독성이 강하지 않다. 그럼에도 불구하고 비스무트는 초기 의학 분야에 사용되지 않았는데, 아마도 비스무트 자체가 널리 알려진 물질이 아니어서 그랬을 것이다. 비스무트 화합물이 처음에 널리 사용된 곳 중 하나는 화장품이었다. 프랑스 화학자 무아즈 샤라는 1676년에 출판된『왕립 약전』에서 '비스무트 자연 변성물' 또는 '진주의 백색'이라고 부른 순백색 가루가 "피부의 온갖 흠을 가리고 숙녀의 얼굴을 아름답게 하는 데 적합하다."라고 썼다. 19세기 후반에『금속 각본집Playbook of Metals』을 출판한 존 헨리 페퍼John Henry Pepper는 그 책에서 화장품으로 쓰이는 비스무트의 용도를 다소 부정적으로 기술했다.

광물과 독성 가루로 하느님의 모습을 훼손할 때, 거기에는 물론 어떤 특별한 목적이 있을 것이다. 지금은 야만족이 주로 싸우러 나갈 때 적에게 겁을 주기 위해 얼굴에 색칠을 한다. 그래서 현대 작가들이 일부 철없는 여성의 이 특이한 화장을 표현하기 위해 사용하는 '전쟁 물감war paint'이라는 단어는, 아마도 터무니없고 어리석은 이 관행을 겨냥한 가장 심한 질책 중 하나일 것이다. '꽃이 만발한 풀밭'이란 뜻의 독일어 '비스마테wiessmate'에서 그 이름이 유래한 비스무트 금속은 이 일을 위해 선택된 재료 중 하나이다. 물론 금속 상태 그대로 사용하지는 않으며, 질산과 물과 섞어 사용하는데, 이를 비스무트 삼질산염 또는 '연백鉛白'이라고 부른다.

존 스코펀John Scoffern이 1839년에 출간된 재미있는 책 『불가사의하지 않은 화학 이야기Chemistry no Mystery』에서 이 용도와 연관된 또 하나의 일화를 소개했다. 스코펀은 황화수소 기체를 설명하다가, 황화수소가 특정 금속을 포함한 용액과 즉각 반응하여 검은색 불용성 침전물을 만든다고 말했다. 이 반응은 해당 금속이나 천연 샘물에서 가끔 발견되는 이 기체의 존재를 확인하는 데 쓸 수도 있다. 스코펀은 다음과 같이 썼다.

황화수소와 닿으면 검게 변하는 물질 중 하나인 금속 비스무트로 조제한 물질을 몸에 바르는 것은 특히 흰 피부를 갖길 소망하는 여성들 사이에 널리 퍼진 관행이었다. 그런데 믿을 만한 권위자에 따르면, 이 물질로 아름답게 피부가 하얘진 여성이 해로게이트의 온천에서 목욕을 하자, 하얀 피부가 즉각 새카만 색으로 변했다고 한다. 그 여성이 예상밖의 이 변화에 얼마나 놀랐을지 충분히 상상할 수 있을 것이다. 그 여성은 비명을 내지르면서 혼절했다고 한다. 그 여성을 수발하던 사람들도 이 기묘한 변화를 보고서 거의 기절할 뻔했지만, 비누와 물로 씻자 검은색으로 변한 피부가 원래대로 돌아가는 걸 보고서 놀란 가슴을 어느 정도 진정시킬 수 있었다. 그 여성은 곧 혼절 상태에서 깨어났고, 의사로부터 자초지종을 설명 듣고는 안도했다고 한다. 하지만 사람들이 자신의 흰 피부의 비밀을 알아챘을 거라는 생각에 기분이 썩 좋지는 않았을 것이다.

비스무트의 어원에 관한 마지막 주장은, 비스무트라는 이름이 안티모니와 혼동한 데에서 유래했다고 설명한다. 안티모니는 주기율표에서 비스무트 바로 위에 있기 때문에, 두 원소는 같은 족에 속하고 화학적 성질이 비슷하다. 이 혼동은 16세기의 스위스 의사 필리푸스 아우레올루스 테오프라스투스 봄바스투스 폰 호엔하임Philippus Aureolus Theophrastus Bombastus von Hohenheim(1493?~1541)이 아주 잘 설명했다. 파라켈수스Paracelsus라는 이름으로 더 유명한 이 의사는 아주 흥미로운 성격을 지녔는데, 모든 시대를 통틀어 가장 자부심이 강한 사람으로 꼽을 수 있다. 사실 스스로 지은 이름인 파라켈수스는 '켈수스Celsus를 뛰어넘는'이란 뜻인데, 켈수스는 1세기의 위대한 학자를 가리킨다. 그런 찬사를 들을 자격이 있는지 없는지는 차치하고, 오늘날 파라켈수스는 광물(금속 화합물)을 약으로 복용하는 관행을 널리 보급한 사람으로 인정받는다. 다음 글에서 파라켈수스는 비스무트를 언급하는데, 그것을 안티모니의 한 종류로 취급하는 것처럼 보인다.

안티모니는 두 종류가 있다. 하나는 검은색의 저속한 종류로, 이것과 함께 섞어 녹임으로써 금을 정제할 수 있다. 이것은 납과 성질이 아주 비슷하다. 다른 하나는 흰색인데, 마그네시아Magnesia 또는 비세무툼이라고도 부른다. 이것은 주석과 성질이 아주 비슷하다.

비스무트라는 이름은 여기서 말하는 '두 번째 종류의 안티모니'

에서 유래했을지 모른다. 안티모니를 아랍어로는 '이스미드ithmid'라고 하는데, 비스무트란 단어가 '안티모니 같은'이란 뜻의 'bi-ithmid'에서 유래했다는 설이 있다.

안티모니 — 금속의 늑대

파라켈수스가 광물을 의약품으로 유행시키자, 안티모니antimony는 어떤 물질보다 더 많은 관심과 논란을 낳았다. 1671년, 웹스터는 "안티모니보다 더 많이 취급되는 광물은 거의 없다."라고 언급했다. 1802년, 유명한 스코틀랜드 화학자 토머스 톰슨Thomas Thomson은 "어떤 금속도 안티모니만큼 의사들의 큰 관심을 끈 것은 없었다. 심지어 수은과 철도 그만큼 큰 관심을 끌지는 못했다. 한 의사는 어떤 질병에도 실패하지 않는 특효약이라고 칭송한 반면, 다른 의사는 가장 치명적인 독이어서 의약품 목록에서 추방해야 한다고 비난했다."라고 덧붙였다.

안티모니는 자연에서 흔히 휘안석이라는 황화물 광물에 섞여서 산출되며, 가끔은 원소 자체의 형태로도 발견된다. 초기의 문헌들은 이 두 가지를 섞어서 언급해 그것이 황화물 광물을 가리키는 것인지 원소 자체를 가리키는 것인지 분간하기 어려울 때가 가끔 있다. 오늘날의 중동 지역인 남캅카스와 메소포타미아에서는 고대부터 이 광물이 많이 산출되었다. 황화물에서 원소 형태의 안티모니를 추출하기는 비교적 쉬우며, 기원전 3000년경에 이 지역에서 만들어진 금속제

물건도 일부 남아 있다. 1736년에 에티엔-프랑수아 조프루아Étienne-François Geoffroy는 검은색 광물인 휘안석의 모습을 다음과 같이 묘사했다. "어떤 것은 바늘처럼 미세하게 반짝이는 선들로 이루어져 있고, 때로는 규칙적인 줄들로 배열돼 있는가 하면 때로는 아무 질서도 없이 배열돼 있는데, 이를 '수컷 안티모니'라고 부른다. 어떤 것은 두껍고 넓은 판이나 박편 형태로 배열돼 있는데, 플리니우스는 이를 '암컷 안티모니'라고 불렀다." '수컷 안티모니'는 황화물 광물을 가리킨 것이 거의 확실하지만, '암컷 안티모니'는 실제로는 천연 금속을 가리킨 것으로 보인다.

플리니우스가 1세기에 쓴 『박물지Naturalis Historia』에서 휘안석에 대해 언급한 내용 중 대부분은 동시대에 살았던 그리스 약리학자 페다니우스 디오스코리데스Pedanius Dioscorides가 쓴 『약물지Materia Medica』에서 인용한 것이다. 두 저자는 휘안석의 주요 용도가 "눈 속의 오물과 궤양을 깨끗이 씻어내는 것"이라고 했다. 플리니우스의 표현을 빌리면, 안티모니(필시 광물을 가리킨 듯하다)는 "수렴제♦와 냉각제의 성질이 있지만 주로 눈에 쓰이는데, 많은 사람들이 이를 '눈 확장제'를 의미하는 '플라티오프탈무스platyophthalmus'라 부르는 이유는 여성의 눈을 크게 하는 미용 제품의 활성 성분이기 때문이다. 눈의 궤양과 분비물을 방지하기 위해 유향 가루를 뿌리고 고무와 함께 만든다."

이렇게 휘안석을 아이라이너로 사용하는 관행은 아마도 이보

♦　점막이나 다친 피부를 수축시키고 분비물을 마르게 하는 약물. 혈관을 수축시켜 출혈을 멈추게 하거나 설사를 멎게 하는 효과도 있다.

다 훨씬 전에 페르시아에서 시작되었을 것이다(다른 검은색 광물을 아이라이너로 더 많이 사용했을 가능성이 높긴 하지만). '메스템mestem'이라 부르는 고대 이집트의 아이라이너 시료를 분석해보았더니, 방연석(황화납)이나 심지어 숯을 재료로 사용한 경우가 많았다. 하지만 이 광물을 가리키는 그리스어 스티미stimmi와 스비티stibi 그리고 라틴어 스티비움stibium은 이집트어 '메스템mestem' 또는 '스템stem'에서 유래했다. 19세기 전반에 베르셀리우스는 안티모니의 원소 기호를 라틴어 'stibium'에서 따 Sb로 정했는데, 현대 화학자들도 그대로 사용하고 있다.

구분에 혼동을 일으킨 것은 안티모니와 납의 황화물뿐만이 아니었다. 두 원소도 서로 혼동되었다. 예를 들면, 플리니우스는 휘안석을 공기 중에서 구운 뒤(그러면 산화물로 변한다), 여러 물질 중에서도 '소똥 덩어리'와 함께 가열함으로써 다양한 조제품을 만드는 방법을 기술했다. 그는 "굽는 과정의 강도를 너무 높이지 않는 게 아주 중요하다. 그래야 생성물이 납으로 변하는 것을 막을 수 있다."라고 경고했다. 이 '납'은 실제로는 금속 안티모니가 확실한데, 금속 안티모니는 안티모니 산화물을 불에 태운 유기 물질과 섞을 때 화학적 환원 과정을 통해 만들어진다.

초기의 야금술에서 납과 안티모니는 금을 정제하는 데 쓰였다. 회취법cupellation♦♦이라는 과정에서는, 불순물이 섞인 금을 납과 함께 회분접시cupel라는 다공질 용기에 넣고 굽는다. 놀랍게도 오랜 세

♦♦ 회취법灰吹法은 광석이나 합금을 고온에서 용해하여 금이나 은 같은 귀금속을 분리하는 방법이다. 회분접시는 동물 뼈를 태운 재로 만든 접시이다.

월이 흐르는 동안 그다지 변하지 않은 이 과정은 지금도 금을 시금하는 데 쓰인다. 자기 자식을 잡아먹는 사투르누스에 빗대어 납은 금속의 모든 불순물을 집어삼킨다고 했다. 시금로의 높은 온도에서 납과 불순물은 용융 상태의 산화물이 되어 회분접시 자체에 흡수되고 금만 따로 남는다. 만약 거기에 은이 섞여 있다면, 이것 역시 변하지 않은 채 남아 금과 섞인다. 납 대신에 휘안석을 가지고 이 과정을 시도하더라도, 시료에 포함된 은이 모두 분리된다. 초기의 화학자와 야금학자가 안티모니 대신에 부르던 일부 이름은 이 때문에 붙게 되었는데, 1727년에 부르하버는 이를 다음과 같이 설명했다.

> 화학자들은 두 종류의 납, 즉 토성을 알고 있었다. 첫 번째는 디아나Diana의 토성, 즉 보통 납이고, 두 번째는 철학자의 토성이라고도 부르는 솔Sol의 납, 즉 안티모니이다. 금과 은만 첫 번째 납에 저항한다. 그리고 오직 금만 두 번째 납에 저항한다. 그들은 이 두 종류의 납을 라바크룸 레프로소룸Lavacrum Leprosorum, 즉 나환자의 욕조라고 부른다. 사람들은 여기서 깨끗해진 것을 끌어낸다. 이것은 ☉과 ☾을 제외하고 그들이 나환자로 간주한 나머지 모든 금속이 같은 회분접시에서 납 또는 안티모니와 함께 융합되어 화염 속에서 날아간다는 것을 암시한다. … 일정량의 안티모니를 순수한 금과 함께 회분접시에 넣고 전체를 융합시켜 강한 불에서 가열하면, 안티모니는 모두 증발하고 금만 남는다. 금에는 다른 금속이 전혀 포함돼 있지 않으며, 심지어 은조차 섞여 있지 않다. 그래서 안티모니를 특별히 발네움 솔리스Balneum Solis, 즉 태양의 욕조라고 부르며, 또 라바멘 솔리스 레기스Lavamen solis Regis, 데보라토르Devorator, 루푸스 메탈로룸Lupus Metallorum 등의 이름으로도 부른다.

루푸스 메탈로룸은 '금속의 늑대'란 뜻이다. 요한 슈뢰더Johann Schröder는 1669년에 영어로 번역된 자신의 약전에서 안티모니를 이렇게 기술했다. "이것은 여러 가지 이름이 있다. 금을 제외한 모든 금속을 집어삼키기 때문에 늑대라고 불리고, 불로써 모든 색을 나타내기 때문에 프로테우스Proteus라고 불리며, 납과 비슷하고 철학자의 돌을 만들 수 있다고 생각되었기 때문에 금속의 뿌리 또는 금속의 광물 그리고 철학자의 토성이라고도 불린다."

회취법으로 금을 정제하는 과정은 바실리우스 발렌티누스Basilius Valentinus의 저작을 바탕으로 그린 그림에 묘사돼 있다(〈그림 21〉 참고). 왕과 왕비는 왕족 금속인 금과 은을 나타내는데, 이 둘은 안티모니(늑대) 또는 납(큰 낫으로 확인할 수 있는 토성)을 사용해 정제할 수

그림 21 『바실리우스 발렌티누스의 열두 열쇠The Twelve Keys of Basil Valentine』에 묘사된 회취법 과정. 이 판화는 1624년에 출판된 다니엘 스톨키우스의 『화학의 즐거운 정원』에 실려 있다.

그림 22　1617년에 출판된 미하엘 마이어Michael Maier의 『달아나는 아탈란타Atalanta Fugiens』에 실린 판화. 금을 정제하는 과정을 묘사한 것이다.

있다. 이 과정을 발렌티누스는 다음과 같이 기술했다. "가장 게걸스러운 회색늑대를 보자. 그 이름이 시사하듯이 늑대는 용감한 화성의 지배를 받지만, 탄생의 기원을 보면 토성의 아들로 세계의 산과 골짜기에서 발견된다. 늑대는 몹시 배가 고픈데, 왕의 몸이 늑대에게 던져진다. 늑대가 왕을 집어삼키면, 큰 불을 일으켜 그 속으로 늑대를 집어넣는다. 늑대가 완전히 다 타면, 왕이 다시 자유를 되찾는다."〈그림 22〉는 왕을 부활시키는 과정, 즉 정제된 금을 회수하는 과정을 묘사한 것이다.

발렌티누스는 안티모니의 역사에서 가장 흥미로운 인물 중 한

명이다. 그는 1394년에 독일에서 태어나 1413년경에 에르푸르트에 있는 성 베네딕트회 수도원에 들어갔다고 알려져 있다. 아쉽게도 그의 존재를 확실하게 뒷받침하는 증거는 없으며, 그는 완전히 가공의 인물로 보인다. 1600년 이전에 그가 쓴 글은 전혀 없지만, 그 이유를 간단히 설명할 수 있는 방법이 있다. 1670년에 출판된 『바실리우스 발렌티누스의 유언The Last Will and Testament of Basil Valentine』의 속표지에 따르면, 신의 섭리에 접할 자격이 있는 사람이 발견하도록 하기 위해서 그는 일부러 자신의 대표작을 "제국의 도시 에르푸르트에 있는 성당의 중앙 제단 뒤편 대리석 테이블 아래에 숨겨두었다." 전설에 따르면, 이 원고는 제단에 벼락이 떨어진 뒤에 발견되었다고 한다. 의심스러운 것은 그의 작품이 나중에 갑자기 발견되었다는 점뿐만이 아니다. 글에는 아메리카에 대한 언급을 포함해 15세기 당시로서는 시대를 훨씬 앞지른 내용들이 포함돼 있다.

발렌티누스의 개선 전차

발렌티누스가 실존 인물이건 아니건, 화학 원소에 관한 최초의 논문 중 하나로 일컬어지는 『안티모니 개선 전차Triumph Wagen Antimonii』가 1604년에 그의 이름으로 출판되었다. 이 책은 1660년에 'Triumphant Chariot of Antimony'란 제목으로 영어로 처음 번역되었다. 다소 과장된 이 제목에 대해 발렌티누스는 다음과 같이 설명했다.

우리 시대에 이것[안티모니]이 얼마나 나쁜 이야기를 들었는지는 많은 사람이 잘 알고 있으며, 지난 20년 동안 이것이 아주 많은 비참한 질병의 치료에 얼마나 유용하게 쓰였는지는 이 도시의 근면한 의사들 대부분이 잘 알고 있다. 이들은 동종업계 사람들을 만날 때마다, 저자를 위해, **안티모니는 개선 전차**라는 칭호를 받을 자격이 있다고 증언할 수 있고 매일 그렇게 증언한다. 적어도 5000명의 적을 죽이고 완전한 승리를 얻은 사람만이 개선 전차를 타고 로마에 입성하는 것이 허락되었기 때문이다.

이 책에서 언급한 흥미로운 사실에서 안티모니라는 이름의 기원과 발렌티누스와 관련해 재미있는 전설이 탄생했다. 발렌티누스는 안티모니의 약물 작용 기전을 처음으로 다음과 같이 기술했다.

게다가 안티모니가 단지 금을 정제하고 나머지 모든 첨가물을 분리하는 데 그치지 않고, 사람과 나머지 동물의 체내에서도 동일한 작용을 한다는 사실을 모두가 알아야 한다. 일상적인 예를 들어 이를 입증해 보이겠다. 만약 짐승, 그중에서도 특히 돼지의 살을 찌우고 싶다면, (가두기 3일 전에) 고기에 안티모니를 0.5드람♦ 섞어서 주어라. 그러면 돼지는 고기를 먹고 싶은 식욕이 크게 일어나 지방이 금방 붙을 것이다. 그리고 돼지가 건강에 나쁜 특질 또는 병이 있는 간을 가졌거나 나병에 걸렸다면, 치유될 것이다.

♦ 드람dragme은 옛날에 쓰던 무게의 단위로, 1드람은 장소에 따라 1.77g과 3.89g 등으로 다양했다.

발렌티누스는 지적 수준이 좀 낮은 사람들을 위해 자신의 이야 기를 우화처럼 기술하고, 마지막에는 경고로 끝을 맺는다.

이 예는 섬세한 사람들의 귀에는 다소 불쾌하게 들릴 테지만, 나는 더 미묘한 철학이 뇌에 아주 낯설게 비칠 문맹이나 시골 사람들을 위해 이 렇게 기술했다. 그래야 그들은 내가 든 예들을 통해 실험적으로 구분할 수 있고, 더 난해하게 쓴 나의 다른 글들을 더 빨리 신뢰할 수 있을 것 이다. 하지만 사람과 동물의 몸은 큰 차이가 있기 때문에, 나는 (여기에 든 예를 근거로 추론하여) 안티모니를 날것 상태로 사람에게도 주어야 한 다고 주장하진 않는다. 왜냐하면, 동물은 날고기를 참고 섭취할 수 있지 만, 타고난 기질과 체질이 훨씬 연약한 사람은 그럴 수 없기 때문이다.

이 이야기가 안티모니, 즉 프랑스어로는 '앙티무안antimoine'이라 고 하는 이름과 어떤 관계가 있는지는 17세기의 프랑스 약제사 피에 르 포메Pierre Pomet가 다음과 같이 설명했다.

일부 사람들의 의견에 따르면, 그것에 붙은 안티모니라는 이름은 앞에 서 언급한 독일 수도사 발렌티누스로부터 유래했다. 발렌티누스는 철학 자의 돌을 찾는 과정에서 금속을 잘 녹이기 위해 그것을 많이 사용하는 버릇이 있었는데, 그 일부를 돼지에게 던져주었다. 그것을 먹은 돼지가 매우 격렬하게 설사를 했지만 나중에 그 때문에 살이 더 찌는 것을 관 찰하고는, 발렌티누스는 같은 종류의 하제를 자신의 수도회 수도사들에 게 주면 큰 도움이 되리라고 생각했다. 하지만 그의 실험은 끔찍한 실패 로 끝나 그것을 복용한 사람은 모두 죽었다. 그래서 수도사를 죽인다고

해서 이 광물에 *안티모니*라는 이름이 붙게 되었다.♦

얼마 지나지 않아 이 이론이 '무안moine'이 '수도사'를 뜻하는 프랑스에서는 성립할지 몰라도, 15세기에 발렌티누스는 고국인 독일에서 유행하던 용어인 '슈피스글라스spiessglas'를 썼을 것이라는 사실이 지적되었다. 이 이름은 산화안티모니를 고온에서 녹여 대리석 주형에 부어 형태를 만든 뒤 냉각시키면, 깨끗한 유리 같은 물질이 생긴다는 사실에서 유래했다. 이 이야기가 출처가 불분명한 위작임을 뒷받침하는 더 구체적인 증거는 '안티모니'란 용어가 발렌티누스가 태어난 때보다 수백 년 전부터 사용되었다는 사실이다.

그럴싸한 가짜 어원 이야기는 그 밖에도 여러 가지가 더 있다. '수도사의 적' 이론의 한 변형 이론은 안티모니란 이름이 '안티모노스anti-monos'에서 유래했다고 주장하는데, 이 광물이 대개 다른 광물들과 섞여서 발견된다는 사실을 반영한 것이다. 조프루아가 1736년에 썼듯이, "안티모니는 때로는 특정 광석에서 발견되지만, 대개는 다른 금속과 섞여서 발견된다. 그래서 여기서 그 이름이 유래했을지 모른다. 안티모니는 '고독의 적'을 뜻하는 'αντιμόνον[antimonon]'과 같다." 더 재미있는 주장들도 있다. 휘안석의 결정 구조가 식물을 닮은 데에서 '꽃을 닮았다'라는 뜻의 그리스어 '안테모니온anthemonion'에서 유래했다는 설, 아이라이너로 쓰이던 주홍색 납 광물 안료 미니움minium의 대용품으로 쓰인 사실을 반영해 '안티미니움anti-minium'에서 유래했다는 설, 안티모니를 포함한 합금은 부서지기가 쉬워 위

♦   접두사 anti−는 '반대', '적대'의 의미를 지닌다.

조 화폐를 만드는 용도로는 좋지 않다는 사실을 근거로 '안티모네투스antimonetus'라는 단어에서 유래했다는 설 등이 있다. 흥미롭게도, 마지막 사실에도 불구하고 1930년대에 구이저우성의 중국인은 안티모니를 섞어 돈을 만들려고 시도했다. 그들은 현지에서 나는 광물을 사용해 납과 안티모니의 합금을 만들었지만, 그것으로 만든 주화는 인기가 없어 널리 쓰이지 못했다.

　　라틴어 스티비움과 별개로 안티모니란 단어를 맨 먼저 사용한 것은, 콘스탄티누스 아프리카누스Constantinus Africanus가 아랍의 의학 문헌을 라틴어로 번역한 11세기였다. 그가 번역한 『간단한 약에 관한 책Liber De Gradibus』은 케임브리지 트리니티 칼리지의 렌 도서관에 보존돼 있는데, 휘안석(황화안티모니)임이 분명한 물질의 의학적 성질을 다루기 전에 '안티모늄antimonium'이란 용어를 사용했다. 이것과 같은 종류의 글들은 곧 인쇄술이 시작된 시기부터 초기의 약전과 초본서草本書로 변해갔다. 영어로 인쇄된 초기의 약전 중 하나는 1526년에 출판된 『대초본서The Grete Herball』이다. 이 놀라운 책은 앞서 15세기 말에 라틴어로 출판된 『건강의 정원Hortus Sanitatis』과 같은 형식을 따랐다. 『대초본서』는 많은 식물과 다수의 광물을 그 의학적 용도와 함께 자세히 기술한다. 각 항목은 그 주제를 묘사한 조잡한 목판화와 함께 시작하는데, 같은 그림이 여러 항목에 쓰인 경우가 많다. 안티모니를 묘사한 그림이 실제로 무엇을 나타낸 것인지 상상하기는 쉽지 않지만(금속보다는 커피콩에 더 가까워 보인다), 같은 그림이 납 항목에도 사용되었다는 사실이 흥미롭다.

　　그러고 나서 본문에서는 안티모니의 의학적 용도를 기술하는데, "죽은 살을 제거하는" 안티모니 가루는 궤양과 폴립의 치료, 또 눈의

점, 코피 출혈 방지, 치질 등에 쓰인다고 한다. 모두 외적 용도만 열거돼 있다. 하지만 17세기에 안티모니가 악명을 떨친 것은 '내적' 용도 때문이었다.

안티모니는 독성이 약간 있기 때문에, 우리 몸은 들어온 안티모니 화합물을 빨리 내보내려고 한다. 초기의 한 학파는 안티모니 화합물은 아예 쓰지 않는 게 좋다고 여긴 반면, 다른 학파는 구토제로 쓰기에 좋다고 생각했다. 이 개념은 아니발 바를레Annibal Barlet의 책에 실린 목판화에 다소 거칠게 묘사돼 있는데(〈그림 23〉 참고), 1651년에 글라우버가 다음과 같이 기술했다.

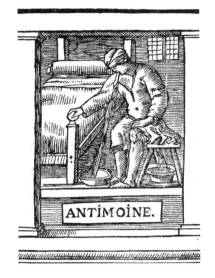

그림 23 안티모니를 구토제와 하제로 사용하는 장면을 묘사한 1673년의 판화

안티모니가 모든 구토제 중에서 가장 훌륭하다는 사실은 아무도 부인하지 못한다. ⋯ 유리[산화안티모니]로 변형한 안티모니는 모든 부패한 체액을 구토와 대변을 통해 아무 위험 없이(올바르게 투여하기만 한다면) 위와 창자에서 깨끗이 제거하는데, 이 방법으로 목전의 많은 중대 질환을 예방할 수 있을 뿐만 아니라 금방 치료할 수 있다. ⋯ 이 방법으로 투여하면, 이것은 모든 창자에서 해로운 체액을 모두 끌어당겨 아래쪽뿐만 아니라 위쪽으로도 아무 위험 없이 내보낸다.

이 강력한 구토제는 '안티모니 유리'(산화안티모니를 유리처럼 만든 것) 가루를 와인에 약간 섞음으로써 만들 수 있는데, 고체가 아래에 가라앉은 뒤 안티모니 첨가 와인, 즉 '구토제 와인vinum emeticum'을 따라내기만 하면 된다. 남은 고체는 구토제 와인을 더 만드는 데 재사용할 수도 있다. 이 절차에서 아주 독창적인 변형은 컵 자체를 구토를 유발하는 화합물로 만드는 것이다. 그 방법은 두 가지가 있다. 하나는 도기에 안티모니 유약을 발라 만드는 것이고, 또 하나는 컵 전체를 안티모니 금속으로 만드는 것이다. 글라우버는 이렇게 설명한다.

앞에서 말한 컵을 사용하는 사람에게 와인 1~2온스를 컵에 붓고 하룻밤 동안 따뜻한 장소에 놓아두게 한다. 그러면 유리에서 와인에 충분한 양이 흡수될 것이다. 그러고 나서 아침에 그것을 마시면, 안티모니 가루를 와인에 섞어 만든 것과 동일한 효과가 난다.

글라우버는 "컵 하나면 온 가족이 사용하기에 충분하며, 온 가족이 평생 동안 사용할 수 있다."라고 덧붙인다. 그 용기는 귀중하게 취급되었으며, 집안의 가보로 전해졌다. 18세기의 탐험가 제임스 쿡James Cook 선장이 사용했다는 컵은 2005년에 열린 경매에서 무려 22만 800파운드에 낙찰되었다.

더 값싸면서도 마찬가지로 그 효과가 오랫동안 지속되는 대안으로 '만년 정제perpetual pill'라는 것이 있었다. 이것은 녹은 금속을 "정제만 한 크기의 공 모양"으로 만든 것이었다. 사용법은 아주 간단했다. "만년 정제를 삼키면, 자체 무게로 내려가면서 몸속의 물질을 아래쪽으로 밀어낸다. 이것을 씻어서 이전과 마찬가지로 투여하며, 이런 식으로 같은 과정을 계속 반복한다."

글라우버는 또한 안티모니를 사용하지 않고 구토제 컵을 만드는 방법도 설명한다. 이 독성 원소를 배제한다는 것은 반가운 이야기처럼 들리지만, 대신에 독성이 더 강한 원소인 비소를 사용한다는 이야기는 크게 실망스럽다. 비소는 주기율표에서 안티모니 위에 있기 때문에, 둘은 화학적 성질이 비슷하다. 이것은 안티모니 화합물에 비소가 소량 섞여 있으면 비소를 제거하기가 무척 힘들다는 뜻인데, 영국왕 조지 3세의 머리카락에서 발견된 미량의 비소는 바로 이 경로를 통해 들어간 것으로 보인다. 조지 3세는 정신 발작을 자주 일으켰는데, 유전 질환인 포르피린증♦ 때문에 그런 것으로 생각된다. 한편, 이 질환은 조지 3세가 복용한 안티모니 약에 섞여 있던 미량의 비소 때문에 촉발되었을 가능성도 있다.

비소

비소는 수천 년 전부터 알려졌지만, 순수한 원소의 형태 대신에 화합물의 형태로 알려졌다. 비소를 가리키는 영어 단어 '아스닉 arsenic'은 밝은 노란색 광물인 웅황雄黃♦♦을 가리키는 그리스어 '아르세니콘ἀρσενικόν'에서 유래했다. 이것이 남성을 뜻하는 그리스어 단어 '아레니코스ἄρρενικός' 또는 '아르세니코스ἄρσενικός'와 혼동되는 바람에, 이 원소에 강한 남성의 속성을 부여하는 가짜 어원이 여러 가지 생겼다. 그리스어 단어는 웅황을 가리키는 아랍어 '알 자르

니크al-zarnikh'에서 유래했을 가능성이 높은데, 자르니크의 원래 뜻은 '황금색'이다. 플리니우스가 1세기에 쓴 『박물지』를 1634년에 영어로 번역한 책에서는 웅황을 "그것이 많이 묻혀 있는 시리아의 땅속에서 파낸 광물로, 화가들이 많이 사용한다. 색은 금과 비슷하지만, 유리 돌처럼 잘 부서지는 성질이 있다."라고 설명한다.

이 광물을 가리키는 영어 단어 'orpiment'는 '금 안료'를 뜻하는 라틴어 '아우리-피그멘툼auri-pigmentum'에서 유래했는데, 황금색 안료로 쓰인 용도 때문에 이런 이름이 붙었을 것이다. 웅황은 비소 황화물 광물로, 화학식은 As_2S_3이다. 디오스코리데스와 플리니우스는 밝은 붉은색을 띤 두 번째 형태의 비소도 언급하는데, 그들이 '산다라크sandarach'라고 부른 이 물질은 오늘날 계관석鷄冠石이라고 부르는 광물이다. 계관석도 비소 황화물이지만, 화학식이 As_4S_4로 다르다. 계관석을 뜻하는 영어 단어 'realgar'는 '동굴의 먼지'란 뜻의 아랍어 '라흐지 알-가르rahj al-gar'에서 유래했다. 이 단어는 '쥐약 가루'란 뜻의 '라흐지 알-파rahj al-fa'와 혼동됐을 가능성도 있다. 이 광물을 쥐약으로 사용할 때에는 '쥐 독약'이란 뜻의 '삼 알-파르samm al-far'란 단어가 더 보편적으로 쓰이긴 했지만 말이다.

두 광물 모두 독성이 있는데도 의약품으로 쓰였다. 플리니우스와 디오스코리데스는 돌출한 살을 제거하는 데 쓰인 비소의 외적 용도를 기술했지만, "꿀과 함께 섭취하면 목구멍을 깨끗이 하여 목소

♦ 포르피린은 헤모글로빈이 철분과 결합하도록 도와주는 단백질로 적혈구 혈색소에 많이 포함돼 있다. 포르피린증은 선천적 또는 후천적 유전자 결함으로 포르피린 과다 축적이 일어나 신체에 이상이 나타나는 질환이다.

♦♦ 천연으로 산출되는 비소 화합물을 일컫는다.

리를 선명하고 아름답게 해준다."라는 훨씬 우려스러운 설명도 덧붙였다.

치명적인 '흰색 비소'(산화비소)는 이 두 황화물보다 독성이 훨씬 강하며, 황화물 광물을 공기 중에서 태울 때 생긴다. 레머리는 17세기에 알려진 세 가지 형태의 비소를 모두 언급했지만, 그 사용에는 반대했다.

비소는 황이 주를 이루고 부식성 염이 일부 섞인 광물이다. 세 종류가 있는데, 흰색 비소는 아르세닉Arsenick이란 이름을 그대로 사용하는 반면, 노란색 비소는 아우리피그멘툼Auripigmentum, 즉 노란 오핀Yellow Orpin이라 부르고, 빨간색 비소는 레알갈Realgal(계관석) 또는 산다라샤Sandracha라 부른다. 셋 중에서 흰색 비소가 가장 강하다.

이 물질들은 어느 것도 체내로 섭취하면 안 된다. 비록 여러 사람이 흰색 비소를 사용해 여러 질병, 그중에서도 특히 학질을 치료했다고 주장하긴 하지만 말이다. 이들은 과감하게도 흰색 비소를 최대 4그레인grain◆까지 많은 물과 함께 섞어 환자에게 복용시키는데, 복용한 사람은 안티모니를 섭취했을 때처럼 구토를 한다. 하지만 나는 절대로 이 *해열제*를 환자에게 주지 않을 것이며, 누구에게도 이렇게 위험한 치료법의 사용을 권하지 않을 것이다. 비소가 아니더라도, 자연은 무해하게 구토를 유발하는 의약품을 풍부하게 제공한다. 비소는 외용으로는 사용할 때에는 효과가 있는데, 부풀어 오른 살을 먹어치우기 때문이다.

◆ 형량衡量의 최저 단위로 0.0648g에 해당한다.

비소와 같은 족에 속한 원소로는 질소와 인이 있다. 비소가 독성을 나타내는 이유는 생명의 필수 원소인 인과 아주 닮았기 때문이다. DNA 구조에는 인산 뼈대가 포함돼 있으며, 인은 우리 몸에서 에너지를 저장하고 운반하는 물질인 ATP(아데노신삼인산)의 구성 성분이기도 하다. 비소는 인산에 포함된 인을 모방해 비슷하게 행동하는데, 인과 미묘한 차이가 나는 성질 때문에 정교하게 조절되는 생물학적 계系들을 파괴해 결국 죽음을 초래한다.

흥미롭게도, 다음에 살펴볼 원소인 코발트는 비소를 포함하고 살을 먹어치우는 또 다른 광물의 모방 성질 때문에 그런 이름이 붙었다.

땅속 요정과 도깨비

조프루아는 1736년에 영어로 번역 출판된 『의학에 쓰이는 화석, 식물, 동물 물질에 관한 논고A Treatise of the Fossil, Vegetable and animal Substances, that are made Use of in Physick』에서 다른 종류의 비소에 대해 다음과 같이 기술했다.

흔히 Arsenick[비소]이라 불리는 이것은 작센과 보헤미아에서 코발트라는 광석에서 추출한 물질이다. … 작업장에서 독일 코발트 또는 아그리콜라의 금속 카드뮴이라 부르는 이것은 무겁고 단단한 화석 물질로, 안티모니와 일부 종류의 황철석처럼 거의 검은색이며, 태우면 황 냄새가 강하게 난다. 고슬라르 부근의 작센 지방, 보헤미아, 요아힘슈탈 그리고 영국 멘딥힐스 등지의 광산에서 많은 양이 산출된다. 이것은 부식성이 아주 강해 가끔 광부들의 손발에 화상을 입히거나 궤양을 일으키며, 알려진 모든 동물에게 치명적인 독이다.

'코발트cobalt'라는 이름은 비소 광석을 공기 중에서 배소焙燒◆할 때 나오는 산화비소의 하얀 독성 연기를 가리키던 고대 그리스어 '코바티아cobathia'에서 유래했을지 모른다. 조프루아는 비소 광석의 배소 과정을 기술했지만, 여기서 중요한 것은 수거한 산화비소의 하얀 연기가 아니라, 비소를 제거하고 남은 물질이다. 오늘날 산화코발트로 알려진 이 검은색 잔류물을 가루로 만들어 물에 적신 부싯돌 가루와 섞으면, 화감청花紺青(유약용 청색 안료)이라는 고체 덩어리가 생긴다. 화감청은 파란 유리와 도기를 만드는 데 쓰이기 때문에 아주 귀하게 여겨졌고, 오늘날에도 이 용도로 쓰이고 있다.

코발트 화합물은 기원전 2000년경부터 파란 유리와 에나멜을 만드는 데 쓰였다. 고대 이집트 시대에는 코발트를 이집트 중부의 리비아 사막에 있는 하르가 오아시스에서 얻었는데, 이곳의 명반(황산알루미늄과 황산칼륨의 복염) 광상鑛床에서 소량으로 산출되었다. 파란색 도기와 유리 시료를 분석한 결과에 따르면, 16세기 전반에 코발트 안료를 만드는 데 새로운 원료가 쓰인 것으로 드러났는데, 거기에는 비소가 포함돼 있었다. 코발트와 비소와 황을 포함한 휘코발트광 같은 광물은 독일 광부들이 우연히 발견했다. 처음에 이들은 새로운 광석

◆ 광석이나 금속을 녹는점보다 낮은 온도로 가열하여 그 화학적 조성과 물리적 조직을 변화시키는 것을 말한다.

을 어디에 써야 할지 몰랐는데, 거기에 포함된 금속을 제련해 추출하는 방법을 몰랐기 때문이다. 어떤 면에서 이 광석은 마법에 걸린 것처럼 보였다. 그래서 그 이름도 이 사실에서 유래했는데, 1797년에 출판된 『발명과 발견의 역사History of Inventions and Discoveries』에서 존 베크먼John Beckmann은 이렇게 설명했다.

15세기 말 무렵에 발견된 지 얼마 안 된 코발트[광물]가 작센과 보헤미아 국경 지역 광산들에서 대량으로 채굴된 것으로 보인다. 처음에는 그 용도를 잘 몰랐기 때문에 광부들은 코발트를 쓸모없는 광물로 여기고 그냥 버렸다. 광부들은 코발트를 아주 싫어했는데, 쓸데없이 힘을 낭비시킬 뿐만 아니라, 거기에 포함된 비소 입자가 건강에 해를 끼칠 때가 많았기 때문이다. 코발트라는 이름도 여기서 비롯된 것으로 보인다. 어쨌든 나는 16세기가 시작되기 이전에는 코발트라는 이름을 들어본 적이 없다. 글에서 코발트를 처음 언급한 사람은 마테시우스와 아그리콜라로 보인다. 프리슈Frisch는 코발트가 금속을 뜻하는 보헤미아어 코우kow에서 유래했다고 주장한다. 하지만 그 당시의 미신적 개념에 따르면, 광산에 떠돌면서 광부들의 작업을 방해하고 많은 문제를 자주 일으킨 유령인 코발루스cobalus에서 유래했다는 추측이 더 그럴듯하다. 후자의 개념은 그리스인에게서 빌려왔다고 믿을 만한 근거가 있다. 광부들은 아마도 농담 삼아 이 광물에 이런 이름을 붙인 것으로 보이는데, 이 광물은 헛된 희망을 주고는 그들의 노동을 헛수고로 만듦으로써 상상 속의 유령만큼이나 사기를 떨어뜨렸기 때문이다. 그래서 한동안 교회에서 예배를 할 때 하느님께 광부들과 그들의 노동을 코볼트kobolt와 유령으로부터 지켜달라는 기도를 포함시키는 것이 관례였다.

여기에 언급된 마테시우스는 앞에서 비스무트를 다룰 때 나왔던 그 목사이다. 마테시우스는 열 번째 설교에서 코발트 광석을 언급한다. "광부 여러분은 그것을 코볼트라고 부릅니다. 독일인은 '검은 악마', '늙은 악마의 매춘부와 쭈그렁 할망구', '늙고 새카만 코벨kobel'이라고 부르는데, 이것은 마법으로 사람들과 가축에 해를 끼칩니다." 베크먼이 설명했듯이, 독일어로 악마를 뜻하는 단어 '코볼트'는 그리스어 '코발로스kobalos'에서 유래했을 수도 있는데, 이 단어는 사람 흉내 내길 즐긴 장난꾸러기 사티로스Satyros를 가리킨다.

아그리콜라는 1530년에 출간된 자신의 저서 『베르만누스』에서 '코발툼cobaltum'이라는 광물을 언급하면서, "특이한 부식성이 있는 경우가 많아 철저한 예방 조처를 취하지 않으면 작업자의 손과 발을 부식시킨다."라고 썼다. 아그리콜라는 1549년에 『땅속 동물에 관하여De Animantibus Subterraneis』를 출간했는데, 이 책 말미에 광산에서 발견된 악마들을 언급한다. 어떤 악마는 잔인하고 생김새도 무서운데, 광부들을 괴롭히고 다치게 한다. 안네베르기우스Annebergius라는 악마는 "단지 훅 내쉬는 숨만으로 코로나 로사케아라는 동굴에서 광부를 열두 명 이상 죽였다." 이 악마는 말의 모습으로 나타나 입으로 독가스를 내뿜은 것으로 보인다. 그러고 나서 아그리콜라는 코발로스를 아주 자세히 소개하는데, 특별히 사악한 악마는 아니라고 말한다.

그리고 온순한 종류의 악마가 있다. 독일인뿐만 아니라 그리스인도 이 악마를 코발로스cobalos라고 부르는데, 사람을 흉내 내길 좋아하기 때문이다. 이들은 아주 기뻐하며 크게 웃어대고, 많은 것을 하는 척하지만 실상은 아무것도 하지 않는다. 이들은 작은 광부라고 불리는데, 키가

60cm 정도로 난쟁이처럼 작기 때문이다. 이들은 존경받는 사람들처럼 생겼고, 끈으로 묶은 옷에 허리 주위에는 가죽 앞치마를 둘러 광부와 비슷한 복장을 하고 있다. 이 악마는 대개 광부들을 귀찮게 하지 않는다. 하지만 광석을 파고 때로는 파낸 것을 들통에 집어넣는 등 온갖 종류의 일을 하며 바쁜 척 유난을 떨면서, 실제로는 수갱과 터널에서 빈둥대면서 아무 일도 하지 않는다. 때로는 광부를 향해 조약돌을 던지지만, 광부가 먼저 놀리거나 욕을 하지 않는 한 다치게 하는 일은 드물다. 이들은 사람들이 일하러 가거나 일을 마치고 집으로 돌아갈 때, 혹은 가축을 돌볼 때 가끔 나타나는 도깨비 고블린Goblin과 비슷하다.

수백 년 전의 광부 생활을 상상하기란 쉽지 않다. 제대로 된 조명이나 환기 장치도 없었고, 갱은 시도 때도 없이 무너져 광부들을 매장시켰다. 보이지 않는 증기에 중독되거나, 모여 있던 가연성 가스에 불이 붙어 일어난 폭발로 죽기도 했다. 거기에 숨 막히는 열기에다가 일부 광물의 독성과 부식성까지 감안하면, 광부들은 지옥으로 모험을 떠나는 듯한 기분이 들었을 것이다. 따라서 이들이 이러한 땅속 구덩이 속에서 악마를 만났다고 보고하더라도 전혀 놀랍지 않았다. 1635년, 영국의 극작가이자 작가인 토머스 헤이우드Thomas Heywood는 시 형식으로 쓴 『축복받은 천사들의 서열The Hierarchie of the Blessed Angells』을 출판했는데, 여기에는 광산에서 일하는 악마들과 그 활동을 묘사한 구절이 포함돼 있다.

그래서 이들은 땅속 유령이라 불리는데,
땅 위 세상에서 추방되었기 때문이다.

이들이 사는 곳과 거주하는 곳은

움푹 꺼진 땅, 구덩이, 지하실, 굴, 깊은 동굴이다.

트리테미우스*Trithemius*는 이들이

나머지 악마들 중에서 가장 해롭다고 주장한다.

이들 악마가 자주 공격하는 사람들은

주로 광산과 금속 산업에 종사하는 사람들인데,

갑자기 램프를 꺼지게 하거나

숨 막히는 습기를 확 몰고 와

그 치명적인 증기로 작업자들을 질식시킨다고 한다.

이런 일들은 트로포니우스의 굴에서

자주 일어난다고 알려져 있다.

마찬가지로 *니카라과*, 서인도 제도의 광산에서도

같은 일이 일어나는데, 이 광산은 오랫동안

버려진 채 방치되었기 때문이다. 위대한 올라우스*Olaus*는

셉텐트리오날 지역에 이 유령들이

많이 출몰하는데, 수없이 목격되는 곳은

광석을 채굴하는 장소들 부근이라고 썼다.

그리스인과 독일인은 이들을 코발루스라고 부른다.

다른 사람들은 이들을 (키가 세 움큼도 되지 않기 때문에)

산난쟁이라는 별명으로 부르는데, 이들은 종종

보물을 캐는 사람들 옆에 서서 거들먹거리고,

아주 바쁜 척, 아주 힘들게 일하는 척하면서

단단한 암석을 깊이 파

금속 광맥을 찾고 밧줄을 감고

바퀴를 돌리고 잠시도
작업을 중단하지 않으면서 가득 차거나 빈 바구니를
위아래로 오르내린다.
여기저기 적은 양의 광석이 흩어져 있는 것을
발견하면, 깡충깡충 뛰거나 펄쩍 뛰어넘으면서
부지런히 모아서 한 무더기로 쌓는다.
하지만 이렇게 부지런히 일하는 것 같으면서도
사실은 모든 일을 엉망으로 만든다.
사다리를 부수고 줄이 풀리게 하고,
작업자들의 연장을 훔쳐서는 모아두는 곳으로 가져가
숨긴다. 거대한 돌들로 구덩이 입구를 막고는,
(땅 밑에서 떠받치면서 지탱하는)
기둥들을 제거하려고 애쓰면서
그들을 산 채로 매장시키려고 한다.
악취가 나는 안개를 일으키고, 불쌍한 사람들의 노동을
돕는 척하면서 그들의 파멸과 죽음을 노린다.

헤이우드가 인용한 출처 중 하나는 1555년에 출판된 올라우스 망누스Olaus Magnus의 『북쪽 사람들 이야기Historia de Gentibus Septentrionalibus』이다. 북유럽 사람들의 관습을 기술한 이 책은 유럽 전역에서 큰 인기를 끌었는데, 각각의 항목을 섬세하게 묘사한 목판화가 인기를 끈 한 가지 비결이었다. 광산 악마를 기술하는 항목에 딸린 삽화는 수갱 왼편에서 일하는 광부와 오른편의 새카만 악마를 보여준다(〈그림 24〉 참고).

그림 24   망누스의 『북쪽 사람들 이야기』에 실린 16세기의 광산 악마

　광부들은 '지옥'으로 내려가면서 사기를 끌어올리기 위해 종종 노래를 불렀다. 마테시우스는 그런 목적으로 사용된 광산 찬송가를 자신의 설교집에 다수 포함시켰다. 백설 공주와 일곱 난쟁이 이야기는 이렇게 노래 부르는 광부들과 그들이 만난 작은 요정들의 이미지에서 영감을 얻었을지 모른다. 저자인 그림Grimm 형제는 19세기의 유명한 언어학자이자 문헌학자로, 그런 민담을 많이 수집했기 때문에 '코볼트 악마'를 잘 알고 있었다.

　그림 형제는 한 화학 원소 이름의 어원이 악마와 관련이 있다는 설을 널리 유행시켰는데, 그 원소는 바로 니켈nickel이다. 전설에 따르면, 초기의 독일 광부들은 비소를 포함한 광석을 또 하나 발견했는데, 구리 광석을 닮은 이 광석에서는 어떤 금속도 추출할 수가 없어 고개를 갸웃했다. 광부들은 고블린의 한 종류인 '니켈'이 광석에서 금속을 훔쳐갔다고 주장하면서, 그 광물을 '악마의 구리'란 뜻으로 '쿱퍼니켈kupfernickel'이라고 불렀다. 고블린을 가리키는 데 쓰인 니켈이란 단어는 '악마'를 가리키는 'Old Nick'의 단축형과 관련이 있을 수 있다.

이 광석에서 구리가 전혀 나오지 않은 이유는 악마와는 아무 관계가 없고, 그저 구리가 들어 있지 않았기 때문이다. 이 광석의 성분은 스웨덴 광물학자 악셀 프레드리크 크론스테트Axel Fredrik Cronstedt(1722~1765)가 거기서 새로운 금속을 분리해 '니켈'이라고 이름을 붙인 1754년에 가서야 밝혀졌다. 동료 스웨덴인 토르베른 베리만Torbern Bergman이 1784년에 그 이야기를 다음과 같이 기술했다.

> 독일 지역에서 쿱퍼니켈이라고 부르는 광석이 발견되었는데, 이 광석은 가끔은 회색을 띠지만 대개는 불그스름한 노란색을 띠며 광택이 난다. 아마도 이 이름은, 구리를 함유하고 있는 듯이 보이지만 불로 녹여도 구리 금속을 아주 작은 입자조차 얻을 수 없는 상황에서 처음 붙인 뒤, 계속 유지된 것으로 보인다. 이 광석을 최초로 언급한 사람은 V. 히에르네V. Hierne로, 1694년에 스웨덴어로 출판된 책에서 광석과 다른 광물 물질들의 발견을 다루면서 언급했다. … 크론스테트가 이 광물을 처음으로 정확하게 조사했고, 1751년과 1754년에 발표된 많은 실험 결과는 이 광물에 새로운 준금속이 들어 있음을 보여주었는데, 크론스테트는 이 준금속을 니켈이라고 불렀다.

쿱퍼니켈이란 이름이 붙게 된 경위를 달리 보는 주장들도 있다. '쿱퍼'(독일어로 '구리'란 뜻)는 분명히 그 광석이 구리 광석을 닮아서 붙었겠지만, '니켈'은 이 광석에 포함된 비소를 가리키는 약어라는 주장도 있다. 더 그럴듯한 설명은 마노와 가끔은 오닉스(줄마노)를 가리키는 데 쓰인 라틴어 '니킬루스nichilus'에서 유래했다는 것이다. 니킬루스는 다시 그 전에 존재한 단어 '크노크knock'에서 유래했을 수 있는데, 크노크는 잘츠부르크의 녹슈타인 봉우리 같은 지명에서 볼 수 있듯이 산이나 언덕을 가리키는 데 쓰였다. 니켈이란 단어는 암석의 작은 파편을 가리키는 데 쓰였을 수 있는데, 'nugget'(덩어리)이란 단어도 이와 비슷한 변형을 통해 생겼을 가능성이 있다.

코발트와 니켈이란 이름과 관련해 흥미로운 곁가지 이야기가 하나 더 있다. 1889년, 독일 화학자 게르하르트 크뤼스Gerhard Krüss와 G. W. 슈미트G. W. Schmidt는 코발트와 니켈이 순수한 금속이 아니고, 새로운 원소를 2~3% 포함하고 있다고 주장했다. 이 주장은 두 원소의 원자량이 짓궂게도 멘델레예프의 새로운 주기율 체계가 요구하는 순서를 따르지 않는다는 사실 때문에 나왔다. 멘델레예프는 원소들을 원자량이 증가하는 순서대로 배열하고 나서 반복되는 패턴이 나타나는지 살펴보았다. 하지만 두 쌍의 원소(텔루륨과 아이오딘, 코발트와 니켈)를 주기율표에서 각자의 족에 제대로 집어넣으려면 무거운 원소가 가벼운 원소보다 앞에 와야 한다는 사실을 깨달았다. 크뤼스와 슈미트는 원자량 측정이 잘못된 것이 아닌가 의심했다(진짜 이유는 수십 년 뒤에 밝혀졌는데, 주기율표에서 원소들은 실제로는 원자에 포함된 양성자 수, 즉 원자 번호가 증가하는 순서대로 배열돼 있다). 두 화학자는 심지어 코발트의 질량 증가를 초래한다는 자신들의 새 금속 원소에 이름까지 붙였는데, 같은 광석에 들어 있는 요정 같은 원소들과의 유사성을 반영해 '그노뮴gnomium'이라고 불렀다. 하지만 애석하게도 나중에 그것은 상상 속의 존재에 불과한 것으로 드러났다.

광부와 화학자를 골린 원소는 니켈과 코발트뿐만이 아니었다. 그림 형제에 따르면, 섬아연석을 가리키는 단어 'blende'는 '속이다'란 뜻의 독일어 'blenden'에서 유래했다고 한다. 19세기에 이 광물에는 '스팰러라이트sphalerite'란 이름이 붙었는데, 이 이름은 '기만적인' 이란 뜻의 그리스어에서 유래했다. 다음에 다룰 금속 아연은 바로 이 '기만적인 광석'에서 나왔다.

아연

18세기에 케임브리지 대학교 화학과 흠정 교수였던 리처드 왓슨Richard Watson은 블렌드blende라는 이름은 "눈을 멀게 하거나 오해를 불러일으키는 겉모습 때문에" 독일 광부들이 붙인 것으로, "이것은 납 광석처럼 보이지만, (이전에 생각했던 것처럼) 어떤 종류의 금속 물질도 나오지 않는다."라고 썼다. 아연 광석을 닮은 이 납 광석을 플리니우스는 '빛나는 것'이란 뜻의 그리스어 단어에서 이름을 따 '갈레나galena'(방연석)라고 불렀다. 징크 블렌드zinc blende(섬아연석)는 '가짜 방연석' 또는 '가짜 납'이라고도 불렀다. 영국 광부들은 이것을 '블랙잭blackjack'이라고 불렀다. 왓슨은 이렇게 썼다. "블랙잭은 납 광석과 아주 비슷하게 생겨 광부들은 가끔 미숙한 제련업자에게 블랙잭을 납 광석이라고 속여 팔기도 한다. 나는 더비셔주에서 이런 사기가 광범위하게 일어난다는 이야기를 들었다. 1톤의 광석을 제련해도 납이 몇 온스밖에 나오지 않았다고 한다. 더비셔주에서 산출되는 순수한 납 광석 1톤에서는 평균적으로 납이 14~15헌드레드웨이트hundredweight♦가 나오는 것이 정상이다."

오늘날 우리는 섬아연석이 아연과 황으로 이루어져 있다는 사실을 안다. 하지만 이 사실은 섬아연석이 또 다른 아연 광석인 카드메아cadmea('카드미아cadmia' 또는 '카드메아 흙Cadmean earth'이라고도 부름)와 함께 처음 사용된 이래 수백 년이 지날 때까지 알려지지 않았다. 카드메아는 고대 그리스 도시 테베에 있던 성채 이름을 딴 것인데, 전설에 따르면 테베는 페니키아 알파벳을 그리스에 전한 그리스의 영웅 카드모스Cadmos가 세운 것이라고 한다. 불행하게도, 카드미아라는 이름과 그 변형으로 보이는 칼라민calamine은 탄산아연, 규산아연, 산화아연 등 다양한 물질을 가리키는 이름으로 사용되었다. 17세기에 카드미아는 코발트와 비소 광물들을 가리키는 이름으로 쓰이기도 했다. 게다가 지금은 이 광물에서 그 이름을 딴 원소까지 있어 혼란을 더욱 부추긴다. 카드뮴은 독일 화학자 프리드리히 슈트로마이어Friedrich Stromeyer가 1817년에 아연 광석에 섞여 있던 불순물에서 발견했다.

카드미아는 섬아연석보다는 덜 사용되었지만, 귀하게 여겨지던 황동(구리와 아연의 합금으로 놋쇠라고도 함)을 만드는 데 쓰였다. 1세기에 로마의 주화를 만드는 데 사용되면서 상당히 많은 양의 황동이 생산되었다. 황동은 구리 금속을 카드미아와 숯과 함께 가열해 만들었다. 이 과정에서 아연이 잠깐 생기지만, 금방 구리에 녹아들어 황동이 만들어진다.

황동은 단순히 두 금속을 함께 녹여 만들 수도 있지만, 이 과정은 아연 금속을 널리 사용할 수 있게 된 17세기 후반과 18세기 전반에 이르러서야(일곱 가지 금속이 알려진 지 수천 년이 지난 뒤에야) 가능

♦ 무게의 단위로, 미국에서는 100파운드이고 영국에서는 112파운드이다.

해졌다. 그 전에는 아연은 오직 희귀한 샘플로만 가끔 볼 수 있었다. 아연 자체가 희귀한 금속이어서 그런 게 아니었다. 아연은 일곱 가지 금속 중에서 철 다음으로 지각에서 가장 풍부한 금속이다. 그 이유는 아연을 얻는 방법에 있었다.

반응성이 약한 일부 금속, 예컨대 금과 은뿐 아니라 심지어 구리도 때로는 순수한 상태, 즉 홑원소 물질로 산출된다. 하지만 반응성이 강한 원소들(철, 주석, 아연 등)은 대개 산소나 황 같은 다른 원소와 결합한 광물 형태로 산출된다. 순수한 금속을 분리하려면, 결합한 딴 원소를 떼어내야 하는데, 이것이 바로 제련 과정이다. 예를 들면, 초록색 구리 광석인 공작석을 공기 중에서 배소하면, 공작석이 분해되어 검은색 산화구리가 생긴다. 숯(덜 순수한 탄소)과 함께 가열하면, 탄소가 산소와 결합해 일산화탄소와 이산화탄소 기체가 되어 빠져나가고, 순수한 구리 금속이 남는다. 이때 탄소와 일산화탄소 기체가 금속 산화물을 금속으로 '환원'시켰다고 이야기한다. 철 생산 과정에도 같은 개념이 적용되는데, 다만 이 반응을 일으키려면 훨씬 높은 온도가 필요하다(기술적으로 더 발전한 철기 시대가 구리 시대나 청동기 시대 뒤에 온 것은 이 때문이다).

아연을 쉽게 얻을 수 없었던 이유는 용광로 온도가 1200°C 이상으로 너무 높아서 아연이 생기는 족족 끓어서 휘발해버렸기 때문이다. 아연의 녹는점은 다른 금속보다 훨씬 낮은 900°C 부근이다. 게다가 아연은 생긴다 하더라도 금방 공기 중의 산소와 반응해 미세한 흰색 산화아연 가루로 변하는데, 이것은 노의 굴뚝에 쌓이거나 재처럼 바닥으로 떨어진다. 산화아연은 1세기의 저자들인 디오스코리데스와 플리니우스에게 '투티아tutia' 또는 '투티tutty'(이 물질을 가리키는 페르시아어에서 유래), '폼폴릭스pompholyx'(굴뚝에 생기는 그 모습에서 물집을 뜻하는 그리스어에서 유래), '스포도스spodos'(먼지 또는 재를 뜻하는 그리스어에서 유래) 등 여러 가지 이름으로 알려졌다. 이탈리아 의사 조반니 다 비고Giovanni da Vigo는 1543년에 영어로 번역 출판된『가장 훌륭한 외과 의술 연구The Most Excellent Workes of Chirurgerye』의 마지막 절 '기묘한 단어들의 해석'에서 이렇게 썼다. "투티아는 그리스어로 폼폴릭스라고 하는데, 거품이란 뜻이다. 왜냐하면, 끓을 때 황동에서 거품을 일으키며 솟아올라 옆으로 쪼개져 나가거나 노의 뚜껑으로 올라가기 때문이다."

폼폴릭스와 스포디움의 생성에 대해서는 디오스코리데스가 다음과 같이 기술했다(1655년에 존 굿이어John Goodyer가『약물지』를 영어로 번역한『디오스코리데스의 그리스 약초 의학서The Greek Herbal of Dioscorides』에서 인용한 것이다).

폼폴릭스는 스포디움spodium♦과 특정 성질에서만 차이가 있는데, 일반적인 차이는 거의 없기 때문이다. 스포도스는 황동 제조공의 작업장 바닥과 노에서 긁거나 깎을 때 나오는 부스러기여서 다소 검은색을 띠며 티끌과 털과 흙이 가득해 대개 더 무겁다. 하지만 폼플릭스는 두껍고 흰색이며, 게다가 아주 가벼워 공중으로 날아오를 수 있다. 이것은 두 종류가 있다. 하나는 공기의 색을 띠고 다소 두껍지만, 다른 하나는 아주 희고 얇다. 황동 제조의 마무리 단계에서 제조공이 황동의 질을 더 높이기 위해 오그라든 카드미아 위에 더 두꺼운 것을 뿌릴 때 흰 것이 폼플

♦   스포도스의 지소형. 즉, '작은 먼지'를 뜻한다.

릭스로 변한다. 여기서 생긴 주로 흰색인 연기가 폼플릭스로 변하기 때문이다. 그러나 폼플릭스는 황동을 만드는 과정에서만 만들어지는 것이 아니라, 그것을 만들기 위해 풀무로 바람을 불어넣을 때 카드미아로부터 만들 수도 있다. 그것이 만들어지는 과정은 다음과 같다. … 석탄을 노에 넣고 불을 붙이고 나서 작업자가 노 꼭대기 위의 장소들에서 잘게 쪼갠 카드미아를 뿌린다. 아래에 있는 조수도 똑같이 하면서 뿌린 카드미아가 모두 흡수될 때까지 석탄을 더 많이 집어넣는다. 그러면 노가 가열되는 동안 얇고 가벼운 부분은 위쪽으로 올라가 벽과 천장에 들러붙는다. 위로 옮겨간 것들로 이루어진 물체는 처음에는 물 위에 떠 있는 거품과 같지만, 결국 더 많이 모이면 양털과 비슷한 모양으로 변한다. 하지만 더 무거운 것은 발 아래쪽으로 내려가 여기저기로 흩어지는데, 일부는 노로, 일부는 작업장 바닥으로 간다. 이것은 얇은 부분보다 좋지 않은데, 흙으로 이루어져 있고, 거기에 들러붙은 오물이 많기 때문이다. 어떤 사람들은 앞에서 언급한 스포도스가 오직 이 방법으로만 만들어진다고 생각한다.

아그리콜라는 노에서 생기는 이런 종류의 인공 카드미아를 '카드미아 포르나쿰cadmia fornacum'이라고 불렀다. 그는 또 "노의 쇠막대에 생기는 카드미아는 속이 텅 빈 덩어리이기 때문에, 처음에 붙은 이름은 속이 빈 갈대인 칼라무스calamus에서 딴 것이다."라고 썼다. 이것이 앞에서 언급한 칼라민이다. 투티를 모으는 과정을 묘사한 그림이 16세기 말에 독일에서 출판된 라차루스 에르커Lazarus Ercker의 광산학 책에 실려 있다(〈그림 25〉 참고).

아연 증기와 반응할 산소가 전혀 없거나 거의 없다면, 굴뚝에서

그림 25 에르커의 책(1580)에서 노의 굴뚝을 긁어내 카드미아, 즉 투티를 모으는 장면을 묘사한 목판화

아연 금속을 약간 얻을 수도 있다. 소량의 아연 금속 샘플은 아마도 이런 식으로 얻었을 것이다. 최초의 대규모 아연 생산은 13세기 무렵부터 인도 라자스탄주 자와르 주변의 정착촌에서 일어났다. 이 기술은 중국으로 전파되어 16세기부터 중국에서도 아연이 생산되기 시작했다. 곧 이 새로운 금속 샘플이 서양으로 전해지기 시작했는데, 이 때문에 아연을 뜻하는 'zinc'라는 이름의 기원이 중국에서 온 금속을

가리키는 아랍어 '시니sini'와 페르시아어 '시니cini'에서 유래했다는 주장도 있다. 아마도 그 희귀성 때문에 초기의 아연 샘플은 값을 매길 수 없는 보물로 간주된 것으로 보인다. 예를 들면, 이스탄불 톱카프 궁전의 보물 전시실에는 거대한 에메랄드와 다이아몬드, 무게가 48kg이나 나가는 황금 촛대와 함께 '투티야tutiya'라고 부르는 16세기 중엽의 아연 술잔이 여러 개 전시돼 있다. 이 술잔을 만든 금속은 인도에서 온 것이 거의 확실하다.

아연은 16세기 말과 17세기 초에 유럽에 처음 수입되었는데, '투테나그tutenag'라는 이름으로 불렸다. 혹은 네덜란드어로 '스피아우터르spiauter'라고 불렸는데, 이것이 영어에서 아연 주괴를 뜻하는 '스펠터spelter'가 되었다. 그 당시 아연의 성질에 대한 지식은 제한적이었다. 100여 년 전에 중국에서 간행된 왕기王圻의『삼재도회三才圖會』를 본따 일본과 관련된 내용을 대폭 보충해 1712년에 일본에서 출판된『화한삼재도회和漢三才圖會』에서 저자들은 다음과 같이 썼다. "우리는 이것(이 금속)이 무엇인지 정확하게 모르지만, 이것은 납 종류에 속하므로 '아연亞鉛'(저급한 납)이라 부른다." 또, 때로는 '토타무' 또는 '투테나그'라고도 부르는데, "외국어에서 유래한 단어"라고 설명했다. 아마도 이 이름은 인도 남부에서 탄산아연을 포함한 특정 광석을 가리키는 단어 '투타나가tutthanaga'가 중국으로 건너오면서 변형된 것으로 보이는데, 앞에서 나왔던 '투티'라는 이름도 이것과 관련이 있다. 투테나그는 영어권 독자에게 낯선 단어여서 변형된 형태로 쓰일 때가 많았다. 1707년에 출판된『영국의 현 상태The Present State of Great Britain』에는 스코틀랜드인이 중국에서 비단과 사향, 도자기와 함께 구리, 금, 수은 그리고 '이빨과 달걀Tooth and Egg' 등의 금속을 수입했다고 나온다.

　1673년, 옥스퍼드에서 연구하던 로버트 보일Robert Boyle(1627~
1691)은 다양한 금속을 공기 중에서 가열하는 효과에 대해 기술했다.
그는 "보통 금속들을 가지고 다양한 시도를 하는 가운데, 우리는 동
인도 제도에서 가져온 금속으로도 한두 번 시도해보는 게 적절하다
고 생각했다. 이 금속은 그곳에서 투테나그Tutenâg라고 부르는데, 유
럽 화학자들에게는 알려지지 않은 이름이다. 나는 다른 곳에서 이 금
속을 조금 자세히 기술하려고 시도했다." 보일은 이것들이 모두 같
은 금속이라는 사실을 모른 채 '징크 또는 스펠터 부스러기the filings of
Zink or *Spelter*'에 관한 실험을 별도로 언급했다.

　이 새로운 금속은 곧 귀한 대접을 받게 되었는데, 품질이 훨씬
좋은 황동을 만들었기 때문이다. 독일인은 생김새가 금과 비슷하다
고 해서, 이 금속을 가끔 '콘테르페conterfe' 또는 '콘테르페트conterfeht
라고 불렀다.◆

　독일 화학자 게오르크 에른스트 슈탈Georg Ernst Stahl(1660~1734)
은 1730년에 영어로 번역 출간된 『보편 화학의 철학적 원리
Philosophical Principles of Universal Chemistry』에서 구리로 황동을 만드는
두 가지 방법을 비교했는데, 하나는 카드미아/칼라민 광물을 사용하
는 방법이고, 또 하나는 아연 금속을 사용하는 방법이다.

　구리를 *위장하는* 또는 *세련되게* 만드는 또 하나의 일반적인 방법은 노
　란색을 도입하는 것과 관련이 있는데, 그럼으로써 금과 비슷해 보이게

◆　　conterfeht는 영어의 counterfeit, 즉 '위조'란 뜻을 가진 단어이다.

만들 수 있다. 카드미아 플룸바케아*Cadmia Plumbacea*나 칼라미*Calamy* 또는 라피스 칼라미나리스*Lapis Calaminaris*를 사용해 조야하게 그런 효과를 낼 수 있다. 이것은 결합 방법, 즉 융합을 통해 그것을 금속에 집어넣는 방법으로 할 수 있다. 이 경우에 그 자체로는 완전한 금속도 아니고 전성展性도 없는 칼라미가 구리와 결합해, 그 무게를 크게 늘리는 동시에 망치 아래에서 늘어난다는 사실이 놀랍다. 이것이 바로 황동을 만드는 기술이다.

아연을 사용해 이와 동일한 성질을 가진 것을 마찬가지로 만들 수 있는데, 그러면 구리는 칼라미보다 훨씬 더 아름다운 색을 띠게 된다. 이렇게 하면, 속되게 배스*Bath* 또는 군주의 금속 등으로 부르는 것의 기본 물질이 된다.

아연 금속의 제법을 처음으로 명확하게 기술한 사람은 독일의 광산 감독관 게오르크 엥겔하르트 폰 뢰나이젠Georg Engelhardt von Löhneysen으로, 그는 1617년에 다음과 같이 기술했다.

용광로에서 용융 작업을 할 때, 용광로 아래의 벽 틈에 회반죽으로 잘 메워지지 않은 돌들 사이에 칭크*zinc* 또는 콘테르페트*conterfeht*라 부르는 금속이 생긴다. 또, 벽을 긁으면 그것을 받으려고 받쳐놓은 홈통으로 금속이 떨어진다. 이 금속은 주석과 아주 비슷하지만, 더 단단하고 전성이 작으며 작은 종처럼 울리는 소리가 난다. 이 금속은 사람들이 굳이 만들려고 한다면 만들 수도 있지만 그다지 값나가는 것이 아니기 때문에, 하인들과 작업자들은 술값을 벌 수 있을 때에만 그것을 모은다. 다른 때보다도 더 많이 긁어모을 수 있는 때가 있어서 가끔은 2파운드나 모을 수 있지만, 평소에는 2온스를 넘기 어렵다. 이 금속은 그 자체로는 아무 쓸모가 없는데, 비스무트처럼 전성이 없기 때문이다. 하지만 주석과 섞으면 영국 주석처럼 더 단단하고 더 아름다워진다. 이 칭크 또는 비스무트는 연금술사들 사이에서 수요가 높다.

어떤 사람들은 zinc의 어원이 굴뚝 벽에 삐죽삐죽한 가시 모양으로 들러붙은 이 거친 아연 조각들의 모습 때문에 '뾰족한 끝이나 갈래'를 뜻하는 독일어 '차케zacke'와 '칭케zinke'에서 유래했을 가능성이 있다고 주장한다. 하지만 zinc란 단어는 16세기 중엽에 파라켈수스와 아그리콜라의 저서에서 최초로 사용되었다. 파라켈수스는 『광물에 관한 책 2Liber Mineralium II』에서 이렇게 썼다. "게다가 일반적으로 알려지지 않은 금속이 또 하나 있는데, 이것을 친켄zinken이라 부른다. 이 금속은 성질과 기원이 특이하다. 많은 금속은 이 금속과 섞인다. … 그 색은 다른 금속들과 다르며, 성장하는 과정도 다른 금속들과 다르다."

파라켈수스는 아연을 '구리의 사생아'로 간주했고, 비스무트를 '주석의 사생아'로 간주했다. 확립된 일곱 가지 금속 중 하나와의 그런 연관성에서 파라켈수스가 사용한 이름인 친켄이 나왔다는 주장도 있다. 주석을 독일어로 '친zinn'♦이라 하는데, 접미사 '-ken'은 지소사指小辭로 쓰였을 수 있다(난쟁이를 뜻하는 manikin이나 새끼 양을 뜻하는 lambkin도 지소사가 붙은 단어이다). 이 접미사는 독일어 접미사

♦   zinn이 '주석'을 가리킨다면 '친켄'은 구리의 사생아인 아연이 아니라 주석의 사생아인 비스무트를 가리켜야 하지 않느냐고 생각할 수 있다. 하지만 옛날에는 아연과 비스무트를 혼동하는 일이 비일비재했다.

'-chen'과 관련이 있다(소녀를 뜻하는 Mädchen이나 새끼 고양이를 뜻하는 Kätzchen에서 볼 수 있다). 이것은 zinc의 기원일 수도 있고 아닐 수도 있지만, 백금을 가리키는 'platinum'은 이와 비슷한 경로를 통해 생겨났다. 백금은 남아메리카에서 은색의 작은 덩어리 형태로 처음 발견되었고, '플라티나platina'라고 불렸다. 이것은 '은'을 가리키는 에스파냐어 단어 '플라타plata'의 지소형으로 '작은 은'이란 뜻이다.

다음 장에서는 신들과 관련이 있지만 깊은 지옥과도 관련이 있는 두 원소를 살펴볼 것이다.

3

불과 유황

무시무시한 깊은 곳에서 온 이 황은
성경이 설명하듯이
고귀한 자연이 정한,
죄악에 대한 징벌이니라.

우돌Woodall, 1617

지옥에서 온 원소

황은 오래전부터 지옥의 불타는 영역과 지옥의 신과 관련이 있다고 알려졌다. 15세기의 시 「신들의 회합The Assembly of Gods」에서 익명의 저자는 지혜의 신 오테아Othea를 언급한 뒤에 하계의 신을 소개한다.

그리고 그녀 옆에는 플루톤이
온통 어두운 안개로 둘러싸인 채 서 있다.
그 옷은 연기가 피어오르는 그물로 만들었고,
몸 색은 겉과 속이 모두
완전히 어둡고 흐릿하며, 눈은 크고 굵으며,
그 몸에서는 불과 유황 냄새가 진동하니,
그의 얼굴을 바라보는 나는 두려움에 떨지 않을 수 없도다.

바티칸의 신화 수집가는 더 무시무시한 이야기를 들려주는데, 플루톤을 "유황♦옥좌에 앉아 오른손으로는 자신의 왕국을 지배하는 홀을 거머쥐고 왼손으로는 한 영혼의 목을 조르는 두려운 인물"로 묘

♦ 문학에서는 '유황'이란 용어를 많이 사용하지만, 과학에서 쓰는 정식 용어는 '황'이다.

사한다.

황과 불타는 하계 사이의 이러한 연관 관계는 황이 화산 부근에서 자주 발견된다는 사실을 고려하면 충분히 이해할 수 있다. 17세기의 박학다식한 예수회 수도사 아타나시우스 키르허Athanasius Kircher(1602~1680)는 자신이 쓴 많은 책 중 하나인 『지하 세계Mundus Subterraneus』에서 1631년의 대분화에서 불과 7년 뒤인 1638년에 베수비오산을 야간에 방문한 이야기를 들려준다. 그는 분화구에 도착한 뒤 "묘사하기에 끔찍한 광경을 보았다. 무시무시한 불길과 함께 온 사방이 환하게 불타고, 유황과 불타는 역청 냄새가 진동했다. 곧이어 특이한 광경을 보고서 크게 놀랐다. 나는 지옥의 모습을 보는 듯한 느낌이 들었는데, 끔찍한 악마들의 환영 외에는 더 필요한 게 없는 것처럼 보였다."라고 썼다.

키르허는 그 책의 서두에서 이야기하는 것처럼, 깊은 지하의 거대한 화염이 화산 활동의 원인이라고 믿었다.

> 지구의 창자와 내장에 지하 온실과 불의 저장고(심지어 물과 공기 등의 저장고도 있다), 광대한 심연, 바닥을 알 수 없는 구멍들이 있다는 사실은 진지한 철학자라면 아무도 부인하지 못할 것이다. 엄청난 활동을 보여주는 화산이나 불을 내뿜는 산, 땅에서뿐만 아니라 바다에서도 일어나는 유황불 분화, 수와 종류가 아주 많은 도처의 뜨거운 온천을 생각하기만 한다면 말이다. 이 불의 원천과 발생 장소는 공기 중도 아니고 물속도 아니며, 속된 사람들이 생각하는 산 밑도 아니다. 바로 아주 깊은 곳에 자리 잡고 있는 비밀의 방, 지구의 은밀한 장소라고 생각하는 게 합리적이다. 자연의 가장 깊은 내부인 바로 이곳에 불카누스Vulcanus의

실험실과 작업실과 대장간이 있다.

지하에 숨어 있는 열의 기원을 설명하려고 시도한 초기의 일부 이론이, 그 원인을 연소에서 찾은 것은 전혀 놀라운 일이 아니다. 키르허는 "이 지하의 불을 공급하는 물질은 황과 역청"이라고 생각했다. 황은 분명히 화산 부근에서 많이 발견된다. 유명한 야금학자 반노초 비링구초Vannoccio Biringuccio(1480?~1539?)는 1540년에 출판된 『화공술De la Pirotechnia』♦에서 황에 대해 "아주 후한 자연은 황을 산더미처럼 많이 만든다."라고 썼으며, 에트나산과 화산섬인 에올리에 제도 같은 예를 들었다.

화산 활동이 황 때문에 일어난다는 가설을 뒷받침하는 것처럼 보이는 실험적 증거도 있었다. 18세기 초에 프랑스 화학자 니콜라 레머리는 철과 황 부스러기를 축축한 반죽으로 만들어 땅속에 묻어 인공 화산을 만들었다. 그는 1743년에 영국 남부의 굿우드에서 이 실험을 반복한 과정을 기술했는데, 인공 화산을 설치한 지 약 8시간 뒤에 주변의 땅이 한두 시간 동안 들썩이고 흔들리다가 "땅이 부풀어 오르고 솟아오르더니 마침내 큰 소리와 함께 폭발했다."라고 기술했다. 그러고 나서 파란색 불꽃이 나타났고, "불은 몇 시간 동안 지속되었는데, 그 모습은 자연 화산과 그 분화 광경과 완벽하게 닮았다."

지하의 불은 자연에서도 나타난다. 독일과 오스트레일리아에는 일명 '불타는 산'들이 있는데, 이곳 탄층들은 수백 년 동안 서서히 타면서 연기를 내뿜고 있다. 괴테는 젊은 시절에 독일 두트바일러에 있

♦　화공술火工術은 금속의 주조, 정련 등에 관한 기술을 말한다.

는 탄층을 방문한 적이 있는데, 회고록에 그 인상을 다음과 같이 남겼다. "강한 황 냄새가 우리를 에워쌌다. 동굴 한쪽은 거의 빨갛게 달아올랐고, 하얗게 탄 불그스름한 돌들로 덮여 있었으며, 틈들 사이로 짙은 증기가 올라왔다. 튼튼한 부츠 바닥을 통해 땅의 열기를 느낄 수 있었다." 중국 북서부 신장성의 거대한 탄층에서 타는 불은 수 제곱킬로미터나 뻗어 있으며, 매년 수백만 톤의 석탄을 태운다. 지하에서 타는 이러한 불에도 불구하고, 오늘날 우리는 땅속으로 깊이 내려갈수록 온도가 크게 올라가는 원인이 연소가 아니란 사실을 잘 알고 있다. 하지만 지열의 진짜 원인이 일부 방사성 동위 원소의 방사성 붕괴라는 사실은 20세기 초가 되어서야 밝혀졌는데, 이것은 원시 지구의 뜨거운 열에도 일부 기여했다.

하늘의 황

옛날 사람들은 황sulfur이 지하 세계하고만 관계가 있다고 생각하진 않았다. 하데스의 동생이자 신들의 왕인 제우스가 하늘에서 던지는 번개하고도 관계가 있다고 생각했다. 기원전 8세기에 호메로스Homeros는 『일리아스Ilias』 8장에서, 제우스가 큰 뇌성과 함께 번개를 던져 눈부시게 밝은 불덩어리 벼락을 지상으로 내리꽂는데, 그러면 "불타는 황에서 무시무시한 섬광이 나온다."라고 묘사했다. 15장에서는 제우스가 떡갈나무에 벼락을 내리치는 장면이 나오는데, 그 뒤에 유황 냄새가 풍겼다고 한다.

플리니우스도 "벼락과 번개는 똑같이 유황 냄새를 강하게 풍긴다. 거기서 나오는 섬광과 빛은 유황의 성질에 기반을 두고 있으며, 유황과 비슷한 빛을 낸다."라고 썼다. 심지어 17세기 후반과 18세기 전반에도 레머리는 지하의 불과 화산의 원인이 황이라고 믿었을 뿐만 아니라, 번개와 허리케인도 황으로 설명할 수 있다고 생각했다. 1698년판『화학 강의』에서 레머리는 다음과 같이 썼다. "따라서 천둥은 대개 황을 함유한 바람이 불붙어 맹렬하게 불어댈 때 생긴다. 그러므로 이 바람이 지나가는 곳에서는 황 냄새가 강하게 난다." 번개가 친 후에 황 냄새가 난다는 보고가 가끔 있지만, 이것은 전기 방전으로 공기 분자들이 쪼개진 뒤 재배열되면서 새 화합물로 만들어진 오존(산소 원자 3개로 이루어진 분자)이나 질소 산화물에서 나는 냄새일 가능성이 높다.

'brimstone(유황)'은 'sulfur' 대신에 쓰이던 옛날 영어 단어인데, 직역하면 '불타는 돌'이란 뜻이다. 17세기의 어원학자들은 sulfur도 각각 '소금'과 '불'을 뜻하는 라틴어 'sal'과 그리스어 'pyr'에서 유래해 비슷한 의미를 함축하고 있다고 주장했다.

영어 단어 brimstone은『킹 제임스 성경』에 열 번 넘게 나온다. 「요한 묵시록」에는 죄인과 악마를 불과 유황 못에 던지는 장면이 여러 번 나오는데, 그곳에서 "영원무궁토록 밤낮으로 고통을 받을 것"이라고 했다. 이와 비슷하게, 하느님이 죄악의 도시 소돔과 고모라에 비처럼 퍼부은 것도 유황과 불이었다. 1493년에 출판된『뉘른베르크 연대기Nuremberg Chronicle』에 이 장면이 묘사돼 있다(〈그림 26〉 참고). 롯과 그 딸들은 천사의 안내를 받아 탈출하고, 롯의 아내는 파괴되는 도시를 뒤돌아보다가 놀랍도록 평온한 모습의 소금 기둥으로 변한

그림 26 소돔과 고모라의 멸망 장면을 묘사한 『뉘른베르크 연대기』의 목판화

모습이다.

'황'을 뜻하는 그리스어 단어 '티온θεῖον'에는 '신성神性'이란 뜻도 있는데, 이 연결 관계는 황이 불을 휘두르는 신들을 연상시키기 때문에 생겼을 것이다. 프랑스 화학자 니케즈 르 페브르Nicaise Le Févre(1610?~1669)는 1660년에 출판된 『화학 개론Traité de la chymie』에서 "그리스인이 황에 '신성'이란 뜻의 θεῖον이란 이름을 붙인 데에는 다 이유가 있다. 모든 황은 천상의 위대한 속성을 지니고 있음을 인정하지 않을 수 없기 때문이다."라고 썼다. 하지만 이 연결 관계는 황의 다른 성질, 특히 정제 과정에 사용되는 성질 때문에 생겼을 수도 있다. 황이 공기 중에서 탈 때 숨 막히는 이산화황 기체가 생기는데, 여기에 닿는 곤충과 해충(혹은 살아 있는 모든 것)이 죽기 때문에 이산화황은 집을 훈증 소독하는 데 쓰였다. 호메로스의 『오디세이아Odysseia』에서 고국으로 돌아온 오디세우스Odysseus는 자기 집을 차

지하고 있던 남자들을 모조리 죽이고 나서 집을 정화하기 위해 유황과 불을 가져오라고 한다. 플랑드르의 의사이자 화학자 얀 밥티스타 판 헬몬트Jan Baptista van Helmont(1579~1644)는 어떻게 해서 "히포크라테스가 어떤 질병이든 그 속에 숨어 있는 독을 신성한 것이라고 이름 지었는지" 이야기한다. 히포크라테스는 역병을 치료하는 데 황을 사용했기 때문에, "황을 θεῖον[thion], 즉 신성한 것이라고 부르기 시작했고, 그래서 그때부터 지금까지도 황은 신성한 것이란 이름 외에 다르게 기록되거나 명명되지 않는다. 왜냐하면, 황은 역병을 치료하기 때문이다." 그러고 나서 헬몬트는 "옛날 사람들은 오직 신만이 황을 보낼 수 있다고 믿어서, 그 속에 신의 원군이 들어 있다고 생각했다."라고 덧붙였다.

황을 신이 보냈다는 개념은 오늘날의 화합물 명명법에도 남아 있다. 분자에서 산소 원자가 황 원자로 치환된 화합물은 그 이름에 '싸이오-thio-'라는 접두사(모음 앞에서는 '싸이-thi-')가 붙는다. 예를 들면, 황산 이온 SO_4^{2-}에서 산소 원자 4개 중 1개가 황 원자로 치환되면 $S_2O_3^{2-}$가 되는데, 이것을 '싸이오황산thiosulfate 이온'이라고 부른다. 이와 비슷하게, 술의 주성분인 에탄올은 분자식이 C_2H_5OH인데, 여기서 산소 원자가 황 원자로 치환된 C_2H_5SH는 '에탄싸이올ethanethiol'이라고 부른다. 에탄과 에탄싸이올은 성질이 아주 다르다. 우리는 에탄올을 소량으로 즐겨 마시지만, 에탄싸이올은 아주 낮은 농도에서도 매우 역겨운 냄새가 난다. 하지만 에탄싸이올은 이 불쾌한 성질 때문에 많은 인명을 구했는데, 폭발성 가스의 누출 여부를 알려주는 데 쓰이기 때문이다(아무 냄새가 없는 천연가스에 에탄싸이올을 극소량 첨가하면 된다).

화학자들은 싸이올 단위를 '작용기functional group'의 한 예라고 이야기한다. 작용기는 서로 다른 분자 화합물들에서 공통의 특정 성질을 나타내는 원자 집단을 말한다. 알코올 작용기는 -OH(산소 원자 1개와 수소 원자 1개가 결합한 것)로 표시하고, 싸이올 작용기는 -SH(황 원자 1개와 수소 원자 1개가 결합한 것)로 표시한다. 1830년대에 싸이올을 포함한 분자들이 최초로 만들어졌을 때, 발견자인 덴마크 화학자 윌리엄 차이스William Zeise는 이 분자들을 '메르캅탄mercaptan'이라고 불렀다. 그래서 앞에 나온 에탄싸이올은 '에틸 메르캅탄'이라고 했다. 차이스는 '수은을 붙잡는 물체'란 뜻의 라틴어 '코르푸스 메르쿠리움 캅탄스corpus mercurium captans'를 바탕으로 이 이름을 지었다. 이 화합물이 금속을 함유한 일부 물질, 특히 산화수은과 잘 반응했기 때문이다. 수은은 황과 친화력이 아주 강하다. 오늘날에도 수은 스필 키트(예컨대 수은 온도계가 깨졌을 때 수은을 처리함)에는 수은 금속을 더 안전한 형태의 물질로 바꾸는 황 가루가 핵심 성분으로 들어 있다. 이 반응은 수백 년 전부터 알려져 있었다. 17세기에 출간된 책으로, 연금술에 관한 영시를 모은 『영국 화학 극장Theatrum Chemicum Britannicum』에 실린 시에도 이 반응에 관한 구절이 나온다.

　　나는 우리의 황을 자석에 비유하고 싶다네.
　　자석은 끊임없이 자신을 향해 물질을 자연히 끌어당기지.
　　우리의 황 역시 불같은 여인 수은을 끌어당긴다네,
　　그녀가 남편에게서 달아나려고 할 때면.

그림 27　황의 정제 과정을 보여주는 이 목판화는 아그리콜라의 『금속에 관하여』에 실린 것이다. 불순물이 섞인 황을 솥(A)에서 가열하면, 끓는 황에서 나온 증기가 큰 솥(B)으로 들어갔다가 식어서 액체가 되어 밑부분의 주둥이를 통해 흘러나온다. 이 액체를 주형에 쏟아부어 동그란 덩어리로 만들거나, 목제 관에 쏟아부어 '막대황'으로 만든다. 목제 관은 막대황을 빼내기 쉽도록 사전에 축축하게 적셔둔다. 바닥에 꾸러미 형태로 모아둔 막대황이 보인다.

　　화산 부근에서 발견되는 천연 황은 돌과 흙을 비롯해 여러 가지 불순물을 포함하게 마련이어서 정제 과정이 필요했다. 반노초 비링구초는 황을 정제하는 데 필요한 장비들을 기술했는데, 이것들은 1556년에 출판된 아그리콜라의 『금속에 관하여』에 아름다운 삽화로 묘사돼 있다(〈그림 27〉 참고).

　　심지어 플리니우스 시대에도 인공적으로 만들어 녹인 황은 천연으로 산출되는 황과 다르다고 생각했다. 아그리콜라에 따르면, 천연 황은 '살아 있는'이라는 뜻의 라틴어 '비붐vivum'이라고 부르거나, '불에 노출되지 않은'이란 뜻의 그리스어에서 유래한 이름인 '아피론apyron'이라고 불렸고, '불에 노출된'이란 뜻의 '페피로메논pepyromenon'과 구별했다. 하지만 공기가 없는 상태에서 황을 가열한 뒤 그 증기를 차가운 표면 위에서 냉각시킴으로써 미세한 황 가루도 만들 수 있었다. 이 형태의 황을 '황의 꽃'이란 뜻으로 '황화黄華'라고 불렸는데, 가끔 비슷한 방식으로 생겨난 천연 황도 이 이름으로 불렸다. 1576년에 영어로 번역 출판된 콘라트 게스너Conrad Gesner의『건강의 새로운 보석The Newe Jewell of Health』에서는, 최상의 황은 "유황질 땅의 언덕에서 꽃의 형태로 나오는 유황의 땀이다. 이것은 유황의 꽃이라고 부를 수 있고 또 그렇게 불러야 하는데, 이 땀은 이슬처럼 돌에 맺혀 나오기 때문이다."라고 기술했다.

불의 돌에서 나오는 황

천연 황을 구할 수 없을 때에는 황철석처럼 황을 함유한 광물에서 황을 추출할 수 있었다. 오늘날 광물학에서 말하는 황철석은 흔히 '바보의 금'이라고 부르는 노란색 황화철(FeS_2) 광물이다. 하지만 18세기 말 이전에는 황철석을 가리키는 영어 단어 'pyrite'가 금속(주로 구리나 철)과 황의 결합으로 이루어진 다양한 광물을 가리키는 데 사용되었다. 아그리콜라는 이러한 광석을 조심스럽게 가열해 황을

그림 28 황철석에서 황을 얻는 과정을 보여주는 이 목판화는 아그리콜라의 『금속에 관하여』에 실린 것이다. 바닥에 구멍들이 뚫린 용기(E)에 광석을 잔뜩 넣고, 이것을 구멍이 뚫린 철판(D) 위에 올려놓는다. 용기 주위에 불을 피우면, 황이 녹아서 빠져나와 물로 채워진 그 아래의 솥(F)으로 떨어진다.

추출하는 방법을 기술했다(〈그림 28〉 참고).

　단어 pyrite는 고전 라틴어에서 왔는데, '불의 돌'을 뜻하는 그리스어 'pyrites lithos'에서 유래했다. 아그리콜라는 1530년에 출판된 자신의 첫 번째 저서에서 작중 인물인 나이비우스와 베르만누스를 통해 이 이름의 기원을 이야기한다.

　나이비우스: 하지만 플리니우스는 "그들은 그 안에 불이 많이 들어 있

어서 그것을 pyrite라고 부른다."라고 썼습니다. 그것으로부터 불을 얻지 않습니까?

베르만누스: 그것으로 불을 쉽게 붙일 수 있지요. 플리니우스처럼 나도 그리스인이 이 이유 때문에 그런 이름을 붙였다고 믿습니다. 하지만 이것이 불의 색을 띠는 경우가 많아 그런 이름이 붙었을 가능성도 있어요.

불을 붙이는 이 광물의 성질은 선사 시대부터 알려졌는데, 부싯돌로 황철석을 치면 불꽃을 일으킬 수 있었다. 황철석 샘플은 불을 피우는 부싯돌과 함께 많은 고고학 유적지에서 발견되었는데, 예컨대 기원전 8500년경의 유적이 남아 있는 노스요크셔주의 스타카에서도 나왔다. 1991년에 이탈리아와 오스트리아의 국경 지역에 위치한 알프스산맥의 빙하에서 미라로 발견된 5300년 전의 아이스맨 외치 Otzi the Iceman도, 부싯돌과 황철석으로 정교하게 만든 발화 도구를 불쏘시개용으로 말린 균류 및 식물과 함께 갖고 있었다. 따라서 이 광물에 'pyrite'(혹은 영어에서 한때 사용된 'fire-stone')란 이름이 붙은 것은 아주 적절해 보인다.

13세기에 바르톨로메우스 앙글리쿠스Bartholomeus Anglicus가 펴낸 중세 시대의 백과사전『사물의 성질에 관하여De proprietatibus rerum』에서는 이 이름에 대해 더 기발한 이유를 제시했다. 바르톨로메우스는 "pirite는 밝은 빨간색 돌로, 공기와 비슷한 성질을 갖고 있다. 그 속에 불이 많이 들어 있어 거기서 자주 불꽃이 튀어나오며, 그 돌을 쥐는 사람의 손에 금방 화상을 입힌다. 그래서 이름에 불을 뜻하는 'pir'가 들어가게 되었다."라고 썼다. 손에 화상을 입히는 이 돌의 성질은 앞서 플리니우스가 지적했으며, 훗날 알베르투스 마그누스Albertus

Magnus도 광물에 관한 책에서 같은 주장을 반복했다. 얼핏 생각하면 그런 일은 일어나기 힘들 것 같지만, 이 개념은 공기와 물이 존재하는 조건에서 시간이 지나면 황철석이 산화되어 강산성 용액이 생길 수 있다는 사실에서 유래했을 가능성이 있다. 실제로 일부 광산의 물은 이 반응 때문에 위험한 수준의 강산성을 띤다. 암석에 붙어 있는 산은 씻어내지 않으면 손을 자극하고 화상을 입힐 수 있다. 이 반응은 아그리콜라도 잘 알고 있었는데, "실험은 잘 부서지는 다공질 황철석이 습기의 공격을 받으면 그러한 산성 용액이 생긴다는 것을 보여준다."라고 썼다. 이 과정은 자연적으로 일어날 뿐만 아니라 인공적으로도 만들어낼 수 있는데, 여기서 황과 황철석의 가장 중요한 용도 중 하나가 생겨났다. 바로 황산을 제조하는 것이다.

구두약과 구리 장미와 비트리올

황철석이나 황동석 같은 금속 황화물이 산소와 물과 반응하면, 산뿐만 아니라 수용성 황산염 금속도 생긴다. 아그리콜라는 황철석 부근에서 가끔 황산염 결정이 어떻게 생기는지 기술하면서 "이 덩어리 한가운데에서 옅은 색의 황철석이 거의 녹은 상태로 발견된다."라고 썼다. 그리고 이 용액이 "암석에서 방울방울 나와 길을 따라 흘러내려가다가 고드름 모양으로 굳는다. … 이것을 그리스인은 σταλακτικος[stalaktikos]라고 부르는데, 방울들이 떨어져서 생기기 때문이다."라고 덧붙였다. '종유석'을 가리키는 영어 단어 'stalactite'는 실제로 '물방울'이란 뜻의 그리스어 '스탈락토스stalaktos'에서 유래했는데, 우리가 동굴에서 흔히 보는 종유석은 대부분 탄산칼슘으로 이루어져 있다. 엄밀하게 말하면, 수용성 물질은 어떤 것이건 이와 비슷한 구조를 만들 수 있다. 플리니우스는 구리와 철의 황산염도 잘 알고 있었다. 다만 이 둘은 순수한 형태에서는 색이 서로 다르지만(황산철은 초록색이고 황산구리는 파란색이다), 사람들은 이 둘을 자주 혼동했다. 황산철은 라틴어로 '아트라멘툼 수토리움atramentum sutorium'이라고 불렸는데, 직역하면 '구두장이의 검은 구두약'이란 뜻이다. 이 흥미로운 이름은 황산철 용액이 가죽에 섞인 타닌과 함께 검은색 안료가 되어 이 업계에서 많이 사용되었기 때문에 생겨났다. 황산구리와 황산철은 비슷한 성질을 일부 공유하고 있지만, 타닌을 만날 때 검은색이 나는 것은 황산철뿐이다.

플리니우스는 또한 그리스인이 황산염을 '구리 꽃'이란 뜻으로 '찰칸토스chalcanthos'라고 불렸다고 하는데, 이것은 특정 광물에서 아름답게 자라나는 황산염 결정 때문에 붙은 이름이다. 녹반綠礬을 가리키는 영어 단어 'copperas'도 여기서 유래했는데, 이 단어는 'coperose'나 'cupri rosa'라는 철자로도 쓰였다. 원뜻은 '구리 장미'이다. 나중에 copperas는 파란색 황산구리보다는 초록색 황산철을 가리키는 단어로 더 많이 쓰여 혼란을 더욱 가중시켰다. 하지만 이 단어는 꽃에서 유래했을 가능성보다는 단순히 '구리를 함유한 물'이란 뜻의 라틴어 '아쿠아 쿠프로사aqua cuprosa'의 준말로 생겼을 가능성이 더 높다. 그렇긴 해도 copperas(녹반)은 여전히 황산철과 그 용액을 가리키는 용어로 쓰였다. 1556년에 라틴어로 출판된 『금속에 관하여』에서 아그리콜라는 'atramentum sutorium(구두장이의 검은 구두

약)'이란 용어를 사용했지만, 그다음 해에 독일어로 출판된 책에서는 'Kupfferwasser(구리 물)'란 용어를 사용했다.

플리니우스는 또한 양 끝에 작은 돌이 매달린 밧줄을 집어넣음으로써 황산염 용액에서 결정을 만드는 방법도 기술했다. 그러면 밧줄에 유리 같은 알갱이 모양으로 결정들이 생긴다고 했다. 플리니우스는 그것을 말리면, "눈에 띄게 찬란한 파란색을 띠며 유리로 착각할 정도이다."라고 덧붙였다. 13세기에 알베르투스 마그누스는 광물에 관한 책에서 어떤 사람들은 초록색 물질을 '유리 같은'이라는 뜻의 '비트레올룸vitreolum'이라고 불렀다고 썼으며, '비트리올vitriol'이란 용어는 황산염 결정을 가리키는 일반 용어가 되었는데, 예컨대 1540년에 비링구초가 이 용어를 사용했다. 비링구초는 비트리올(황산철)을 만드는 방법을 자세히 기술했는데, 천연 황산염(황산구리와 황산철의 혼합물)을 뜨거운 물에 녹인 뒤에 철 부스러기를 첨가하는 방법이었다. 이 반응이 일어나는 동안 철 표면에 구리 금속이 침전하고, 철 자체는 서서히 용액으로 녹아든다. 그 결과로 훨씬 순수한 초록색 황산철 용액이 남는다.

종을 사용해 만든 비트리올 오일과 황의 정

비트리올의 중요한 용도 중 하나는 황산을 만드는 원료로 쓰인 것이다. 먼저 황산철을 가열해 물(결정에 포함된 결정수)을 뽑아낸다. 온도가 더 높아지면, 황산철이 분해되면서 휘발성 황 산화물이 빠져나간다. 1576년에 출판된 게스너의 『건강의 새로운 보석』에서는 이 과정을 "정精이 층층이 쌓인 구름처럼 빠져나오는 것을 볼 수 있다." 라고 묘사했다. 황 산화물은 물에 녹아 산이 되며, 가열한 용기에는 적갈색의 산화철만 남는다. 이 과정에서 두 가지 황 산화물이 생긴다. 하나는 기체인 이산화황(SO_2)이고, 또 하나는 휘발성 고체인 삼산화황(SO_3)이다. 삼산화황은 물과 반응해 황산이 되지만, 이산화황은 물에 녹아 아황산이라는 불안정한 용액을 만든다. 시간이 지나면, 아황산은 공기 중의 산소와 접촉해 산화되어 더 강한 산인 황산으로 변한다. 가끔 두 종류의 산을 독특한 이름으로 구별했는데, 시럽처럼 끈적끈적한 황산은 '비트리올 오일oil of vitriol'이라 불렀고, 더 약한(비록 더 숨 막히는 기체이긴 하지만) 아황산은 '황의 정spirit of sulfur'이라고 불렀다.

이 산들을 만드는 또 다른 방법은 황으로부터 직접 만드는 것이었다. 공기가 없는 상태에서 황을 가열하면 황이 정제되면서 황의 꽃이 생기는 반면, 공기가 있는 상태에서 가열하면 황이 불길한 파란색 불꽃으로 타면서 주로 이산화황이 생긴다(앞에서 보았듯이 그리스인이 정제 과정에서 사용했던 반응이다). 휘발성 황의 정을 만드는 방법 설명서를 보면, 정을 응결시키는 용도로 유리나 세라믹 '종鐘'으로 이루어진 장비를 사용했는데, 타고 있는 황 위에 종을 씌워 많은 공기가 황으로 가게 했다(〈그림 29〉 참고).

불타는 황이 공기 중의 산소와 만나 생긴 이산화황은 상온에서는 기체라서 유리 종에 응결되지 않을 것이라는(게다가 불 때문에 종이 따뜻해져서 응결이 일어나기 더 어렵다는) 사실을 생각하면 이 방법은 좀 이상해 보인다. 이 과정이 왜 효과가 있는지 알려주는 단서를

그림 29　종을 사용해 황을 만드는 방법. 왼쪽의 목판화는 게스너의 『건강의 새로운 보석』에 실린 것이다. 오른쪽 그림은 1690년에 출판된 문헌에서 가져온 것이다.

1660년에 출판된 르 페브르의 『이론 화학과 응용 화학Chimie théorique et pratique』에서 발견할 수 있는데, 르 페브르는 1년 중 이 과정의 효과가 가장 좋은 시기를 언급했다. "이 정을 얻으려면, 어떤 시기보다도 두 분점, 즉 춘분과 추분을 선택하라. 이 계절에는 대개 습기가 많고 비가 내리는데, 이것은 이 과정에 필요한 조건이다. 이렇게 하지 않으면, 유황 lib. j.[1파운드]로부터 얻는 정이 아주 적을 것이다." 그리고 이렇게 덧붙였다. "만약 추위나 열 때문에 공기가 너무 건조하면 유황의 산과 비트리올 정이 응고되지 않으며, 반대로 유황의 두꺼운 가연성 물질과 함께 완전히 사라지고 말 것이다." 이산화황은 습기에 잘 녹아 아황산이 되는데, 일부 화학자들은 현명하게도 사전에 종을 물로 적셔 축축하게 만들었다. 하지만 어떻게 하더라도 이 과정은 매우 비효율적이었고, 게스너는 "유황 5파운드에서 얻는 오일은

1온스를 넘기 어렵다."라고 지적했다. 그 '오일'은 제조 방법을 반영해 '술푸르 페르 캄파남sulphur per campanam,' 즉 '종으로 얻는 황'이라 불렸다.

황에 질산칼륨을 첨가하면서 큰 진전이 일어났다. 아마도 처음에는 치솟는 황의 불길을 막으려고 질산칼륨을 넣었을 것이다. 하지만 이것이 예상치 못한 효과를 낳았다. 질산칼륨이 분해하면서 생긴 질소 산화물은 이산화황과 공기 중의 산소가 반응해 삼산화황을 만드는 과정에서 촉매로 작용한다. 돌팔이 의사 조슈아 워드Joshua Ward는 자신의 수상쩍은 치료약에 필요한 비트리올 오일을 만들기 위해 런던 트위크넘에 작업장을 세웠다. 그는 이전의 종 대신에 목이 넓고 지름이 60~70cm나 되는 거대한 유리구를 사용했는데, 물이 약간 든 유리구 한가운데 위에 황과 질산칼륨 혼합물을 놓아두었다. 이 유리구들이 얼마나 컸는지는, 영국 왕립의사협회 회원이던 새뮤얼 머스그레이브Samuel Musgrave가 이 제조법을 보고한 글에 생생하게 묘사돼 있다. "취관吹管으로 큰 유리에 공기를 불어넣으려면 그 어느 때보다 숨을 더 오래 내쉬어야 한다. 고故 워드 박사가 비트리올 정을 얻기 위해 사용한 큰 유리 용기에 공기를 불어넣을 때에는 그 일에 고용된 사람의 코와 귀로 피가 흘러나오는 일이 자주 발생했다는 이야기를 들었다." 다른 사람들이 이 거추장스러운 유리 용기 대신에 납 용기를 사용하는 게 훨씬 편리하다는 사실을 발견했다. 곧 이 반응은 사방의 벽에 납을 덧댄 거대한 상자 또는 방에서 일어나게 되었는데, 방의 크기는 폭과 높이가 3m, 길이가 13m나 되었다. 이 연실鉛室, 즉 납판으로 둘러싼 큰 상자는 더 개선되어 20세기까지도 황산 제조 과정에 쓰였다.

1731년 11월 18일, 런던에 살고 있던 독일 출신의 화학자 지기스문트 아우구스투스 프로베니우스Sigismund Augustus Frebenius는 왕립학회에서 "자신이 *마키나 프로베니아나, 프로 레졸루티오네 콤부스티빌리움Machina Frobeniana, pro resolutione Combustibilium*('연소를 통해 문제를 해결하는 프로베니우스의 기계')이라고 부른 아주 으리으리한 기계"를 전시했다. 이 기계는 종을 사용해 황 오일을 만드는 장비를 화려하게 꾸민 장치라고 소개되었고, 그 직후에 화학자 앰브로스 고드프리 행크위츠Ambrose Godfrey Hanckewitz가 유리병과 따뜻하게 데운 자기 컵을 사용해 이 시범을 보여주었다. 그런데 화학자들은 종에서 황 대신에 새로운 물질(가장 반응성이 높은 원소 중 하나)을 태웠는데, 이 물질은 보고서에서 '포스포루스 글라키알리스 우리나이Phosphourus glacialis Urinae' 또는 '앰브로스 고드프리 행크위츠의 막대 인Stick Phosphorus of Mr Ambrose Godfrey Hanckewitz'이라고 불렀다.

샛별, 빛을 나르는 자

'인'을 가리키는 영어 단어 'phosphorus'의 유래는 고대 그리스까지 거슬러 올라간다. 고대 그리스인은 동 트기 전에 동쪽 하늘에 보이는 금성을 '포스포로스Phosphoros'라고 불렀다. 이것은 직역하면 '빛을 나르는 자'란 뜻인데, 태양과 달 다음으로 하늘에서 가장 밝은 천체에 어울리는 이름이었다. 에우리피데스Euripides는 기원전 414년 경에 쓴 희곡 『이온Ion』에서 "빛을 나르는 새벽[포스포로스]은 별들을 달아나게 한다."라고 썼다. 흥미롭게도 그리스인은 해 지기 전에 서쪽 하늘에 나타나는 금성은 '헤스페로스Hesperos'라는 다른 이름으로 불렀다. 아마도 새벽에 나타나는 별과 저녁에 나타나는 별이 실제로는 같은 별이란 사실을 한동안 몰랐기 때문에 그랬을 것이다. 그리스 신화에서 포스포로스와 헤스페로스는 둘 다 새벽의 여신 에오스Eos(로마 신화의 아우로라Aurora)의 아들로 나온다. '새벽을 나르는 자'라는 뜻의 '에오스포로스Eosphoros'라는 이름이 가끔 포스포로스 대신에 같은 뜻으로 쓰인 것은 이 때문이다. 포스포로스에 해당하는 라틴어는 '루키페르Lucifer'인데, 성경을 번역할 때 '샛별'을 뜻하는 히브리어 단어가 '루키페르'로 번역되면서 루키페르가 사탄의 이름인 양 오해를 받게 되었다.♦ 하지만 악마 같은 원소에 어떻게 해서 포스포로스란 이름이 붙었는지 이해하려면, 이 원소가 발견되기 약 50년 전인 17세기 초의 이탈리아 시골로 돌아가야 한다.

햇빛 스펀지

1602년, 볼로냐의 미천한 구두 수선공 빈첸초 카스카리올로Vincenzo Cascariolo는 근처의 파테르노산 기슭에서 발견된 암석을 용광로에서 하소煆燒♦♦하다가, 그 물질이 빛을 흡수했다가 어둠 속에서

♦　루키페르는 영어로는 '루시퍼', 교회 라틴어로는 '루치페르'라고 한다. 성경에서 원래 '샛별'은 교만한 바빌론 왕 헬렐Helel을 지칭했으나, 점차 악마를 지칭하게 되었다.

♦♦　물질을 공기 중에서 태워 휘발 성분을 없애고 재로 만드는 과정을 일컫는다.

괴기스러운 빛을 내는 성질이 있다는 사실을 발견했다. 영국 박물학자 존 레이John Ray(1627~1705)는 훗날 유럽 대륙을 여행한 이야기를 하면서 볼로냐에서 '화학자 조세피 부체미Gioseppi Bucemi 선생'을 찾아간 에피소드를 들려주었다. 부체미는 "밝은 빛이 비치는 공기 중에 잠시 노출하면 빛을 흡수했다가, 어두운 방으로 가져가면 타오르는 석탄처럼 빛을 내는" 돌을 만든 사람이었다. 레이는, 그 돌은 "시간이 조금 지나자 빛을 잃었고, 빛에 다시 노출시켜야 빛을 냈다."라고 덧붙였다.

카스카리올로는 지속적인 발광 물질 또는 인광 물질을 최초로 만들었다고 말할 수 있는데, 빛에서 에너지를 흡수했다가 어둠 속에서 빛을 내는 이 물질은 오늘날 비상 통로 표지나 어린이 장난감에 쓰인다. 2012년에 실험을 통해, 볼로냐의 그 암석은 불순물이 섞인 황화바륨이며, 황산바륨으로 이루어진 광물인 중정석에서 생긴 것으로 드러났다. 볼로냐 암석에서 빛을 내는 핵심 물질은 미량으로 섞인 불순물인데, 그중에서도 특히 1가의 구리 이온(Cu^+)이다. 구리 이온의 전자들은 빛에 노출되면 들뜬 상태가 되어 황화바륨 결정의 틈에 갇힌다. 시간이 지나면 전자들은 원래의 낮은 에너지 상태로 돌아가는데, 이 과정에서 저장된 에너지가 빛으로 방출된다. 물론 카스카리올로는 이런 사실을 알지 못했다. 그저 자신의 암석이 "마치 스펀지가 액체를 빨아들이듯이 햇빛을 흡수하는 성질이 있다."라고 생각했고, 그래서 그 암석을 '스폰기아 솔리스spongia solis'('태양 스펀지' 또는 '햇빛 스펀지')라고 불렀다. 앞에서 베수비오산 분화구로 내려갔다고 소개한 아타나시우스 키르허는 1641년에, 이 암석은 보통 자석이 철을 끌어당기듯이 빛을 끌어당기는 일종의 자석이라고 썼다. 심지어 달

빛 중 일부도 단순히 반사된 햇빛이 아니라, 이와 비슷한 물질에서 나온다는 주장까지 했다. 볼로냐의 그 암석을 잘 알고 있던 갈릴레이는 이 주장에 격렬하게 반대했다. 경이로운 암석에 대한 소문이 퍼지면서 그 암석이 햇빛뿐만 아니라 달빛, 심지어 일반적인 불빛에도 같은 효과를 나타낸다는 사실이 밝혀지자, '스폰기아 루키스spongia lucis'(빛 스펀지), '레티나쿨룸 루미니스 카일레스티스retinaculum luminis caelestis'(천상의 빛을 붙들어 매는 밧줄), '라피스 일루미나빌리스lapis illuminabilis'(빛을 흡수하는 돌), '라피스 루키페르lapis lucifer'(빛을 나르는 돌), '라피스 포스포루스lapis phosphorus'(빛을 나르는 돌) 등 다양한 이름을 얻게 되었다.

그 볼로냐 암석은 만들기가 어려운 것으로 악명이 높았다. 레이는 다음과 같이 보고했다. "여기에는 다소 불가사의한 구석이 있다. 왜냐하면, 어떤 사람들은 그 볼로냐인에게서 구입한 암석 일부를 그의 지시에 따라 하소하더라도[암석 조각들을 장작불 위의 석쇠에 올려놓고서], 거기서 빛이 나지 않았기 때문이다." 1660년대에는 심지어 이 암석을 만드는 기술이 실전된 것처럼 보였다. 그랬는데 빌헬름 홈베르크Wilhelm Homberg라는 독일 화학자가 이탈리아로 가 그 비밀을 배웠다. 홈베르크는 곧 어느 누구보다도 그 암석을 잘 이해하게 되었고, 이탈리아에서 인광을 아주 잘 내뿜는 암석을 만들었다. 하지만 유럽 전역을 광범위하게 여행한 뒤에 마침내 정착한 파리에 도착했을 때, 실망스럽게도 아무리 여러 번 시도해도 그 절차는 아무 효과가 없었다. 그러다가 우연한 만남에서 실마리를 얻었다. 홈베르크는 친구에게 그 방법이 더 이상 통하지 않는다는 사실을 고백하지 못하고, 그 암석을 만드는 방법을 알려주겠다고 약속하고 말았다. 약속 날짜를 차일피일 미루던 끝에 어느 날 우연히 친구와 맞닥뜨렸는데, 친구는 그 경이로운 방법을 보여달라면서 자신의 집에 마련한 실험실로 홈베르크를 데려갔다. 친구는 이미 홈베르크의 지시에 따라 용광로도 지어놓았고, 홈베르크가 전에 준 아직 하소하지 않은 암석도 갖고 있었다. 홈베르크는 훗날 그 만남에 대해 이렇게 기술했다. "그렇게 재촉에 못 이겨 나는 너무나도 많이 실패한 그 절차를 다시 반복하기 시작했는데, 솔직히 말하면 내내 부들부들 떨었다. 파리에서 그 절차를 여러 번 시도했지만 실패만 거듭했다는 이야기를 친구에게 하지 않았기 때문이다." 하지만 놀랍게도 그리고 다행스럽게도 그는 "그 절차가 끝났을 때, 그 암석들이 내가 본 것 중 그 어떤 것보다도 밝게 빛나는 것을 보았다."라고 썼다. 이번에는 어떤 점이 달랐길래 이런 결과가 나왔는지 원인을 찾으려고 샅샅이 살핀 끝에, 홈베르크는 마침내 중요한 요인을 발견했다. 파리에 있는 자기 실험실에서는 암석을 갈 때 쇠로 만든 막자사발을 사용했지만, 친구의 실험실과 이탈리아에서는 청동으로 만든 막자사발을 사용했다. 그리고 많은 시행착오 끝에 홈베르크는 그 비밀을 알아냈다. 구리나 청동 막자사발에서 암석을 갈 때에는 암석의 발광이 크게 높아진 반면, 철의 존재는 발광을 방해했다. 오늘날 우리는 암석이 빛을 흡수하고 재방출하는 데 구리 이온이 중요한 역할을 한다는 사실뿐만 아니라, 철의 존재는 이 현상을 방해한다는(인광을 꺼뜨린다는) 사실을 알고 있다. 2016년, 화학사 연구자 로런스 M. 프린시피Lawrence M. Principe가 이 암석을 아주 훌륭하게 설명한 논문을 발표했는데, 그것을 만들기 위해 자신이 한 실험까지 논문에 포함시켰다. 프린시피는 구리의 존재와 철의 부재가 중요할 뿐만 아니라, 용광로를 정확하게 짓는 방법도 중요하다는 사실을 발견했다. 홈베르크가 기술한 종류의 용광로는 하소 과정에서 황산바륨에 일산화탄소 기체가 작용해 그것을 황화물로 환원시켰다. 단순히 암석을 숯과 함께 가열하는 것만으로는 인광이 나는 암석을 만들 수 없다.

빛 자석

볼로냐 암석은 처음 발견되고 나서 약 70년 동안 화학계에서 아주 독특하고 경이로운 물질로 남아 있었지만, 결국에는 어둠 속에서 빛을 내는 물질이 그 외에도 많이 있다는 사실이 밝혀졌다. 그중 하나는 처음에는 공기 중에서 습기를 끌어당기는 용도로 만든 것이었다. 이렇게 공기 중에서 추출해 정제한 물은 가짜 약으로 비싼 값에 팔렸다. 이 물질은 나중에 다시 다룰 테지만, 그 발견자인 크리스찬 아돌프 발두인Christian Adolph Balduin은 그것을 만드는 과정에서 일어난 우연한 사건으로 곧 자신의 '자석'이 공기 중에서 단지 물만 끌어당기는 게 아니란 사실을 발견했다. 발두인은 백악(탄산칼슘)을 질산에 녹인 뒤 그 용액을 증발시킴으로써 질산칼슘을 만들었다. 인의 발견에 중요한 역할을 한 요한 쿵켈Johann Kunckel(1630~1702)은 1716년에 사후 출판된 『화학 실험실Laboratorium Chymicum』에서 발두인의 유명한 발견을 다음과 같이 소개했다. "이것을 만드는 도중에 실수로 질산칼륨의 정이 증발해 단단한 덩어리가 되었고, 그 결과로 레토르트 목 부분에 노란색 물질이 모였다. 레토르트가 내부에서 깨지자,

그는 그 목 부분을 실험실의 어두운 구석으로 던졌는데, 거기서 그것이 석탄처럼 빛나는 것을 보았다. 그는 경이로운 마음에 사로잡혀 이 현상을 관찰했는데, 그 빛이 어둠 속에서 차차 희미해졌다가 햇빛을 받으면 다시 빛이 난다는 사실을 발견했다." 발두인은 자신의 새로운 경이에 대한 보고를 1675년에 어느 책의 부록에 'Phosphorus Hermeticus, sive Magnes Luminaris'라는 제목으로 발표했는데, 이는 '불가사의한 포스포르[빛을 나르는 자] 또는 빛 자석'이란 뜻이다. 그의 경이로운 물질은 곧 단순히 '발두인의 포스포루스'라는 이름으로 알려지게 되었다. 비록 포스포루스라는 이름으로 불리긴 했지만, 발두인의 물질에는 오늘날 우리가 이 이름으로 부르는 원소(인)가 전혀 포함돼 있지 않다. 포스포루스라는 이름은 단순히 '빛을 나르는 자'라는 뜻으로만 사용되었다. 하지만 발두인의 이 물질은 '인광phosphorescence'(물질이 빛 에너지를 흡수했다가 나중에 재방출하는 과정)이라는 용어를 낳았다. 아이러니하게도 인은 이런 작용을 하지 않는다. 인에서 나오는 빛은 공기와의 화학 반응에서 생기며, 그 과정에서 인이 조금씩 소모된다. 이것은 인광과는 완전히 다른 과정으로, '화학발광chemiluminescence'이라 부른다.

쿵켈은 발두인의 포스포루스에 대해 처음 듣고 나서 그 정확한 정체와 제조법을 배우려고 마음먹었다. 그래서 발견자를 찾아갔다. 발견자는 손님을 크게 환대했지만, 자신의 비밀만큼은 절대로 털어놓으려 하지 않았다. 쿵켈은 "그의 이야기는 벌 떼처럼 질서정연했다."라고 표현했다. 그런데 발두인이 그 물질에 쬐어주는 빛을 강하게 하기 위해 오목거울을 찾으러 방을 나갈 때, 급히 서두느라 그 물질을 그대로 놓아두고 갔다. 쿵켈은 기회를 놓치지 않고 "그 물질을 조금 떼어내 입속으로 집어넣었다." 아마도 그 물질을 맛보는 순간 쿵켈은 자신이 생각했던 포스포루스의 조성을 확인했을 것이다. 왜냐하면, 쿵켈이 곧바로 독자적으로 포스포루스를 만들어 발두인을 분노케 했기 때문이다.

1670년대에 함부르크에서 발두인의 물질이 지닌 마법 같은 성질을 청중에게 보여줄 때, 쿵켈은 그보다 훨씬 놀라운 물질을 처음 알게 되었다. 청중 가운데에서 페터 헤셀Peter Hessel이라는 목사가 다가오더니 "이곳에 브란트Brand 박사라는 사람이 있소. 상인으로는 성공을 거두지 못하고 의사로 일하고 있는데, 얼마 전 밤중에 빛을 계속 내는 물질을 만들었다오."라고 말했다. 이 물질이 어둠 속에서 계속 빛을 낸다는 사실은 실로 놀라웠다. 그때까지 빛을 나르는 물질은 모두 빛에 노출시켜 충전을 해야 했고, 몇 시간 혹은 몇 분이 지나는 동안 서서히 희미해져갔기 때문이다.

차가운 불

인은 발견된 해(1669년)와 발견자(함부르크의 헤니히 브란트Hennig Brand)가 모두 알려진 최초의 원소이다. 물론 그 당시에는 인이 원소라는 사실을 몰랐다. 이 사실은 100년도 더 지난 뒤에야 밝혀졌다. 쿵켈이 안내를 받아 브란트를 만나러 가자, 브란트는 자신이 '차가운 불' 또는 그냥 '나의 불'이라 부르는 것을 보여주었다. 브란트는 자신의 발견을 글이나 논문으로 발표하지 않았으며, 그 발견은 쿵켈의 방문 덕분에 널리 알려지게 되었다. 쿵켈은 브란트에게서 인을 직접 만드는 방법을 배우고 싶어 안달이 났다. 그런데 그 비법을 손에 넣기 전에 그 발견 이야기를 친구인 요한 다니엘 크라프트Johann Daneil Krafft에게 보낸 편지에서 누설하는 실수를 저질렀다. 크라프트는 즉각 함부르크로 달려와 돈을 주고 그 비법을 입수했고, 심지어 쿵켈에게 그 비법을 알려주지 말라며 브란트에게 돈까지 주었다. 브란트와 별 소득 없는 편지를 많이 주고받은 끝에 쿵켈은 결국 자신의 기술로 인을 만드는 방법을 알아낸 것으로 보이며, 1678년에 『신기한 인에 관한 공개편지Öffentliche Zuschrift von dem Phosphor Mirabil』라는 제목의 책을 출판했다. 이 책에 기술된 인은 대부분 실제로는 불순물이 섞인 것으로, '검은색 비누'처럼 생겼고, 그 속에서 입자들이 '작은 별처럼 반짝이고' 있었다. 쿵켈은 인을 머리카락에 대고 문지르면, "각각의 머리카락에서 빛이 나는데, 한번 보면 절대로 잊지 못할 광경을 연출한다."라고 기술했다. 또한 그 물질로 글을 쓴 실험도 기술했지만, "너무 세게 누르면, 종이에 불이 붙는다."라고 경고했다. 오늘날 우리는 최초의 연구자들이 만든 이 인이 독성이 아주 강하다는 사실을 알고 있다(시안화물보다도 훨씬 더 강하다). 하지만 쿵켈은 인을 금이나 은 용액에 집어넣는 방법으로 '기적의 알약'을 만들었는데, 그럼으로써 환자들의 생명을 구한다고 믿었던 화학 반응이 일어나게 했다. 이 반응을 통해 인은 무독성 인산(청량음료인 콜라의 활성 성분)으로 변하고, 독 대신에 매력적인 금속 막이 생긴다. 쿵켈은 이렇게 언급했다. "이것은 구토나 어떤 불편도 유발하지 않고 신비로운 방식으로 작용하며, 심각한 질병과 통증에 사용할 수 있다." 심지어 "밤낮으로 자주 울고 잠을 자지 않는, 생후 몇 주일밖에 안 된 아이"에게도 투여하라고 권했다.

　쿵켈의 인 연구 결과는 1678년에 책으로 출판되었지만, 이 새로운 물질에 관한 최초의 연구 보고는 아니었다. 최초의 연구 보고는, 크라프트가 브란덴부르크의 대선제후 프리드리히 빌헬름Friedrich Wilhelm의 궁전에서 브란트에게서 얻은 신비한 물질을 보여준 뒤인 1676년 5월에 소책자의 형태로 펴냈다. 『관찰된 네 가지 인광 물질에 관하여De Phosphoris quatuor, observatio』라는 제목을 단 이 책은 그 당시 빛을 낸다고 알려진 네 가지 물질을 소개했다. 네 가지 물질은 볼로냐 암석, 발두인의 포스포루스, 얼마 전에 발견되어 따뜻해지면 빛을 내는 형석의 한 종류(7장 참고), 마지막으로 '포스포루스 풀구란스phosphorus fulgurans', 즉 '번쩍이는 인광 물질'이라는 새로운 인이었다. 저자는 마지막 물질을 아주 열정적으로 설명했다. "이전에 그 이름이 붙은 인광 물질은 모두 가장 최근에 발견된 네 번째 물질보다 한참 뒤처진다. 그 특별한 행동 때문에 이 물질에는 '번쩍이는 인광 물질'이란 이름이 딱 어울린다." 크라프트는 시범을 보이면서 이 물질을 '영원한 불Ignem perpetuum'이라고 불렀다. 이 보고는 이 인이 "여름밤에 날아다니는 반딧불이처럼 스스로 빛을 낼 뿐만 아니라, 그것에 갖다 대고 문지른 손가락에도 똑같이 희끄무레한 빛을 옮겨 보는 사람을 깜짝 놀라게 한다. 만약 전신을 문지르면 모세가 시나이산에서 내려올 때 그랬던 것처럼(여기서 그 신성한 사건과 비교하는 것이 허락된다면) 몸 전체에서 빛이 날 것이다."라고 썼다.

　쿵켈은 1676년 6월 25일에 브란트에게 보낸 편지에서 이렇게 썼다. "크라프트와 나는 지금까지 가까운 친구였지만 이 문제로 거의 원수가 될 뻔했는데, 그가 베를린에서 너무나도 뻔뻔하게 자랑하고,

한 의사에게 그것에 관한 소책자를 인쇄하도록 허락해 그 발견을 자신이 한 것인 양 그릇된 인상을 널리 퍼뜨렸기 때문입니다. 나는 사실은 그렇지 않다고 계속 반박했습니다." 쿵켈이 크라프트가 발견자라는 사실을 반박했는지는 몰라도, 자신도 자기 책에서 브란트의 발견을 인정하지 않았고, 남들이 자신을 발견자로 생각하는 상황을 즐긴 것처럼 보인다. 그 결과로 이 물질은 '쿵켈의 포스포루스'라는 이름으로 자주 불렸다.

초기의 연구 발표들은 크라프트와 쿵켈이 새로운 물질을 가지고 보여준 극적인 시범 장면을 보고했지만, 인을 실제로 만드는 방법을 노출하지 않으려고 극도로 조심했다. 최초의 제법은 로버트 보일이 이 경이로운 물질에 흥미를 느낀 뒤인 1680년에 나왔다.

런던에 소개된 인

1677년 9월 15일 토요일, 크라프트는 런던의 로버트 보일 집에서 '기묘하고 진귀한 것'을 보여주었고, 보일은 나중에 이 사건을 기록한 보고서를 발표했다. 크라프트는 유리 용기를 많이 꺼냈는데, 가장 큰 것은 지름이 10~10.25cm 되는 구였다. 그 안에는 진흙탕 물처럼 보이는 물질이 두어 숟가락 들어 있었다. 그 외에 시험관 몇 개와 버튼으로 여닫는 작은 병이 있었는데, 병 속에는 "희끄무레한 색을 띤, 완두콩 두 알이나 개암만 한 크기의 작은 물질 덩어리"가 들어 있었다. 모든 것이 테이블 위에 놓이자, "목제 블라인드로 창문들을 닫고 촛

불을 치워" 모두가 캄캄한 어둠 속에 갇혔다. "앞에서 유리구 속에 어떤 물질이 두어 숟가락(혹은 많아야 세 숟가락) 정도 들어 있다고 말했는데, 구 전체가 그 물질 때문에 빛이 났다. 구에서 나오는 빛이 다소 창백하고 희미하다는 점만 빼고는, 마치 불에서 빨갛게 달아오른 포탄을 꺼내놓은 것처럼 보였다." 구를 손으로 잡았을 때, 보일은 구가 더 선명하게 빛나는 것처럼 보였고 때로는 섬광처럼 번쩍였다고 기술했다. 그때 크라프트가 작은 고체 인 조각을 집어 들어 작은 조각들로 부순 뒤, "무질서하게 카펫 위에 흩어놓았는데, 그것들이 아주 선명하게 빛나는 모습은 보기에 아주 흥미로웠다." 보일은 "그것들이 항성들처럼" 보인다고 생각했고, "이 반짝이는 불빛들은 터키 카펫을 전혀 손상시키지 않고서 오랫동안 계속 빛났다."라고 기록했다.

"크라프트는 또 종이 한 장을 달라고 하더니, 손가락 끝에 그 물질을 약간 묻혀 대문자로 단어를 2~3개 적었다. 그중 하나인 'DOMINI'는 종이 한쪽 끝에서 반대쪽 끝까지 채울 정도로 아주 큼지막하게 썼다. 글자는 외부 공기와 자유롭게 접촉해 활기를 얻었는지(적어도 내가 추측하는 바로는) 아주 힘차게 빛나면서 너무나도 기이해 보였다. 기묘함과 아름다움과 공포의 속성을 함께 지닌 이 광경은 보기에 아주 즐거웠으나, 이 속성들 중 마지막 속성은 전혀 압도적이지 않았다." 보일은 또한 인과 관련해 "황 특유의 냄새와 양파 냄새"가 났다고 언급했다.

마침내 크라프트는 빛나는 물질을 약간 집어 보일의 손등과 소매 끝동에 문질렀다. 보일은 이렇게 기술했다. "그동안 이 빛은 조금도 약해지지 않았으며, 그러면서도 아주 약하고 무해하여 그것이 묻은 내 손에서 아무런 열도 느낄 수 없었다."

보일의 공기 야광 물질

크라프트의 시범에 자극을 받은 보일은 자신도 인을 만들어보기로 했다. 크라프트는 만드는 방법을 알려주려 하지 않았다. 하지만 보일이 연금술의 비밀을 한 가지 알려주자, "그 보답으로 헤어질 때 적어도 자신의 포스포루스 주성분이 인체에서 나온 것이라고 털어놓았다." 보일은 그 물질을 오줌에서 얻었다는 의미로 해석했고, 그래서 즉각 이전 실험에서 얻은 물질들을 사용해 연구에 착수했다. 많은 시도에도 불구하고, 보일은 원하는 물질을 얻지 못했다. 그러다가 "박식하고 독창적인 이방인(내가 틀리지 않았다면 크라프트의 동포인 A. G. M. D.)"에게서 단서를 얻었다. 많은 사람들은 이 이방인이 나중에 보일의 조수로 일하고, 결국에는 유럽 전체에 인의 주요 공급자가 된 앰브로스 고드프리 행크위츠였을 거라고 추측한다. 이 이방인이 누구였건 간에, 보일이 얻은 핵심 단서는 그 과정이 '불의 온도'에 크게 좌우된다는 것이었다. 인을 만들려면 아주 높은 온도가 필요한 것으로 드러났는데, 많은 시도가 실패로 돌아간 것은 이 때문이었다. 최초의 발견자인 브란트와 쿵켈(독자적으로 인을 만드는 방법을 알아낸)은 모두 한때 유리 직공으로 일한 적이 있어 고온의 용광로를 만들고 사용하는 법을 잘 알았다. 보일은 또다시 조수에게 잔류물을 얻기 위한 역겨운 증류 작업을 지시했다. 보일은 이번에는 꼭 성공할 것이라고 확신한 나머지 "재주가 뛰어난 조수가 내가 기대했던 것이 전혀 만들어지지 않았다고 주저하면서 말했을 때, 나는 그 말을 믿을 수가 없었다. 직접 실험실로 달려간 나는 공기의 도움으로 혹은 용기 속으로 들어간 어떤 교란 물질 덕분에 어두운 곳에서 반짝이는 빛이 나온다는 사실을 금방 알아챘는데(그때는 한낮이었지만), 여러분의 짐작대로 그것을 보는 게 전혀 불쾌하지 않았다."

인을 발견한 다른 사람들과 달리, 보일은 자신의 실험 과정과 인을 만드는 방법을 자세히 기술한 책을 쓰기 시작했다. 1680년에 출판된 이 책은 먼저 볼로냐 암석과 발두인의 포스포루스 같은 그 당시의 다른 인광 물질들을 소개했다. 그러고 나서 다음과 같이 기술했다. "또 다른 종류의 인광 물질이 있는데, 이것은 사전에 외부의 빛을 비춰주지 않더라도 볼로냐 암석이나 발두인의 포스포루스보다 훨씬 더 오래 빛을 계속 낸다. 학식이 높은 일부 사람들은 이것을 다른 인광 물질과 구별하기 위해 '녹틸루카noctiluca'라고 불렀다." '야광 물질'을 뜻하는 녹틸루카는 라틴어로 '빛'이란 뜻의 '녹스nox'와 '빛나다'라는 뜻의 '루케레lucere'를 합쳐서 만든 단어로, 이 물질이 그 당시 알려진 인광 물질과 달리 사전에 빛을 비춰주지 않더라도 밤중에 빛을 낸다는 사실을 강조하기 위해 사용되었다.♦ 다만 보일은 "엄밀하게 말하면, 나는 그것이 적절한 이름이라고 생각하지 않는다. 다른 포스포루스도 조리용 불이나 큰 촛불로 자극을 주면, 낮뿐만 아니라 밤에도 빛을 내기 때문이다."라고 지적했다. 보일은 녹틸루카라는 단어가 마음에 들지 않는데도 그것을 사용했지만, 그러는 한편으로 녹틸루카 대신에 "그 본질을 훨씬 잘 표현한, 스스로 빛을 내는 물질Self-shining substance"이라는 용어도 사용했다. 보일은 크라프트가 앞서 영국왕 찰스 2세에게 각각 액체와 밀랍질 고체로 된 두 종류의 포스포루스를 보여주었다는 사실을 언급했는데, 그러면서 후자를 '고무질 녹

♦ 　오늘날 noctiluca라는 영어 단어는 '야광충'을 가리키는 뜻으로 쓰인다.

틸루카Gummous Noctiluca' 또는 '한결같은 녹틸루카Consistent Noctiluca' 라고 불렀다. 또, "이것은 끊임없는 작용 때문에 독일에서 일부 사람들은 *변함없는 녹틸루카Constant Noctiluca*라고 부른다. 이것은 잘 어울리는 이름인데, 이 포스포루스는 우리가 지금까지 본 것 중에서 가장 고상한 것이기 때문이다."라고 썼다.

보일이 처음에 만든 인은 순수한 인과는 거리가 멀었다. 초기의 시도들에서는 그 자체는 빛을 내지 않지만, 병 속에 공기를 집어넣을 때 그 위의 증기를 빛나도록 하는 것처럼 보이는 액체만 얻었다. 보일은 이렇게 썼다. "빛을 내는 물질은 병 속에 든 액체가 아니라, 병 속으로 들여보낸 공기와 섞인 증발 기체 또는 발산 기체이다. 이 두 가지 이유로 나는 이 물질을 *에어리얼 녹틸루카Aerial Noctiluca*(공기 야광 물질)라고 부르기로 했다." 그리고 이 이름은 책 제목이 되었다.

이 책에서 보일은 새로운 물질을 처음 발견한 사람이 누군지를 놓고 벌어진 혼란을 조명했다. 그는 이렇게 썼다. "나는 학식이 높고 독창적인 독일 변호사 발두이누스*Balduinus*가 포스포루스 헤르메티쿠스*Phosphorus Hermeticus*를 맨 먼저 발견하고 세상에 발표했다는 주장에 사람들이 일반적으로 동의한다는 사실을 안다. 하지만 일부 사람들은 고무질 녹틸루카와 액체 녹틸루카를 최초로 만든 사람은 앞에서 언급한 *크라프트*라고 이야기하고(비록 나는 그가 이곳에 왔을 때 그것을 자기가 발명했다고 단호하게 주장한 기억이 나지 않지만), 어떤 사람들은 옛날에 함부르크에 살았던 *브랑크Branc*라는(내가 잘못 안 것이 아니라면) 이름의 화학자가 발명했다고 말하며, 또 다른 사람들은 쿵켈리우스*Kunckelius*라는 작센 궁전의 유명한 독일 화학자가 발명했다고 자신 있게 이야기한다. 하지만 이 두 가지 독일 녹틸루카의 고귀한 발명을 한 사람이 이들 중 과연 누구인지는 나로서는 판단할 자격도 없고 판단하고 싶지도 않다."

제법

『공기 야광 물질』에서 보일은 농축된 오줌을 증류한 뒤에 생긴 잔류물을 아주 높은 온도에서 가열함으로써 인을 만드는 방법을 최초로 자세히 기술했다.

먼저 (적어도 전체 중 상당량이) 한참 동안 소화되거나 부패한 사람의 오줌을 아주 많이 모으는 것이 필요하다(여기서 얻는 발광 물질의 양은 전체 액체에 비해 극히 낮은 비율이므로). 이 액체를 약한 열로 증류하면서 휘발성 물질을 뽑아낸다. 그리고 나서 잔류 물질이 걸쭉한 시럽이나 옅은 진액과 비슷한 농도가 될 때까지 불필요한 습기도 뽑아낸다(혹은 증발시킨다). 잔류 물질에 무게가 그 세 배쯤 되는 미세한 흰색 모래를 섞고, 이 혼합물을 튼튼한 레토르트에 집어넣는다. 큰 용기에 물을 많이 담아 레토르트에 연결시킨다. 두 용기 사이에 공기가 새지 않도록 끈끈한 물질로 틈새를 잘 메운다. 불로 레토르트를 5~6시간 동안 서서히 가열해 먼저 점액질 혹은 휘발성 물질을 모두 레토르트 밖으로 내보낸다. 그다음에는 불의 세기를 높여 주어진 용광로(성능이 나쁘지 않은)로 가능한 한 강렬하게 5~6시간 동안 죽 가열한다(NB♦: 이것은 이 과정에서 꼭 지켜야 할 사항이다). 이렇게 하면 비트리올 오일을 증류할 때 나타나는 것과 거의 비슷한 흰색 증기가 많이 나온다. 이 증기가 사라지고 용기가 투명해지면, 잠시 후 또 다른 종류의 증기가 나와 용기 속에서 파르스름한 빛을 희미하게 내는데, 마치 황이 묻은 채 불타는 작은 성냥불처럼 보인다. 마지막으로 불을 아주 세게 하면 또 다른 물질이 나오는데, (NB) 그중 상당량이 물을 지나 용기 바닥에 가라앉기 때문에 이것은 이전 물질보다 더 무거운 것으로 판단된다. 밖으로 꺼낸(심지어 때로는 그곳에 있을 때에도) 이 물질은 여러 가지 효과와 현상으로 보아 빛을 내는 성질이 있는 것으로 보인다.

보일은 사용한 오줌의 양을 '아주 많이'라고 모호하게 표현했지만, 이 무용담의 또 다른 주역인 고트프리트 빌헬름 라이프니츠 Gottfried Wilhelm Leibniz(위대한 수학자이자 박식가로 아이작 뉴턴과 독립적으로 미적분을 발견한 사람)는 1682년에 이와 비슷한 제법을 글로 남겼다. 라이프니츠가 헤니히 브란트에게서 직접 얻은 것이 거의 확실한 이 제법은 "한동안 방치한 오줌 약 1톤을 준비하라."라는 말로 시작한다. 게다가 브란트는 한때 라이프니츠와 그의 후원자들에게 고용되어 군 주둔지에서 공급한 사람 오줌으로 인을 대량 생산했다. 여기에는 오줌 100톤이 쓰였다고 하는데, 이는 대략 1만 3140리터에 해당하는 양이다.◆◆

『공기 야광 물질』이 출판된 지 2년 후에, 보일은 후속 연구를 『얼음 같은 녹틸루카에 관한 새로운 실험과 관찰New Experiments, and

---

◆　NB는 라틴어 nota bene('잘 적어라'란 뜻)의 약어로, 특별히 주의를 기울여야 할 중요한 내용을 환기할 때 쓴다.

Observations, Made upon the Icy Noctiluca』이라는 책으로 내놓았다. 이 책에서 보일은 더 순수한 고체 인의 성질을 기술했다. 고체 덩어리의 이름에 대해서는 이렇게 썼다. "큰 것들 중 일부는 얼음 조각과 아주 비슷했는데, 얇고 아주 투명할 때가 많으며 분명한 거품을 거의 볼 수 없었다. 이러한 유사성 때문에, 또 구분을 위해 나는 일관되게 스스로 빛을 내는 이 물질을 아이시 녹틸루카*Icy Noctiluca* 또는 글레이셜 녹틸루카*Glacial Noctiluca*라고 불러도 이상하지 않으리라고 생각한다."

보일은 자신의 실험이 인의 불쾌한 냄새 때문에 "섬세한 관객, 특히 숙녀에게" 불쾌하게 비치리란 사실을 알았다. 그래서 이를 피하기 위해 인을 다양한 방향유에 녹이는 방법을 시도했다. 정향유에 녹인 용액은 "이전에 만들어진 어떤 액체보다도 … 훨씬 생생한" 빛을 강하게 냈다.

보일은 또한 인이 고통스러운 화상을 초래할 수 있다고 보고했다. "인을 손가락 사이에 넣고 잠깐 동안 세게 누르면 … 실제로 그리고 매우 생생하게 뜨거움을 느낄 때가 많다. 때로는 뜨거움의 정도가 너무 심해 피부가 그을릴 수도 있다. 이는 모험을 좋아하는 내 조수가 큰 고통을 느끼며 여러 차례 경험한 적이 있는데, 조수는 넘치는 호기심을 이기지 못하고 빛나는 물질을 만지다가 손가락이 온통 물집으로 뒤덮였다." 인으로 인한 화상은 아주 고통스러운데, 보일

◆◆ 1만 3140리터는 저자의 착오로 보인다. 오줌의 무게가 물과 비슷하다고 보면 오줌 1톤은 1000리터에 해당한다. 따라서 오줌의 양은 약 10만 리터여야 한다. 실제로 라이프니츠가 브란트에게 오줌 100톤, 즉 10만 리터로 인을 만드는 데 시간이 얼마나 걸리겠느냐고 물었다는 기록이 있다. http://www.royalacademy.dk/Publications/High/1828_Kragh,%20Helge.pdf 42쪽 참고.

은 자신의 조수가 "화학자의 의례적인 숙명에 따라 다른 일들에서도 화상을 자주 입었지만, 인 때문에 생긴 물집은 다른 것들보다 더 고통스럽다고 내게 불평했다. 이 물질로 입은 화상이 일반적인 화상보다 더 지긋지긋하고 잘 낫지 않는다고 불평한 사람은 그뿐만이 아니다."라고 덧붙였다. 보일의 불쌍한 조수는 이 위험한 원소 때문에 불행한 일을 여러 차례 겪었다. 한번은 보일이 작은 인 조각으로 화약을 점화하려고 시도한 적이 있었다. 처음에는 아무 문제가 없는 것처럼 보였지만, 불운한 조수가 혼합물 위에 몸을 지나치게 많이 기대는 바람에 "갑자기 화약에 불이 붙었다. 불길이 치솟으면서 그의 머리털에 옮겨 붙어 머리털이 활활 탔는데, 이 광경은 불에 이어 풍기기 시작한 냄새보다도 주의를 더 많이 끌면서 즐거운 구경거리가 되었다." 보일은 얼마 후에 같은 조수가 호주머니 속에 넣고 옮기던 인이 든 병이 깨지는 바람에 더 심한 사고를 당했다고 덧붙였다. 그 물질은 "그가 내게 와 이 불운한 사고를 이야기하기 전에 반바지에 큰 구멍을 2~3개 냈는데, 최근에 일어난 일들을 떠올리면서 나는 경이로움을 느끼는 동시에 자꾸 웃음이 나는 걸 참을 수 없었다."

이런 고통스러운 사고들에도 불구하고, 사람들은 이 경이로운 독성 물질을 만지고 싶은 충동을 참지 못했다. 1692년에 윌리엄 와이-워스William Y-Worth는 『합리적인 연금술Chymicus Rationalis』이라는 짧은 글에서 'Fosperus(인)'의 제법을 기술한 뒤에 "만약 손이나 옷, 머리털 위에서 문지르면, 이 물질은 어둠 속에서 마치 불이 붙은 것처럼 나타나지만 타거나 다른 것을 태우지는 않는다."라고 썼다. 그러고 나서 충격적인 이야기를 덧붙였다. "만약 거기에 음부를 문지른다면, 음부에 불이 붙어 상당히 오랫동안 탈 것이다."

앰브로스 고드프리(훗날 행크위츠Hanckewitz라는 성을 버렸다)는 유럽에서 가장 질이 좋은 인을 만드는 것으로 유명해졌고, 또 그 때문에 부자가 되었다. 1731년에 그는 이렇게 썼다. "스승인 *보일* 선생님의 실험실을 떠난 이후 지난 사오십 년 동안 나는 유럽에서 진짜 고체 *인*을 얼마든지 만들고 생산할 수 있는 유일한 사람이었다." 그가 만든 인이 하도 유명해져서 그것은 흔히 '영국 인English Phosphorus'이라고 불렸다. 고드프리는 인을 만드는 데 오줌뿐만 아니라 똥도 사용했다. 왕립학회에서 프로베니우스와 함께 보여준 시범을 보고한 논문에서, 고드프리는 인을 만들기 위한 시도에서 겪었던 역겨운 과정을 길게 기술했다.

> 나는 사람의 오줌 *비누Urinous Sapo*♦만 다루는 데 만족하지 않고, 다른 동물들, 예컨대 말, 소, 양 등의 배설물도 사용해 인을 얻었다. 하지만 사람의 오줌에서 얻는 것만큼 많이 얻지는 못했다. 아마도 이 동물들은 식물만 먹어서 그럴 것이다. 그리고 나서 나는 사자와 호랑이, 곰의 거처를 조사해 이들의 배설물로 실험을 했고, 마찬가지로 고양이와 개의 배설물로도 실험을 했는데, 육식 동물인 이들에게서는 다른 동물들에게서보다 인을 더 많이 얻었다. 나는 호기심에 이끌려 쥐 둥지, 생쥐 굴도 조사하여 역시 인을 얻었다. 그다음에는 깃털을 가진 종들로 눈길을 돌려 닭의 홰와 비둘기 집을 뒤졌으며, 여기서도 약간을 얻었다. 나는 물고기 창자를 뒤져 배설물을 얻었고, 여기서도 인을 소량 얻었지만, 물고기 자체에서는 전혀 얻지 못했다.

♦   인의 별명이었다.

다행히도 18세기에서 시간이 좀 지나자 다른 것에서 인을 얻는 방법들이 발견되었다— 처음에는 뼈에서, 나중에는 인산염 광물에서.

지금까지 이야기한 모든 제법에서 만들어진 인은 오늘날 '백린白燐'이라 부르는 형태의 인이다. 1840년대에 들어서 더 안전한 형태의 인이 새로 발견되었다. 이것은 치명적인 독이 없고, 공기 중에서 자연 발생적으로 불이 붙지도 않는다. 백린을 오랫동안 가열하면 생기는 형태의 이 인은 '적린赤燐'이라 부른다. 둘 다 같은 원소인 인으로 이루어져 있고, 다른 원소는 전혀 섞이지 않았다. 다만 분자 속에서 인 원자들이 배열된 방식이 서로 다를 뿐이다. 백린은 P_4라는 분자로 이루어져 있다. 인 원자 4개가 정사면체의 꼭짓점에 각각 배열된 형태가 기본 단위이다. 적린의 경우에는 수많은 인 원자들이 서로 연결되어 끝없는 그물 구조를 이루고 있다. 이것 말고도 인 원자들이 다른 형태로 배열된 것도 있는데, 검은색과 보라색을 포함해 제각각 색깔도 다르다.

백린은 위험하고 무기에 쉽게 사용될 수 있기 때문에 지금은 판매가 금지돼 있다. 비극적인 운명의 반전이랄까, 경이로운 인이 처음 발견된 브란트의 고향 함부르크는 제2차 세계 대전 때 철저히 파괴되었는데, 공격 무기 중에는 백린을 이용한 폭탄도 있었다. 1943년 7월 24일에 '고모라 작전Operation Gomorrah'이라는 연합군의 전략 폭격으로 함부르크가 거의 완전히 파괴되었고, 4만 명 이상의 민간인이 사망했다. 슬프게도 백린은 21세기에 들어서도 공격 무기에 사용되고 있다.

4

H_2O나 O_2H나?

"물이 원소가 아니며, 무게로 따질 때 정수비의 가연성 공기와
생명의 공기로 이루어져 있다고 조금의 망설임도 없이
결론 내릴 수 있다."

라부아지에Lavoisier, 1784

　　인과 황이 실제로는 원소라는 사실이 알려진 것은 인이 발견된 지 100년도 더 지난 18세기 후반에 이르러서였다. 그 전까지는 만물이 흙, 공기, 불, 물의 네 가지 원소로 이루어져 있다고 생각했다. 이것이 사실이 아니라는 깨달음은 공기가 실제로는 많은 종류의 기체로 이루어져 있다는 사실이 밝혀지고, 특히 물체가 연소할 때 어떤 일이 일어나는지 제대로 이해하면서 일어났다. 물을 더 기본적인 요소로 분해할 수 있다는, 혹은 더 기본적인 요소들을 합성해 만들 수 있다는 발견은 프랑스에서 화학 혁명의 불을 지피는 도화선이 되었다. 이 혁명의 열매는 오늘날 우리가 이 두 기본 요소를 가리키는 데 사용하는 이름, 즉 수소hydrogen와 산소oxygen로 나타났다. 하지만 이 깨달음에 이르는 길은 매우 길고 복잡했으며, 200년 이상이 걸렸다. 그 여정이 절정에 이른 18세기 말에 화학자들은 새로운 프랑스 화학을 지지하는 진영과 그것에 반대하는 진영으로 나뉘어 있었다. '수소'와 '산소'가 최종 승리를 거두기 전에 이 기체들에는 여러 가지 이름이 붙었다. 그런데 사실 두 이름 중 하나는 잘못된 이론을 바탕으로 한 것이어서, 차라리 수소와 산소라는 이름을 서로 바꾸었더라면 훨씬 적절했을 것이다.

네 원소와 세 원질

　　기원전 6세기에 고대 그리스 철학자 탈레스Thales는 물이 만물의 근원 물질이라고 주장했다. 아마도 이 개념은 물이 고체 얼음 같은 '흙'이나 증기와 안개 같은 '공기'로 쉽게 변하는 성질에 착안해 나왔을 것이다. 그 밖에 근원 물질이 공기라고 생각한 철학자도 있었고, 불이라고 생각한 철학자도 있었다. 흙을 근원 물질로 생각하는 사람은 드물었는데, 아마도 훗날 아리스토텔레스Aristoteles가 쓴 것처럼 흙은 알갱이가 너무 굵고 거칠어서 이런 유체를 만들기가 어렵다고 보았기 때문일 것이다. 기원전 5세기에 엠페도클레스Empedocles는 만물이 네 '원소', 즉 흙, 공기, 불, 물로 이루어져 있다는 '사원소설四元素說'을 주장했고, 그 후 서양에서는 아주 오랫동안 이 주장을 믿었다. 이 이론을 설명하는 대표적인 예는 나무의 연소인데, 예컨대 1661년에 출판된 로버트 보일의 대표작인 『회의적 화학자The Sceptical Chymist』에는 이런 설명이 나와 있다.

　　굴뚝 안에서 불타는 초록색 나무 조각을 생각해보면, 해체된 부분들에서 나무와 나머지 모든 혼합 물체를 이루는 기본 요소라고 우리가 가르치는 네 원소를 쉽게 구분할 수 있다. 불은 불길에서 자신의 빛으로 나타난다. 연기는 굴뚝 꼭대기로 올라가 그곳에서 마치 강이 바다로 들어가면서 사라지듯이 공기 중으로 금방 사라지는데, 자신이 어떤 원소에 속하는지 분명하게 보여주면서 기꺼이 그곳으로 돌아간다. 물은 불타는 나무 끝부분에서 끓고 쉭쉭거리면서 나타나 한 가지 이상의 감각에 그 정체를 드러낸다. 그리고 재는 그 무게와 뜨거움과 마른 상태로 보아 흙 원소에 속한다는 것을 의심의 여지 없이 알 수 있다.

네 원소는 그 이름의 뜻 그대로 해석하면 안 된다. 불에는 빛과 열, 번개도 포함되었고, 공기에는 증기와 연기도 포함되었다. 물에는 우유와 술, 피, 심지어 산까지 모든 액체가 다 포함되었다. 그리고 흙은 암석과 광물, 금속을 포함해 모든 고체를 가리켰다.

광물을 의약품으로 사용하는 관행을 널리 퍼뜨리고, 아연을 뜻하는 단어 'zinc'를 만든 16세기의 의사 파라켈수스는 만물을 '세 원질Tria Prima'로 분해할 수 있다(대개 열을 가해)는 수정 이론을 지지했다. 세 원질은 휘발성이 있는 유체인 수은Mercury, 기름과 지방처럼 불에 타는 성분인 황Sulphur, 휘발성이 없고 흙과 비슷한 고체 성분인 염Salt이다. 이 세 가지 원질은 우리가 알고 있는 화학 원소인 수은과 황 그리고 식품에 들어가는 소금과 혼동해서는 안 된다. 대신에 이것들은 각각 다른 특성이나 속성을 나타낸다. 누구나 잘 아는 물질인 소금은 이상적인 고체의 바람직한 성질을 나타낸다. 흙과 달리 순수한 소금은 아무리 강한 불에도 쉽게 녹거나 분해되지 않으면서 균일하고 불변하는 성질을 나타낸다. 염이란 원질은 바로 이러한 속성들을 대표한다. 앞서 말했듯이 Mercury는 수성과 수은의 두 가지 뜻을 지니는데, 행성과 금속은 둘 다 빠르게 움직이는 변덕의 속성과 관련이 있다―로마 신화의 메르쿠리우스는 하늘과 땅 사이를 분주하게 왔다 갔다 하며, 금속 수은은 쉽게 끓어서 (독성이 아주 강한) 증기로 변한다. 1657년에 출판된 『의학 사전: 혹은 그리스어나 라틴어에서 유래해 의학, 해부학, 외과학, 화학 분야에서 쓰이는 난해한 전문 단어와 용어 해석A Physical Dictionary: or an interpretation of such crabbed words and terms of arts, as are deriv'd from the Greek or Latin, and used in Physick, Anatomy, Chirurgery, and Chymistry』 중 '철학자의 황Sulphur Philosophorum' 항목에는 단순히 "화학자들이 무슨 뜻으로 이 용어를 쓰는지는 신만 안다."라고 소개돼 있다. 하지만 황은 앞에서 보았듯이 불길의 화신으로 간주되었고, 옛날부터 가연성으로 유명한 광물이었다.

세 원질과 관련된 이 특성들을 감안하면, 세 원질이 네 원소와 그렇게 이질적인 것이 아님을 알 수 있다. 파라켈수스는 나무의 구성 성분을 다시 언급하면서 불을 일으키는 성분을 황으로, 휘발성 연기와 수증기를 수은으로, 잔존물인 재를 염으로 분류했다. "불 위에서 연기를 내고 증발하는 것은 수은이고, 불길을 일으키면서 타는 것은 황이며, 모든 재는 염이다." 1723년에 코르넬리우스 드레벨Cornelius Drebbel이 원소에 관한 소논문을 써서 소책자로 출판했는데, 여기에 실린 판화는 네 원소와 세 원질 사이의 상호 작용을 잘 묘사한다(〈그림 30〉 참고).

가끔 특히 17세기에, 파라켈수스의 세 원질에 더해 두 원질(점액과 흙)이 추가되었다. 이것은 동식물에서 유래한 유기 물질을 높은 온도로 가열할 때(불을 사용해 물질을 구성 성분들로 분해할 수 있다는 믿음에서) 얻는 여러 종류의 물질을 반영하기 위해 추가되었다. 17세기의 화학자 요한 요아힘 베허Johann Joachim Becher(1635~1682)는 추가로 수정한 이론을 내놓았는데, 파라켈수스의 세 원질을 세 가지 '흙'으로 대체했다. 세 가지 흙은 유리질 흙(염을 대체)과 가연성 흙(황을 대체), 유체 흙 또는 수은질 흙(수은을 대체)이었다. 베허는 이 세 원질이 물과 함께 만물을 이루는 기본 요소라고 주장했다. 베허는 파라켈수스의 세 원질은 실제로는 자신의 진짜 원질로 분해되는 화합물이기 때

그림 30　네 원소와 세 원질 사이의 상호 작용. 1723년에 출판된 책에 실린 그림이다. 네 원소(라틴어 '아쿠아Aqua', '테라Terra', '이그니스Ignis', '아에르Aër'로 표기)는 정사각형 주위에 배치돼 있고, 내접한 삼각형의 세 꼭짓점에는 세 원질의 기호가 표시돼 있다. 꼭대기에는 염, 왼쪽 아래에는 황, 오른쪽 아래에는 수은의 기호가 있다. 일곱 가지 금속의 기호도 표시돼 있는데, '불완전한 금속'인 납, 구리, 철, 주석, 수은의 기호는 꼭대기에서부터 시계 방향으로 정사각형 주위에 있고, '완전한 금속'인 금과 은은 정사각형 안 위 왼쪽과 오른쪽 구석에 배치돼 있다. 맨 바깥쪽에 빙 두르며 적혀 있는 라틴어 문구는 "비록 나는 눈에 보이지 않지만, 그래도 눈에 보이는 모든 지상 물체의 아버지이자 어머니이다."라는 뜻이다.

문에 이런 수정이 필요하다고 생각했다. 베허의 시도에서 중요한 진전을 찾는다면, 모든 것을 설명할 수 있는 일관성 있는 이론을 만들기 위해 그동안 화학 분야에서 얻은 많은 관찰과 사실, 기록된 모든 물질의 제법과 분석을 종합했다는 점이다. 베허는 둘 이상의 물질이

상호 작용하거나 한 물질이 다른 물질로 분해될 때 일어나는 일을 설명하기 위해 현대 화학에서 일상 용어가 된 '반응reaction'이라는 용어를 사용했다. 아마도 가장 중요한 것은 베허가 물질이 탈 때 일어나는 반응, 다시 말해 금속이 타서 재가 남는 '느린 연소' 또는 하소로 대표되는 반응을 설명하려고 한 시도일 것이다.

플로지스톤

베허의 글은 대부분 이해하기가 어렵다. 18세기에 그의 개념이 크게 개선되어 발전된 형태로 널리 퍼지고 성장하기 시작한 것은 그의 제자 게오르크 에른스트 슈탈Georg Ernst Stahl(1660~1734)이 쓴 방대한 글 덕분이었다. 독일 할레 대학교에서 20년이 넘게 교수로 일한 슈탈은 사실상 18세기 내내 크게 유행한 화학 이론을 만들었다. 이 이론의 핵심은 연소의 원질인 '플로지스톤phlogistion'이었다.

'플로지스톤'이란 이름은 '불에 탄' 또는 '불타는 것'이란 뜻의 고대 그리스어 단어에서 유래했고, '화염'이란 뜻의 그리스어 단어하고도 관련이 있으며, '발화' 또는 '연소'를 뜻하는 고대 그리스어 단어를 통해 영어 단어 'phlegm(점액)'하고도 멀게나마 관련이 있다. 슈탈은 플로지스톤이 이 가연성 원질을 가리키기 위해 자신이 선택한 단어라고 말했지만, 슈탈 이전에도 여러 사람이 비슷한 방식으로 이 단어를 사용했다. 베허는 이 단어를 형용사로 사용했지만, 1606년에 이미 니콜라우스 하펠리우스Nicolaus Hapelius가 플로지스톤이 "모든 황에 고유한 것으로, 만물에 포함돼 있는 황의 본질"이라고 기술하면서 이 단어를 사용했다. 플랑드르 의사 얀 밥티스타 판 헬몬트는 그리스에서 황이 '신성한 것(티온)'이라고 불리기 전에 "'불탈 수 있는'이란 뜻으로 플로지스톤"으로 불렸다고 주장했다. 그리고 "얼마 후 *디아스코리데스*가 최상질의 황은 그 자체의 성질로 드러나는데, 더 정확히 말하면 불에 의해 완전히 사라지기 때문이라고 한 말은 바로 이 어원을 바탕으로 나온 것이다."라고 덧붙였다.

이 이론을 간단히 설명하면 다음과 같다. 물질이 가연성을 지닌 것은 플로지스톤을 포함하고 있기 때문이다. 연소가 일어나는 동안 물질에서 플로지스톤이 빠져나가는데, 대개는 공기 중으로 들어간다. 남은 재는 이제 플로지스톤이 하나도 없기 때문에 더 이상 타지 않는다. 일부 가연성 물질은 특별히 플로지스톤을 많이 포함하고 있다. 예를 들면, 슈탈은 검댕이 가장 순수한 형태의 플로지스톤이라고 생각했는데, 어떤 잔존물도 남기지 않고 타기 때문이었다. 연소할 때 플로지스톤이 완전히 빠져나가는 물질이 있는 반면, 테레빈유처럼 일부만 빠져나가는 물질도 있다. 테레빈유가 탈 때에는 그 화염에 검댕이 많이 섞여서 나오며, 검댕은 여전히 전체 플로지스톤 중 일부를 포함하고 있다.

오늘날 우리는 플로지스톤설이 틀렸다는 사실을 알고 있지만, 이 이론은 조금 더 자세히 살펴볼 가치가 있다. 오늘날 우리가 질소와 산소라고 부르는 원소를 발견한 사람들은 플로지스톤설을 바탕으로 이 기체 원소들을 각각 '플로지스톤화 공기phlogisticated air'와 '탈플로지스톤 공기dephlogisticated air'라고 불렀다. 우리가 사용하는 이 원소들의 이름은 플로지스톤설이 무너지고 난 다음에 나타났다. 다만, 나중에 보게 되겠지만, 'oxygen(산소)'이란 이름은 여전히 잘못된 개념을 바탕으로 만들어진 것이다.

플로지스톤 화학

슈탈의 플로지스톤설은 케임브리지 대학교 화학과 제5대 학과장을 지낸 리처드 왓슨Richard Watson이 아주 잘 정리했다. 왓슨의 표현에 따르면, "화학에 대해 아는 게 아무것도 없고, 이 분야의 글을 한 음절도 읽은 적이 없으며, 화학 실험조차 단 한 번도 본 적이 없는데도" 불구하고, 그는 1764년에 화학과 학과장에 임명되었다. 그래도 그는 열심히 공부하여 훗날 큰 인기를 끈 화학 논문들을 발표했는데, 그중에는 「불과 황과 플로지스톤에 관하여」라는 제목을 단 것도 있었다. 이 논문은 먼저 원소로서의 불을 이야기한 다음, 물질의 구성 성분에 참여하는 불, 즉 플로지스톤을 언급한다.

이 주제로 말할 수 있는 것이 아주 많겠지만, 나는 독자들이 여전히 묻고 싶어 하는 질문은 이것이라고 생각한다. 플로지스톤이란 과연 무엇인가? 물론 여러분은 화학이 가연성 물체에서 분리된 플로지스톤을 한 움큼 내놓으리라고 기대하진 않을 것이다. 그것은 자성을 띠거나 무게가 있거나 전기를 띤 물체에서 추출한 자기나 중력이나 전기를 한 움큼 보여달라고 요구하는 것과 같다. 자연에는 그것이 만들어내는 효과 외에 다른 방법으로는 감각적으로 지각할 수 없는 힘들이 있는데, 플로지스톤도 그런 종류에 속한다.

왓슨은 플로지스톤의 성질을 보여주기 위해 몇 가지 화학 반응을 예로 든다. 첫 번째 예는 황 조각의 연소 반응이다. 오늘날 우리는 황이 공기 중의 산소와 결합해 이산화황이 된다는 사실을 안다. 숨을 막히게 하는 기체인 이산화황은 물에 녹아 산성 용액을 만든다. 플로지스톤주의자의 견해는 공기하고는 아무 관계가 없다. 대신에 플로지스톤주의자는 황이 분해되면, 그 속에 갇혀 있던 열(따라서 황의 구성 성분 중 하나일 수밖에 없는)과 산성 기체(역시 또 하나의 구성 성분인)가 해방된다고 생각했다.

왓슨은 또 다른 예를 추가로 제시한다. 숯은 탈 때 증기가 전혀 나오지 않으며, 단지 소량의 재만 남는다. 오늘날에는 숯의 탄소가 공기 중의 산소와 결합해 눈에 보이지 않는 이산화탄소 기체가 생기고, 소량의 무기물 불순물이 재로 남는다는 사실이 알려져 있다. 하지만 플로지스톤주의자는 숯은 주성분이 플로지스톤이고 거기에 소량의 '흙', 즉 재가 섞여 있다고 생각했으며, 그래서 숯이 타면 플로지스톤이 빠져나가고 재만 남는다고 설명했다. 이와는 대조적으로 순수한 알코올은 공기 중에서 완전히 연소하여 이산화탄소 기체와 수증기만 생긴다. 이산화탄소는 눈에 보이지 않게 빠져나가지만, 수증기는 응결하여 다시 액체 상태의 물로 변할 수 있기 때문에, 플로지스톤주의자는 알코올이 플로지스톤과 결합한 물이라고 생각했다.

왓슨이 제시한 마지막 예는 아주 중요한데, 금속과 그 광석의 관계를 다루고 있기 때문이다. 일부 금속은 공기 중에서 가열하면 격렬하게 반응한다. 마그네슘이 공기 중에서 눈부신 흰색 화염을 내며 탄다는 사실은 오늘날 많은 사람들이 알고 있다. 슈탈이 살던 시대와 왓슨이 글을 쓰던 무렵에는 마그네슘이 알려져 있지 않았지만, 마찬가지로 공기 중에서 잘 타는 아연 금속은 알려져 있었다. 철처럼 반응성이 약한 금속은 일반적으로 훨씬 느리게 반응한다. 오늘날 우리는 이때 일어나는 반응으로 금속이 공기 중의 산소와 결합해 금속 산화물을 만든다는 사실을 잘 아는데, 이 산화물 역시 가루 같은 재의 형태를 띤다. 플로지스톤주의자들의 견해에 따르면, 금속은 재와 플로지스톤이 결합한 것이며, 그래서 연소(혹은 그들의 관점에서는 분해)가 일어날 때 플로지스톤이 빠져나가고 재만 남는다.

이 견해를 뒷받침하는 핵심 증거 중 하나는 플로지스톤을 재로 돌려보내면 금속을 다시 원 상태로 되돌릴 수 있다는 사실이었다. 이것은 금속회金屬灰(금속을 태워서 생긴 재 모양의 물질)를 숯처럼 플로지스톤을 풍부하게 포함한 물질과 함께 가열함으로써 일어나게 할 수 있었다. 물론 오늘날 우리는 불순물이 섞인 탄소 덩어리인 숯이 금속회에서 산소를 제거하는 역할을 한다는 사실을 알고 있다. 숯의 탄소는 산소와 결합해 이산화탄소가 되어 빠져나가고, 그러면 순수한 금속만 남게 된다. 플로지스톤주의자는 구성 성분인 재와 숯의 플로지스톤으로부터 금속이 다시 생겨났다고 생각했다.

플로지스톤설은 화학 분야에서 모든 것을 통합하는 이론적 기반을 제공했다는 점에서 하나의 중요한 단계로 볼 수 있다. 하지만 그것은 틀린 이론이었다. 오류를 낳은 원인 중 일부는 불이 물질을 더 단순한 구성 성분으로 분해한다는 개념에 있지만, 공기의 중요한 역할을 간과한 것도 한 가지 원인이다.

물이 오랫동안 원소로 간주된 것처럼 공기 역시 원소로 간주되었다. 공기가 실제로는 제각각 독특한 성질을 지닌 여러 종류의 기체로 이루어져 있다는 사실을 깨닫기까지는 수천 년이 걸렸다. 17세기에 '여러 종류의 공기'가 있다는 사실과 그것들을 만드는 방법이 발견되면서 중요한 진전이 일어났다. 18세기 말에는 새로운 기체가 너무나도 많이 발견되어 각 기체가 환자에 미치는 의학적 효과를 연구하기 위해 영국 브리스틀에 기체연구소까지 세웠다. 그리고 일부 사람들은 18세기에 발견된 기체 중 하나를 순수한 플로지스톤 자체라고 생각했다.

서로 다른 종류의 공기

종류가 다른 기체들이 존재한다는 사실을 최초로 깨달은 사람들은 아마도 광부였을 것이다. 그들은 지하의 광혈鑛穴(광물을 캐기 위해 판 굴)에 갇혀 있던 독성 유체를 가끔 만났다. 그런 기체를 '댐프damp'라고 불렀는데, 이 단어는 증기나 날숨(필시 지구의 창자에서 나오는 숨)을 가리키는 독일어, 즉 색슨어Saxon♦에서 유래했다. 댐프는 여러 종류가 있었지만, 크게 '연소성 댐프fire-damp'와 '질식성 댐프choke-damp' 두 종류로 나눌 수 있었다.

가끔 '폭발성 댐프fulminating damp'라고도 불린 연소성 댐프는 오늘날 우리가 메탄이라고 부르는 가스일 가능성이 높다. 공기보다 가

♦　8세기에서 12세기 사이에 사용된 고대 저지 독일어를 말한다.

벼운 메탄은 지하 동굴에서 윗부분에 모였다. 순수한 메탄 기체는 숨을 막히게 하지만 독성은 없어서, 공기와 섞인 상태로 숨을 쉬어도 광부들에게 별 탈은 없었다. 하지만 이 혼합물이 불과 접촉하면 재난에 가까운 결과를 초래하는데, 공기와 섞인 메탄은 폭발성이 있기 때문이다.

질식성 댐프(오늘날 이산화탄소로 알려진)는 완전히 다른 종류의 위험을 초래했다. 이산화탄소는 공기보다 무거워 구덩이와 광산 바닥에서 흔히 발견되었고, 불을 꺼뜨리고 동물을 질식시키는 성질이 있었다. 이산화탄소가 갑자기 많이 쏟아지면, 광부들은 즉사할 가능성이 매우 높았다. 이런 위험에도 불구하고, 질식성 댐프의 성질을 보여주는 장소가 으스스한 관광지가 되기도 했다. 나폴리 외곽에 위치한 '그로타 델 카네grotta del cane'는 '개의 동굴'이란 뜻으로, 아무 의심 없이 동굴로 들어간 네발 동물에게 닥치는 치명적 결과 때문에 붙은 이름이다. 티베리우스 카발로Tiberius Cavallo(1749~1809)는 1781년에 출판된『공기의 본질과 성질 그리고 그 밖의 영구적인 탄성 유체에 관한 논고Treatise on the Nature and Properties of Air and Other Permanently Elastic Fluids』에서 이 동굴을 자세히 묘사했다.

이 동굴은 길이가 4.2m쯤 되고, 입구 부근의 높이는 2.1m쯤 된다. 바닥에는 항상 탄성 유체가 층을 이루어 깔려 있는데, 그 성분은 질식성 댐프로 이루어져 있다. 질식성 댐프는 지상에서 볼 수 있는 틈을 통해 땅속에서 계속 나온다. 이 동굴을 방문한 호기심 많은 관광객에게 흔히 보여주는 실험에서는 먼저 불을 붙인 촛불이나 종잇조각을 바닥 근처로 가져가는데, 바닥에서 약 35cm 이내의 지점으로 내리자마자 불이 꺼진다. 두 번째 실험은 약 1분 동안 개의 머리를 바닥 가까이에 두게 해 유독성 유체를 들이마시게 한다. 그러면 개는 곧 호흡에 영향을 받아 기력을 잃으며, 얼른 밖으로 데리고 나가지 않으면 숨이 막혀 죽고 만다. 돌이킬 수 없을 정도로 상태가 악화되지 않았다면, 밖으로 나온 개는 점차 기운과 호흡의 자유를 되찾는다.

훗날 이 기체는 '고정 공기'라고 불리게 되는데, 특정 암석에 갇히거나 '고정된' 채 강한 열을 받아 해방될 날을 기다리고 있는 것처럼 보였기 때문이다. 오늘날에는 이런 암석을 '탄산염'이라고 부르는데, 백악과 석회석, 대리석은 모두 탄산칼슘이 주성분인 암석이다.

카오스의 유령

이산화탄소 기체의 성질을 보여주는 시범들에도 불구하고, 그 본질은 여전히 오리무중에 빠져 있었다. 카발로는 이렇게 썼다. "하지만 일반 사람들이 이 탄성 유체에 대해 갖고 있는 개념은 아주 혼란스럽다. 보일 이전 시대에 더 보편적으로 받아들여진 견해는, 고정 공기 혹은 그 효과가 일부 특정 장소에서 공기를 통해 퍼져나가는 증기나 정신에서 비롯된다고 보았다. 그래서 그들은 그것을 가이스트_geist_, 곧 '정신_spirit_'이라고 불렀다. 가스_gas_라는 단어는 여기서 유래했다."

프랑스 화학자 앙투안-로랑 라부아지에_Antoine-Laurent Lavoisier_는 '가스'란 단어가 이런 초자연적 개념에서 유래했다는 주장에 힘을 실어주었다. 라부아지에는 1774년에 출판된 자신의 첫 번째 책에서 이렇게 썼다.

가스Gas는 정신 또는 유령을 뜻하는 네덜란드어 호아스트Ghoast에서 유래했다. 영어에서는 같은 개념을 고스트Ghost란 단어로, 독일어에서는 가이스트Geist라는 단어로 표현한다. 이 단어들은 가스와 유사성이 아주 많으므로, 가스가 여기서 유래했다는 것은 의심의 여지가 없다.

라부아지에가 가스(우리말로는 '기체')란 단어의 유래를 이런 식으로 추측했다는 사실이 흥미로운데, 이 단어를 얀 밥티스트 판 헬몬트가 처음 사용하고 정의했다고 언급했기 때문이다. 1579년에 태어난 헬몬트는 파라켈수스의 개념을 바탕으로 연구를 했고, 화학을 연금술과 확연히 구별되는 진정한 과학 분야로 확립하는 데 기여했다. 그는 물 같은 액체를 가열할 때 발생하는 증기 외에, 쉽게 액체로 응결하지 않는 더 영구적인 종류의 공기 증기가 있다는 사실을 알았다.

… 따라서 이름이 필요했던 나는 역설적으로 그 증기를 가스라고 불렀는데, 고대 사람들이 사용하던 단어인 카오스Chaos와 어느 정도 연관이 있는 이름이다. 하지만 나는 가스가 증기나 안개 또는 증류한 기름 성분보다 훨씬 더 미묘하고 섬세하다는 사실을 아는 것만으로 충분하다. 비록 공기보다 농도가 몇 배 더 높긴 하지만 말이다.

네덜란드어에서 마찰음 'g'가 'ㄱ'보다는 'ㅋ'에 가깝게 발음된다는 사실을 감안하면, 가스란 단어가 '카오스'에서 유래했다는 이 주장은 이치에 닿는다. 헬몬트는 가스 외에 '블라스blas'라는 단어도 만들었다. 이 용어는 사람들에게 선택받지 못했는데, 거기에 포함된 개념이 완전히 낡은 것이었기 때문이다. 블라스는 바람과 계절 같은 지상의 다양한 현상에 영향을 미치는 별들의 운동 원질을 의미했다. 아일랜드 의사 스티븐 딕슨Stephen Dickson은 1796년에 출판한 『화학 명명법에 관한 논고Essay on Chemical Nomenclature』에서 "후자의 이름은 그동안 완전히 무시되는 불운을 겪었기 때문에, 우리가 따로 언급할 필요가 전혀 없다."라고 썼다.

그런데 딕슨은 가스라는 단어도 마음에 들지 않았다. 딕슨은 유령 이론 외에도 가스가 '끓어오르는 물거품'을 뜻하는 독일어 '게슈트gäscht'에서 유래했다고 주장하는 사람들도 있다고 언급했다. 딕슨은 '공기air'라는 용어를 더 좋아했다. 그는 "따라서 어떤 관점에서건 이것은 *카오스의 자식*으로 간주되며, 공기란 용어를 대체하기에는 부족하다는 것을 알 수 있다."라고 썼다.

헬몬트는 공기화학의 창시자로 일컬어진다. 가스란 단어를 만들어서 그런 게 아니라, 여러 종류의 기체가 만들어지는 과정을 최초로 언급했기 때문이다. 그는 은 같은 금속이 아쿠아 포르티스(질산)와 반응할 때 적갈색 기체(이산화질소)가 생기고, 황을 태울 때 숨 막히는 기체(이산화황)가 생기는 것에 주목했다. 석탄을 태울 때 나오는 연기(독가스인 일산화탄소)를 직접 경험하다가 죽을 뻔한 적도 있었다. 그는 이렇게 썼다.

1643년 야누아리우스Januarius라고 부르는 열한 번째 달의 초하루 전날, 나는 바람이 잘 안 통하는 방 안에 앉아 글을 쓰기 시작했다. 하지만 추위가 심해서, 곱은 손가락을 가끔 녹이려고 흙으로 만든 솥이나 냄비에 불타는 석탄을 담아 갖다놓았다. 나중에 내 딸이 방으로 들어와 나의 위중한 상태를 알아채고는 냄비를 얼른 밖으로 치웠다. 만약 딸이 제때 오지 않았더라면, 나는 숨이 막혀 죽고 말았을 것이다. 그때 나는 위 입구가 몹시 따끔거리면서 마비돼가는 것을 느꼈고, 서재에서 일어나 밖으로 나갔지만 몸이 뻣뻣한 지팡이처럼 느껴졌으며, 죽은 사람으로 간주되어 실려 갔기 때문이다.

"위험한 숯 가스"는 헬몬트의 열렬한 추종자인 영국 의사 조지 톰슨George Thomson이 언급한 기체 중 하나이다. 1675년에 쓴 글에서 톰슨은 '가스'를 "보이지 않는 야생의 정령Spirit으로, 그것이 들어 있는 용기에 손상을 입히지 않고는 가두거나 감금할 수 없으며, 일부 신체의 중앙 통로에서 발효를 통해 나오는데, 신체는 길들일 수 없는 이 물질을 트림을 하거나 힘들게 토하듯이 내뱉는다."라고 정의했다. 또한 본문에서 "황의 산성 가스"도 언급했으며, "가스 실베스트르Gas Sylvestre를 길들일 수 있는" 물질을 이야기했다. 언급한 이 가스들은 별개의 기체임이 분명하다.

'가스 실베스트르'는 헬몬트가 쓴 글의 라틴어 원본에 자주 나오는데, 이 용어의 사용에 영감을 제공한 사람이 파라켈수스였다는 주장이 있다. 파라켈수스 사후인 1566년에 정령들에 관해 쓴 그의 흥미로운 책이 『엑스 리브로 데 님피스 실바니스, 피그마이이스, 살라만드리스, 에트 기간티부스Ex libro de nymphis, sylvanis, pygmaeis, salamandris, et gigantibus』라는 제목으로 출판되었다. 이것은 1941년에 영어로 번역돼 『님프와 실프, 피그미, 살라만드라와 그 밖의 정령에 관한 책A Book on Nymphs, Sylphs, Pygmies, and Salamanders, and on Other Spirits』이라는 제목으로 출판되었다. 이 책에서 파라켈수스는 이 전설적인 동물들을 기술하는데, 각각은 네 원소 중 하나에서 산다. "물에서 사는 요정은 님프, 공기 중에서 사는 요정은 실프, 흙 속에서 사는 요정은 피그미, 불 속에서 사는 요정은 살라만드라이다." 그는 이것들은 좋은 이름이 아니라고 하면서도 이 이름들을 사용하며 이렇게 덧붙였다. "또, 물에서 사는 사람들의 이름은 운디나undina, 공기 중에서 사는 사람들은 실베스트르sylvestre, 산에서 사는 사람들은 그노무스gnomus, 불 속에서 사는 사람들은 살라만드라가 아니라 불카누스vulcanus이다."라고 덧붙였다. 1650년에 출판된 『파라켈수스와 다른 무명 저자들의 글에 나오는 어려운 장소들과 단어들을 설명하는 화학 사전A Chemical Dictionary Explaining Hard Places and Words met withal in the Writings of Paracelsus, and other Obscure Authors』에서 저자는 "실베스트르 또는 실바누스는 공기 중에서 사는 사람과 정령으로, 가끔 이들은 힘센 거인 나무꾼으로 간주된다."라고 썼다.

파라켈수스는 네 정령은 각자 자신만의 '카오스'가 있다고 이야기하는데, 여기서 말하는 카오스는 자신만의 공간이나 서식지를 가리킨다. 사람의 거주지가 공기 중이고, 물고기의 거주지가 물속인 것처럼 "운디나는 물속이 거주지인데, 그들에게 물은 우리에게 공기와 같은 것이어서, 그들이 물속에서 살아가는 것에 우리가 놀라는 것처럼 그들은 우리가 공기 중에서 살아가는 것에 놀란다." 파라켈수스는 나중에 유익한 충고를 한다. "님프를 아내로 둔 사람은 아내를 어떤 물에도 가까이 가지 못하게 하거나 적어도 아내가 물속에 있을 때 비위를 거슬러서는 안 되는데," 이는 님프가 쉽게 자신의 원소로 돌아가 버릴 수 있기 때문이다. 서식지에 관해서는 이렇게 썼다. "이것은 산에 사는 그노무스에게도 똑같이 적용된다. 흙은 그들의 공기이자 카오스이다." 그노무스(2장에 나왔던 광산 악마 중 하나)는 땅속에서 자주 발견되는 동굴에서만 사는 것이 아니다. "그들은 마치 유령처럼 단단한 벽과 암석과 돌을 통과하며 걸어 다닌다. 그래서 벽과 암석과 돌 등은 이들에게 카오스에 지나지 않는다. 즉, 아무것도 아니다." 그리고 "실베스트르는 우리와 가장 가까운데, 이들 역시 같은 공기 중에서 살아가기 때문이다."라고 덧붙였다.

공기가 그 카오스인 실베스트르를 다룬 파라켈수스의 글에 영감을 받았건 받지 않았건, 헬몬트는 '가스 실베스트르'를 분명히 다른 뜻으로 사용했는데, 대개는 오늘날 우리가 이산화탄소로 알고 있는 기체를 가리키는 용어로 사용했다. 영어로 번역된 그의 전집에서 가스 실베스트르는 '야생의 정령wild spirit'으로 번역되었다. 식초 같은 산에 조개껍데기를 녹이면 "야생의 정령이 트림처럼 뿜어져 나온다." 더 극적인 것은 밀봉된 병 속에서 이산화탄소를 만드는 과정이다. 탄산염과 산을 튼튼한 병 속에 집어넣고, "헤르메스의 봉인Hermes Seal이라는 방법으로 유리병의 목을 녹여서 꽉 틀어막는다. 그러자마자 자연 발생적인 작용이 일어나기 시작하고, 병은 뿜어져 나온 발산물(하지만 눈에는 보이지 않는)로 가득 차, 설사 철보다 강한 것처럼 보이더라도 곧장 위험하게 산산조각나면서 온 사방에 파편을 튀긴다."

산과 탄산염의 반응에서 일어나는 이 거품 발생은 오래전부터 알려져 있었다(나중에 보겠지만 심지어 『구약성서』에도 이 현상을 언급한 대목이 나온다). 하지만 탄산염과 산과 기체 사이의 관계는, 18세기 중엽에 스코틀랜드의 의사이자 화학자인 조지프 블랙Joseph

Black(1728~1799)이 방광 결석을 효과적으로 치료하는 방법을 찾는 과정에서 이 문제에 관심을 갖기 전까지는 제대로 연구되지 않았다.

고정 공기

1756년에 발표된 블랙의 연구는 그가 '마그네시아 알바magnesia alba'라고 부른 것(오늘날 탄산마그네슘이라 부르는 물질)에 초점을 맞추었다. 또, '석회질 흙'(탄산칼슘)과 '알칼리'(수용성 탄산칼륨, 탄산나트륨, 탄산암모늄)도 다루었다. 블랙은 다양한 산으로 처리할 때, "마그네시아는 격렬한 거품이나 공기 폭발을 일으키면서 금방 녹는다."라고 언급했다. 또, 마그네시아를 가열할 때 일어나는 질량 감소를 기록했고, 가열한 뒤에 하소한 마그네시아의 잔존물에서는 더 이상 거품이 나지 않는다는 사실도 언급했다. 그리고 이것은 강한 열이 광물에서 기체를 모두 몰아냈기 때문이라고 정확하게 해석했다. "따라서 *마그네시아* 하소 과정에서 잃은 휘발성 물질은 대부분 공기라고 안전하게 결론 내릴 수 있다. 그래서 하소한 *마그네시아*는 산과 섞어도 공기를 방출하거나 거품이 나오지 않는다."

처음에 블랙은 그 기체(이산화탄소)를 단순히 '공기air'라고 불렀지만, 다양한 (탄산염) 광물에 갇히거나 '고정된' 경우에는 '고정 공기fixed air'라고 불렀다. "천연 상태의 석회질 흙과 정상 상태의 알칼리와 마그네시아에는 많은 양의 고정 공기가 들어 있다. 이 공기는 아주 큰 힘으로 이 물질들에 들러붙어 있는 게 분명한데, 이 공기를 마그네시아에서 떼어내려면 강한 열이 필요하기 때문이다." 몇 년 뒤, 아마도 다른 기체들도 고체에서 방출될 수 있고 마찬가지로 고정 공기라고 부를 수 있다는 사실이 발견되고 나서, 블랙은 이 기체를 부르는 이름으로 '유독 공기mephitic air'를 선호한 것으로 보인다. 이 용어는 역사적으로 고약한 악취를 가리키는 데 사용돼왔다.

블랙은 오늘날 이산화탄소로 알려진 기체의 물리적 성질과 화학적 성질을 입증했다. 그는 이 기체가 보통 공기와 다르다는 것을 보여주었고, 가열이나 산의 작용을 통해 여러 가지 탄산염에서 그것을 만드는 방법을 알아냈다. 하지만 블랙이 제시한 우아한 추론은 실제로는 또 다른 핵심 기체의 제법에 대한 오해를 연장시키는 데 일조했을지 모른다. 그 기체는 오늘날 수소라 부르는 것으로, 이전에 헬몬트가 관찰한 적이 있는 기체였다.

이산화탄소는 생성되는 과정이 관찰된 기체 중 가장 오래된 것일지는 몰라도 원소가 아니다. 수소는 원소이지만, 두 기체 모두 처음에는 변형된 형태의 공기로 간주되었다. 하나는 화합물이고 다른 하나는 원소라는 사실은 18세기 말이 될 때까지 밝혀지지 않았다. 주기율표의 첫 번째 원소는, 대기 중의 다른 기체들이 발견되고 그 화학적 성질이 이해될 때까지도 최종적인 이름을 얻지 못했다.

수소에 관한 초기의 기록

수소는 그것을 모아 신중하게 연구하기 한참 전인 17세기 전반에 헬몬트가 처음 기술했다. 헬몬트는 질산(아쿠아 포르티스)을 증류하다가 이상한 일은 전혀 일어나지 않았지만, "질산에 녹는 금속을 집어넣으면 기체가 나오는데, 막자사발로 유리 용기를 꽉 막아놓으면 용기가 아무리 튼튼한 것이라도 산산조각난다."라는 사실을 관찰했다.

헬몬트는 자신이 만든 수소 기체의 가연성은 발견하지 못한 것으로 보인다. 그 성질은 로버트 보일이 1672년에 출판한 『불과 공기 사이의 관계… 등에 관한 새로운 실험을 포함한 논문들Tracts, Containing New Experiments, Touching the Relation betwixt Flame and Air…』에서 기술했다. 여기서 보일은 산을 강철 부스러기에 쏟는 실험을 기술했다(강철은 가게에서 화학자와 약제상에게 흔히 파는 녹슨 것이 아니라 새로 만든 것이었다).

혼합물은 매우 뜨거워졌고, 냄새가 고약한 연기를 다량 뿜어냈다. … 이 악취를 풍기는 연기는 어디서 나온 것이건 불이 아주 잘 붙는 성질이 있다. 그래서 불타는 촛불을 가까이 가져가면, 쉽게 불이 붙어 파르스름하고 초록색도 약간 띤 불길과 함께 유리병 입구에서 한동안 타오른다. 비록 빛은 적지만 그래도 사람들이 지레짐작하는 것보다 훨씬 강렬하게 타오른다.

그로부터 60여 년 후인 1736년, 존 모드John Maud는 왕립학회 회원들 앞에서 방광(오늘날의 라텍스 풍선에 해당하는 18세기의 실험 도구)에 모은 수소의 가연성을 보여주는 실험을 했다. 그리고 그 불길을 탄광에서 동료가 모은 연소성 댐프의 불길과 비교했다. 모드는 시범 보고서에서 이렇게 썼다. "대다수 금속이 각자의 멘스트루아 Menstrua, 곧 용매에 녹은 용액에서 거품이 발생하는 동안 많은 양의 유황 증기를 내뿜는다는 사실은 화학 문제에 정통한 사람이라면 누구나 잘 안다. 철이 비트리올 오일에 녹는 동안 이런 연기를 많이 내뿜는데, 이 가스는 불이 아주 잘 붙고 쉽게 응결하지 않는다."

'유황 증기'(수소)가 탈 때 나는 불꽃은 광산에서 채취한 가스가 타는 화염의 색과 다소 다르다는 사실이 지적되었다. 오늘날 우리는 불꽃의 노란색은, 천연가스나 석유 또는 양초 밀랍 같은 탄화수소 화합물이 산소가 부족한 상태에서 탈 때 생기는 탄소(검댕) 입자가 빛나면서 생긴다는 사실을 알고 있다. 수소는 탄소를 전혀 포함하고 있지 않아 파란색 불꽃을 내며 타는데, 이 불꽃은 거의 눈에 보이지 않을 수도 있다. 수십 년 뒤에 이 차이는 수소를 또 다른 가연성 기체인 메탄과 구별하는 한 가지 핵심 방법이 되지만, 이 당시에는 모든 가연성 기체는 똑같다고 생각했다.

오늘날 우리는 금속과 반응할 때 물을 포함한 산에서 수소가 나온다는 사실을 알지만, 이 당시에는 이 '유황 증기'가 금속 자체에서 나온다고 생각했다. 모드는 "이 실험에서 주목할 만한 사실은 방광을 채운 모든 공기는 혼합물에서 새로 생겨났거나 비탄성 상태의 금속 몸체에 갇혀 있다가 빠져나왔다는 것이다."라고 썼다.

모드는 수소 기체를 분명히 만들고 분리하고 그 연소 과정을 연구했지만(방광 하나는 "큰 폭발과 함께 대포처럼 터졌다"), 일반적으로 그 발견자로 인정받지 못한다. 그 영예는 18세기의 위대한 과학자였지만 사교성에 큰 문제가 있었던 헨리 캐번디시Henry Cavendish(1731~1810)에게 돌아갔다.

캐번디시의 가연성 공기

헨리 캐번디시는 태어날 때에는 큰 부자가 아니었지만, 귀족 친척이 여럿 죽고 나자 영국에서 손꼽는 부자가 되었다. 아버지는 데번셔 공작의 아들이었고 어머니는 켄트 공작의 딸이었다. 막대한 재산을 물려받았는데도 불구하고, 캐번디시는 검소한 은둔 생활을 하며 살아갔고, 옷도 아주 오래된 것을 입었다. 그는 수줍음이 아주 많았는데, 여자를 보지 않으려고 자리를 피했으며(여자 하인들에게 만약 눈에 띄면 해고하겠다고 협박했다), 왕립학회에서 동료 과학자들과 자리를 같이하는 것만 겨우 견뎌낼 정도로 사람들과의 만남을 극도로 꺼려했다. 논쟁을 싫어한 그는 자신이 한 연구 중 극히 일부만 발표했다. 만약 그의 미공개 연구가 세상에 알려졌더라면, 과학은 크게 발전했을 것이다.

캐번디시가 처음으로 발표한 연구는 「인공 공기의 실험에 관한 세 편의 논문」이라는 제목이 붙어 있었다. 이것은 모드가 '가연성 공기inflammable air'를 관찰한 지 30년이 지난 1766년에 발표되었다. 캐번디시는 '인공' 공기와 '고정' 공기를 정의하면서 논문을 시작했다.

인공 공기factitious air는 일반적으로 다른 물체 속에 비탄성 상태로 들어 있고, 기술로 거기서 끄집어낼 수 있는 종류의 모든 공기를 가리킨다. 고정 공기는 인공 공기 중 특별한 종류로, 산에 녹이거나 하소를 통해 알칼리 물질로부터 분리할 수 있다. 블랙 박사가 생석회에 관한 논문에서 이 이름을 붙였다.

블랙이 다양한 탄산염 광물에 열이나 산을 가해 고정 공기(이산화탄소)를 만드는 과정에서 아주 세심한 측정을 한 것처럼, 캐번디시도 아연, 주석, 철 같은 금속을 산과 반응시켜 가연성 공기(수소)를 만드는 과정에서 세심한 측정을 했다. 캐번디시는 물을 채워 거꾸로 세운 유리 용기에 집어넣는 방법으로 기체를 모았고, 방광을 사용해 그 밀도를 측정했다. 단순히 기체를 태우는 것 외에도 혼합 비율을 바꿔가며 공기와 섞어 불을 붙임으로써 폭발성의 변화를 관찰했다. 그리고 아주 중요한 사실을 발견했는데, 특정 금속을 똑같은 질량만큼 사용하면, 사용한 산의 양에 상관없이 항상 같은 양의 기체가 생겼다. 캐번디시는 빠져나온 기체는 금속에 들어 있던 플로지스톤이라고 생각했다.

따라서 앞에서 언급한 금속 물질을 염의 정[염산]에 녹이거나 묽은 비트리올산[황산]에 녹이면, 산에 의해 금속 물질에서 플로지스톤이 그 본질이 변하지 않은 채 빠져나와 가연성 공기를 만드는 것으로 보인다.

오늘날의 관점에서 보면, 산에 녹을 때 금속에서 플로지스톤이 빠져나온다는 개념이 틀렸다는 것을 쉽게 알 수 있지만, 사실 이것은 탄산염에 관한 블랙의 연구를 논리적으로 연장한 것이었다. 블랙은 특정 금속 탄산염을 가열하면 그 속에 들어 있던 고정 공기가 빠져나오고 금속회가 생긴다는 것을 정확하게 보여주었다. 탄산염에 산을 가해도 고정 공기가 빠져나왔다. 다른 플로지스톤주의자와 마찬가지로 캐번디시는 금속이 연소할 때 플로지스톤이 빠져나오고 재가 남는다고 믿었다. 이제 그는 금속에 산을 가해도 그와 비슷하게 플로지스톤이 빠져나오며, 그것이 자신이 붙잡은 가연성 공기라는 사실을 발견한 것이다.

가연성 공기(수소)가 플로지스톤이라는 이 주장은, 나중에 특정 금속은 이 기체 속에서 금속회를 가열하면 원래의 금속으로 되돌아간다는 사실이 발견되면서 더 힘을 얻었다. 이 반응은 그 구성 성분인 재와 플로지스톤으로부터 원래의 금속을 다시 만드는 과정으로 간주되었다. 이 실험은 1782년에 조지프 프리스틀리Joseph Priestley가 맨 먼저 했다. 프리스틀리는 확고한 플로지스톤설 신봉자로 다른 과학자들이 모두 그 이론을 버린 뒤에도 여전히 믿었고, 1804년에 죽는 순간까지도 그에 매달렸다. 그는 퍼즐에서 중요한 조각을 발견하고서도 이러한 착각에 빠져 살았다. 그 중요한 조각은 바로 산소였다.

드레벨의 잠수함

18세기에 체계적인 연구가 시작된 수소 기체가 사실은 17세기에 이미 만들어진 것처럼, 산소 역시 영국에서 조지프 프리스틀리

(1733~1804)가 공식적으로 발견하기 전에 스웨덴에서 칼 빌헬름 셸레Carl Wilhelm Scheele(1742~1786)가 독자적으로 분리했다. 네덜란드 발명가 코르넬리스 드레벨Cornelis Drebbel(1572~1633)은 아주 흥미로운 이론을 만들었는데, 17세기 초에 런던의 템스강에서 제임스 1세 국왕이 보는 가운데 시범을 보인 자신의 잠수함에 이 이론을 활용했다. 보일은, 밀폐된 잠수함에서 열두 명의 승조원과 승객이 한동안 숨을 쉰 뒤에 드레벨이 일종의 액체를 사용해 그곳의 공기를 되살렸다고 기술했다.

> 공기 중에서 더 깨끗하고 순수한 부분이 소비되거나 호흡을 통해 지나치게 끈끈해졌다고 판단하면, 그는 그 액체가 가득 든 용기를 열어 배에 증기를 확산시켰는데, 이 증기가 곤경에 빠진 공기에 필수적인 부분을 어느 정도 금방 회복시켜 공기를 한동안 호흡에 적합한 상태로 만들었다. 그것이 짙어진 날숨을 흩어지게 함으로써 그러는지, 침전시켜서 그러는지, 혹은 파악할 수 있는 그 밖의 다른 방법으로 그러는지는 나로서는 지금 조사할 수 없다.

1608년에 독일어로 처음 출판된 드레벨의 『원소들의 본질에 관한 논고Ein kurzer Tractat von der Natur der Elementen』에는 초석(질산칼륨)의 효과를 언급한 구절이 있다. 초석은 약한 열에 분해되어 산소 기체를 방출하는 물질이다. 심지어 드레벨의 책 일부 판본에는 중요한 사실을 암시하는 그림도 실려 있는데(〈그림 31〉 참고), 그림은 유리 레토르트가 불 위에서 가열되고 있고, 그 목이 물에 잠긴 채 거품이 나오는 장면을 묘사하고 있다. 어떤 사람들은 드레벨이 이 기체를 모아 잠수함

그림 31 1702년에 네덜란드어로 번역 출간된 원소에 관한 드레벨의 책에는 이 감질 나는 판화가 실려 있다. 가열되는 플라스크에 담긴 물체가 초석이라면, 부글거리는 거품은 산소 기체일 것이다.

의 실내 공기를 회복시키는 데 사용했다고 주장했다. 하지만 밀폐된 공간의 공기가 숨 쉬기 불편해지는 이유는 산소가 부족해서가 아니라, 날숨에 섞인 이산화탄소가 많이 쌓이기 때문이다. 이산화탄소는 강한 알칼리 용액으로 쉽게 제거할 수 있는데, 초석을 강하게 가열한 뒤에 남은 고체 잔존물을 물에 녹이면 알칼리 용액을 얻을 수 있다.

드레벨이 실제로 모아서 사용한 기체가 산소인지 아닌지는 어디까지나 추측의 영역에 머물러 있지만, 1720년대에 스티븐 헤일스 Stephen Hales(1677~1761)가 이 원소를 만들고 모은 것은 틀림없는 사실이다. 1727년에 출간된 『식물 정역학Vegetable Staticks』 중 '공기의 분석'이란 절에서 헤일스는 구할 수 있는 모든 것(완두콩, 다마사슴의 뿔, 호박琥珀, 돼지 피 등)을 가열하여, 밀어내는 물의 부피로 그 속에 든 공기의 양을 측정한 실험 결과를 소개했다. 그는 "질산칼륨 0.5세제곱인치를 골회骨灰와 섞은 것으로부터 90세제곱인치의 공기가 생겼다."라고 보고했다. 이 기체는 필시 산소였을 것이다. 안타깝게도 헤일스는 단순히 변형된 형태의 공기일 거라고 지레짐작하고서 자신이 만든 기체들의 성질을 전혀 연구하지 않았다. 만약 그 성질을 연구했더라면, 과학의 발전을 약 50년이나 앞당겼을 것이다.

산소를 만들고 그 성질을 최초로 연구한 사람은 스웨덴 약제사 칼 빌헬름 셸레였다. 하지만 셸레가 자신의 발견을 보고한 논문은 여러 가지 불운으로 영국에서 조지프 프리스틀리의 논문이 나오고 나서 2년이나 지난 1777년에야 나왔다.

셸레의 불공기

셸레는 열네 살 때 약제사의 견습생이 되어 과학 장비와 화학 물질과 교재들을 접할 수 있었다. 이것은 직업에 필요한 지식을 습득하는 데 도움이 되었을 뿐만 아니라, 18세기에 가장 뛰어난 기술을 가진 최고의 화학자 중 한 명으로 성장하는 밑거름이 되었다. 수단과 자원의 한계에도 불구하고 셀레는 염소 기체를 최초로 만들고, 새로운 금속 원소를 여러 가지 확인한 것을 비롯해 화학 분야에서 중요한 발견을 많이 했다. 1760년대 후반과 1770년대 전반에 셀레는 불의 본질을 이해하려고 애썼는데, "열과 불 없이 실험을 한다는 것은 불가능했기 때문이다." 하지만 얼마 지나지 않아 그의 연구는 다른 방향으로 향했다. 그는 자신의 책에서 "나는 곧 공기를 알지 못하면, 불의 현상을 제대로 판단할 수 없다는 사실을 깨달았다. 일련의 실험 뒤에 공기는 정말로 불의 성분 중 일부이며, 화염과 불꽃의 구성 요소라는 사실을 알아냈다."라고 썼다.

자신보다 앞서 연구했던 헤일스와 달리 셀레는 서로 다른 반응에서 나오는 기체들이 단순히 변형된 형태의 공기가 아니라, "다른 종류의 공기"일지 모른다고 생각했다. 그리고 곧 공기가 "두 종류의 탄성 유체로 이루어져 있는 게 틀림없다는" 사실을 발견했다. 셀레는 공기 시료에서, 예컨대 황을 태움으로써 산소를 제거할 수 있었고, 그러고 나서 이산화황도 알칼리에 흡수시킴으로써 제거할 수 있었다. 그러면 거의 순수한 질소 기체만 남았는데, 그는 이것을 보통 공기와 알려진 그 밖의 기체인 수소와 이산화탄소와는 종류가 다른 기체로 구별했다. 이 기체는 보통 공기와 달리 연소를 돕지 않았고, 수소처럼 불이 붙지도 않았으며, 이산화탄소처럼 불을 쉽게 꺼뜨렸지만 이산화탄소와 달리 알칼리와 반응하지 않았다.

공기 중의 다른 성분(산소)은 전에 헤일스가 했던 것처럼 질산칼륨을 가열하는 방법을 포함해 다양한 방법으로 만들었다. 하지만 완전히 새로운 기체를 분리했다는 사실은 셀레만 깨달았다. "10온스짜리 유리병에 이 공기를 채우고 불타는 양초를 그 안에 넣었다. 그러자 즉각 양초가 큰 화염을 일으키며 탔는데, 너무나도 강렬한 빛에 눈이 부실 정도였다."

그런 다음, 셸레는 산소를 자신이 이전에 분리한 질소와 섞어서 보통 공기를 다시 만드는 방법을 설명한다. "이 공기와 그 속에서 불타지 않는 공기를 1 대 3의 비율로 섞었는데, 이 혼합물 공기는 어느 모로 보나 보통 공기와 비슷했다." 셸레는 자신이 발견한 새 공기에 이름까지 붙였는데, 오늘날 우리가 알고 있는 이름인 산소와 질소는 아니었다. 그는 "이 공기는 불을 일으키는 데 절대적으로 필요하고, 보통 공기의 약 3분의 1을 차지하므로, 나는 편의상 이것을 '천상의 공기empyreal air'(문자 그대로는 '불공기')라 부르기로 했다. 그리고 연소 현상에 관여하지 않고 보통 공기의 약 3분의 2를 차지하는 공기는 미래를 위해 '불결한 공기foul air'(문자 그대로는 '오염된 공기')라고 부르기로 했다."라고 썼다.♦

여기서 인용한 셸레의 글은 1780년에 존 포스터John Forster가 번역한 영문판에서 가져온 것이다. 포스터는 이 번역본 전체에서 'empyreal air'란 용어를 사용했지만, 직역한 용어인 'fire-air(불-공기)'를 괄호로 표시했다. 이와 비슷하게 질소는 'foul air'라고 옮기면서 대체 용어인 'corrupted air(부패 공기)'도 언급했다. 셸레 자신은 포스터의 번역이 틀린 데가 많다고 불평했다. 1931년에 레너드 도빈Leonard Dobbin이 원문에 좀 더 충실한 번역을 내놓았는데, 여기서는 독일어

♦ 뒤에 나오지만 셸레는 'Feuerluft'와 'Verdorbene Luft'라는 용어를 사용했는데, 각각 '불공기'와 '부패한 공기'란 뜻이다. 'empyreal air'는 초기의 영어 번역본에서만 쓰인 용어이다.

'Feuerluft'와 'Verdorbene Luft'를 각각 'Fire Air'와 'Vitiated Air'로 옮겼다. 『옥스퍼드 영어 사전』에서는 'vitiated'를 '부패한', '상한', '손상된'이란 뜻으로 풀이했다. 셸레는 'Verdorbene Luft'가 이미 알려져 있던 용어라고 언급했다. 'vitiated air'도 18세기 전반에 이미 영어권 저자들이 사용하고 있었는데, 대개는 단순히 "생명을 유지하지 못하거나 물체를 타게 하지 않는 공기"란 뜻으로 쓰였다.

셸레가 새로운 기체들의 밀도를 세밀하게 측정한 결과는 보통 공기가 단 두 기체의 혼합물이라는 사실을 추가로 뒷받침했다. 그는 자신의 불결한 공기(질소)가 보통 공기보다 약간 가볍고, 불공기(산소)는 보통 공기보다 약간 무겁다는 사실을 정확하게 알아냈다.

셸레는 불공기를 만드는 방법을 자세히 설명한 뒤에, 그 속에서 석탄과 황, 인처럼 다양한 물질을 태우는 것을 포함해 그 기체를 가지고 한 여러 가지 실험을 기술했다. 심지어 방광에 새로운 기체를 가득 채우고 그것으로 직접 숨을 쉬는 실험도 했다(〈그림 32〉 참고). 그는 이렇게 썼다. "나는 방광을 꽉 막은 뒤에 레토르트에서 떼어내 그 입구에 시험관을 끼웠다. 그리고 내 폐에서 공기를 잔뜩 빼낸 뒤에 방광에 든 공기로 숨을 쉬기 시작했다. 이것은 아주 성공적으로 진행되어 불편을 느끼기 전까지 40번이나 공기를 들이마셨다."

방광에 든 공기가 숨 쉬기가 불편해진 것은 그 속에 아직 산소가 남아 있는데도 이산화탄소가 많이 축적되었기 때문이다. 셸레는 그 공기를 더 오랫동안 숨 쉴 수 있는 방법을 발견했는데(65번이나 들이마실 수 있었다), 알칼리를 약간 추가하기만 하면 되었다. 알칼리는 셸레가 내뱉은 이산화탄소를 흡수했고, 이 성공은 드레벨이 이 방법으로 잠수함에서 공기의 질을 높였을 것이라는 주장을 뒷받침한다.

그림 32　방광에 든 기체로 숨을 쉬는 방법을 묘사한 18세기의 판화

　셸레는 플로지스톤설을 사용해 자신의 발견을 해석했다. 기본적으로 셸레는 공기를 이루는 두 가지 기체가 플로지스톤과 반응하는 방식에 차이가 있다고 믿었다. 다수를 차지하는 성분(질소)은 "플로지스톤을 끌어당기지 않는" 반면, 소수를 차지하는 성분(산소)은 플로지스톤을 끌어당기며, 물체가 불타는 것은 이렇게 플로지스톤을 끌어당기는 성질이 있기 때문이라고 믿었다. 게다가 불은 플로지스톤과 새로운 기체인 불공기의 결합으로 이루어진다고 생각했다. 그래서 그 기체를 '불공기'라고 부른 것이다.

　질소의 존재를 확인한 사람은 셸레뿐만이 아니었다. 산소와 마찬가지로 질소 역시 조지프 프리스틀리가 거의 같은 시기에 독자적으로 발견했으며, 아마도 가장 먼저 발견한 사람은 헨리 캐번디시였을 것이다. 캐번디시는 늘 그랬듯이 이 중요한 발견을 굳이 발표하려 하지 않았지만, 프리스틀리에게 그 사실을 이야기한 게 틀림없다. 그런데 스코틀랜드에서, 조지프 블랙의 제자였던 대니얼 러더퍼드Daniel Rutherford도 1772년에 독자적으로 질소를 발견했다.

불결한 공기, 부패한 공기, 유독 공기

질소는 주기율표의 15족 원소들 중에서 가장 풍부하게 존재하는 원소인데도 불구하고, 같은 족의 원소들 중에서 가장 나중에 발견되었다는 사실이 흥미롭다. 인은 17세기 후반에 발견되었고, 비소와 안티모니와 비스무트는 그보다 훨씬 이전에 발견되었다. 이 점은 공기의 진정한 본질을 이해하기가 얼마나 어려운지 보여준다. 질소의 '공식적인' 발견을 확인하려고 할 때 중요한 점은, 이 기체가 알려진 나머지 기체들, 그리고 특히 생명과 연소를 돕지 않는 기체(블랙의 고정 공기인 이산화탄소)와 분명히 구별되어야 한다는 것이다. 이러한 구별을 최초로 분명하게 한 것은 대니얼 러더퍼드(1749~1819)의 박사 학위 논문이었다. 러더퍼드는 훗날 에든버러 대학교의 식물학 교수가 되었고, 지금도 쓰이고 있는 최고 최저 온도계를 발명했다. 블랙은 러더퍼드에게 탄소를 포함한 다양한 물질을 공기 중에서 태우고, 그렇게 해서 생긴 고정 공기가 알칼리에 녹은 뒤에 남는 공기를 조사하는 과제를 주었다.

러더퍼드는 이산화탄소부터 살펴보는 것으로 연구를 시작했는데, 스승인 블랙의 지도에 따라 그것을 '유독 공기'라고 불렀다. 그는 "'유독 공기'는 일부 사람들이 '고정 공기'라고 부른다. 저명한 블랙

교수님과 함께 나는 이것이 동물에게 치명적이고, 불과 화염을 끄며, 생석회와 알칼리염에 아주 강하게 끌리는 특이한 종류의 공기라고 생각한다."라고 썼다.

러더퍼드는 유독 공기가 지구 내부와 앞에서 언급한 '개의 동굴'에서 어떻게 생길 수 있는지 언급한다. 또, 그것이 동물의 폐에서 호흡을 통해 나오며, 연소에서도 나오고, 마지막으로 탄산염 광물과 산의 반응 같은 화학 과정에서 나온다는 사실도 이야기한다. 하지만 이 기체를 다른 '공기'와 쉽게 구별하는 시험은 오늘날 많은 학생들에게 잘 알려진 반응을 사용했다. 즉, 이산화탄소가 석회수(수산화칼슘 용액)를 만날 때 강한 친화력을 나타내는 성질을 이용한 것이다. 유독 공기를 석회수에 집어넣으면 우유처럼 하얀 침전물이 생긴다. 러더퍼드는 이산화탄소를 분명하게 이해했지만, 뭔가 다른 것이 공기를 더 이상 생명을 부양하지 못하게 변화시킬 수 있다고 생각했다. 그는 이렇게 썼다. "하지만 동물의 호흡을 통해 유익하고 건강에 좋은 공기가 일부 유독 공기로 변할 뿐만 아니라, 또 다른 특이한 변화가 일어난다. 왜냐하면, 유독 공기를 모두 분리해 가성 소다를 사용해 제거한 뒤에도 남아 있는 공기가 유익한 공기가 되지 않기 때문이다. 석회수에서 침전물을 전혀 만들지 않는데도 불구하고, 그 공기는 이전과 다름없이 불과 생명을 꺼뜨린다."

가성 소다(수산화나트륨 용액)를 첨가하면, 남아 있는 이산화탄소는 모두 완전히 제거된다. 만약 처음에 공기에 섞여 있었던 산소가 호흡이나 연소를 통해 모두 이산화탄소로 변한 뒤에 제거되면, 남는 것은 사실상 질소뿐이다. 이것은 셸레와 캐번디시가 이전에 사용했던 방법이다. 또, 황과 인 같은 공기 중의 나머지 성분을 태우고, 이번에도 연소에서 만들어진 산성 생성물을 알칼리를 사용해 제거함으로써 질소를 얻을 수 있었다. 러더퍼드는 각 경우에 가연성 물질에서 나온 플로지스톤이 첨가되어 공기가 변한다고 결론 내렸다. "이 결과들로부터 유해한 공기는 공기와 플로지스톤이 합쳐진 것, 즉 플로지스톤으로 포화된 것이라고 결론 내릴 수 있다." 러더퍼드는 플로지스톤으로 포화된 공기에 이름을 붙이지 않았지만, 독자적으로 같은 결론에 이른 조지프 프리스틀리는 그것에 '플로지스톤화 공기'라는 이름을 붙였다.

프리스틀리가 주장한 다른 종류의 공기

비국교파 성직자였던 조지프 프리스틀리는 화학사에서 파란만장한 생애를 보낸 인물 중 하나이다. 캐번디시와는 아주 대조적으로, 프리스틀리는 논란을 두려워하는 성격이 아니었다. 결국 그는 '프리스틀리 폭동'이라 부르는 사건 때 폭도가 버밍엄의 자기 집과 교회를 불태우는 바람에 영국을 등지고 미국으로 이주했다.

프리스틀리는 다작으로 유명했는데, 책을 몇 권 썼느냐는 질문에 "내가 읽고 싶은 책보다 훨씬 많이 썼지요."라고 대답했다. 초기의 과학 저술은 전기와 빛 분야에서 일어날 발견에 관한 것이었지만, 나중에 이산화탄소를 대량으로 만들어내던 양조장 옆으로 이사한 뒤로는 기체 연구로 관심을 돌렸다. 1772년에 『물에 고정 공기를 집어넣는 방법Directions for Impregnating Water with Fixed Air』을 출판했는데, 그는 여기에서 자신이 발명했다고 인정받는 탄산수(소다수)를 만드는 방법을 자세히 기술했다. 2년 뒤에는『다른 종류의 공기에 대한 실험과 관찰Experiments and Observations on Different Kinds of Air』제1권을 출판했다. 이 책에서 프리스틀리는 고정 공기(이산화탄소)와 가연성 공기(대개 수소), 해산海酸 공기(염화수소), 알칼리 공기(암모니아)를 포함한 여러 기체를 만드는 방법을 기술했다. 마지막 두 기체는 물에 아주 잘 녹기 때문에, 물 대신에 수은을 사용한 치환법으로 기체를 모으는 천재적인 방법을 선보였다.

캐번디시와 셸레, 러더퍼드와 마찬가지로 프리스틀리도 여러 물질의 연소가 일어나는 동안 일부 공기가 소비되며, 만약 소비된 공기가 흡수된다면 이제 부피가 줄어들어 남은 공기(기본적으로 거의 다 질소 기체)는 더 이상 생명을 부양하거나 연소를 돕지 못한다는 사실을 발견했다. 러더퍼드가 그랬던 것처럼 프리스틀리는 이 사실을 플로지스톤이 공기로 옮겨간 결과로 해석했고, 이를 바탕으로 이 공기의 이름을 제안했다. "이 때문에 만약 새로운 용어를 도입하는 것이(혹은 이미 화학자들 사이에서 사용되고 있는 용어를 새로 적용하는 것이) 편리하다고 생각된다면, 부피가 줄어들고, 앞에서 언급한 어떤 과정이나 그것과 비슷한 다른 과정으로 유독해진 공기를 일반적인 명칭인 플로지스톤화 공기라고 불러도 크게 잘못된 일은 아닐 것이다."

셸레의 발견은 세상에 알려지기까지 거의 2년이나 지연되었지만, 프리스틀리는 자신의 발견을 최대한 빨리 발표하길 좋아했다(그래서 종종 그의 연구는 셸레의 연구에서는 전체적으로 분명하게 드러나는 우아한 사고의 흐름이 결여된 형태로 발표되었다). 질소의 분리에 대해 이야기할 때, 프리스틀리는 아직 산소를 발견하지 않은 상태였다.

1774년 8월 1일에 일어났다고 밝힌 산소의 발견은 1775년에 왕립학회의 《철학 회보Philosophical Transactions》를 통해 처음 발표했고, 같은 해에 출판된 『다른 종류의 공기에 대한 실험과 관찰』 제2권에서 다시 언급했다. 《철학 회보》에 실린 글에서 렌즈로 초점을 맞춘 햇빛으로 다양한 물질을 가열할 때 나오는 일부 기체들을 기술한 뒤에, 프리스틀리는 이렇게 덧붙였다. "하지만 이 과정으로 내가 만든 모든 종류의 공기 중에서 가장 놀라운 것은, 호흡과 연소 그리고 공기가 쓰이는 그 밖의 모든 용도에서 보통 공기보다 대여섯 배나 더 나은 종류의 공기이다. 내가 이미 충분히 증명했듯이, 공기의 호흡 적합도는 폐에서 내뿜은 플로지스톤을 받아들이는 능력에 달려 있으며, 이 종류의 공기를 탈플로지스톤 공기라고 불러도 무방할 것이다."

프리스틀리는 물질이 플로지스톤을 공기 중으로 내보냄으로써 연소한다고 믿었다. 그래서 플로지스톤으로 포화돼 있어 플로지스톤을 더 받아들일 수 없고 불을 끄기만 하는 플로지스톤화 공기(질소)와 달리, 신비의 물질이 전혀 없는 이 새로운 공기(산소)는 연소 물질로부터 플로지스톤을 받아들임으로써 보통 공기보다 연소를 훨씬 잘 부추길 수 있다고 생각했다. "이 공기 속에서 양초는 놀랍도록 강한 화염으로 활활 타고, 나무는 백열 상태로 달아오른 쇠와 비슷한 모습으로 빨갛게 달아올라 탁탁 소리와 함께 사방으로 불꽃을 튀기면서 아주 빠르게 탄다. 하지만 나는 이 공기의 우수성을 증명하는 일을 마무리하기 위해 그 속에 생쥐를 집어넣었다. 그 속에 들어 있는 공기는 보통 공기라면 생쥐가 약 15분 만에 죽었을 정도의 양이었다. 그러나 생쥐는 한 시간이나 살아남았고, 그것도 두 차례나 아주 활기찬 상태로 나왔다."

프리스틀리는 자신의 저서에서 이 새로운 기체가 의학에 쓰일 것이라고 예견했지만, 건강한 사람들이 사용하는 것에 대해서는 주의를 촉구했다. "순수한 탈플로지스톤 공기는 약품으로 아주 유용할지 모르지만, 신체가 건강한 상태에 있는 사람에게는 적절하지 않을 수 있다. 보통 공기보다 탈플로지스톤 공기 속에서 양초가 훨씬 빨리 타듯이, 이 순수한 종류의 공기 속에서 우리 생명력이 너무 빨리 소모될지 모르기 때문이다. 적어도 도덕가는, 자연이 우리에게 제공한 공기는 우리가 그것을 누릴 자격이 있는 만큼만 좋다고 이야기할지 모른다."

프리스틀리가 이런 생각을 했다고 해서, 앞서 셸레가 그랬던 것처럼 순수한 산소를 직접 들이마시려는 시도를 하지 않은 것은 아니다. 그는 이렇게 썼다. "내 폐가 받은 느낌을 말하자면, 보통 공기를 마셨을 때와 감각적으로 별 차이가 없었다. 하지만 그 후 잠깐 동안 가슴이 아주 가볍고 편안한 느낌이 들었다. 이 순수한 공기가 언젠가 부유층이 애호하는 사치품이 될지 누가 알겠는가? 지금까지는 오직 생쥐 두 마리와 나만이 그것을 마시는 특권을 누렸다." 물론 그 당시 프리스틀리는 셸레도 산소를 마셨다는 사실을 알지 못했다.

탈플로지스톤 공기를 얻기 위해 프리스틀리가 가열한 물질 중 하나는 메루쿠리우스 칼키나투스mercurius calcinatus, 즉 산화수은이었다. 그는 자신이 가진 샘플이 진짜인지 의심해서, 1974년 10월에 파리를 방문했을 때 "그곳에 아주 유명한 화학자가 여럿 있다는 사실을 알고 있었으므로" 또 다른 샘플을 구하려고 수소문했다. 그는 자신을 초대한 파리의 과학자에게 저녁 식사 자리에서 "이 제법으로 만든 종류의 공기에 대해 느낀 놀라움"을 언급했다. 그를 초대한 사람은 이 이야기의 마지막 주인공으로, 플로지스톤설의 망령을 완전히 추방한 화학자였다. 가끔 산소의 발견자로 언급되기도 하는 그의 이름은 앙투안-로랑 라부아지에이다.

현대 화학의 아버지

셀레와 프리스틀리와는 대조적으로 라부아지에(1743~1794)는 특권층 집안에서 태어났고, 과학뿐만 아니라 금융과 법 분야까지 완벽한 교육을 받았다. 오늘날 프랑스의 최고 과학자 중 한 명으로 추앙받는 라부아지에는 혁명의 소용돌이에 휘말려 단두대의 이슬로 사라졌는데, 세금 징수 기관에서 일했던 것이 화가 되었다. 처형되고 나서 채 2년이 지나기 전에 그는 국가의 돈을 횡령해 사익을 챙긴 것이 아니라, 오히려 그 반대의 일을 했다는 사실이 밝혀져 공식적으로 사면을 받았다.

처음에 라부아지에가 다룬 화학 연구 중 일부는 연소와 관련된 문제였다. 1774년에 프랑스어로 출판되고 2년 뒤에 영어로 번역된 『물리학과 화학 소론Opuscules physiques et chimiques』에서는 황과 인 그리고 여러 가지 금속을 공기 중에서 태우는 실험을 하면서 공기 중 일부가 소비된다는 사실을 다루었다. 또, 공기를 뽑아낸 용기 속에서 가열한 물질은 아무 변화가 일어나지 않는다는 사실을 확인함으로써 연소에 공기가 필요하다는 사실을 증명했다. 무엇보다 중요한 것은 연소 이전과 이후에 연소 물질 자체뿐만 아니라 공기의 무게까지 잴

수 있는 장비를 고안한 데 있었다. 라부아지에는 늘어난 물질의 무게 만큼 공기의 무게가 줄어들었다는 사실을 확인했다. 다른 사람들은 질량 변화를 확인하는 데 그친 반면, 그는 그런 반응에서는 전체 질량이 보존되며 단지 재분배될 뿐이라는 것을 처음으로 보여주었다. 연소 물질의 질량 증가는 연소 과정에서 플로지스톤이 빠져나간다고 가정한 슈탈의 이론과 들어맞지 않았다.

라부아지에는 금속을 비롯한 다양한 물질이 연소해 재나 금속회가 만들어질 때, 공기 중 일부가 물질에 흡수된다는 것을 분명히 보여주었다. 이 이론의 완성에 꼭 필요한 것은 이 과정을 거꾸로 하는 반응이었다. 즉, 다른 물질의 도움 없이 금속회로부터 처음의 금속과 기체를 다시 만들어내는 반응이다. 라부아지에는 1774년 11월에 마침내 이 반응을 실현하는 데 성공했다.

라부아지에가 정말로 식사 자리에서 프리스틀리로부터 산화수은을 가열해 얻은 기체에 관한 이야기를 듣고서 이 실험을 재현하는 영감을 얻었는지는 논란의 대상이다(물론 프리스틀리에게는 논란의 대상이 아니겠지만 말이다). 다른 프랑스 화학자들도 그 전에 산화수은을 가열해 수은을 얻는 실험에 대해 보고한 적이 있었고, 프리스틀리의 이야기를 들은 것과 거의 같은 시기에 라부아지에는 동료들이 이 과정을 시범으로 보여주는 것을 목격했다. 라부아지에가 산소를 만든 과정을 영어로 최초로 설명한 글은 1776년에 출판된『물리학과 화학 소론』영어판 부록에 '하소 과정에서 금속과 결합해 그 무게를 늘리는 원질의 본질에 관하여'라는 제목으로 실렸다.

완벽을 추구하는 평소의 기질대로 라부아지에는 먼저 산화수은이 진짜 금속회임을 증명했다. 즉, 숯과 함께 가열하면 다른 금속회와 마찬가지로 고정 공기(이산화탄소)와 금속(수은)이 생긴다는 것을 보여주었다. 그러고 나서 숯이 없는 상태에서 산화수은을 가열해 거기서 나오는 기체(산소)를 모았다. 이 기체의 성질을 시험한 결과, 놀랍게도 그것은 고정 공기가 아니었다. "고정 공기처럼 치명적인 것이 아니라, 반대로 호흡의 목적에 더 적합한 것처럼 보였다. 촛불과 그 밖의 불타는 물체는 이 기체 속에서 꺼지지 않을 뿐만 아니라, 오히려 화염이 놀라울 정도로 커지면서 활활 탔다. 거기서 나오는 빛도 보통 공기 속에서 탈 때보다 훨씬 강하고 선명했다."

라부아지에는 그 기체가 고정 공기가 *아니라는* 사실을 확실히 밝혔지만, 원래 논문(나중에 다시 출판한 논문에서는 수정했지만)의 이 시점에서는 이 기체가 새로운 별개의 종류라고 주장하지 않았다. 대신에 이렇게 썼다. "이 모든 상황을 고려하여 나는 이 공기가 보통 공기일 뿐만 아니라, 호흡하기에 훨씬 편하고, 불이 더 잘 붙으며, 결과적으로 우리가 그 속에서 살아가는 공기보다 더 순수하다는 확신을 얻었다."

하지만 라부아지에는 계속해서 금속의 하소 과정과 그 반대 과정, 즉 금속회를 숯으로 환원해 원래 금속으로 되돌리는 과정을 처음으로 정확하게 기술했다. "따라서 하소 과정에서 금속과 결합해 그 무게를 늘리는 원질은 바로 우리를 둘러싸고 있고 우리가 숨 쉬는 공기 중에서 극도로 순수한 부분이자, 이 과정에서 팽창이 가능하던 상태에서 고체 상태로 변하는 부분임이 증명된 것으로 보인다."

라부아지에는 아직은 새로운 기체에 이름을 붙이지 않았다. 이후에 나온 몇 편의 논문에서는 프리스틀리가 명명한 '탈플로지스톤 공기'를 사용했고, 그다음에는 '순수한 공기' 또는 '숨 쉬기에 아주 좋은 공기'라는 용어를 사용했다. 이 기체와 그 효과에 관해 추가 실험

4. H_2O냐 O_2H냐?

을 더 한 뒤에야 그는 이 기체에 '산소'(프랑스어로 oxygène, 영어로는 oxygen)라는 이름을 붙였다.

산을 만드는 것

　최신 발견을 발표한 라부아지에의 논문들은 토머스 헨리Thomas Henry가 영어로 번역해 1783년에 『다양한 과정이 공기에 미치는 효과에 관한 소론: 산의 구조 연구에 대한 특별한 견해와 함께Essays on the Effects Produced by Various Processes on Atmospheric Air: With a Particular View to an Investigation of the Constitution of Acids』라는 제목으로 출판되었다. 이전에 『물리학과 화학 소론』도 번역했던 헨리는 역자 서문에서 라부아지에가 약속한 전작의 두 번째 책이 아직 나오지 않았다는 사실을 언급하면서, "그가 슈탈의 플로지스톤설을 무너뜨리려는 노력과 산의 본질과 구조에 관한 연구에 깊이 몰두한 것처럼 보인다."라고 그 이유를 설명했다.

　이 책에 실린 소론 중 우리의 관심을 끄는 것은 '소론 Ⅷ'인데, 이것은 라부아지에가 화학 물질을 이루는 진정한 원질 또는 원소에 관심을 가졌음을 보여준다. 라부아지에는 먼저 옛날 화학자들이 열을 사용해 물질을 궁극적인 구성 성분으로 분해한 방법을 개략적으로 소개한 뒤, 염이 한동안 궁극적인 구성 성분으로 간주되었으나 결국은 산과 염기로 이루어졌다는 사실이 밝혀졌다고 말한다.

　그리고 계속해서 이제는 산과 염기 자체가 어떤 성분으로 이루어져 있는지 추론하는 것이 가능하다고 이야기한다.

> 앞에 소개한 소론들에서 나는 프리스틀리 박사가 탈플로지스톤 공기라고 명명한 아주 순수한 공기가 여러 가지 산, 그중에서도 특히 인산과 황산과 질산의 구성 성분이라는 것을 물리학과 화학으로 가능하면 분명하게 증명하려고 애썼다.
>
> 많은 추가 실험을 통해 나는 이 학설을 일반화했을 뿐만 아니라, 순수하고 숨 쉬기에 아주 좋은 이 공기가 산의 구성 원질이라고 선언할 수 있게 되었다. 즉, 이 원질은 모든 산의 공통 성분이다. 그리고 산들을 구별하는 차이는 이 공기 외에 하나 또는 그 이상의 원질의 결합을 통해 나타나며, 이것이 각각의 산이 가진 특별한 형태를 만들어낸다.

라부아지에의 이 추론은 일리가 있다. 황과 인, 탄소는 모두 산소 속에서 연소하여 화합물을 만드는데, 그것을 물에 녹이면 산성 용액이 생긴다. 하지만 모든 원소가 연소하여 산을 만드는 것은 아니며, 물의 역할도 아주 중요하다. 그런데도 라부아지에는 산소를 산의 가장 중요한 성분이라고 보았고, 그래서 이 사실을 바탕으로 이 원소의 이름을 제안했다. "나는 이 사실들이 분명히 확립되었다고 생각하므로, 앞으로 결합 상태나 고정 상태에 있는 탈플로지스톤 공기 또는 숨 쉬기에 아주 좋은 공기를 산을 만드는 원질이라는 이름으로 구별하려고 한다. 혹은 같은 의미를 그리스어 단어로 표현하고 싶다면, 프린시페 옥시기네*principe oxygine*◆라는 이름을 쓸 수 있다."

◆ 영어 번역으로는 oxygenous principle이다.

여기서 라부아지에가 산소 기체를 언급하지 않고, 여러 물질의 조성에 포함되는 원질 또는 원소를 언급했다는 사실에 유의하라. 그는 산소 기체를 이 원질이 불이나 열 또는 빛과 결합한 화합물이라고 믿었다. 그래서 아직 '산소oxygène'라는 단어를 사용하지 않고 대신에 이렇게 썼다. "산을 만드는 원질은 불이나 열 또는 빛의 물질과 결합해 순수한 공기 또는 탈플로지스톤 공기를 만든다."

라부아지에의 설득력 있는 논증에도 불구하고, 번역자인 헨리는 설득당하지 않았다. 비록 "많은 사람들이 심지어 그 존재를 의심하기 시작했고, 순전히 상상력의 산물로 간주하기 시작했지만," 헨리는 여전히 플로지스톤설에 집착한 나머지 연소에 관한 라부아지에의 정확한 설명을 거부했다. 왜 그랬을까? 헨리는 이렇게 설명했다. "하지만 플로지스톤의 존재는 증명되었다. 그뿐만 아니라, 프리스틀리 박사가 플로지스톤과 가연성 공기가 같은 것이며 … 이 공기는 금속의 환원 과정에서 완전히 흡수될 수 있고, 금속회를 원래의 광채와 전성을 가진 금속으로 복원할 수 있음을 분명하게 보여주었다."

유리 용기 속에 가둔 플로지스톤

헨리가 언급한 실험은 금속회(금속 산화물)를 수소 기체 속에서 가열하면 원래 금속을 회수할 수 있다는 사실을 발견한 프리스틀리의 실험이다. 프리스틀리는 헨리가 라부아지에의 논문을 번역해 펴낸 것과 같은 해인 1783년에 논문을 발표했는데, 그 서론에서 자신조차 라부아지에의 논증에 거의 넘어갈 뻔했다고 이야기한다.

최근에 라부아지에를 비롯해 다수의 저명한 화학자들이 주장하는 견해에 따르면, 플로지스톤설 전체가 잘못된 가정 위에 세워진 것이라고 한다. 또, 어떤 물질이 플로지스톤 원질과 분리되었다고 생각되는 모든 경우에 사실은 물질이 잃는 것은 아무것도 없고 오히려 반대로 뭔가를, 대개는 어떤 종류의 공기를 얻는다고 한다. 예컨대 금속은 두 가지 물질, 즉 흙과 플로지스톤이 결합된 것이 아니라 금속 상태에 있는 홑원소 물질이고, 금속회는 플로지스톤이나 어떤 것을 잃어서 생기는 것이 아니라 공기를 얻어서 생긴다고 한다.

이 견해를 지지하는 주장들, 특히 라부아지에가 수은으로 한 실험에서 도출한 주장들은 너무나도 그럴듯해, 솔직히 인정하건대 나 자신도 그것을 받아들이고 싶은 마음이 굴뚝같았다. 사실, 내 친구 커원Kirwan은 플로지스톤이 가연성 공기와 같은 것이라고 항상 주장했고, 나뿐만 아니라 다른 사람들이 한 많은 실험과 관찰을 통해 이것이 사실임을 충분히 증명했다. 하지만 나와 여러 사람에게 큰 어려움을 안겨준 문제에 관련된 무언가를 확인하기 위해, 나는 직접적인 실험을 통해 그것이 옳음을 발견하기 전까지는 일반적이고 불명확한 견해를 바탕으로 한 이 주장을 받아들이지 않았다.

그리고 나서 프리스틀리는 유리 용기를 물 위에 거꾸로 세우고서, 그 속에 가연성 공기를 채우고(그는 이 공기를 수소라고 생각했다) 납의 금속회(산화납)를 가열한 자신의 실험을 기술한다. 이 실험에서 납 금속이 생기고, 갇힌 기체가 소비되면서 수면이 올라가는 것을 보고서 프리스틀리는 흥분을 감추지 못하고 매우 기뻐했다. 그에게 이 결과는 가연성 공기를 흡수한 금속회가 금속이 되었음을 보여주는 확실한 증거로 보였다. 이것은 플로지스톤설과 완벽하게 부합하는 결과였다. 가연성 공기(수소)는 순수한 플로지스톤임이 틀림없으며, 슈탈의 이론이 예측한 대로 금속회에 첨가했더니 금속이 생겼다. 그런데 프리스틀리는 반응이 일어나는 동안 물이 생겨났다는 사실을 간과했다. 그것을 간과한 이유는 물 위에서 실험을 했기 때문이다. 가연성 공기를 만드는 방법 또한 문제가 있었는데, 수소 외에 다른 가연성 공기, 특히 일산화탄소도 섞여 있었기 때문이다. 프리스틀리는 약 2년이 지난 뒤에야 이 사실을 알아챘지만, 그 시점에 이르러서는 그의 결론에 아무 영향도 미칠 수 없었다.

프리스틀리의 이 결정적 실험 때문에 토머스 헨리는 문학적 재능을 한껏 발휘해 "플로지스톤의 존재는 더 이상 의심할 여지가 없다. 프리스틀리 박사가 문자 그대로 '아무것도 없는 공기에 국지적 거주 장소와 이름'을 부여했고, 그렇게 오랫동안 화학자의 이해와 시선을 피해온 이 프로테우스를 눈에 보이게 드러냈기 때문이다."라고 썼다.

자신의 논문 후반부에서 프리스틀리는 금속회에 플로지스톤이 흡수된 것처럼 보이는 현상을 보고한 뒤에, 화학사에서 가장 획기적인 실험 가운데 하나로 꼽히는 실험을 재현하려고 한 시도를 기술했다. 그것은 바로 수소 기체와 산소 기체가 반응해 물이 생기는 실험이었다. 이 실험이 아주 중요한 이유는 우주에서 가장 풍부한 원소(수소)의 이름이 바로 이 실험에서 나왔기 때문이다. 수소에 해당하는 영어 단어 'hydrogen'은 '물을 만드는 것'이란 뜻의 그리스어에서 유래했다. 프리스틀리는 그 발견자에게서 이 실험에 관한 이야기를 처음 들었는데, 발견자는 은둔 생활을 즐기던 천재 과학자 헨리 캐번디시였다.

물의 합성

캐번디시의 공책을 보면, 1781년 7월에 수소 기체와 산소 기체를 반응시켜 물을 합성하는 데 처음 성공했음을 알 수 있다. 하지만 늘 그랬듯이 그는 3년이 지나고 나서야 그것을 발표했다. 다만 프리스틀리와 라부아지에를 비롯한 다른 사람들에게 자신의 실험 결과를 공개적으로 이야기하긴 했다. 이 당시 캐번디시는 여전히 플로지스톤설을 믿었고, 그의 실험들은 "주로 보통 공기가 플로지스톤화되는 다양한 방법에서 농도가 희석되는 원인을 알아내고, 이렇게 사라지거나 응축되는 공기에 어떤 일이 일어나는지 밝히려는 목적"으로 실시되었다. 이것은 정말로 흥미로운 문제였다. 연소하는 동안에 공기가 연소 물질로부터 플로지스톤을 얻는다면, 왜 공기가 사라지는 것처럼 보일까? 캐번디시가 수소의 연소 문제에 관심을 갖게 된 것은 프리스틀리가 기록한 사소한 관찰이 계기가 되었다. 그는 이렇게 썼다.

실험들을 다룬 프리스틀리 박사의 책 중 마지막 권은 월타이어Warltire의 실험에 관한 것이다. 부피 약 3파인트◆의 밀폐된 구리 용기 속에서 보통 공기와 가연성 공기의 혼합물을 전기로 불을 붙이면, 폭발이 일어나도 공기가 빠져나올 수 없도록 용기를 단단히 밀봉했는데도 불구하고, 항상 평균적으로 약 2그레인♦♦의 무게 감소가 일어났다. 또한, 유리 용기에서 이 실험을 반복하자, 그 전에는 깨끗하고 건조한 상태였던 유리 안쪽에 즉각 이슬이 맺혔다고 이야기한다. 이것은 그가 오랫동안 품어왔던 견해, 즉 보통 공기가 플로지스톤을 통해 습기를 머금는다는 주장이 옳음을 확인해주었다.

캐번디시는 특유의 정밀성을 발휘해 이 문제에 접근했다. 프리스틀리와 달리 그는 가연성 공기에는 여러 종류가 있다는 사실을 알았고, 철이나 아연 같은 금속을 산과 반응시켜 만든(1766년에 기록한 것처럼) 순수한 산소를 사용했다. 월타이어의 실험을 더 큰 규모로 여러 번 반복하는 동안, 숙련된 기술을 가진 캐번디시는 유의미한 질량 감소를 발견하지 못했다. 용기에 이슬이 맺히는 것은 확인했지만, 그을음은 전혀 생기지 않았다(이것은 월타이어가 관찰한 결과와 달랐는데, 월타이어의 수소는 순수한 것이 아니었기 때문이다). 캐번디시는 공기 중의 질소는 전혀 건드리지 않으면서 산소와 반응할 수 있는 수소의 최대 부피를 정확하게 측정했다. 그리고 나서 순수한 산소와 수소의 반응을 조사해 물이 생성된다는 사실을 정량적으로 확인했다. 캐번디시는 더할 나위 없이 훌륭한 관찰을 했지만, 자신이 발견한 것을 이론적으로 해석하는 데에는 신중을 기했다. 그는 여전히 수소나 산소가 아니라 물이 원소라고 생각했다. 또, 수소 기체는 물이 플로지스

♦ 1파인트pint는 0.568리터이다.
♦♦ 1그레인grain은 0.00143파운드 또는 0.0648g이다.

톤과 결합한 것이고, 산소 기체는 물에서 플로지스톤이 빠져나간 것이라고 생각했다. 두 기체가 만나면, 수소로부터 플로지스톤이 빠져나와(그럼으로써 물이 생기고) 산소로 들어간다고(그럼으로써 다시 물이 더 생긴다고) 생각했다. 그는 이렇게 썼다. "이제 우리는 탈플로지스톤 공기가 실제로 탈플로지스톤 물임을, 즉 물에서 플로지스톤이 빠져나간 것임을 인정해야 한다. 달리 표현하면, 물은 탈플로지스톤 공기가 플로지스톤과 결합한 것으로 이루어져 있다. 그리고 가연성 공기는 프리스틀리 박사와 커원 씨가 가정한 것처럼 순수한 플로지스톤이거나 물이 플로지스톤과 결합한 것이다. 이 가정에 따르면, 이 두 물질이 합쳐져서 순수한 물을 만들기 때문이다."

물이 원소가 아니라 실제로는 수소와 산소 원소로 이루어진 화합물이라는 사실을 처음 안 사람이 누구인가 하는 문제는 수십 년 동안 논란이 되었다. 캐번디시가 발표를 미적거린 것이 이 문제를 혼란에 빠뜨린 한 가지 원인이었는데, 1783년(그의 해석이 인쇄물로 나타나기 1년 전)에 증기 기관 연구로 유명한 스코틀랜드의 기계공학자 제임스 와트James Watt가 그 실험에 대한 자신의 해석을 널리 알렸기 때문이다. 와트는 프리스틀리에게서 그 반응에 대한 이야기를 들었는데, 1783년 4월에 친구이던 에든버러의 화학자 조지프 블랙에게 보낸 편지에서 사실상 캐번디시와 동일한 해석을 제시했다. 하지만 와트는 물이 원소가 아니라 화합물이라고 캐번디시보다 더 강력하게 주장했을지는 몰라도, 와트의 해석은 여전히 플로지스톤설에 기반을 두고 있었다.

캐번디시는 1784년 1월에 낭독하면서 발표한 논문에서, 라부아지에는 이 결과를 플로지스톤 없이 해석하고 물이 두 기체의 결합으로 이루어져 있다고 주장할 것이라고 지적했다. 하지만 1781년 여름에 라부아지에가 자신의 실험 이야기를 들었을 때, 그 결과를 쉽게 받아들이지 못했다고 이야기했다. "지난여름에 내 친구가 그 실험을 기술한 글 일부를 라부아지에에게 전했다. 그와 함께 그 실험에서 도출된 결과, 즉 탈플로지스톤 공기가 플로지스톤이 빠져나간 물에 지나지 않는다는 사실도 전했다. 하지만 그때까지도 라부아지에는 그 견해가 근거가 있는 것이라고 생각하지 않았기 때문에, 자신이 직접 그 실험을 반복해 확인하기 전까지는 두 가지 공기가 합쳐져 물로 변할 수 있다는 사실을 쉽게 믿으려 하지 않았다."

라부아지에가 이 실험에 의심을 품었던 이유는 산소와 결합한 물질은 산이 된다고 믿고 있었는데, 이 실험에서는 분명히 그런 일이 일어나지 않기 때문이다. 사실, 그는 앞서 수소를 태우면 산이 생긴다는 것을 보여주려고 시도했다. 그는 산을 만드는 데 성공하지 못했을 뿐만 아니라, 물이 *생겼다*는 사실조차 놓쳤다. 하지만 1783년 6월 24일에 라부아지에는 밀폐된 유리 용기 속에서 취관으로 수소 기체와 산소 기체를 태움으로써 캐번디시의 실험을 검증했고, 이 반응에서 물이 생기는 것을 관찰했다. 그다음 해에 발표한 보고서에서 라부아지에는 이렇게 썼다. "물이 원소가 아니며, 무게로 따질 때 정수비의 가연성 공기와 생명의 공기로 이루어져 있다고 조금의 망설임도 없이 결론 내릴 수 있다."

이 가연성 공기가 물의 구성 성분이라는 사실에서 오늘날 사용되고 있는 이 원소의 이름이 유래했는데, 그것은 화학계를 뒤흔든 획기적인 화학 명명법 개혁에서 제안되었다.

화학 명명법

18세기 후반이 되자 많은 화학자는 자신들이 사용하는 물질에 이름을 붙이는 방식에 점점 더 불만이 커져갔다. 몇몇 화학자, 특히 스웨덴의 위대한 광물학자이자 화학자 토르베른 베리만(1735~1784)이 개선을 위한 예비적 제안을 했지만, 가장 큰 개혁은 1782년에 프랑스 화학자 루이-베르나르 기통 드 모르보Louis-Bernard Guyton de Morveau(1737~1816)가 「화학적 명칭, 명명 체계 개선의 필요성, 완벽한 언어에 이르기 위한 규칙에 관한 논고」라는 제목의 논문을 발표하면서 시작되었다.

이 논문에서 기통은 개혁의 필요성을 강하게 주장했고, 그것을 이룰 수 있는 일련의 규칙 또는 지침을 제안했다. 그런 규칙에는 물질은 기술적記述的 표현보다는 의미 있는 명칭으로 불러야 하고, 이름은 잘못된 개념을 조장하는 것이어서는 안 되며, 가능하면 사어死語♦에서 유래한 것이어야 하고, 그 체계는 서로 다른 현대 언어에 적용할 수 있어야 한다는 것 등이 포함돼 있었다.

기통은 비판자들이 나올 것을 예상하고서 노련하게 더 나은 제안과 개선안이 있으면 내놓으라고 주문함으로써 그들을 무장 해제시켰다. 당연히 기통은 곧 라부아지에와 그를 따르는 집단의 주목을 받게 되었다. 그는 파리를 방문해 산소와 연소에 관한 라부아지에의 이론을 금방 받아들였다. 1787년, 기통과 라부아지에 그리고 두 동료인 클로드 루이 베르톨레Claude Louis Berthollet(1748~1822)와 앙

♦　여기서 사어는 고대 그리스어와 라틴어를 가리킨다.

투안 프랑수아 푸르크루아Antoine François Fourcroy(1755~1809)는 현대 화학의 시작을 알리는 책을 함께 출판했다. 그 책의 제목은 『화학 명명법Méthode de nomenclature chimique』이었다. 다음 해에 'Methode of Chymical Nomenclature'라는 제목으로 영어로 번역 출간된 이 책은 기통의 원래 논문을 기반으로 라부아지에의 개념들을 첨가한 것이었다. 이 명명법은 2년 뒤에 나온 라부아지에의 고전적인 교과서 『화학 원론Traité élémentaire de chimie』을 통해 더 보강되었다. 이 책의 영어 번역본은 1790년에 'Elements of Chemistry'란 제목으로 출간되었다.

그들의 체계는 물질의 조성을 반영한 명명법을 바탕으로 했지만, 그러려면 궁극적인 구성 성분('원질' 또는 '원소')을 알아야 할 필요가 있었다. 그들은 이전 사람들과 달리 그 당시에 원소라고 간주되는 것들이 미래에는 그렇지 않은 것으로 드러날 수도 있다는 사실을 인식하고 있었다. 예를 들면, 그들은 알칼리와 실리카가 바로 그런 경우가 아닐까 하고 강하게 의심했다. 그들은 다음과 같이 썼다.

여기서 우리는 더 이상 분해할 수 없는 모든 물질을 원소로 간주하는 데 만족할 것이다. 즉, 화학 분석에서 마지막 결과로 얻은 물질은 모두 원소로 간주할 것이다. 우리 눈에 원소로 보이는 이 물질들도 시간이 지나면 분해될지 모른다. 어쩌면 실리카와 알칼리는 지금 이 시대에 그렇게 될지도 모른다. 하지만 상상력을 사실보다 앞세워서는 안 되며, 자연이 우리의 이해를 위해 제공하는 것 이상을 말하지 않도록 조심해야 한다.

〈그림 33〉은 라부아지에의 『화학 원론』에 실린 '원소 표'를 보여

준다.♦ 이 표에서 처음 두 항목인 빛과 열은 오늘날의 어떤 원소 목록에도 포함되지 않는데, 이것들은 에너지의 한 형태로 밝혀졌기 때문이다. 라부아지에는 이것들을 물질을 이루는 구성 요소라고 생각해 자신의 목록에 포함시켰다. 공기 중에서 물질이 탈 때에는 열과 빛이 나오는데, 이것은 열과 빛이 연소 물질이나 공기 중에 들어 있음을 시사했다. 플로지스톤주의자들은 열이 모든 가연성 물질에 플로지스톤의 형태로 들어 있다고 생각했다. 라부아지에는 열(그가 '열소caloric'라고 부른)이 공기 중에, 구체적으로는 공기 중의 산소에 들어 있다고 생각했다. 이것은 아주 중요한 사실인데, 라부아지에가 산소라는 이름을 선택하는 데 결정적 영향을 미쳤기 때문이다.

라부아지에의 목록에 포함된 첫 번째 원소는 산소이다. 화학 명명법에 관한 책에서, 저자들은 이 원소의 이름을 다룰 때 이 기체가 처음 발견되었을 당시 거론된 이름들을 언급하면서 논의를 시작한다. "탈플로지스톤 공기라는 명칭이 '생명의 공기air vital'로 바뀌었을 때, 가설에 기초한 표현을 그 물질의 가장 두드러진 성질 중 하나에서 유래한 용어로 바꾸면서 좀 더 합리적인 선택이 일어났다. 이 용어는 이 공기의 본질적인 특징을 아주 잘 대변하는 것이어서, 대기를 이루는 공기의 성분 중 호흡과 연소를 유지하는 그 성분만을 가리키는 일이 필요할 때마다 주저 없이 사용할 수 있다."

그러면 왜 저자들이 생명을 유지하는 이 기체의 이름을 본질적이고 유일무이한 이 성질을 바탕으로 짓지 않았는지 궁금할 것이다.

♦ 프랑스어로 substance simple 또는 corps simple은 엄밀하게는 '홑원소 물질'이란 뜻이지만, 이 당시 프랑스 화학자들은 이 단어를 원소와 거의 같은 뜻으로 사용했기 때문에 '원소'로 옮겼다.

4. H₂O냐 O₂H냐?

	Noms nouveaux.	Noms anciens correſpondans.
	Lumière.........	Lumière.
Subſtances ſimples qui appartiennent aux trois règnes & qu'on peut regarder comme les élémens des corps.	Calorique.........	Chaleur. Principe de la chaleur. Fluide igné. Feu. Matière du feu & de la chaleur.
	Oxygène.........	Air déphlogiſtiqué. Air empiréal. Air vital. Baſe de l'air vital.
	Azote...........	Gaz phlogiſtiqué. Mofete. Baſe de la mofete.
	Hydrogène.......	Gaz inflammable. Baſe du gaz inflammable.
Subſtances ſimples non métalliques oxidables & acidifiables.	Soufre..........	Soufre.
	Phoſphore.......	Phoſphore.
	Carbone.........	Charbon pur.
	Radical muriatique.	Inconnu.
	Radical fluorique..	Inconnu.
	Radical boracique..	Inconnu.
Subſtances ſimples métalliques oxidables & acidifiables.	Antimoine........	Antimoine.
	Argent..........	Argent.
	Arſehic..........	Arſenic.
	Biſmuth.........	Biſmuth.
	Cobolt..........	Cobolt.
	Cuivre..........	Cuivre.
	Etain...........	Etain.
	Fer............	Fer.
	Manganèſe......	Manganèſe.
	Mercure........	Mercure.
	Molybdène......	Molybdène.
	Nickel..........	Nickel.
	Or............	Or.
	Platine.........	Platine.
	Plomb..........	Plomb.
	Tungſtène.......	Tungſtène.
	Zinc..........	Zinc.
Subſtances ſimples ſalifiables terreuſes.	Chaux..........	Terre calcaire, chaux.
	Magnéſie........	Magnéſie, baſe du ſel d'Epſom.
	Baryte..........	Barote, terre peſante.
	Alumine........	Argile, terre de l'alun, baſe de l'alun.
	Silice..........	Terre ſiliceuſe, terre vitrifiable.

그림 33 1789년에 출판된 『화학 원론』에 실린 라부아지에가 직접 그린 원소 표

210

그 이유는 라부아지에가 공기 중에 들어 있는 산소 기체가 원소가 아니라, 자신이 '단체simple'◆로 분류한 열소와 또 다른 단체, 즉 산소 기체 '주성분'의 결합으로 이루어졌다고 생각했기 때문이다. 그들은 이렇게 썼다. "대기 유체 중의 이 부분[산소 기체]이 항상 공기나 기체 상태로 있지는 않으며, 아주 많은 작용에서 분해되고, 생명의 공기를 이루는 주성분인 빛과 열소를 적어도 일부 잃는다는 사실이 지금 분명하게 밝혀졌다." 그들의 눈에는 생명의 공기의 주성분인 이 물질에 독자적인 이름을 붙이는 게 적절해 보였다. 그래서 그들은 'oxygène(산소)'이란 단어를 선택했다. "라부아지에의 제안에 따라 '산'과 '나는 낳다'를 뜻하는 그리스어 οξυς(옥시스)와 γείνομαι(게이노마이)에서 유래한 단어를 택한 것인데, 생명의 공기를 이루는 주성분인 이 원질이 많은 물질과 결합하여 산의 상태로 변하는 성질을 바탕으로, 혹은 그보다는 이 원질이 산성에 필수적인 것으로 보이기 때문에 이 단어를 선택했다."

기체가 열소와 다른 물질의 원질이 결합한 것이라는 라부아지에의 개념은 수소라는 이름을 정하는 데에도 영향을 미쳤다. 저자들은 다음과 같이 썼다.

같은 원리를 가연성 기체라는 공기 형태의 물질에 적용할 때, 첫 번째 관점에서 더 명확한 명칭을 붙여야 할 필요가 있음이 명백하다. 이 유체가 소비되는 것은 사실이지만, 이 성질은 이 유체만 가진 것이 아니다. 그럼에도 불구하고 이것은 산소 기체와 연소하여 물을 만드는 유일한

◆ 단체單體는 오늘날의 '홑원소 물질'과 동일한 개념이다.

물질이다. 이 성질은 적절한 이름을 부여할 만한 가치가 충분히 있는 것처럼 보이는데, 화합물인 이 기체만을 위한 것이 아니라, 기반을 이루는 더 고정된 원질을 위한 것이다. 그래서 우리는 이것을 '물'과 '나는 낳다'란 뜻의 그리스어 *ύδωρ*와 *γείνομαι*에서 유래한 *hydrogène*[수소]이라 부르기로 했다. 물은 다름 아닌 산소와 결합한 수소라는 것이, 혹은 산소 기체와 수소 기체의 연소를 통해 빛과 열소(보통의 연소 과정에서 나오는)가 없이 즉각 생성되는 물질이라는 것이 실험을 통해 증명되었다.

뾰족한 턱과 식초 상인

라부아지에는 '물을 만드는 것'과 '산을 만드는 것'이란 뜻의 그리스어에서 '수소'와 '산소'란 단어를 만든 것이 다소 문제가 된다는 사실을 금방 깨달았다. 그래서 같은 해에 자신의 책 재판을 출간할 때 다음 각주를 추가했다.

수소라는 이 표현은 일부 사람들로부터 아주 심한 비판을 받았는데, 이들은 이 단어가 물에서 생겼다는 것을 뜻하며, 물을 만든다는 뜻이 아니라고 주장한다. 이 장에서 언급한 실험들은 물이 분해될 때 수소가 생기며, 수소가 산소와 결합하면 물이 생긴다는 것을 증명했다. 따라서 물이 수소로부터 만들어진다고 말하거나 수소가 물로부터 만들어진다고 말하더라도 둘 다 똑같이 옳다.

이 책의 영역본 재판에서 번역자는 라부아지에가 "문법적 논쟁을 잠재우기에 충분할 만큼 훌륭한 그리스어 전문가는 아니라고" 덧붙였지만, 아일랜드 의사 딕슨은 1796년에 발표한 자신의 『화학 명명법에 관한 논고』에서 사정없이 이 용어를 비판했다. 먼저 딕슨은 프랑스인이 제안한 철자 oxigene은 이 단어가 '양념통'을 뜻하는 그리스어 ὀξίς[oxis]에서 유래했음을 시사한다면서, 차라리 oxygen으로 쓰는 편이 나을 것이라고 했다. 하지만 딕슨은 이렇게 바꾼 철자도 썩 마음에 들지 않았는데, "이것은 낡은 단어를 정당성을 인정받을 수 없는 새 의미로 남용하는" 것이라고 말했다. 심지어 "프랑스어로 oxygène이나 영어로 oxygen으로 옮길 수 있는 그리스어 단어 ὀξυγενυς[oxygenys]는 뾰족한 턱을 뜻한다."라고 썼다. 그는 "그리스어 ὀξυς[oxys]는 직역하면 '뾰족한' 또는 '날카로운'이란 뜻이며, 비유적 용법을 제외하고는 산을 의미하지 않는다."라고 했다. 또, oxygen을 문자 그대로 해석하면 '날카롭게 떨어진' 또는 '모서리에서 튀어나온'에 가장 가깝다고 생각했다. 'oxys'가 '산'을 암시할 수 있음은 인정했지만, 그것이 큰 도움이 되진 않았다. "하지만 ὀξυς를 그리스인이 다른 단어와 결합해 산을 가리키는 의미로 사용했다고 말할 수도 있을 것이다. 그건 사실이지만, 그런 용법으로 쓰인 사례는 대여섯 가지를 넘지 않을 정도로 아주 드문데, 일반적으로 이 단어는 다른 은유적 의미, 즉 식초를 가리켰기 때문이다. 이 몇몇 사례만으로도 선례가 되기에 충분하다는 점은 나도 인정한다. 하지만 그렇다면 어떻게 되는가? oxygen은 결국 산의 후손이란 뜻이 되고 만다. 반면에 이 이름을 만든 사람들은 산을 낳는 것이란 의미로 이 이름을 지었고, 또 그렇다고 발표했다."

확고한 플로지스톤주의자였던 발타자르-조르주 사주Balthazar-Georges Sage는 이와 비슷한 논리로 1800년에 이렇게 썼다. "내가 oxygène이란 단어를 사용하지 않는 이유는 그것이 식초 상인의 아들fils de vinaigrier이란 뜻이기 때문이다."

자세한 논의를 더 이어간 뒤에 딕슨은 만약 저자들이 정말로 '산을 낳는 것'이란 의미를 나타내길 원했다면, "명명자들은 당연히 이 원질을 oxigene이 아니라 oxygon이라고 명명했어야 한다."라고 결론지었다.

그러고 나서 딕슨은 더 심각한 비판을 제기했는데, 설사 그것이 라부아지에가 의도한 것을 의미한다 하더라도 과연 이 이름이 적절한 것인지 의심스럽다고 비판했다. 왜냐하면, 산소는 다른 물질과 반응할 때 항상 산을 만드는 것은 아니기 때문이다. "산을 낳는 것과의 포옹은 항상 결실을 맺는가? 산소가 불의 물질과 결합하면 산이 생기지 않고, 물의 원질과 결합해도 산이 생기지 않으며, 대부분의 금속과 결합해도 명백하게 산이 생기지 않는다. 게다가 산 자체에 첨가하면, 산성을 일부 떨어뜨리기까지 한다."

공정하게 말하자면, 라부아지에도 산소가 다른 물질과 반응할 때 항상 산을 만드는 것은 아니란 사실을 알았지만, 산소가 모든 산에 공통적으로 들어 있는 필수 성분이라고 생각했다. 애석하게도 염산이 염소와 수소만으로 이루어진 것으로 밝혀짐으로써 이 생각은 옳지 않은 것으로 드러났다. 19세기에 가서 산(적어도 수용액 상태에서는)의 핵심 성분은 수소 이온으로 밝혀졌으며, pH 척도는 수소 이온 농도를 측정하기 위해 개발되었다. 따라서 수소가 모든 산의 핵심 성분이라는 사실을 감안하면, 차라리 수소에 산소라는 이름을 붙이는 편이 더 적절했을 것이다. 그리고 산소의 독특한 성질은 수소와 결합해 물을 만드는 것이므로, 수소라는 이름은 산소에 붙였어야 더 적절했을 것이다. 사실, 1788년 당시에도 수소라는 이름은 산소 원소에 더 어울린다는 주장이 나왔는데, 무게로 따질 때 산소가 물 분자에서 다수를 차지하기 때문이다. 에스파냐의 돈 후안 마누엘 데 아레홀라Don Juan Manuel de Arejula는 새로운 명명법을 다룬 논문에서 이렇게 썼다. "수소라는 이름은 … 그 이전 이름만큼이나 부적절하다. 수소라는 이름이 '물을 낳는 것'이란 뜻이라면, 이 이름은 산소에 더 어울리기 때문이다. 일정량의 물을 만들려면, 무게로 따질 때 산소 5.5단위와 수소 1단위가 필요하다. 혹은 라부아지에가 주장했듯이, 가연성 기체 15그레인과 생명의 공기 85그레인이 합쳐져 100그레인의 물이 된다." 오늘날 우리는 수소와 산소의 정확한 결합 비율이 (무게로 따질 때) 1 대 8임을 안다. 따라서 세부 사실은 아주 정확하지 않다 하더라도, 기본 원리는 타당하다.

따라서 수소와 산소라는 이름은 서로 바꾸는 편이 더 논리적인데, 그랬더라면 우리는 물의 분자식을 H_2O 대신에 O_2H로 쓰고 있을 것이다. 하지만 라부아지에가 정한 이름이 널리 받아들여지면서 뿌리를 내렸다. 다만, 오늘날 우리가 질소로 알고 있는 원소에 대해 그가 제안한 이름은 다른 운명을 맞이했는데, 대부분의 언어에서 금방 사라지고 말았다.

알칼리젠, 아조트, 셉턴

프랑스 저자들에게 공기의 주성분(질소)에 적절한 이름을 찾는 일은 더 큰 골칫거리였다. 『화학 명명법』에서 그들은 '플로지스톤화 공기'라는 용어가 전혀 이상적이지 않은 이유를 개략적으로 설명했다. 그 이름은 보통 공기가 변해서 그 기체가 생긴다고 암시했지만, 그들은 이 기체가 독립적인 원소라고 믿었기(올바르게) 때문이다.

이 성분은 특정 알칼리에 들어 있는 것으로 보였기 때문에, 그들은 이것을 '알칼리젠alkaligène'(영어로는 alkaligen)이라고 부르는 안을 검토했다. 하지만 그것이 '모든' 알칼리의 필수 성분인지 확실히 밝혀지지 않았기 때문에 포기하고 말았다. 라부아지에는 『화학 원론』에서 "게다가 그것은 질산의 구성 성분으로 드러났는데, 그렇다면 니트리젠nitrigène이라고 불러도 무방할 것이다."라고 덧붙였다. 네 저자는 "특정 산의 핵심 성분인 동시에 알칼리를 만드는 데 기여하는 이중의 성질을 한 단어로 표현하는 것은 적절치 않다."라는 결론을 내리고 더 안전한 이름을 선택하기로 했다.

이 상황에서 우리는 아주 두드러지게 나타나는 다른 성질, 즉 동물의 생명을 유지하는 게 아니라 생명에 전혀 필수적이지 않은 성질에 착안해 이름을 짓는 것이 더 나은 방법이라고 생각했다. 요컨대 이것은 황화수소 기체와 산 기체보다 생명 유지에 크게 도움이 되지 않으면서, 이런 기체와 달리 대기 중에서 필수적인 부분을 차지하는 기체이다. 그렇기 때문에, 우리는 그리스어 부정어 *α*와 *생명*을 뜻하는 *ξωή*로부터 *아조트azote*라고 명명하기로 했다. 그러면 우리가 숨 쉬는 공기가 산소 기체와 아조트 기체가 섞인 것이라는 사실을 기억하기가 어렵지 않을 것이다.

지금도 프랑스에서는 질소 원소를 나타내는 단어로 'azote'를 쓰고 있다. 이 단어는 영어에서는 오래 살아남지 못했지만, 그 유령은 분자 속에서 질소 원자들의 특정 배열을 나타내는 용어인 'azo'와 'azide'에 남아 있다. 딕슨은 질소의 이름으로 제안된 대안 명칭들을 다루면서 'mephitic air(유독 공기)'라는 용어를 피하려고 한 노력을 특유의 극적인 필체로 기술했다.

이 용어[mephitic]는 연맹의 개혁주의자들에게는 충분히 신선해 보이지 않았던 것 같다. 왜냐하면, 이 용어는 대륙에서는 한동안 기세를 떨쳤지만, 파리의 위대한 혁명 명명 위원회에서 이 용어를 공식적으로 폐기하고 대신에 *아조트 기체*를 쓰는 것이 적절하다고 결정했기 때문이다. 이 질적인 고대 그리스와 현대의 네덜란드 7개 주 연합 공화국에서 가져와, 취향과 판단과는 상관없이 합쳐서 만든 이질적인 소리들의 이 괴물 같은 조합에 대해 언어학이 강력하게 반발하고 나선다.

딕슨은 "아조트 기체는 엄밀하게 해석하면 *생명이 없는 카오스의 발산*을 뜻한다."라고 덧붙였다. 하지만 더 광범위한 화학계의 일반적인 불만이 더 사리에 맞았다. 산소를 제외한 모든 기체는 생명에 치명적이므로, 이 치명적인 성질을 바탕으로 한 이름을 한 종류의 기체에 붙이는 것은 부적절하다고 지적되었다. 이 논리를 처음으로 자세히 설명한 사람은 새로운 화학을 맨 처음 받아들인 사람 중 한 명인 프랑스 화학자 장 앙투안 샤프탈Jean Antoine Chaptal(1756~1832)이다. 샤프탈은 1790년에 아조트 기체란 이름은 부적절하다고 썼다. "생명의 공기를 제외하고는 알려진 기체 물질 중에서 호흡에 적합한 것은 하나도 없으므로, 아조트라는 단어는 단 한 가지 기체만 제외하고 모든 기체 물질에 적합하다. 그리고 결과적으로 이 명칭은 그 기체만의 독특하고 특징적인 전유물에 기반을 둔 것이 아니다."

샤프탈은 또한 이 원소를 포함하고 있지만, 확립된 이름에 이 사실이 반영되지 않은 화합물들이 있다고 지적하면서 nitre(질산칼륨)와 nitrous acid(아질산)를 그 예로 들었다. 그러면서 만약 아조트라는 이름을 고수하려면, 'nitrous acid'는 'azotic acid'로 이름을 바꾸어야 할 것이라고 주장했다. 그는 화합물들의 이름을 바꾸는 대신에 아조트 원소의 이름만 바꾸자고 제안했다. "나는 Nitrogène(질소) 기체라는 이름을 제안하려고 생각했다. 우선 이 이름은 질산의 핵심 성분을 이루는 이 기체의 특징적이고 배타적인 성질에서 유래했다. 이렇게 하면 이 물질의 조합에 Nitric Acid(질산), Nitrates(질산염), Nitrites(아질산염) 등과 같은 기존의 명칭을 고수할 수 있다."

아조트 대신에 제안된 대체명이 nitrogène뿐이었던 것은 아니다. 뉴욕 대학교의 화학, 박물학, 농업 교수이던 새뮤얼 래섬 미칠Samuel Latham Mitchill은 질소 화합물과 질소 원소에 다른 이름을 제안했다. 그는 이렇게 썼다.

이 모든 것에도 불구하고 새로운 명명법 체계를 정한 프랑스 아카데미 회원들이 *nitrous* acid(아질산), *nitrous* gas(아질산 가스) 등의 용어를 그대로 유지함으로써 불편을 감수한 것은 매우 유감스럽다. 나는 이 용어들이 매우 부적절하며, 그 어근으로 인해 *azote*와 *nitrogene* 같은 용어와 마찬가지로 반대에 직면할 가능성이 높다고 생각한다. 불행하게도 이 산물들이 nitre에서 유래했다는 인상을 받기 쉬운데, 사실 nitre는 이 동물성 산*animal acid*♦에서 유래했다. 만약 내가 그 아카데미 위원회의 회원이었다면, 그 어근을 '부패하다'라는 뜻의 그리스어 동사 *σηπω[sepo]*에서 따, 그것을 '부패한'이란 뜻을 지닌 *σηπτον[septon]*으로 부르자고 제안했을 것이다. 그렇게 해서 만든 이름들은 다음과 같다.

1   septon; azote나 nitrogene 대신

2   septous gas; azotic gas나 nitrogene gas 대신

3   gaseous oxyd of septon; gaseous oxyd of azote나 gaseous oxyd of nitrogene 대신

4   septic gas; nitrous gas 대신

5   septous acid; nitrous acid 대신

6   septic acid; nitric acid 대신

7   septate; septite 등등

어떤 면에서 nitrogen이 'septon'으로 대체되지 않은 것은 좀 유감스럽다. septon은 처음 들을 때 '일곱'을 뜻하는 그리스어에서 유래한 것처럼 들리는데, 오늘날 우리는 질소가 그 원자핵에 양성자를 7개 포함하는 독특성이 있다는 사실을 알기 때문이다. 반면에 'septic acid'는 그다지 매력적인 요소가 없다. 질산염 생성 과정이 동물 물질

♦   여기서 갑자기 '이 동물성 산'이 튀어나와 어리둥절할 수 있는데, 여기에는 빠졌지만 저자가 인용한 원문에는 "동물 물질이 부패할 때 생기는 아질산nitrous acid"이라는 문장이 있다. 그리고 여기에 인용한 문장은 그 원문에 달린 각주이다.

의 부패와 관련이 있다는 개념은 다음 장에서 더 자세히 살펴볼 것이다. 여기서는 그저 일반적으로 널리 받아들여지고 그 원소를 나타내는 공식 영어 단어가 된 것은, 프랑스인 저자들이 거부한 'nitrigène'과 아주 비슷한 'nitrogen'이라는 사실만 언급하고 넘어가기로 하자.

다양한 번역어

네 프랑스인 저자가 처음에 제안한 이름들 중 다수는 지금도 쓰이고 있다. 그들은 수소와 산소 원소 이름 외에도, 산화물처럼 두 원소로 이루어진 물질과 반응이 일어나는 동안 일정한 구조의 원자단으로 행동하는 라디칼radical에 이름을 붙이는 체계도 제안했다. 황산기sulfate(황과 산소의 결합), 탄산기carbonate(탄소와 산소의 결합), 인산기phosphate(인과 산소의 결합) 등은 지금도 우리가 여전히 사용하고 있는 사례들이다.

영국과 에스파냐 같은 일부 국가들은 프랑스인이 고전적 기원을 바탕으로 만든 새 단어들을 자국 언어의 특이성에 맞춰 약간만 변형한 채 사실상 그대로 받아들였다. 독일 같은 나라들은 이름 뒤에 숨어 있는 개념을 살려 자국 언어로 번역했다. 수소와 산소는 독일어로는 'wasserstoff'와 'sauerstoff'라고 하는데, 직역하면 각각 '물 재료' 또는 '물 물질', 그리고 '산 재료' 또는 '산 물질'이란 뜻이다. 라부아지에의 개념은 이 원소들의 일본어 번역어에서도 고스란히 살아남았다. 서양의 '현대' 화학 개념은 19세기 이전에는 동양에 소개되지 않았기 때문에, 일본은 갑자기 수많은 새 단어와 개념을 한꺼번에 만들어내야 했다. 일본어로 출판된 최초의 현대 화학 교과서는 1837년에 나온 우다가와 요안宇田川榕菴(1798~1846)의 『사밀개종舎密開宗』이다. 이 책은 다수의 네덜란드 책을 집대성해 편역한 것인데, 네덜란드 책들 자체도 다른 책들을 번역한 것이었다. 새로운 원소와 개념의 이름을 지어내야 할 필요가 있을 때, 우다가와는 네덜란드어 책들에서 사용한 이름 뒤에 숨어 있는 의미를 살리려고 노력했는데, 그 의미의 출처는 궁극적으로 라부아지에로부터 나온 것이었다. 그래서 hydrogen과 oxygen은 각각 '물의 바탕'을 뜻하는 '수소水素'와 '산의 바탕'을 뜻하는 '산소酸素'로 옮겼다.

19세기 초에 헝가리 화학자들은 각 원소의 독특한 성질을 바탕으로 애국적인 원소명 체계를 자국 언어에 도입하려고 시도했다. 산소의 이름으로 제안된 것은 'éleny'였다. '우리를 살아 있게 하는 원소'로 번역되는 이 단어는 이전에 사용하던 '생명의 공기'를 연상시킨다. 애석하게도 이 체계는 자리를 잡지 못했고, 오늘날 헝가리에서는 'oxigén'이란 단어를 사용한다. 생명을 유지하는 이 기체의 성질을 바탕으로 이름을 정한 민족은 중국인뿐인 것처럼 보인다. 산소를 중국어로 '양氧'이라고 하는데, 이 글자는 '활력을 주는 기체'로 해석할 수 있다. 다만 글자에 포함된 '양羊'이 혼란을 야기하는데, 그래서 가끔 이 글자가 '양기羊氣', 즉 양의 기체를 뜻한다고 해석하는 사람들이 있다.

셸레가 산소에 붙인 이름인 '불공기'의 흔적은 덴마크어와 리투아니아어에만 남아 있는 것처럼 보인다. 이 나라들도 헝가리와 마찬가지로 자국 언어에 기반을 둔 이름을 원했다. 1814년, 한스 크리스티안 외르스테드Hans Christian Ørsted는, 그 당시 덴마크에서 사용되던 화학 용어들이 프랑스 반플로지스톤주의자의 용어들을 단순히 번역한 것에 불과하다고 지적한 뒤 새로운 덴마크어 용어들을 제안했다. 그는 그 당시 산소와 수소를 나타내던 용어인 'Suurstof'와 'Vandstof' 대신에 'Ilt'와 'Brint'를 쓰자고 제안했다. 'Ilt'는 '불'을 가리키는 단어에서 유래했고, 'Brint'는 '불에 타다'라는 뜻의 'at braende'에서 유래했다. 이 용어들은 지금도 덴마크에서 일상 용어로 쓰이지만, 과학적 맥락에서는 oxygen과 hydrogen을 사용한다. 이와 비슷하게 리투아니아 언어학자 요나스 야블론스키스Jonas Jablonskis는 20세기 초에 국가의 정체성을 강화하려는 노력으로 리투아니아어에 새로운 단어를 많이 도입했다. 한 가지 예를 들자면, 그는 산소를 '타다'는 뜻인 'degti'에서 유래한 'deguonis'로 정했다.

플로지스톤과 열소의 사망

우리는 라부아지에가 새 언어를 제안하자마자 화학자들이 그것을 어떻게 비판했는지 보았다. 그런데 일부 화학자들은 그의 이론적 견해도 탐탁지 않게 여겼다. 라부아지에가 화학 강의에서 사용한 개념과 명명법을 종합해 엮은 유명한 교과서를 출판하기 1년 전인 1788년, 영국 의사 존 버켄하우트John Berkenhout는 이렇게 썼다. "나는 *반플로지스톤주의자*라는 새로운 철학자 분파를 앞에서 언급했다. 독자들은 이들의 기원과 신조를 알고 싶은 호기심이 생길 수도 있다.

이 분파를 세운 실제 창시자가 누구인지 나는 정확하게 알지 못한다. 나는 그 영예는 명성 높은 라부아지에에게 돌려야 마땅하다고 생각하는데, 그는 충분히 그럴 자격이 있다. 하지만 이들의 전체 체계가 처음 공식적으로 기술된 것은 푸르크루아의[sic]♦『화학 원론』이라고 나는 믿는다."

버켄하우트는 지금도 학생들에게 가르치는 현대 화학의 기본 원리들 중 일부인 라부아지에의 개념들을 아주 훌륭하게 요약한 뒤에 이렇게 결론지었다. "이 새로운 철학적 화학의 기본 원리들은 이와 같다. 이것은 프랑스에서 탄생했으니, 그곳에서 죽도록 내버려 두자. 이것은 다른 나라들에서는 그저 조롱의 대상으로 간주될 뿐이다."

독일에서는 아마도 그들이 최고로 여기던 화학자 슈탈의 명성 추락이 처음에 새로운 개념에 대한 저항에 기름을 붓는 계기가 되었을 것이다. 1794년에 괴팅겐에서 존경받던 한 교수가 흥미롭고 아주 기묘한 이 이야기를 기술했는데, 그것은 1803년에 사후 출판된 조지프 블랙의 『화학 원론 강의Lectures on the Elements of Chemistry』에 소개돼 있다.

화학의 본향이자 광물학 분야의 지식을 완성하길 원하는 사람들이 모두 의지하는 곳인 독일에서는 상당한 망설임과 의심과 반대가 예상되었다. 새로운 학설들은 심지어 반감과 혐오 반응에 맞닥뜨렸다. 이런 상황이 생겨난 원인은 주로 그 학설들이 나온 나라의 성격에 있다고 그는

♦ sic은 오류인 걸 알면서도 원문을 그대로 인용할 때 쓰는 기호이다. 알다시피 『화학 원론』의 저자는 라부아지에이다.

말한다. 으레 스스로를 유럽의 화학 스승으로 여겨온 독일인은 자신들의 위대한 스승 슈탈의 견해가 경멸을 받는다는 이야기를 듣고 참을 수가 없었다. 그 이야기는 그곳에서 그들과 함께 살고 있던 프랑스 사람들로부터 들었는데, 그들은 슈탈의 원리들은 상식을 가진 사람이라면 받아들일 수 없는 수준이라고 깎아내렸다. 또, 프랑스에서 온 편지들은 슈탈의 원리들이 *mera qualitas(질이 떨어지고), mera contemplatio(그저 추측에 불과하며),* 잠깐이라도 그것을 받아들인 사람에게 망신을 안겨준다고 했고, 게다가 얄밉게 정중한 척하면서 *dulci requiescat in pace!(고히 잠드소서!)* 라고 덧붙였다. 하지만 무엇보다 그들의 비위를 건드린 것은 프랑스 화학자들이 푹 빠져 있던 승리의 도취감이었다. 그 협회가 물의 조성과 분해에 관한 실험을 마치고 그 체계의 모든 구멍을 메웠을 때, 그들은 파리에서 엄숙한 회의를 열었다. 그 자리에서 엄숙한 진혼곡이 연주되는 가운데 라부아지에 부인이 여사제 복장으로 제단 위에서 슈탈의 논문인 「독단적인 화학과 실험 화학의 기초」를 불태웠다고 그는 말한다. 그는 또 만약 뉴턴이 데카르트Descartes의 소용돌이 이론에 대해 그렇게 유치한 승리감을 내비쳤다면, 『프린키피아Principia』를 쓴 사람으로 간주되지 못할 것이라고 언급한다. 나는 만약 뉴턴과 블랙이 데카르트와 마이어Meyer에 대해 승리감에 도취돼 그렇게 우쭐댔더라면, 동포들은 그들이 미쳤다고 결론 내렸을 것이라고 덧붙이고 싶다. 하지만 파리에서는 모든 것이 유행이 되고 축하해야 하는 것이 된다.

라부아지에의 계시를 통해 플로지스톤 개념이 완전히 폐기되지 않은 것이 흥미롭다. 이전 이론에서는 '가연성 물질'에 '플로지스톤'이 들어 있었다면, 새로운 이론에서는 '산소 기체'에 '열소'가 들어 있었다. 라부아지에의 원소 표에서 빛과 열이 맨 앞에 실린 두 항목이었다는 사실을 떠올려보라. 영어로 번역된 『화학 명명법』 서문에서 번역자는 이렇게 논평했다.

> 최근의 실험들은 플로지스톤이 금속에 무게나 무거움을 더하지 않으며, 황산이 만들어질 때 플로지스톤이 황에서 분리되지 않는다는 것을 보여주었다. 하지만 그래도 우리는 플로지스톤의 절대적 존재를 인정해야 한다. 플로지스톤은 여전히 불과 화염, 빛, 열의 물질로, 연소 과정에서 해방된다. 유일한 차이점은 연소 과정에서 이 원질이 연소 물질에서 분리된다는 슈탈의 견해에 우리가 동의하지 않는다는 것이다. 대신에 다양한 관련 실험을 통해 우리는 산소가 침전될 때 플로지스톤이 생명의 공기에서 해방된다고 믿고 또 확신하게 되었다. 하지만 그것은 여전히 가장 특징적인 속성들을 그대로 지닌 플로지스톤이다. 요컨대 우리가 그것을 플로지스톤이라 부르건 열소라 부르건 혹은 일상적인 영어로 불이라고 부르건, 플로지스톤은 여전히 열을 이루는 물질이다. 하지만 빛과 열 혹은 열의 느낌을 주는 것이 본질적으로서 서로 다른 것인지, 아니면 같은 것의 변형 형태인지는 확실하게 결정되지 않았다.

결국 빛과 열이 에너지의 한 형태이고, 산소 기체가 산소와 열소의 화합물이 아니라는 사실이 밝혀지면서, 라부아지에의 열소설은 완전히 무너지고 말았다. 하지만 그 전에 영국 콘월 지방에 살던 20세의 대담한 청년이 흥미로운 변형 이론을 내놓았는데, 심지어 산소의 새 이름까지 제안했다. 그는 이렇게 썼다.

산소 기체(프랑스인 명명자들이 열소와 결합한다고 가정한)는 빛과 산소가 결합한 물질로 입증될 것이다. 이 물질을 산소 기체나 산소로 부르는 것은 매우 부적절하다. 산소 기체란 이름은 이것이 열소와 결합한 원소임을 뜻하고, 산소란 이름은 이것이 산을 만드는 원질인 원소임을 뜻한다. 나는 $phosoxygen$(빛을 뜻하는 $\varphi\omega\varsigma$와 산을 뜻하는 $o\xi v\varsigma$와 만드는 것을 뜻하는 $\gamma\varepsilon\nu\eta\tau o\rho$에서 유래한)이란 용어가 적절하다고 생각한다. 이것은 빛 원소와 산소 원소의 화학적 결합을 나타내며, 프랑스 철학자들의 명명법에서 크게 어긋나지 않는다. 그리고 나중에 보겠지만, 다른 단어들과 합쳐서 빛과 산소의 결합을 표현하도록 쉽게 변형할 수도 있다.

저자는 이 외에도 라부아지에의 'oxyds'를 'phosoxyds'로, 'nitrates'를 'phosnitrates'로 바꾸자고 제안했다. 물론 이 제안은 받아들여지지 않았다. 일 년이 지나기 전에 이 경솔한 젊은이는 꼬리를 내리고 이렇게 썼다. "내가 주장한 빛의 연소 이론과 전반적인 빛 이론들에 대해 나를 회의론자로 간주해주길 바란다. 이러한 회의론과 또 다른 이유들 때문에 앞으로 나는 일반적인 명명법을 사용할 것이다."

처음의 이 실패에도 불구하고, 젊은이는 계속 연구에 정진해 영국에서 손꼽는 화학자가 되었는데, 그의 이름은 험프리 데이비 Humphry Davy이다. 데이비는 'phosoxygen' 때문에 점수를 까먹긴 했지만, 훗날 염산에 산소가 들어 있지 않다는 사실(염산은 수소와 라부아지에 자신이 염소라고 이름 붙인 원소만으로 이루어져 있다)을 증명하여 산에 산소가 들어 있다는 라부아지에의 이론에 최후의 결정타를 날렸다. 다음 장에서 보겠지만, 라부아지에가 의심했던 것이 사실임을 최초로 증명한 사람도 데이비였다. 즉, 알칼리인 나트륨염과 탄산칼륨이 원소가 아니라 더 '분해될' 수 있다는 사실을 보여주었다. 또, 데이비는 유명한 데이비 램프(광부용 안전등)의 발명을 통해 광산에서 공포의 '연소성 댐프'를 폭발시킬 위험이 없는 안전한 조명을 제공함으로써 많은 인명을 구했다.

5

재와 알칼리

물로 나를 씻고, 소다로 나를 깨끗하게 한다.

기원전 3000년경에 만들어진 고대 수메르의 점토판에서

라부아지에와 그 동료들이 제안한 'azote'라는 이름은 널리 받아들여지지 않았다. '나이터nitre를 만드는 것'이란 뜻의 'nitrogen'이 오늘날 널리 알려진 이름이 되었다. 현대 화학자들은 나이터를 화약의 주요 성분으로서 칼륨과 산소, 질소 원소로 이루어진 질산칼륨으로 알고 있다. 그 이름의 기원은 먼 옛날로 거슬러 올라가지만, 나이터는 처음에는 질소를 전혀 포함하지 않은 완전히 다른 화합물을 가리켰다. 데이비가 '소듐sodium'이라고 이름 붙인 원소의 화학 기호는 Na인데, 이것은 라틴어 이름 '나트륨natrium'에서 딴 것이다. 그리고 '나트륨'이란 이름은 이 원소 물질의 원래 용도에서 유래했다.

고대의 나이터

오늘날 이집트 북부를 여행하다 보면 니트리아 사막 또는 나트론 계곡(아랍어로는 '와디 엘 나트룬Wadi El Natrun')이라 부르는 곳에 도착할 수 있다. 고대 이집트인은 이곳의 일부 호수들에서 거친 염 혼합물을 채집해 세탁이나 유리 제조, 방부 처리, 의약품 제조 등 다양한 목적에 사용했다. 이 염을 가리키는 이집트어 단어는 로마자로 'ntry' 또는 'ntr'('네테르neter'로 읽을 수 있음)로 표기할 수 있는데, '네

테르neter'(히브리어), '니트론nitron'(그리스어), '니트룸nitrum'(라틴어) 등 여러 가지 변형 형태로 3000년 넘게 살아남았다. 더 현대적인 변형 형태로는 'nether', 'niter', 'nitre', 'natrun', 'natron' 등이 있다. 13세기의 수도사이자 『사물의 성질에 관하여』를 저술한 바르톨로메우스 앙글리쿠스는 500년 전에 살았던 세비야의 이시도르가 한 다음의 말을 인용했다. "니트룸은 이집트의 니트리아 지역 이름에서 딴 것이다. 이것으로 의약품을 만들고, 몸과 옷을 씻고 세탁한다."

이 염의 이름이 실제로 그 지역의 이름에서 딴 것인지, 아니면 그 반대인지는 확실치 않다. 그 성분은 지역에 따라 큰 차이가 있지만, 나이터가 보통 소금과 구별되는 특징은 탄산나트륨과 탄산수소나트륨이 상당히 높은 비율로 들어 있다는 점이다. 기원전 1352년에 사망한 투탕카멘의 방부 처리에 사용된 것을 포함해 고대의 샘플을 분석한 결과에 따르면, 이런 탄산염 외에도 소금(염화나트륨)과 황산나트륨, 실리카(이산화규소)도 많이 포함돼 있고, 탄산칼슘과 탄산마그네슘과 그 밖의 불순물도 낮은 비율로 들어 있다.

초기의 나이터는 불순물이 섞인 탄산나트륨의 한 형태이고, 오늘날의 질산칼륨과 다르다. 이 사실을 뒷받침해주는 증거는 성경에 나오는 히브리어 단어 'neter'(1611년에 간행된 『킹 제임스 성경』에서는 'nitre'로 번역됨)에서 찾을 수 있는데, 이 구절에 질산염이 아니라 탄산염의 특징적인 반응이 묘사돼 있기 때문이다. 묽은 산을 가하면 탄산염은 금방 이산화탄소 거품을 뿜어낸다. 히브리어 neter가 '거품을 일으키다'라는 뜻의 '나타르natar'에서 유래했다는 주장도 있다. 이 반응이 언급된 구절은 「잠언」 25장 20절에 나온다.♦ "마음이 상한 사람 앞에서 즐거운 노래를 부르는 것은, 추운 날에 옷을 벗기는 것과 같고, 소다 위에 식초를 붓는 것과 같다." 소다 위에 식초(아세트산)를 부으면, 거품이 부글부글 끓듯이 일어난다.

나이터는 「예레미야서」 2장 22절에도 등장하는데,♦♦ 몸을 씻는 용도가 언급돼 있다. "네가 잿물로 몸을 씻고, 비누로 아무리 몸을 닦아도, 너의 더러운 죄악은 여전히 내 앞에 남아 있다. 나 주 하느님의 말이다."

나이터를 몸을 씻는 용도로 사용하는 것은 15세기의 네덜란드 인문학자 데시데리위스 에라스뮈스Desiderius Erasmus가 수집한 속담에도 나온다. "Asini caput ne laves nitro."라는 속담은 "당나귀 머리를 소다로 씻지 말라."로 번역할 수 있는데, 좋은 세제를 쓸데없는 데 낭비하지 말라는 뜻이다. 순수한 탄산나트륨은 아직도 세제용으로 구입할 수 있지만, 지금은 나이터보다는 '세탁용 소다washing soda'라는 이름으로 팔린다.

플리니우스는 이집트인이 나일강의 물을 증발시켜 니트룸을 만드는 과정을 설명했는데, 바닷물을 증발시켜 소금을 얻는 방법과 거의 비슷했다. 다음 글은 1601년에 영국인 의사 필레몬 홀랜드Philemon Holland가 플리니우스의 작품을 번역한 것인데, '니트룸'을 '나이터'로 옮겼다.

인공 나이터는 이집트에서 아주 많이 만들어지지만, 품질은 다른 것에 비해 크게 떨어진다. 갈색과 거무스름한 색일 뿐만 아니라, 티끌과 돌이

♦　한국어판 성경에서 나이터는 '식초'로 번역되었다.
♦♦　한국어판 성경에서 나이터는 '잿물'로 번역되었다.

많이 섞여 있기 때문이다. 그것을 만드는 순서는 소금을 만드는 방식과 똑같다. 다만, 소금을 만들 때에는 바닷물을 사용하지만, 나이터를 끓이는 공장에서는 나일강의 물을 끌어들인다.

플리니우스가 묘사한 이 장면은 1556년에 출간된 아그리콜라의 『금속에 관하여』에도 나온다. 아그리콜라는 자신이 이해한 이 과정을 목판화로 묘사해 집어넣었다(〈그림 34〉 참고). 그리고 이렇게 썼다.

니트룸은 대개 *나이터*를 함유한 물로 만들거나 잿물 용액이나 잿물로 만든다. 바닷물이나 소금물을 염전에 집어넣고 태양열로 증발시켜 소금을 만드는 것과 같은 방식으로, 나이터를 함유한 나일강 물을 니트룸 채취장으로 끌어들여 태양열로 증발시켜 니트룸을 만든다. 바다가 이곳 이집트의 땅 위로 흘러넘쳐 소금으로 변하듯이, 나일강도 개의 날에 범람하여 니트룸 채취장으로 흘러들어가 니트룸으로 변한다.

플리니우스와 아그리콜라는 소중한 염이 나일강 물에 들어 있다고 기술했지만, 이는 사실이 아니다. 염은 특정 지역의 흙에 섞여 있는데, 나일강이 범람할 때 흙에 섞여 있던 염이 녹아서 빠져나온다. 이 용액이 모인 작은 호수에서 물이 증발하면 그곳에 침전된 염을 채취할 수 있다.

그림 34   아그리콜라의 『금속에 관하여』에 실린 목판화. 나일강 물을 니트룸 채취장 (B)으로 끌어들인 뒤, 물을 증발시켜 나이터 결정을 얻는다.

유리

알칼리성 나이터는 초기에 세제로 쓰인 것 외에 유리 제조 과정에도 광범위하게 쓰였다. 기원전 2500년경에 메소포타미아와 이집트의 여러 지역에서 유리가 만들어졌다. 다만, 외따로 발견되는 유물 중에는 그보다 훨씬 더 이전 시기에 만들어진 것도 있다. 이 시기에 만들어진 유리는 오늘날의 유리와 다르다. 투명성은 그다지 중요시되지 않았고, 주로 모조 보석으로 사용되었다. 가장 흔한 유리(오늘날 '소다 유리', 더 정확하게는 '소다-석회석 유리'라고 부르는)의 핵심 성분은 실리카(모래에서 얻는 이산화규소)와 소다(탄산나트륨), 석회석(탄산칼슘)이다. 유리 용광로의 아주 높은 온도에서 탄산나트륨과 탄산칼슘은 고정 공기(이산화탄소)가 빠져나가면서 분해되어 산화물로 변한다. 탄산나트륨은 융제flux(실리카를 평소보다 더 낮은 온도에서 녹도록 돕는 물질) 역할을 한다. 'flux'는 '흐름'을 뜻하는 라틴어 '플럭서스fluxus'에서 유래했다. 융제는 아마도 금속 제련 과정에서 처음 발견되었을 것이다. 하지만 탄산칼슘 없이 실리카와 탄산나트륨을 가열하는 것만으로는 안정적인 유리를 만들 수 없다. 잘해야 습기가 있으면 분해되는 조야한 유리를 얻는 데 그친다. 잘못되면 '물유리'라고도 부르는 규산나트륨이 만들어지는데, 이것은 놀랍게도 물에 녹아 걸쭉한 시럽 같은 액체가 된다. 물유리는 한때 달걀을 보존하는 용도로 쓰였다. '물에 녹는 유리'를 만드는 과정은 17세기 전반에 헬몬트('가스'란 단어를 만든 사람)가 자세히 기술했다. "게다가 돌과 보석, 모래, 대리석, 부싯돌 등을 알칼리와 섞으면 결합되어 유리화된다. 하지만 더 많은 알칼리를 넣고 함께 끓이면, 이것들은 정말로 녹아서 용액이 된다."

나트륨염은 대부분 물에 녹는데, 안정적인 유리를 만들려면 물에 덜 녹는 성분이 필요하다. 석회석은 바로 이 목적으로 넣으며, 이때 석회석이 안정제 역할을 한다. 초기의 유리 제조 과정에 사용된 모래와 소다는 모두 순도가 떨어졌다. 그래서 불가피하게 혼합물에 예컨대 조개껍데기 가루 형태의 탄산칼슘을 첨가하지 않을 수 없었다. 석회석을 첨가하는 방법은 17세기 후반이 되어서야 발견되었다.

벨루스강이 바다로 흘러들어가는 시리아의 프톨레마이스 정착촌 부근에서 나는 특별히 고운 모래로 최초의 유리가 만들어졌는데, 플리니우스는 이 유리의 발명 이야기를 다음과 같이 들려준다.

이 종류의 모래가 널려 있는 이 강을 따라 뻗어 있는 해안은 길이가 800m를 넘지 않는데, 수백 년 동안 이곳은 유리를 만들기에 충분한 물질을 모든 곳에 공급해왔다. … 가끔 이 강 하구에 배에 나이터를 가득 실은 상인들이 와서 식량과 이곳의 모래를 구하려고 했다. 하지만 그들은 불 위에 올려놓을 냄비와 솥을 받치기 위해 다른 돌도 원했다. 그들은 배에서 가져온 살-나이터sal-nitre 조각으로 냄비를 받치고 그 밑에서 불을 피웠다. 해안의 모래와 자갈 사이에서 불이 피어오르자, 그들은 불 아래로 투명한 액체가 흘러가는 것을 보았고, 이것이 계기가 되어 최초로 유리를 만드는 방법을 발명했다.

식물 알칼리

기원전 14세기의 유리를 분석한 결과, 사용된 탄산나트륨의 재료는 이집트의 나이터뿐만이 아닌 것으로 드러났다. 또 다른 재료는 식물 물질을 태워서 얻었다. 플리니우스는 오크를 태워 이런 식으로 나이터를 만들었다고 기술했다. "먼 옛날 사람들은 오크를 태워 나이터를 만들었다. 하지만 이 방법으로 만든 나이터의 양은 많았던 적이 없다. 이 기술은 중단된 지 오래되었다."

나무를 태워서 얻는 재는 훗날 알칼리 탄산염의 주요 공급원이 되었지만, 그 전에 특정 허브의 재에 유리 제조에 소중한 염이 가득 들어 있다는 사실이 발견되었다. 식물 재를 이런 용도로 사용하는 기술은 레반트, 즉 오늘날의 이스라엘과 팔레스타인, 요르단, 레바논, 시리아에 걸친 지역에서 유래한 것으로 보인다. 그 재를 아랍어로 '칼리이qaliy' 또는 '칼리kali'라고 불렀다. 여기에 정관사 'al'을 덧붙인 'al-kali'에서 오늘날 우리가 사용하는 '알칼리alkali'라는 단어가 유래했다. 알칼리는 물에 녹으면 산을 중화시키는 성질이 나타나는 물질을 말한다. 이러한 탄산염을 만드는 데 쓰인 식물 종류에 대한 기록은 16세기에 간행된 초본서에서 볼 수 있다.

아랍인이 칼리 또는 알칼리라고 부르는 허브는 길이가 15~23cm에 이르는 큰 줄기가 많다. 여기서 작은 잎들이 자라는데, 다소 길고 두꺼운 이 잎들은 조금 더 길고 끝이 뾰족하고 단단한 가시가 붙어 있다는 점만 빼고는 돌나물 잎과 비슷하다. 따라서 이 식물은 전체적으로 아주 거칠고 날카로우며, 그 잎은 날카로운 가시가 있어 위험하고 상처를 줄 수 있으므로 쉽게 만질 수 없다. … 이 식물은 짠맛이 나고 즙이나 수액이 가득하다.

저자는 이와 비슷한 다른 식물도 언급한다.

자연에는 이것과 아주 비슷한 허브가 또 있는데, 함초*Salicornia*라고 부르는 식물이다. … 이 식물 역시 짠맛이 나고 칼리 같은 즙이 많다. 이 두 식물을 재료로 알루멘 카티눔*Alumen Catinum*과 살 알칼리*Sal Alcali*를 만드는데, 이것들은 유리 제조 과정에 쓰이고, 그 밖에도 다양한 용도로 쓰인다.

알루멘 카티눔은 이 식물들의 재를 가리키며, 건조 과정에 사용하는 접시나 그릇을 가리키는 라틴어 '카티눔catinum'에서 그 이름을 땄다. 살 알칼리(알칼리염)는 재에서 추출한 알칼리를 정제한 것이다. 저자는 다른 나라들에서 이 식물들을 부르는 이름들도 언급했다.

첫 번째 식물은 이탈리아어로 소다Soda라고 부른다. 에스파냐어로는 바리야Barilla 또는 소다 바리야Soda Barilla라고 하는데, 아랍어의 칼리 또는 알칼리에 대응한다. 어떤 사람들은 영어로 솔트 워트Salte worte라고 부르는데, 우리는 칼리Kali 또는 프리클드 칼리Prickled Kali라고 부르기도 한다.

두 번째 식물은 지금은 살리코르니아Salicornia라고 부르는데, 칼리의 한 종류이다. 어떤 사람들은 영어로 시 그레이프Sea grape나 노티드 칼리knotted Kali 또는 이온티드 칼리ioynted Kali라고 부른다.

연금술사와 유리 직공은 칼리를 태워 만든 재를 라틴어로 알루멘 카티눔이라 부르지만, 같은 재로 만든 염은 살 알칼리라고 부른다.

살 알칼리를 만들려면, 먼저 재를 물과 섞은 뒤 재가 가라앉길 기다린다. 침전한 고체 위에 뜬 알칼리 용액을 잿물lye이라 부르는데, 잿물을 증발시키면 고체 알칼리가 남는다. 재를 물로 처리하는 과정을 'lixiviation(침출)'이라고 하는데, 이 단어는 잿물을 가리키는 라틴어 'lixivium(럭시비움)'에서 나왔으며, 'lix'는 '재'라는 뜻이다. 아그리콜라가 이 과정을 그림을 곁들여 설명했다(〈그림 35〉 참고).

> 잿물은 갈대와 골풀의 재로 만든다. … 재를 흙과 함께 먼저 큰 통에 집어넣고, 재와 흙 위에 물을 끼얹은 뒤, 막대로 약 열두 시간 동안 저어 염을 녹인다. 그러고 나서 큰 통의 뚜껑을 열고 염 또는 잿물 용액을 작은 통으로 따라낸 뒤, 이번에는 국자로 작은 통들로 옮긴다. 마지막으로 이 용액을 쇠나 납으로 만든 솥으로 옮긴 뒤, 물이 증발하여 즙이 염으로 응축될 때까지 끓인다.

이렇게 만든 종류의 재는 원료가 된 식물의 이름을 따서 부르는 경우가 많았다. 그래서 '소다 애시soda ash'(프랑스어로 '수드soude'라고도 불렀다), 또는 특히 에스파냐에서 사용한 '바리야 애시barilla ash'라는 이름으로 많이 불렸다.♦ 심지어 '시위드seaweed'(해초) 또는 '시랙 sea-wrack'(해초 무더기)이라는 이름도 쓰였고, 그 재는 흔히 '켈프kelp'라고 불렸다. 나중에는 관목뿐만 아니라 나무도 알칼리 재의 소중한 재료가 되었지만, 그 조성에 차이가 있었다. 많은 칼리 허브 식물처럼 바다 근처에서 자란 식물일 경우, 그 재는 탄산나트륨(이집트 나이터의 주성분)을 포함할 가능성이 높았다. 대다수 나무처럼 바다에서 멀리 떨어진 곳에서 자란 식물일 경우, 그 재에는 탄산칼륨이 더 많이 포함되었다.

큰 통에 든 나무 재로부터 알칼리를 대량으로 만드는 방법에서 새로운 용어가 생겨났는데, 18세기 초에 헤르만 부르하버가 다음과

♦ soda ash와 barilla ash는 둘 다 우리말로는 '소다회'라고 번역한다.

그림 35　아그리콜라의 『금속에 관하여』에서 알칼리를 만드는 과정을 묘사한 목판화. 염을 풍부하게 함유한 식물을 태우고 그 재를 물에 녹여 알칼리 용액을 얻는다.

같이 기술했다.

> 포타스*Potas* 혹은 포트-애시즈*Pot-ashes*는 … 매년 많은 양이 코어란드[오늘날의 라트비아와 리투아니아 지역]와 러시아, 폴란드에서 상선들에 실려 온다. 이것은 전나무, 소나무, 오크 같은 나무로 만들어지는데, 이 나무들을 적절한 구덩이에 대량으로 쌓아놓고 완전히 재가 될 때까지 태운다. … 그러고 나서 재를 끓는 물에 녹이고 가만히 놓아둠으로써 염을 포함한 위의 액체를 정화한[불순물과 분리한] 뒤, 깨끗한 액체를 옮긴다. … 이 액체는 즉각 큰 구리 솥에 담아 사흘 동안 끓인다. 이렇게 해서 얻은 염을 그들은 'Pot-Ash[솥-재]'란 뜻을 지닌 *Potas*[포타스]라고 부른다. 솥, 즉 포트Pot에서 끓여서 만들었기 때문에 이런 이름이 붙었다.

오늘날 칼륨을 가리키는 영어 단어 'potassium'은 바로 이 pot-ash에서 유래했다. 하지만 원소 기호 K는 'Kalium(칼륨)'이라는 라틴어 단어에서 유래했고, 칼륨은 아랍어 Kali에서 유래했다.

이름은 다르지만 더 순수한 형태의 잿물을 식물에서 유래한 다른 산물에서 얻을 수 있다. 그것은 와인 앙금으로, 와인 병 속 또는 통 아래에 가라앉는 흰색 침전물이다(〈그림 36〉 참고). '주석酒石, tartar'이라 부르던 이 순수한 고체는 지금은 '주석산수소칼륨'이라 부르는데, 아직도 '주석영酒石英, cream of tartar'이란 이름으로 판매되고 있다. 이 물질은 열을 받으면 분해되는데, 정제하면 '타르타르염'이라 불리는 탄산칼륨이 남는다. 1676년에 출판된 『왕립 약전』에서 무아즈 샤라는 "타르타르염은 말하자면 모든 고정된 식물 염의 전형이다."라고 기술했다. 그리고 계속해서 이 탄산염과 산의 격렬한 반응(이산화탄소가

그림 36　15세기 말에 출판된 『건강의 정원』에 실린 목판화. 일꾼이 주석을 얻으려고 통을 긁고 있다.

많이 발생하는)을 설명하는데, 많은 사람들은 "산과 알칼리 사이에서 그들이 존재한다고 믿은 안티모니[불협화]의 효과 때문"이라고 생각한다고 기술했다.

　로마 시대 내내 알칼리 탄산염(유리 제조에 사용된)의 주 원천은 이집트 나이터였지만, 결국에는 식물 원료로 만든 것이 주로 쓰이게 되었다. 칼리나 소다, 잿물이 별로 구분되지 않고 모두 사용되었다. 대부분의 초기 용도에서는 재에 탄산나트륨과 탄산칼륨 중 어느 것이 더 많이 들어 있느냐 하는 것은 별로 중요하지 않았다. 왜냐하면,

두 물질은 놀랍도록 서로 비슷하고 18세기가 되어서야 화학적으로 구별되었기 때문이다. 하지만 이집트 나이터가 덜 사용되면서, '나이터'라는 용어는 점점 완전히 다른 염을 가리키는 용도로 쓰이게 되었다. 그 이유는 아마도 고대의 나이터처럼 이 염도 흙에서 추출할 수 있거나, 풍해風解♦를 통해 방치된 특정 돌이나 벽돌에서 '자라는' 형태로 발견되었기 때문일 것이다. 16세기에 일부 저자들은 고대 이집트인의 나이터와 구별해 이 새로운 염을 가리키기 위해, '샐나이터sal-nitre'(혹은 이와 비슷한 변형)라는 이름으로 불렀다. 화약을 사용한 무기가 확산되면서 샐나이터는 중요한 물질로 떠올랐다.

샐나이터 — 초석

이 악랄한 초석을
무해한 땅속에서 파내야 한다는 것은
실로 유감스러운 일이다.

셰익스피어, 1598

화약의 발명은 그 핵심 성분, 즉 초석(질산칼륨)을 확인하고 상시적으로 공급할 수 있기 전까지는 불가능했다. 이 일은 중국에서 최초로 일어났다. 중국인은 이 물질을 '염초焰硝'라고 불렀는데, 조지프 니

♦　물을 포함한 결정체가 공기 중에서 수분을 잃고 가루로 변하는 현상을 말한다.

덤Joseph Needham은『중국의 과학과 문명Science and Civilization in China』에서 이것을 'solve'로 번역했다. 이 단어는 질산칼륨이 야금술에서 융제로 사용된 것에 착안해 만들었을 수도 있고, 많은 금속과 광물을 녹이는 질산의 제조에 쓰인 데 착안해 만들었을 수도 있다. 니덤은 개보開寶 연간♦♦인 973년에 송나라에서 출간된 약전에 실린 내용을 인용했다.

> 초석은 광물을 녹여 액체로 만들 수 있기 때문에 소석消石이라 불린다. … 소석은 사실은 흙이 풍해해서 생긴 '흙서리'이다. 이 현상은 겨울철에 산과 습지에서 나타나며, 땅 위를 덮은 서리처럼 보인다. 사람들은 이것을 걷어 모아서 물에 녹인 뒤, 끓여서 물을 증발시켜 소석을 만든다. … 사실, 소석은 쓰촨성 무주 서쪽에 있는 산들의 암석과 절벽에서 만들어진다.

이 이름은 이보다 훨씬 이전인 기원전 4세기부터 나타났지만, 가장 특징적인 성질들이 언급되지 않아 다른 물질을 가리킨 것일 수도 있다. 하지만 492년에 양나라의 도사이자 의학자였던 도홍경陶弘景은『본초경집주本草經集註』에서 이 물질을 분명히 언급했다. 이 책에는 소석은 불 속에 집어넣으면 분명한 자주색 불꽃 반응이 나타나며(칼륨 화합물의 특징), 뜨거운 숯 위에서 강한 화염을 낸다고 기술돼 있다.

♦♦ 개보는 중국 송나라 태조의 세 번째 연호이며, 이 연호가 사용된 시기는 968년 음력 11월부터 976년 음력 12월까지이다.

초석saltpetre은 일찍부터 알려져 있었지만, 그것을 사용해 화약을 만드는 방법은 훨씬 나중에 발견되었다. 아마도 1040년 무렵(유럽인이 '발견'한 것보다 약 200년이나 앞선)에 발견되었을 것이다. 초석은 화약에 사용되기 전에 불을 피우는 데 쓰이거나 심지어 의약품으로 쓰이는 등 다양한 용도로 사용되었다. 이것은 '화약火藥'이란 중국어 단어에 반영돼 있는데, 화약은 '불 물질'이나 '불 약'으로 번역할 수 있다. 중국 명나라 말기의 약학자 이시진李時珍은 1596년에 간행된『본초강목本草綱目』에서 이렇게 썼다.

> 화약은 쓰고 시큼한 맛이 나며 약한 독성이 있다. 상처와 백선 치료에 쓸 수 있으며, 곤충을 죽이고 축축한 기운과 전염병의 열을 없앤다. 재료는 초석과 황, 소나무 숯이며, 신호용 불빛과 총, 대포 등에 다양하게 쓰인다.

서양에서는 화약의 명칭으로 오직 'gunpowder'라는 단어만 쓴다. 이 사실은 이 혼합물이 서양에서 여러 가지 용도를 통해 점진적으로 발전한 것이 아니라, 본질적으로 무기에 사용할 목적으로 이미 만들어진 형태로 수입되었다는 주장을 뒷받침한다.

서양 문헌에서 화약에 쓰이는 질산칼륨의 제법을 자세하게 설명한 초기의 기록 중 하나는 이탈리아에서 간행된『화공술』이다. 저자인 반노초 비링구초는 뛰어난 야금학자였고, 그가 죽고 나서 얼마 지나지 않은 1540년에 출판된『화공술』은 야금학 분야 전반을 다룬 최초의 인쇄 서적으로 일컬어졌다. 비링구초는 광석에서 금속을 추출하는 방법 외에도, 금속으로 대포와 총을 비롯한 그 밖의 무기를 만드는 법과 조각상과 종 같은 덜 호전적인 물건을 주조하는 법을 상세히 기술했다. 화약을 만드는 방법도 자세히 설명했는데, 만약 그러지 않는다면 "어떤 것의 쓸모없는 그림자만 지적한 셈이 되고 말 것"이기 때문이라고 했다. 그리고 "이런 이유 때문에 이제 나는 이미 이야기한 것에 더해 초석을 만드는 방법과 그것을 정제하는 방법도 말하려고 한다. 또, 초석이 무엇이고, 초석이 없었더라면 총과 격렬하고 인공적인 불의 많은 효과가 왜 헛된 것이 되고 말았을지 알려주려고 한다."라고 덧붙였다.

비링구초는 여러 종류의 염을 처음 언급할 때, 아르메니아와 아프리카, 이집트에서 광물 암석의 형태로 채굴되고 나이터를 함유한 물에서 만들어지는 천연 나이터에 대해 이야기한다(그는 '니트로nitro'라는 용어를 사용했다). 그리고 나서 인공 나이터에 대한 이야기로 옮겨간다. "인공 *니트로*는 천연 니트로와 동일한 속성을 지녔지만 불이 훨씬 잘 붙는다. 독창적인 현대인들은 이것이 특정 종류의 흙에 존재한다는 사실을 알아냈고, 훌륭한 기술로 추출하는 방법을 발견했다. 그들은 이것을 니트로가 아니라 살니트로*salnitro*라고 부른다."

『화공술』의 완전한 영어 번역본은 1942년이 되어서야 나왔지만, 초석을 만드는 방법에 관한 부분은 피터 화이트혼Peter Whitehorne이 1562년에 번역한 마키아벨리Machiavelli의 『전술론Dell'Arte della Guerra』에 첨부되었다. 화이트혼은 400년 후의 스미스♦처럼 비링구초의 'salnitro'를 'saltpetre(초석)'로 번역했다. 그리고 이렇게 썼다.

♦　20세기 영국의 금속공학자이자 과학사학자 시릴 스탠리 스미스Cyril Stanley Smith를 말한다.

초석은 많은 물질의 혼합물로, 마르고 더러운 땅의 불과 물에서 생겨나거나, 지하실의 새 벽에 자라는 꽃에서 생겨나거나, 무덤들 사이에 흩어져 있는 흙 또는 빗물이 들어오지 않는 황량한 동굴에서 생겨난다. … 하지만 가장 훌륭한 것은 오랫동안 사용하지 않은 외양간이나 똥 무더기에서 동물의 똥이 흙으로 변한 것이다. 그중에서도 최상의 품질을 자랑하는 것은 돼지 똥에서 만들어진 것이다.

초석이 벽에서 '자라는' 형태로 발견된다는 사실은 일반적으로 통용되는 saltpetre의 어원과 잘 들어맞는다. 16세기에 독일의 야금학자 라차루스 에르커가 "Salt-Petre는 돌-염이다."라고 말한 것처럼, 사람들은 saltpetre를 돌에서 생기는 염이라고 생각했다(petros와 petra는 암석이나 돌을 뜻하는 고대 그리스어와 고전 라틴어이다). 하지만 이것을 그대로 영어로 옮긴 rock salt(암염)는 실제로는 (바닷물에서 추출한 것이 아니라) 땅에서 채굴한 소금(염화나트륨)을 뜻한다. saltpetre는 본질적으로 이탈리아어의 'sal-nitro', 루마니아어의 'salitra', 에스파냐어와 포르투갈어의 'salitre' 그리고 중세 성기盛期 독일어에서 나타난 'salniter', 'salliter', 'saliter', 'salbeter', 'salpeter' 등에서 유래한 파생어라는 주장이 제기되었다.

초석은 화약의 필수 성분이었기 때문에, 각국 정부는 초석의 안정적 공급원을 확보하는 게 아주 중요했다. 인도(그리고 나중에는 칠레)에서 광대한 질산염 부존자원이 발견되기 전에는 초석은 영국 내에서 생산하거나, 더 일반적으로는 유럽 대륙에서 생산하는 수밖에 없었다. 큰 혐오의 대상이던 '초석 채굴인'은 이 귀중한 염을 찾기 위해 사유지에 들어갈 수 있는 허가를 받았다. 이들은 질산염의 존재

그림 37　18세기 초에 스위스의 폭죽 제조업자가 발행한 광고 인쇄물에 실린 판화. 작업 중인 초석 채굴인이 그 밑의 흙을 살펴보려고 외양간 바닥을 파헤치고 있다.

흔적이 의심되는 곳이면 어떤 지하실과 외양간이라도 마음대로 파헤칠 수 있었다(〈그림 37〉 참고).

　초석을 인공적으로 만들려는 시도도 일어났다. 이 방법은 영국에서는 그렇게 보편적이지 않았다. 하지만 유럽 대륙의 초석 채굴인은 나이터 채취장을 만들었고, 길고 얕은 흙 둔덕에 배설물과 석회를 가득 쌓았다(〈그림 38〉 참고). 이것은 세균이 오줌의 암모니아를 질산칼슘으로 바꾸는 과정에 도움을 주었고, 이 질산칼슘이 모여 초석이 만들어졌다.

그림 38 1580년에 출판된 에르커의 광산학 책에 실린 이 목판화는 인공 나이터 채취 장을 묘사하고 있다.

뉴욕의 새뮤얼 래섬 미칠 교수(1792~1801)는 nitrogen(질소) 대신에 '부패'를 뜻하는 그리스어 단어에서 유래한 'septon'을, nitric acid(질산) 대신에 'septic acid'를 쓰자고 주장했는데, 아마도 동물 배설물을 부패시켜 나이터를 만드는 이 과정에서 영감을 얻어서 그랬을 것이다.

나트론의 등장

나이터라는 용어와 초석(질산칼륨)의 연관성이 갈수록 커지자, 원래의 나이터(탄산나트륨)를 가리키기 위해 이 단어의 변형 형태인 '나트론natron'이란 단어가 새로 나타났다. 1675년에 프랑스에서 레머리의 화학 교과서가 출간된 후 나이터의 의미를 놓고 상당한 혼란이 일어난 게 분명한데, 2년 뒤에 나온 재판에서 레머리가 그 의미를 명확히 할 필요가 있었기 때문이다.

옛날 사람들이 말한 *나이터*는 이집트인의 나트론, 즉 땅속에서 촘촘한 회색 덩어리로 발견되는 염을 가리킬 수도 있고, 천연 *보락스Borax*, 즉 나일강과 많은 강의 물에서 추출한 염을 가리킬 수도 있다. 이 모든 염이 다양한 종류의 나이터일 수도 있지만, 현대인이 말하는 *나이터*는 다름 아닌 초석이며, 내가 말하고자 하는 것도 바로 이것이다.

이집트인의 나이터 혹은 나트론은 광물에서 유래한 것으로 간주되었기 때문에, 광물 알칼리 또는 화석 알칼리라고도 불린 반면, 식물에서 유래한 염은 식물 알칼리라고 불리게 되었다. 하지만 이 이름들은 그 기원만 반영한 것일 뿐, 조성에 특별한 차이가 있어서 구별한 것이 아니다. 더 높은 순도로 정제하는 것이 가능해지자, 마침내 이 두 종류 사이에 미묘한 차이가 발견되었는데, 독일 화학자 요한 크리스티안 비글레프Johann Christian Wiegleb는 1789년에 다음과 같이 기술했다.

지금까지 자연에서 알려진 고정 알칼리는 광물 알칼리와 일반적인 식물 알칼리 두 종류밖에 없다. 광물 알칼리는 얼얼한 맛으로 다른 알칼리와 구별된다. 또, 공기에 노출되었을 때 조해되어 액체로 변하지 않고 단지 가루로 변할 뿐이며, 따라서 공기 중에서 수분을 흡수하는 대신에 자신의 물을 잃는다.

오늘날의 화학자들이라면 광물 알칼리는 주로 탄산나트륨이고, 식물 알칼리는 탄산칼륨이라고 말할 것이다. 막 만들어졌을 때 탄산칼륨은 공기 중에서 수분을 흡수해 고체 상태에서 액체 상태로 변하지만(조해 현상), 탄산나트륨은 결정수를 많이 포함한 결정(즉, 결정 구조에 물이 갇힌)의 형태로 만들어진다. 탄산나트륨을 공기 중에 방치하면, 결정에 갇힌 물이 빠져나가면서 투명하고 아름다운 큰 결정이 점점 바스러져 가루로 변한다.

식물 알칼리와 광물 알칼리를 모두 '고정 알칼리fixed alkali'라고 부른 이유는 강하게 가열하면 잔존물이 남기 때문이었다. 이 성질은 그 당시 잘 알려진 세 번째 알칼리인 휘발성 알칼리(탄산암모늄)와는 대조적이었는데, 휘발성 알칼리는 가열하면 흔적도 없이 사라졌다.

살 암모니악—아몬의 염

북아프리카에서 사용된 알칼리는 나이터 혹은 나트론뿐만이 아니었다. 살 암모니악sal ammoniac도 먼 옛날부터 사용되었다. 대부분의 염들과 마찬가지로 이 이름이 가리키는 화합물 역시 시대에 따라 변한 것으로 보인다. 처음에 '살 암모니악'은 특정 지역에서 산출된 불순물이 섞인 소금(염화나트륨)을 가리킨 게 거의 확실하다. 나중에 이 이름은 염화암모늄이라는 특정 화합물을 가리키게 되었는데, 염화암모늄은 휘발성(염화암모늄은 약한 열에도 쉽게 기체로 변하고 냉각시키면 또 금방 고체로 변한다)과 코를 찌르는 암모니아 기체를 만드는 성질을 지닌 염이다.

1640년에 에스파냐에서 출판된 『금속의 기술』에서 바르바는 다음과 같이 기술했다.

> 자연만이 만들 수 있는 모든 염 중에서 가장 희귀하지만 가장 소중한 것은 살 암모니악이다. 사람들은 이 물질을 속된 말로 아르모니아크Armoniac라고 부르는데, 이 이름으로 미루어 이것이 *아르메니아*에서 왔다고 결론짓지만, 이것은 진짜 이름이 아니다. 진짜 이름은 암모니악으로, 그리스어로 모래의 염이란 뜻이다. 이 염은 (나의 추정으로는 해변의) 모래 밑에서 내부의 열 때문에 작은 조각들로 굳어진 형태로 발견되는데, 햇볕 아래에서 계속 가열되면서 심하게 구워진 나머지 모든 염 중에서 가장 쓴맛을 낸다. 이 염은 의사보다는 금 세공인이 더 많이 사용한다. 이것은 그들이 네 가지 정精이라 부르는 것 중 하나인데, 그 이유는 불로 가열하면 연기로 변해 사라지기 때문이다.

앞 장에 나왔던 아일랜드 의사 스티븐 딕슨은 1797년에 성경에 나오는 롯의 이야기까지 거슬러 올라가 이 이름의 유래를 다음과 같이 설명했다. 롯은 소돔이 멸망할 때 가족과 함께 탈출했는데, 그의 아내는 뒤를 돌아보다가 불쌍하게도 그만 소금 기둥으로 변했다.

> 작은딸도 그 아비의 아들을 낳고 이름을 벤 암미라 하였으니,♦ 그는 오늘날까지 이어오는 암몬인들의 조상이다(「창세기」 19장 38절). 암몬인은 지중해에 면한 리비아 지역에 살았다. 이 땅은 암모니아라고 불렸다. … 이 지역에는 염화물을 함유한 휘발성 알칼리가 많았고, 그래서 이 알칼리를 암모니아의 염 또는 살 암모니악이라 부르게 되었다.

암몬 왕국은 오늘날의 요르단 지역에 있었다. 현재 요르단의 수도 암만은 그 이전 이름인 라바트 암몬Rabbath Ammon에서 유래했는데, 라바트 암몬은 '암몬의 수도'란 뜻이다.

대다수 저자들은 딕슨과는 조금 다른 어원을 제시한다. 플리니우스는 "암모니아쿰ammoniacum 염은 모래 밑에서 발견되기 때문에 그런 이름이 붙었다."라고 말했고, 어떻게 "그들이 아프리카의 사막과 건조한 모래를 팠고, 더 나아가면서 더 많은 것을 발견했으며, 심지어 유피테르 암몬의 신전과 신탁소가 있는 곳까지 갔는지" 언급했다. 이집트 신 아몬(훗날 로마 신화의 유피테르와 동일시된 신)을 모신 이 신전은 고대 리비아의 시와 오아시스(지금은 이집트의 일부임)에 있었다. 이곳의 유명한 신탁을 듣기 위해 사방에서 여행자들이 찾아왔는데, 유명한 인물로는 헤라클레스와 페르세우스(메두사의 목을 치기 전)가 있다. 기원전 332년에는 알렉산드로스 대왕도 방문해, 자

♦ 탈출한 이후 롯의 두 딸은 남자를 구할 수 없자, 후손을 남기기 위해 아버지에게 술을 먹이고 동침하여 아이를 가진다.

신이 아몬 신의 아들이라는 신탁을 받았다. 샤라는 1676년에 출판된 『왕립 약전』에서 이 염이 이곳에서 어떻게 만들어지는지 설명했다.

　　이 염에 붙여진 암모니아크*Ammoniack*라는 이름은 저자들이 붙인 30여 가지의 다른 이름들 사이에서 늘 살아남았는데, 다른 이름들을 다시 반복할 필요는 없으리라 생각한다. 이 이름은 *리비아*의 사막들 한가운데에 있는 유피테르의 *Aμμον[Ammon]* 신전에서 유래했다. 이 염은 이전에 뜨겁게 달구어진 이 지역의 모래 표면 위에서 승화된 형태로 발견되었다. 대상隊商과 이 신전을 끊임없이 찾아온 순례자들과 함께 이 길을 여행한 낙타의 오줌이 가장 중요한 물질이었다. 밤중에 이 염에 흡수된 공기 중의 산성 염은 이 물질과 결합함으로써 휘발성 성분이 날아가지 않게 막아주었다. 그러지 않았더라면 그 성분은 뜨거운 태양열에 날아가고 말았을 것이다.

　　샤라는 심지어 아몬의 염 생성을 도와주는 낙타 그림까지 책에 실었는데, 이 그림은 18세기 말에 자기를 장식하는 디자인으로 쓰였다(〈그림 39〉 참고). 원래의 살 암모니악이 무엇이었건, 샤라가 기술한 살 암모니악은 염화암모늄이 틀림없다. 궁극적으로 이것은 암모니아(오래된 오줌에서 생기는)와 염산(염화나트륨에서 생기는)으로 만들어졌기 때문이다.

　　소금과 오줌으로 염화암모늄을 만드는 방법은 16세기에 이탈리아의 의사이자 연금술사인 알레시오 피에몬테세Alessio Piemontese가 『알레시오 피에몬테세의 비밀De' Secreti del reverendo donno Alessio Piemontese』이란 책에서 자세히 기술했다.

아르모니아케 염salte armoniacke을 만드는 방법

준비된 소금 10파운드 위에 건강하고 와인만 마신 사람의 따뜻한 오줌을 약간 끼얹고, 소금이 오줌에 녹아 바닥으로 가라앉게 한 뒤 이 액체를 펠트를 통해 솥에 따른다. 솥을 빵 굽는 오븐에 올리고 잘 끓인다. 이 염이 말라붙으면 그 위에 사람 오줌을 조금 끼얹고 이 과정을 계속 반복하는데, 오줌 열 통이 소금 10파운드에 흡수될 때까지 계속한다.

친절하게도 피에몬테세는 독자에게 이렇게 경고한다. "오줌이 끓을 때 솥 밖으로 넘치지 않도록 각별히 주의해야 한다." 실로 현명한 충고였다. 다른 저자가 언급한 것처럼 원래는 사람 오줌 대신에 낙타 오줌을 사용했을 가능성이 높은데, 낙타 오줌은 "냄새가 그렇게 고약하지 않기" 때문이다.

염화암모늄 혹은 심지어 그냥 오줌을 고정 알칼리(칼륨이나 나트륨의 수산화물이나 탄산염) 중 하나와 함께 끓이면 암모니아 기체가 나온다. 이것을 '살 암모니악의 휘발성 정' 또는 '오줌의 정'이라고 불렀다. 요한 루돌프 글라우버는 1651년에 영어로 번역 출판된 『새로운 철학적 용광로, 혹은 새로운 증류 기술 해설A Description of New Philosophical Furnaces, or, A New Art of Distilling』에서 "오줌이나 살 암모니악으로부터 강력하고 코를 찌르는 정을 여러 가지 방법으로 만들 수 있는데, 이것은 많은 질병의 약으로 쓸 수 있을 뿐만 아니라, 기계적, 화학적 공정에도 아주 유용한 것으로 드러났다."라고 말했다.

글라우버는 '순결을 지키며 살아가는 건강한 남자'의 오줌을 사용해 '하소한 타르타르'(앞에 나왔던 탄산칼륨)와 함께 가열하라고 했지만, 사려 깊게 "오줌의 정은 만들기가 지루하기 때문에, 살 암모니

CHAMEAU DE L'ASIE.
FAISANT LE SEL AMMONIAC.
Dessinée par J. Charton.

그림 39　샤라의 『왕립 약전』에 실린 그림을 바탕으로 살 암모니악을 만드는 아시아 낙타를 묘사한 판화. 이 판화는 1780년대에 자크 샤르통Jacques Charton이 프랑스에서 출판한 디자인 모음집에 포함되었다.

악으로 더 쉽게 얻는 방법을 보여주려고 한다."라고 덧붙였다. 나중에 그는 암모니아를 "코를 찌르는 에센스"의 정이며, "공기 같고 축축하고 따뜻한 성질"을 갖고 있다고 기술했다. 또, 암모니아에는 여러 가지 용도가 있지만, 특히 "냄새만 맡아도 편두통과 그 밖의 만성 두통 질환이 싹 낫는데, 병적인 물질을 녹이고 콧구멍을 통해 내보내기 때문이다."라고 썼다.

순수한 암모니아 기체를 맨 처음 만들고 분리한 사람은 조지프 프리스틀리로, "가루로 만든 살 암모니악[염화암모늄]과 소화消和시킨 석회[수산화칼슘]를 1 대 3의 비율로 섞은" 혼합물을 가열해 만들었다. 그 기체는 물에 아주 잘 녹았기 때문에, 프리스틀리는 물 대신에 수은을 치환하는 방법으로 기체를 모았다. 그는 이 기체를 '알칼리 공기alkaline air'라고 불렀고, "나는 이 공기를 녹각정鹿角精, 액체나 고체 형태의 살 볼라틸sal volatile[탄산암모늄], 즉 살 암모니악을 고정 알칼리와 함께 증류해서 만든 휘발성 알칼리 염에서도 마찬가지로 쉽게 얻었다."라고 썼다. 녹각정은 옛날에 사슴뿔을 증류해서 얻던 물질이다. 이것은 가열하면 분해되었고, 액체 상태의 암모니아와 탄산암모늄이 일부 만들어졌다.

프랑스의 알칼리 개혁

1780년대에 화학 명명법을 발표할 때, 라부아지에와 그 동료들은 식물 알칼리나 광물 알칼리, 휘발성 알칼리 같은 기술 위주의 화합물 이름을 단순한 이름으로 대체하려고 했다. 스웨덴 광물학자 토르베른 베리만은 이보다 앞서 같은 일을 하려고 시도했고, '포타시눔potassinum', '나트룸natrum', '암모니아쿰ammoniacum'이란 이름을 제안했다. 프랑스 화학자들은 '포타스potasse'(영어로는 potash)와 '암모니아크ammoniaque'(영어로는 ammoniac)란 이름에 동의했지만, 나트룸 대신에 '수드soude'(영어로는 soda)를 선호했다.

> potash란 단어는 재를 씻어서 얻는 식물 고정 알칼리를 가리키는 데 사용돼왔다. 우리는 이 표현에 순수성과 부식성 개념만 추가하자고 제안한다.
> 우리는 natrum 대신에 soda란 단어를 선호해왔는데, 특히 이 단어가 더 널리 알려졌기 때문이다. 모든 화학자는 sal sodae나 soda 결정이란 단어에 익숙하며, 우리가 soda라고 부르는 물질은, 가끔 결정 형태를 띠는 탄산만 제외하고, sal sodae 결정을 이루는 바로 그 물질이다.

실제로는 저자들이 이 이름들을 탄산 알칼리가 아니라, 탄산 알칼리로부터 이산화탄소(탄산)를 제거하면 얻을 수 있는 더 단순하고 부식성이 훨씬 강한 알칼리를 가리키는 데 사용했다. 블랙이 보여주었듯이, 이산화탄소는 열이나 산을 사용해 탄산염에서 제거할 수 있다. 열만 사용해 탄산나트륨이나 탄산칼륨에서 이산화탄소를 제거하는 일은 아주 어려운 반면, 백악이나 석회(탄산칼슘)의 경우에는 그렇지 않다. 석회로는 '생석회'라 부르는 고체 산화칼슘을 훨씬 쉽게 만들 수 있다. 생성된 산화칼슘은 심지어 냉각된 뒤에도 물과 격렬하게 반응하면서 소화消和♦ 과정을 통해 아주 많은 열을 내며, 이 때문에 물이 쉭쉭거리는 증기로 변하면서 암석 입자들을 활기차게 날아가게 만든다. 생석회를 뜻하는 영어 단어 'quicklime'에 'quick'이 들어간 것은 이 때문인데, 앞에서도 언급했듯이 'quick'은 옛날에 '살아 있는'이란 뜻으로 쓰였다. 이 용법은 'quicksilver'라는 단어에도 쓰였는데, 이 단어는 살아 있는 액체 금속인 수은을 뜻한다.

산화칼슘이 물과 반응한 뒤에 남는 고체인 수산화칼슘은 소화된 석회란 뜻으로 '소석회'라 부르며, 그 수용액은 '석회수'라 부른다. 이 석회수로 부식성이 더 강한 광물 알칼리와 식물 알칼리를 만들 수 있다. 수산화칼슘 용액을 탄산칼륨이나 탄산나트륨 용액과 섞으면, 물에 녹지 않는 탄산칼슘(백악이나 석회의 주성분)이 침전되고, 수산화칼륨이나 수산화나트륨 용액이 남는다. 이 알칼리들은 오늘날 가성 칼리나 가성 소다라는 이름으로 팔린다.

그 화학적 과정은 정확하게 알려지지 않았지만, 이 과정은 오래전부터 활용돼왔다. 1660년대에 타케니우스Tachenius는 비누 제조 과정에서 알칼리를 만드는 이 방법을 기술했고, 또 이 '불같은 알칼리'의 부식성이 얼마나 강한지 보여주는 섬뜩한 이야기를 소개했다.

비누 제조공은 칼크스*Calx*[산화칼슘]에 식물을 태워 만든 인공 알칼리를 세 배 첨가하는데, 알칼리가 칼크스의 산 부분을 억제하면서 자신과 비슷한 나머지 부분을 녹이기 때문이다. … 그리고 나서 물을 충분히 첨가해 잿물 성분의 불같은 알칼리를 추출한다. (내가 이 물질에 '불같은'이

♦   여기서 소화는 산화칼슘이 물과 반응하여 수산화칼슘으로 변하는 것을 말한다.

라는 수식어를 붙인 이유는 이 부글부글 끓는 릭시비움*Lixivium*, 즉 레이*Ley*♦♦
가 모직 옷을 입은 주정뱅이를 순식간에 집어삼켰기 때문이다. 믿을 만한 사
람인 이 분야의 교수로부터 들은 이야기에 따르면, 그 뒤에는 리넨 셔츠와 가
장 단단한 뼈 외에는 아무것도 남지 않았다고 한다.)

    프랑스의 개혁이 일어난 후, '포타스potasse'와 '소다soda'는 이 가
성 수산화물들을 가리키는 이름이 되었다. 이것은 번잡스러운 단어
인 '가성 식물 고정 알칼리'와 '가성 광물 고정 알칼리'보다는 분명히
개선된 것이었다. 이 탄산염들은 프랑스어로 'carbonate de potasse(탄
산칼슘)'와 'carbonate de soude(탄산소다)'로 불렸는데, 이 용어들은
오늘날에도 쓰이고 있다.

    두말할 필요도 없지만, 아일랜드의 딕슨은 새로운 프랑스어 용
어가 마음에 들 리 없었다. 그가 특별히 반대한 이유(그리고 독일인이
'kali'라는 단어를 선호한 이유)는 'potash'가 반쯤 정제된 식물 알칼리
를 상업적으로 부르는 이름이고, 또 더 많이 정제된 물질은 업계에서
'perlasche'(혹은 'pearl-ash')라고 불렸기 때문이다. 딕슨은 블랙과 그
동료들이 재에서 알칼리를 추출하는 과정을 반영해 'lixiva'라는 단어
를 제안했다고 언급했지만, 이 용어에도 역시 반대했다. 비글레프도
이와 비슷한 변형 형태인 'spodium'('재'를 뜻하는 그리스어에서 유래
한)을 제안했지만 널리 쓰이지는 않았고, 아일랜드 화학자 리처드 커
원Richard Kirwan이 제안한 'tartarian'('타르타르염'에서 유래한) 역시 널
리 받아들여지지 않았다.

<hr />

♦♦   오늘날의 철자로는 lye로, 잿물을 가리킨다.

딕슨은 '소다'에 대해서도 할 말이 많았다. 많은 사람들은 이 단어가 아랍어에서 유래했다고 믿었지만, 딕슨은 "소다는 '두통'을 의미하고, '사원'을 뜻하는 단어에서 유래했기" 때문에 그럴 리가 없다고 생각했다. 그는 소다가 "비등沸騰을 뜻하는 독일어 *sode*에서" 유래했을 가능성이 높다고 생각했는데, 이 알칼리는 수용액을 끓여서 얻었기 때문이다. 또, 이 단어가 프랑스어 'soude'에서 유래했다는 주장도 언급했는데, 금속을 납땜할 때 소다가 융제로 쓰였기 때문이라고 설명했다.♦ 딕슨은 '나트론'(독일인이 선호한)이란 용어에도 반대했는데, 역사적으로 사용돼온 나이터와 오늘날 이 용어가 가리키는 것(질산칼륨)이 달라 혼란을 초래할 수 있다고 보았기 때문이다. 하지만 이와 관련해 블랙이 제안한 '트로나trona'란 이름에는 강하게 반대하지 않았는데, 이 단어는 천연으로 산출되는 탄산나트륨을 상업적으로 부르던 이름이었다.

딕슨 자신은 이 알칼리들에 '플랜칼리plankali'('plant kali'로부터), '포스칼리foskali'('fossil kali'로부터), '볼라칼리volakali'('volatile kali, ammonia'로부터)라는 이름을 제안했지만, 결국 프랑스와 영국에서 자리를 잡은 이름들은 'potasse', 'soude', 'ammoniaque'와 그 변형들이었다. 하지만 독일에서는 'kali', 'natrum', 'ammonium'이란 이름을 사용했다. 훗날 이 화합물들에서 분리된 원소들의 이름은 바로 이 이름들을 바탕으로 결정되었다.

♦ 프랑스어 soude는 '소다'란 뜻이고, souder는 '용접하다' 또는 '땜질하다'란 뜻이다. 딕슨이 프랑스어를 혼동했는지 저자가 오타를 냈는지는 알 수 없지만, 어쨌든 이 맥락에서 'soude'는 souder 또는 그 형용사형인 soudé일 가능성이 높다.

금속 원소의 예측과 분리

프랑스 저자들은 자신들의 명명법에서 "원소들 혹은 아직까지 분해되지 않은 물질들"의 이름을 제안했다. 그들은 암모니아크도 원소에 포함시켰지만, 그들 중 한 명인 베르톨레는 암모니아가 "아조트[질소]와 수소가 결합된 것"임을 보여주었다. 그들은 고정 알칼리가 거기서 새로운 원소를 분리할 수 있는 화합물이 아닐까 의심했다. 그리고 나트륨과 칼륨 원소가 분리되기 전에 수드 탄산염, 포타스 탄산염과 그 밖의 염에 정확한 이름을 붙이는 선견지명을 보여주었다. 그들은 여기서 그치지 않고 석회(칼슘), 마그네시아(마그네슘), 중정석(바륨) 등의 염에도 그 금속 원소가 알려지기 전에 이름을 붙였다. 놀랍게도 반응성이 아주 강한 이 다섯 가지 금속은 한 사람의 손에서 최초로 분리되었다. 그는 영국 콘월 지방에서 활동하던 젊은 화학자 험프리 데이비였다.

전기 분해의 탄생

정전기는 먼 옛날부터 연구돼왔지만, 정상전류定常電流◆◆는 1800년 경에 이탈리아 과학자 알레산드로 볼타Alessandro Volta(1745~1827)가 최초로 만들었다. 볼타는 사실상 최초의 전지를 만들었는데, 이것은

◆◆ 시간이 지나도 크기나 방향이 변하지 않는 전류를 말한다.

은 원판과 구리 원판을 차곡차곡 쌓고 그 사이에 소금물에 적신 천을 끼워 넣은 장치였다. 그 전에 이탈리아 의학자 루이지 갈바니Luigi Galvani가 해부 실험을 하다가 두 가지 금속에 동시에 닿게 할 때 개구리 다리가 움찔거린다는 사실을 발견했는데, 볼타는 이 관찰에서 영감을 얻어 볼타 전지를 발명했다. 볼타는 런던의 왕립학회에서 논문을 낭독하면서 자신의 발견을 발표했고, 영국 외과의 앤서니 칼라일Anthony Carlisle은 볼타가 쓴 최초의 편지를 보고 나서, 즉각 반 크라운 은화 17개와 그에 상응하는 아연 원판을 사용해 자신의 '볼타 전지'를 만들었다. 1800년 4월 30일, 칼라일은 친구 과학자 윌리엄 니컬슨William Nicholson과 함께 실험을 시작했다.

칼라일과 니컬슨은 처음에 전지를 사용해 자신들의 팔에 충격을 주는 실험을 한 뒤에 더 진지한 연구에 착수하여, 전류는 도체를 통해 전달되며 유리 같은 부도체에서는 전달되지 않는다는 사실을 발견했다. 그들은 전지와 접촉이 잘 일어나도록 맨 위에 있는 원판에 물을 한 방울 떨어뜨렸고, "칼라일은 접촉한 전선 주위에서 기체가 분리돼 나오는 것을 관찰했다." 놀랍게도 니컬슨은 이 기체가 "비록 그 양은 아주 적지만, 연결한 전선의 재료가 강철일 때에는 분명히 수소 냄새가 나는 것 같았다."라고 지적했다. 이 결과를 관찰한 두 사람은 "전선 중간을 물이 든 관으로 연결함으로써 회로를 끊어보기로" 했다. 그 관은 '뉴'라는 강의 물로 채웠다. 그러자 더 많은 거품이 발생했다. 며칠 뒤에 회로에 불활성 금속인 백금으로 만든 납작한 전선을 사용하자, 전지의 두 극에서 서로 다른 반응이 일어났다. "은 쪽에서 거품이 아주 많이 흘러나왔고, 아연 쪽에서는 그보다 적은 양의 거품이 흘러나왔다." 그들은 이렇게 덧붙였다. "은 쪽에서 더 많이 흘러나오는 거품은 수소이고, 더 적게 흘러나오는 거품은 산소라고 추론하는 것이 자연스럽다." 추가 실험 결과는 이 가설을 확인해주었고, 또 수소가 산소보다 정확하게 두 배 많이 나온다는 사실도 관찰되었다.

칼라일과 니컬슨은 이 실험을 통해 놀라운 발견을 했다. 캐번디시와 라부아지에가 보여준 것처럼 정확한 비율로 섞인 원소들로부터 물을 직접 합성할 수 있을 뿐만 아니라, 전기를 사용해 물을 다시 구성 원소들로 분해할 수 있음을 알아낸 것이다. 이 발견은 '전기 분해'라는 새로운 기술 시대를 열었다. 전기 분해는 전기를 사용해 화합물을 그 구성 성분으로 분해하는 것을 말한다.

포타시의 주성분을 분리하다

험프리 데이비는 즉각 볼타 전지를 만들어 실험을 시작했고, 1801년 6월에 그 결과를 실은 논문을 발표했다. 그리고 1806년에는 그 염들의 수용액에서 철, 아연, 주석 같은 금속이 생기는 결과를 포함해, 그때까지의 실험을 자세히 정리해 더 광범위한 보고서를 제출했다. 하지만 이 분야에서 데이비의 가장 중요한 발견은 1807년 10월 6일에 일어났다. 데이비는 알칼리 수용액에 전지를 넣어 물을 분해하는 것 외에 다른 결과를 얻는 데 실패한 뒤에, 백금 스푼 위에서 순수한 용융 포타시(수산화칼륨)를 가열해보았다. 그는 런던의 왕립연구소에서 조립한 거대한 전지를 사용했다. 이 거대한 전지는 "한 변이 12인치인 정사각형 구리판과 아연판 24개, 한 변이 6인치인 정사각형

판 100개, 한 변이 4인치인 정사각형 판 150개"로 이루어져 있었고, 이 판들은 액체를 담기 위해 전기조 속에서 수직이 아니라 수평 방향으로 배열돼 있었다. 실험 조건을 약간 바꾸면서 실험을 하자 "곧 강렬한 활동이 일어나는 것이 관찰되었다." 데이비는 자신의 논문에서 이 발견을 다음과 같이 서술했다.

> 포타시가 양쪽 전기 접점에서 녹기 시작했다. 위쪽 표면에서 격렬한 비등이 일어났고, 낮은 쪽에 있는 음극 표면에서는 탄성 유체가 전혀 나오지 않았다. 하지만 분명히 금속 광택이 나고 겉모습의 특징이 수은을 쏙 빼닮은 작은 구체들이 나타났다. 그중 일부는 생기자마자 폭발과 밝은 불꽃을 일으키며 탔고, 나머지는 그 상태를 유지하면서 그저 색만 흐릿하게 변했으며, 결국에는 표면이 하얀 막으로 뒤덮였다.
> 이 구체들은 곧 많은 실험을 통해 내가 찾던 물질, 즉 포타시의 주성분인 특이한 가연성 원소로 드러났다.

데이비의 논문은 이 놀라운 발견에 대해 그가 느낀 흥분을 제대로 전달하지 못한다. 이 실험을 할 때 사촌동생 에드먼드Edmund가 조수 역할을 했는데, 그는 훗날 "작은 칼륨 구체들이 포타시 껍질을 뚫고 터져 나와 공기 중으로 들어가면서 불이 붙는 것을 보았을 때, 데이비는 기쁨을 주체하지 못했다. 무아지경의 환희에 사로잡혀 방 안을 껑충껑충 뛰어다녔다. 실험을 계속할 만큼 냉정을 충분히 되찾을 때까지 상당한 시간이 필요했다."라고 보고했다.

며칠 지나지 않아 데이비는 처음으로 소다(수산화나트륨)에서 금속을 분리했다. "포타시와 똑같은 방식으로 처리했을 때, 소다도 비슷

266

한 결과를 내놓았다. 하지만 그것을 분해하려면 전지를 훨씬 높은 강도로 작동시켜야 했다."

무엇보다 놀라운 것은 이 새로운 원소들과 물의 반응이었다(이 실험은 지금도 학생들에게 큰 즐거움을 준다). 반응이 일어나는 동안 칼륨은 수면 위에서 이리저리 미친 듯이 돌아다니면서 수소 기체를 내뿜어 아름다운 자주색 불꽃 생성에 기여하고, 결국 반응이 끝나면 수산화칼륨 용액이 남는다. 더 큰 조각일수록 더 격렬한 반응이 일어나는데, 데이비는 이를 다음과 같이 기술했다.

> 공기에 노출된 물 위에서 일어나는 포타시 주성분의 반응은 일부 아름다운 현상과 관련이 있다. 포타시 주성분을 물 위에 던지거나 실온에서 물 한 방울과 접촉하게 하면, 그것은 격렬하게 분해되면서 밝은 불꽃과 함께 순간적으로 폭발하며, 그 결과로 순수한 포타시 용액이 생긴다.

이 금속들은 그때까지 발견된 금속들과는 너무나도 달랐기 때문에, 데이비는 처음에 이것들을 금속이라고 불러야 할지 고민했다. 하지만 그래야 한다고 올바른 결론을 내렸는데, "불투명성, 광택, 전성, 열과 전기의 전도 능력, 화학적 결합 성질 등이 금속에 해당하기 때문이었다."

결국 데이비는 새로 발견한 원소들에 이름을 붙이기로 했다. 데이비는 금속 원소 이름은 라틴어 어미인 '-um'이나 '-ium'으로 끝나는 것이 당시의 추세(이것은 오늘날까지도 계속 이어지고 있다)라고 지적했다.

포타시와 소다의 주성분 이름을 정할 때, 새로 발견된 다른 금속들에 공통의 합의로 적용된 어미를 채택하는 것이 적절해 보인다. 이 어미는 원래는 라틴어이지만 지금은 우리 언어에 자연스럽게 동화되었다.

새로운 이 두 물질에 나는 과감하게 포타슘Potassium과 소듐Sodium이란 이름을 붙였다. 물질의 조성과 관련해 이후에 이론에 어떤 변화가 일어난다 하더라도, 이 용어들은 실수가 될 가능성이 낮다. 왜냐하면, 이 이름들은 포타시와 소다에서 만들어진 금속을 의미하는 것으로 간주될 수 있기 때문이다.

어쩌면 데이비는 젊은 시절에 넘치는 열정으로 제안했다가 나중에 철회한 원소 이름인 'phosoxygen'의 망령에 여전히 사로잡혀 있었는지도 모른다. 하지만 이번에는 훨씬 신중한 태도를 보였다.

나는 이 나라의 유명한 과학자들에게 이름을 정하는 방법에 대해 자문을 구했다. 내가 채택한 이름은 가장 일반적으로 승인돼온 이름이다. 이 이름은 우아함보다는 의미를 더 중시한 것이라고 볼 수 있다. 두 원소 모두에 공통적인 것이 아닌 특정 성질을 근거로 이름을 짓는 것은 불가능했다. 그리고 소다의 주성분 이름은 그리스어에서 빌려올 수 있었을지 몰라도, 포타시의 주성분 이름에는 그와 비슷한 방식을 적용할 수 없었는데, 옛 사람들이 두 알칼리를 구분한 것 같지 않기 때문이다.

독일어로 번역된 데이비의 논문은 그다음 해에 나왔지만, 번역자인 루트비히 길베르트Ludwig Gilbert(그 논문이 실린 학술지를 편집하는 일도 맡았던)는 포타시와 소다라는 용어 대신에 더 보편적인 독일어 단어인 '칼리kali'와 '나트론natron'을 사용했고, 각각에서 분리된 새 원소들을 '칼리의 주성분'과 '나트론의 주성분'이라고 불렀다. 데이비가 새로운 금속에 이름을 붙이는 절이 끝나는 곳에서 길베르트는 독일어 이름으로 Kalium과 Natronium을 제안했다.

엔스 야코브 베르셀리우스가 국제적인 화학 언어가 된 화학 기호 체계를 개발할 때 이 단어들을 사용했기 때문에, 이 독일어 이름들이 적절한 이름으로 뿌리를 내렸다. 베르셀리우스는 1811년에 다음과 같이 썼다.

> 프랑스인과 영국인은 아직도 *potassa*와 *soda*라는 이름을 사용하는데, *kali*와 *natron*보다 자신들의 언어에 더 어울리기 때문이다. 하지만 포타시는 상품으로 거래되는 식물 알칼리를 포함한 물질을 가리키기 때문에, 순수한 상태의 이 알칼리에는 다른 이름을 붙일 필요가 있다. 나는 유명한 독일 화학자들이 채택한 kali란 이름을 사용했다. *natrum*과 *soda*라는 이름에 대해서도 마찬가지다. 따라서 우리는 이 알칼리의 금속 주성분을 포타슘과 소듐 대신에 칼륨*kalium*과 나트륨*natrium*이라고 불러야 한다.

초기의 화학 기호

화학에서 기호를 사용하기 시작한 시기는 최초의 연금술 기록이 문서로 남은 시기까지 거슬러 올라간다. 1장에서 보았듯이 각각의 금속에는 그것을 나타내는 기호가 있었는데, 일부 화합물도 기호로 나타냈다. 라부아지에와 동료들은 개정된 명명법을 발표할 때, 그 개혁을 바탕으로 한 기호 체계도 추가했다. 이것을 고안한 사람은 라부아지에보다 더 젊은 두 동료였다. 그 당시 라부아지에의 연구소에서 조수로 일했던 장-앙리 아상프라츠Jean-Henri Hassenfratz와 화학을 재미있는 취미로 여겼고 훗날 신생국 미국에 초대 프랑스 대사로 부임한 피에르-오귀스트 아데Pierre-Auguste Adet가 그들이었다. 오늘날 화학자들의 눈에는 이들의 기호가 아주 끔찍해 보이겠지만, 그래도 이전에 비하면 큰 진전이었다. 원소 기호들에는 어느 정도의 표준화가 적용되었고, 더 중요하게는 화합물 기호가 그 구성 원소의 기호들로 이루어져 있었다. 저자들은 이렇게 주장했다. "모든 화합물은 제각각 다른 원소들의 조합으로 만들어지기 때문에, 화합물을 나타내는 기호는 원소 기호들의 결합으로 이루어져야 한다."

가장 중요한 목표는 새로운 기호들을 쉽게 이해할 수 있어야 한다는 것이었다. 그들은 이렇게 썼다. "우리의 화학 기호 개혁에서는 옛날 화학자들이 사용한 것과 동일한 디자인을 채택하지 않을 것이다. 그들은 자신들의 과학을 일반인이 보지 못하도록 신비한 베일로 가리려고 온갖 수단을 다 썼다. 우리는 반대로 우리의 지식을 최대한 널리 소통할 수 있도록 최선을 다해야 한다."

케케묵은 기호들에 어느 정도 일관성을 부여하려는 시도는 이전에도 있었다. 아마도 가장 주목할 만한 시도를 한 사람은 스웨덴 광물학자 토르베른 베리만이 아닌가 싶은데, 그는 금속을 나타내는 역사적인 기호들을 사용하는 것에 더해, 예컨대 황산염, 질산염, 염화물(현대적인 용어로 표현한다면)을 나타내는 기호들도 제안했다. 이것들은 십자 기호(산성을 나타내는)와 결합함으로써 특정 산을 나타낼 수 있었고, 알칼리나 금속 기호와 결합함으로써 많은 염을 나타낼 수 있었다. 베리만은 거기서 더 나아가 화학 방정식의 예도 많이 제시했다. 〈그림 40〉은 그 예를 현대적 해석과 함께 보여준다. 베리만은 산성 용액의 예와 마른 고체들을 함께 가열할 때 일어나는 반응의 예도 제시했다.

　베리만의 체계는 큰 진전을 보여준 것이긴 하지만, 아상프라츠

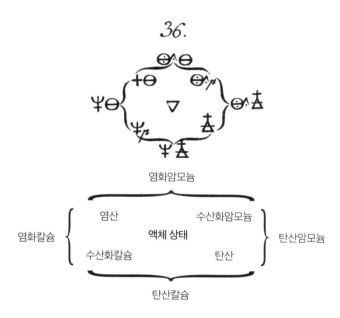

그림 40 　1775년에 베리만이 기호를 사용해 나타낸 화학 방정식의 한 예. 아래의 단어들은 이것을 현대적으로 해석한 것이다. 베리만은 이 화학 방정식을 통해 염화칼슘 수용액을 탄산암모늄 수용액(이 반응물들은 이 그림에서 양쪽 옆에 위치)과 섞으면, 물에 녹지 않는 탄산칼슘 침전물(맨 아래쪽)이 생기고, 염화암모늄 수용액(맨 위쪽)이 남는다는 것을 보여준다. 이것은 염소와 암모늄, 칼슘, 탄산 이온들을 섞으면(그림에서 중앙을 둘러싸고 있는 사각형 안), 물에 녹지 않는 탄산칼슘이 침전하고 수용액에는 암모늄 이온과 염소 이온이 남는다는 것을 보여준다고 해석할 수도 있다.

와 아데의 눈에는 이상적인 것과는 거리가 멀었고 때로는 매우 비논리적이었다. 이들은 자신들이 제안한 체계에서 '홑원소 물질corps simple'♦을 대체로 라부아지에의 체계를 따르면서 여러 범주로 분류했다. 예컨대, 일반적으로 많은 종류의 물질을 만드는 원소(빛, 열소, 산소, 질소), 알칼리 물질(소다, 포타시, 석회), 가연성 물질(탄소, 황, 인 포함) 그리고 금속 등으로 분류했다. 이들은 많은 염을 만들 수 있는 유기산처럼 아직 구성 원소들로 분해되지 않은 물질에도 기호를 부여했다.

첫 번째 범주에 속한 일반적인 원소들은 서로 다른 각도로 그은 직선을 사용해 나타냈다. 빛의 경우에는 수직 방향의 물결선을 사용해 나타냈다. 각도가 다른 물결선은 이 범주에 속한 원소들이 나중에 더 발견될 경우를 대비해 아껴두었다. 이 선들은 다른 기호들에 쉽게 추가해 화합물을 나타낼 수 있었다.

알칼리 물질은 삼각형으로 나타냈는데, 위쪽을 향한 삼각형은 포타시와 소다를, 아래쪽을 향한 삼각형은 칼슘과 바륨의 산화물을 포함한 알칼리 토금속을 나타냈다. 그리고 같은 범주에 속한 종들을 서로 구별하기 위해 "알칼리나 알칼리 토금속의 각 종을 나타내는 삼각형 안에 그 물질의 라틴어명 중 첫 번째 문자를 쓰는 방법"을 제안했다.

금의 기호는 연금술에서 사용하던 기호(원 중앙에 점을 하나 찍은 것)를 그대로 사용했는데, "단순히 옛날 기호를 보존하기 위해서" 그

♦ 앞에서도 이야기했지만, corps simple은 그 당시 과학자들이 더 단순한 물질로 분해되지 않는다고 생각한 물질을 가리킬 때 쓰던 용어로, 오늘날의 '원소'와 같은 개념으로 쓰였다.

랬다. 다른 금속들은 원은 그대로 유지했지만, 각 금속 물질의 라틴어명 중 첫 번째 문자를 그 안에 집어넣었다. 그들은 "라틴어명 첫 번째 문자를 선호했는데, 라틴어명은 보편적으로 알려져 있기 때문이었다." 가끔 라틴어명 첫 번째 문자가 동일한 원소들도 있었다. 이 경우에는 한 원소는 첫 번째 문자로 나타내고, 다른 원소는 "첫 번째 문자와 그다음에 오는 자음 문자를 합쳐서" 나타냈다. 그들은 명확한 설명을 위해 예를 들었다. "은의 라틴어명은 비소와 마찬가지로 A로 시작하는데, 은은 원 안에 A를 집어넣어 나타내고, 비소는 원 안에 A와 S를 나란히 집어넣어 나타낸다."

라틴어 사용은 이 체계의 중요한 특징인데, 아상프라즈와 아데는 "모든 화학자가 공통으로 사용하는 화학 기호를 만드는 것이 아주 중요하다."라고 지적했다. 똑같은 화학 기호를 사용해야 다른 나라 과학자들과 서로 쉽게 소통하고 이해할 수 있기 때문이다. 불행하게도 일부 번역자는 자국민의 편의를 위해 더 명쾌하게 설명하려는 의욕이 넘친 나머지 이 체계를 일부 변경하는 선택을 했다.

조지 피어슨George Pearson은 1794년에 출판된 『화학 명명법 표의 번역Translation of the Table of Chemical Nomenclature』 초판에서 아상프라즈와 아데의 기호를 포함시키지 않았지만, 1799년에 증보 출판된 재판에서는 포함시켰다. 그는 화학 기호들을 영어명으로 나타내기로 결정했고, 이 때문에 리처드 셰네빅스Richard Chenevix는 1802년에 출판된 『프랑스 신조어 작명자들의 원리에 따른 화학 명명법 해설Remarks upon Chemical Nomenclature, Accoding to the Principles of the French Neologists』에서 피어슨을 혹독하게 비판했다. 셰네빅스는 다음과 같이 주장했다.

피어슨 박사는 라틴어명 첫 문자 대신에 영어명 첫 문자를 사용하는 치명적인 잘못을 저질렀다. 그렇게 함으로써 그는 언어의 한계를 노출시켰고, 보편적인 기호를 지방의 방언으로 축소시켰다. 전 세계의 학계를 제국으로 간주한다면, 영국과 프랑스, 독일, 이탈리아, 미국 등등은 지방에 지나지 않는다. 만약 이 나라들이 모두 제각각 자국 언어를 사용할 권리를 주장한다면, 그들은 곧 서로를 이해하지 못하게 될 것이다.

영어권 저자들은 아상프라츠와 아데가 사용한 것과 다른 기호를 사용했다. 이뿐만 아니라, 저자와 번역자마다 제각각 다른 기호를 사용함으로써 혼란을 더 부추겼다. 〈표 1〉은 여러 영어 텍스트에서 원소 기호를 나타내기 위해 원 안에 집어넣었던 문자들의 예를 보여준다.

이런 식이라면, 원 안에 S가 있는 기호는 주석(라틴어로 'stannum')을 가리킬 수도 있고, 은silver 또는 황sulfur을 가리킬 수도 있다. C가 있는 기호는 구리(라틴어로 'cuprum')나 코발트cobalt 또는 탄소carbon를 가리킬 수 있다. 또, 원 안에 A가 있는 기호는 은(라틴어로 'argentum')이나 안티모니antimony, 질소azote를 의미할 수 있다. 게다가 알칼리인 포타시를 나타내는 기호도 위쪽을 향한 삼각형에 P(영어 'potash')나 V(영어 'vegetable alkali') 또는 L(라틴어 'lixia')을 넣은 것이 모두 사용되었다. 소다의 경우에는 S(영어 'soda')나 F(영어 'fossil alkali') 또는 T(블랙이 제안한 'trona')를 넣은 것이 쓰였다.

이 기호들은 많은 책에 실렸지만, 원래 의도대로 책에서 설명하는 화합물과 반응을 나타내기 위해 본문 중의 텍스트에 사용되는 대신에 늘 완전한 표의 형태로 제시되었다. 1800년, 독일 화학자 프리드

원소 \ 저자	세인트 존 St John	피어슨 Pearson	부용-라그랑주 Bouillon-Lagrange	커 Kerr	덩컨 Duncan
	1788	1799	1800	1802	1803
수은	H	Q		Me	H
구리	C	Co	C	Cu	Cp
코발트	K	C		Co	Cb
탄소				C	
은	A	Si	S	Ar	Ag
안티모니	ST	A	A	An	Sb
주석	S	Ti	T	St	Sn
스트론튬		St			
황				S	
아조트(질소)				A	

표 1   원 안에 제각각 다른 문자를 집어넣어 같은 원소를 나타낸 예. 모두 위의 저자들이 영어로 출판한 책에 실린 것들이다.

리히 카를 그렌Friedrich Carl Gren의 저서를 영어로 번역 출간한 『현대 화학의 원리Principles of Modern Chemistry』에서 번역자(그루버Gruber 박사로 추정됨)는 아상프라츠와 아데가 원래 제안한 문자를 그대로 사용한 표를 부록으로 첨부했지만, 다음과 같은 의견을 덧붙였다.

이 체계는 매우 독창적임을 인정하지 않을 수 없지만, 아주 유용하게 쓰일 것 같지는 않다. 왜냐하면, 만약 인쇄된 책의 텍스트에 사용한다면 줄들이 흐트러지는데, 설령 이 기호들을 위해 특별한 활자를 주조한다 하더라도 줄들 사이의 간격이 벌어져 인쇄 비용 증가와 종이 낭비를 초래할 것이기 때문이다. 게다가 손으로 쓰건 인쇄를 하건, 기호를 제대로 구별하기 위해 눈을 크게 뜨거나 주의를 집중하는 것보다는 예컨대 *muriat of ammoniac*(염화암모늄)이라는 단어를 읽는 편이 더 쉬울 것이다. 마찬가지로 오인하는 실수를 피하기 위해 그 물질에 해당하는 복잡한 기호들을 분명하고 확실하게 추적하는 것보다는 muriat of ammoniac이라고 쓰는 편이 훨씬 덜 번거로울 것이다.

그 뒤에 그는 "더 이상 연금술사의 방식으로 과학의 비밀을 다루려는 의도가 없다면, 그런 기호를 써야 할 이유가 있을까?"라고 덧붙였다.

현대적인 기호

아상프라츠와 아데의 기호를 다른 곳은 몰라도 (적어도) 자신의 원고에서 사용한 한 사람은 베르셀리우스였다. 비록 이 기호를 쓰긴 했지만, 베르셀리우스는 불만이 많았다. 그는 1813년 무렵에 새로운 체계를 처음으로 제안했고, 그다음 해에 발표한 「화학 기호와 화학 기호를 사용해 화학적 비율을 나타내는 방법에 관해」라는 제목의 논문에서 이 체계를 더 확대했다. 그는 이렇게 썼다.

화학적 비율을 나타내려고 할 때, 화학 기호의 필요성을 절실히 느끼게 된다. 화학 분야에서 화학 기호는 늘 존재했지만, 지금까지는 유용하게 사용된 적이 거의 없었다. 그 기원이 연금술사들이 금속과 행성 사이에 존재한다고 가정했던 신비스러운 관계와 일반 사람들이 알 수 없는 방식으로 그것을 표현하려는 바람에 있다는 건 의심의 여지가 없다. 반플로지스톤 혁명에 나선 동료 과학자들은 합리적인 원리를 바탕으로 새로운 기호를 발표했는데, 화학 기호는 새로운 이름과 마찬가지로 물질의 조성을 정의해야 하고, 물질 이름 자체보다 더 쉽게 쓸 수 있어야 한다는 목표를 지향했다. 하지만 이 기호들이 아주 잘 고안되었고 매우 독창적이라는 점을 인정한다 하더라도, 이것들은 효용성이 전혀 없다. 문자와 비슷한 점이 거의 없을 뿐만 아니라, 정확한 판독을 돕기 위해 일반적인 문자보다 훨씬 크게 표시해야 하는 그림을 사용하는 것보다는, 축약된 단어를 쓰는 편이 더 쉽기 때문이다. 나는 새로운 화학 기호들을 제안하면서, 낡은 기호들의 효용성을 크게 떨어뜨린 불편을 피하려고 노력할 것이다.

재현하기 어려운 기호의 사용을 피하기 위해 베르셀리우스가 제안한 해결책은 단순히 문자(아상프라츠와 아데가 사용한 원을 없애고)를 사용하는 것이었다.

화학 기호는 쓰기가 훨씬 용이할 뿐만 아니라 인쇄된 책을 훼손하지 않는 문자로 나타내야 한다. 비록 이 마지막 상황은 크게 중요해 보이지 않을 수도 있지만, 가능하면 그런 상황을 피해야 한다. 그래서 나는 각 원소 물질의 라틴어명에서 첫 번째 문자를 화학 기호로 삼으려고 한다. 하지만 첫 번째 문자가 동일한 물질이 여럿 있으면, 다음과 같은 방법으로 이들을 구별할 것이다. 1. 준금속 집단에서는 첫 번째 문자만을 사용할 것이다. 설령 이 문자가 준금속과 일부 금속 물질에 공통된다 하더라도 그렇게 할 것이다. 2. 금속 집단에서는 첫 번째 문자가 다른 금속이나 준금속과 같을 경우, 그 단어의 처음 두 문자를 씀으로써 서로를 구별한다. 3. 만약 두 금속의 처음 두 문자가 같을 경우, 처음 문자 뒤에 둘이 공유하지 않는 첫 번째 자음 문자를 덧붙인다. 예를 들면, S = sulphur(황), Si = Silicium(규소), St = stibium(안티모니), Sn = stannum(주석), C = carbonicum(탄소), Co = cobaltum(코발트), Cu = cuprum(구리), O = oxygen(산소), Os = osmium(오스뮴) 등으로 표기한다.

이 논문은 처음부터 영어로 발표되었는데, 이 논문이 실린 학술지의 편집자 토머스 톰슨(조지프 블랙에게서 자극을 받아 이 분야에 뛰어든 스코틀랜드 화학자)이 베르셀리우스의 원고를 영어로 번역하여 소개했다. 하지만 톰슨은 "영어 독자들이 쉽게 알아볼 수 있도록" 일부 원소의 이름과 원소 기호까지 자의적으로 바꾸는 심각한 '죄'를 저질렀다. 그런 변경 사항 중에는 데이비가 발견해 '소듐'이라 이름 붙인 금속 원소의 기호를 So로, 칼륨(영어로는 potassium) 원소의 기호를 Po로 고쳐놓은 것도 있었다. 베르셀리우스는 격노했다. 톰슨에게 보낸 편지에서 그는 이렇게 썼다.

당신은 내가 사용한 라틴어 용어를 여러 곳에서 마음대로 바꾸는 짓을 저질렀습니다. 자신이 선택한 용어를 사용하는 것은 저자의 권리라고 생각합니다. 당신은 그 권리를 침해했고, 나는 당신이 내 동의 없이 그렇게 했다는 것을 학술지 독자들에게 밝히길 요구합니다.

톰슨이 나트륨과 칼륨의 이름과 기호를 이단적으로 바꾼 것에 대해 베르셀리우스는 1811년에 쓴 명명법에 관한 논문(앞에 소개한)에서 언급한 이유를 거론하면서 이렇게 썼다.

여기에 더해 고트어에서 유래하고 스웨덴어뿐만 아니라 영어와 독일어에도 남아 있는 단어인 'pot'과 'ash'로 불합리한 라틴어 단어를 만들었다는 점을 지적하고 싶습니다.

톰슨은 베르셀리우스에게 보낸 편지에서 이렇게 반박했다.

영어에서 화학 명명법은 너무나도 잘 확립돼 있어서 당신 의견이나 내 의견으로 쉽게 바꿀 수가 없습니다. 설사 우리가 단어들을 개선할 수 있다고 생각하더라도, 논문의 내용이 잘 읽히길 바란다면 이 관행에 순응해야 합니다. 베릴리아Beryllia, 칼륨, 나트륨 같은 용어는 독자들이 이해하지 못할 것입니다. 블랙 박사는 소다와 포타시 대신에 트로나와 릭시바라는 용어를 쓰려고 시도했지만 실패로 끝났습니다. 커원은 타르타린Tartarin을 제안했지만 성공하지 못했습니다. 만약 내가 칼륨과 나트륨을 제안한다면, 나 역시 그렇게 될 것입니다. 독일에서 이 용어들이 사용되는 이유는 클라프로트가 이미 칼리와 나트론을 일반적으로 사용하도록 했기 때문입니다. 이 나라 사람들은 변화를 그다지 좋아하지 않습니다.

베르셀리우스의 체계에서 벗어나려는 시도를 한 사람은 톰슨뿐만이 아니었다. 프랑스 광물학자 프랑수아 쉴피스 뵈당François Sulpice Beudant도 1824년에 출판된 교과서 초판에서, 나트륨과 칼륨은 So와

Po로, 금(프랑스어로 or)은 O로, 산소(프랑스어로 oxygène)는 Ox로 나타낸 것을 포함해 자기 나름의 기호를 사용했다. 하지만 베르셀리우스로부터 비판을 받고 나서 재판에서는 스웨덴의 체계를 따랐다.

도중에 흥미로운 변형들이 일부 나타났지만(몇몇 원소의 기호를 점과 콤마로 대체하면서 베르셀리우스 자신이 직접 손댄 다소 기묘한 변경을 포함해), 시간이 지나자 공통의 기호 체계가 발전했다.

많은 점에서 베르셀리우스가 발명한 우아한 체계는 아상프라츠와 아데의 체계가 논리적으로 발전한 결과라고 볼 수 있다. 주목할 만한(그리고 완전히 우연의 일치만은 아닌) 사실은 영국인 번역자 커 Kerr가 이들의 체계를 해석하면서 사용한 기호 중 10개가 지금도 여전히 사용되고 있는 반면, 프랑스인이 만든 원래 체계의 기호 중에서 변하지 않은 채 살아남은 것은 단 2개밖에 없다는 점이다. 일부 이유는 커가 탄소와 수소, 황, 인을 나타내는 기호를 사용한(원 안에 집어넣어서) 데 있는데, 이 물질들은 예컨대 모두 산소와 결합할 수 있기 때문에 금속과 동일하게 취급해야 한다고 생각해 그렇게 했다. 하지만 높은 성공률을 거둘 수 있었던 또 다른 이유는 칼슘과 바륨, 마그네슘 원소가 1791년에 분리되었다고 생각해, 1802년에 커가 이 원소들에 현대적 기호를 부여했기 때문이다(〈그림 41〉 참고). 다음 장에서 보겠지만 이 생각은 틀린 것이었는데, 세 원소는 모두 험프리 데이비가 1808년에 가서야 분리했기 때문이다. 하지만 데이비가 자신이 발견한 원소들에 제안한 이름들조차 모두 원래의 형태로 살아남지는 못했다. 그 이유를 알려면, 현대의 주기율표에서 알칼리 토금속이라고도 부르는 2족 원소들을 자세히 살펴볼 필요가 있다.

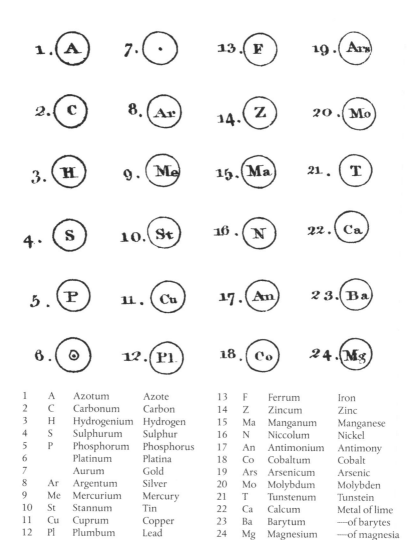

1	A	Azotum	Azote	13	F	Ferrum	Iron
2	C	Carbonum	Carbon	14	Z	Zincum	Zinc
3	H	Hydrogenium	Hydrogen	15	Ma	Manganum	Manganese
4	S	Sulphurum	Sulphur	16	N	Niccolum	Nickel
5	P	Phosphorum	Phosphorus	17	An	Antimonium	Antimony
6		Platinum	Platina	18	Co	Cobaltum	Cobalt
7		Aurum	Gold	19	Ars	Arsenicum	Arsenic
8	Ar	Argentum	Silver	20	Mo	Molybdum	Molybden
9	Me	Mercurium	Mercury	21	T	Tunstenum	Tunstein
10	St	Stannum	Tin	22	Ca	Calcum	Metal of lime
11	Cu	Cuprum	Copper	23	Ba	Barytum	—of barytes
12	Pl	Plumbum	Lead	24	Mg	Magnesium	—of magnesia

그림 41　1802년에 커가 아상프라츠와 아데의 책을 번역하면서 사용한 화학 기호들. 오늘날 사용되는 화학 기호들 중 10개는 커가 사용한 것과 동일하다(원을 무시한다면). 칼슘과 바륨, 마그네슘의 기호도 보이지만, 이 금속들은 실제로는 이 당시에는 분리되지 않은 상태였다.

6

자철석과 토류

염과 토류를 구분하는 경계선을 정해야 하는데,
나는 그 경계선이 용액을 거의 볼 수 없는 지점에서
시작되어야 한다고 생각한다.

커원, 1794

다섯 가지 토류

셀레늄, 토륨, 세륨, 규소 원소를 발견하고, 오늘날 우리가 사용하는 화학 기호를 고안한 옌스 야코브 베르셀리우스(1779~1848)는 18세기에 활약한 많은 스웨덴 광물학자와 화학자 명단에서 맨 뒤쪽에 위치한 사람 중 한 명이다. 베르셀리우스는 자신보다 앞서 활동한 악셀 프레드리크 크론스테트(1722~1765)를 화학적 광물학의 창시자로 여겼다. 크론스테트는 2장에서 쿱퍼니켈에서 분리한 니켈 원소의 발견자로 나온 바 있다. 하지만 크론스테트의 또 다른 업적은 이보다 더 큰 의미가 있는데, 그때까지 관행처럼 여겨져 온 광물의 겉모습 대신에 화학적 조성을 바탕으로 광물을 분류하는 체계를 세운 것이다. 그는 처음에 이 체계를 소개하는 책을 스웨덴어로 써서 1758년에 익명으로 출판했는데, 이 책은 나중에 '광물학 체계에 관한 논고An Essay towards a System of Mineralogy'라는 제목을 달고 영어로 번역되었다. 크론스테트는 광물은 일반적으로 토류土類♦, 역청, 염, 금속의 네 범주로 나눌 수 있다고 생각했다. 이름이 시사하듯이 역청bitumen은 기름에는 녹지만 물에는 녹지 않는 가연성 물질이다. 염과 토류의 주요 차이점은 '알칼리 광물 염'인 나트론을 포함하는 염은 물에 녹고, 그

♦　물과 불에 잘 녹지 않고 환원하기도 어려운 금속 산화물을 뜻한다.

수용액에서 다시 결정을 회수할 수 있다는 데 있다. 크론스테트는 토류를 "연성延性이 없고, 대개 물이나 기름에 녹지 않으며, 강한 열에서도 그 구조를 보존하는 물질"로 정의했다.

크론스테트는 처음에는 토류에 아홉 가지 집단이 있다고 생각했다. 토르베른 베리만(1735~1784)이 활동한 시기에 이르러, 이것은 "서로에게서 그리고 더 단순한 다른 것으로부터 얻을 수 없는" 다섯 가지로 줄어들었다. 라부아지에와 그 동료들은 이것들이 소다와 포타시처럼 원소가 아니라 새로운 금속을 포함한 물질이 아닐까 하고 의심했지만, 이 다섯 가지 집단을 자신들의 방대한 명명법 연구 결과에 포함시켰다. 이들의 명명법이 1788년에 영어로 번역될 때, 이 집단들은 실리스silice, 알루미나alumina, 중정석barytes, 석회lime, 마그네시아magnesia란 이름으로 번역되었다. 맨 앞의 두 집단 이름은 결국 19세기 초에 규소silicon와 알루미늄aluminium이란 원소 이름을 낳았다. 영어 단어 silicon은 라틴어 'silex'(이산화규소가 주성분인 '부싯돌flint'을 뜻하는)에서 유래했는데, 비금속 원소인 탄소carbon와 붕소boron와 비슷하다는 점을 반영해 어미에 '-on'을 붙였다. 알루미늄이란 이름은 나중에 다시 다루겠지만, 여기서는 플리니우스가 쓴맛의 염을 가리키는 용어로 사용한 '알루멘alumen'에서 유래했다는 사실만 언급하고 넘어가기로 하자. 'alum'은 원래는 여러 가지 물질을 가리켰지만, 결국에는 황산알루미늄과 황산칼륨의 복염인 명반(백반)만을 가리키게 되었다. 존 페터스John Pettus는 1683년에 라차루스 에르커의 광산학책을 영어로 번역하면서 덧붙인 '금속 단어들의 설명'에서, 'alumen'이란 단어가 투명성, 수정과 비슷한 점, 아주 밝게 빛나는 돌이라는 속성을 감안해 '빛'을 뜻하는 라틴어 단어 'Lumen'에서 유래했다고 설명했다.

　나머지 세 토류인 중정석, 석회, 마그네시아는 다소 비슷한 성질을 가진 것으로 묘사되었다. 모두 산과 반응해 이산화탄소를 방출하면서 거품이 나고, 가열하고 남은 물질은 물에 녹아 알칼리 용액이 되었다. 이런 이유 때문에 이것들은 '알칼리 토류'라고 불리게 되었다. 라부아지에의 『화학 원론』 영어 번역본 3판에서 번역자 커는 이세 가지 토류에 새로 발견된 스트론타이트strontite(탄산스트론튬)를 추가했다. 이 이름은 이 광물이 발견된 납 광산이 위치한 스코틀랜드 로카버 서부의 스트론티안 교구에서 딴 것이다. 이 교구의 게일어 이름 'Sròn an tSìthein'은 직역하면 '요정 언덕의 코'란 뜻으로, 이 지역에서 눈에 띄게 돌출한 언덕을 가리킨다. 2년 뒤에 보석인 녹주석에서 새로운 토류가 발견되었다. 이것은 처음에는 그 화합물(독성이 아주 강한)의 단맛 때문에 '달다'란 뜻의 라틴어를 따 '글루신glucine'이라고 불렸다. 하지만 권위 있는 독일 광물학자이자 우라늄의 발견자인 마르틴 하인리히 클라프로트는 이 이름에 이의를 제기했다. 새로 발견된 토류인 이트리아yttria(실제로는 많은 토류가 섞인 물질로, 19세기에 가서야 각각의 성분으로 분리된다)의 염들 역시 단맛이 났기 때문이다. 그는 다음과 같이 썼다.

　　글루신이란 이름이 처음에 아무리 잘 선택한 것처럼 보였다 하더라도, 나는 이 물질을 더 잘 구별하고 그 특성을 잘 나타내는 *베릴리나beryllina* 라는 이름으로 바꾸는 것이 좋다고 생각한다. 왜냐하면, 이트리아에서 또 다른 토류가 발견되었는데, 그것에 의해 생성된 중성 염 역시 단맛이 나기 때문이다.

글루시늄glucinium이란 이름이 한동안 사용되긴 했지만, 훗날 이 토류에서 분리된 금속에는 결국 베릴륨beryllium이란 이름이 붙었다. 베릴륨은 주기율표의 2족 원소들 중에서 가장 가벼운 원소이다. 알칼리 토금속이라고도 부르는 2족 원소들은 베릴륨, 마그네슘, 칼슘, 스트론튬, 바륨, 라듐이다. 마지막 원소인 라듐은 아주 강한 방사능을 지닌 원소로, 1898년에 피에르 퀴리와 마리 퀴리가 발견했다. 경이롭게도 이 알칼리 토금속 원소 중 가장 먼저 알려진 세 원소는 모두 베르셀리우스의 최대 경쟁자인 험프리 데이비가 처음 분리해 그 이름을 붙였다. 대다수 원소들은 그 이름의 기원이 분명한 반면, 마그네슘의 이름은 마법 같은 자연의 선물 중 하나인 자석과 뒤얽힌 그 복잡한 역사 때문에 데이비에게 큰 골칫거리를 안겨주었다.

여러 종류의 자석

그리스인이 마그네스Magnes라고 부른 돌은
가장 경이로운 돌이라네.
이 돌은 쇠를 끌어당기는데, 그것도 아주 강하게 끌어당긴다네.
이 쇠도 자석과 닿고 나면 다른 쇠를 끌어당기지.
마치 자석이 쇠를 끌어당기듯이.

새뮤얼 워드, 1640

중세 시대의 보석에 관한 문헌 혹은 암석에 관한 논문에는, 지니고 있으면 불굴의 힘이나 무적의 힘 또는 모습을 보이지 않게 만드는 능력을 얻을 수 있다는 마법의 물질이 많이 나온다. 지금도 수정의 치유력을 믿는 사람들에게는 실망스럽게도, 그런 성질을 뒷받침하는 증거는 없다. 하지만 실제로 초자연적 성질을 지닌 것처럼 보이는 돌이 하나 있는데, 이 돌은 멀리 떨어져 있는 금속을 닿지도 않은 채 움직일 수 있다. 그 돌은 바로 자석이다.

자석은 그 이전에도 특히 중국에서 많이 언급되었지만, 플리니우스가 『박물지』에서 쓴 내용은 후대에 이 돌을 둘러싼 혼란을 부추겼다. 플리니우스는 마그네타이트magnetite란 광물의 형태로 산출되는, 자성을 띤 철 산화물인 천연 자석lodestone에 대해 이야기하면서 "철은 이 돌에서 힘을 받는 유일한 금속이다."라고 썼다. 그리고 "천연 자석에 잘 접촉시키고 문지르면, 이 철 역시 다른 철 조각을 끌어당길 수 있다. 그래서 서로 연결되거나 매여 있지 않은데도 많은 고리들이 사슬처럼 연결된 모습을 볼 수도 있다."라고 덧붙였다. 이 놀라운 광경은 진짜 마술처럼 보였을 것이다. 플리니우스는 또 "무지한 사람들은 천연 자석과 문질러 서로 들러붙은 이 고리들을 보고서 '살아 있는 철Quick-yron'이라고 부른다."라고 썼다(앞서 quicksilver[수은]와 quicklime[생석회]의 사례에서 보았듯이, 이것은 'quick'이 '살아 있는'이란 뜻으로 쓰인 또 하나의 사례이다).♦ 플리니우스는 또한 기원전 2세기에 활동한 그리스 시인 콜로포니오스의 니칸드로스Nikandros의 주장을 빌려 magnet(자석)이란 이름이 어떻게 정해졌는지도 이야기한다. 이

♦ 라틴어로 글을 쓴 플리니우스가 quick이란 단어를 사용했을 리는 만무하다. 플리니우스는 ferrum vivum이란 단어를 사용했는데, 그의 책을 옛날에 영어로 번역한 사람이 Quick-yron으로 옮겼고, 저자는 영어 번역본을 보고 quick의 옛날 용법을 언급한 것이다.

다산에서 소를 치는 사람이던 마그네스Magnes의 이름에서 땄다고 하는데, "앞에서 말한 산에서 소를 치던 마그네스는 산을 오르내리면서 구두의 징과 쇠 곡괭이와 지팡이 부스러기가 그 돌에 들러붙는 걸 보았을 것이다."라고 썼다.

이 이야기는 그 후에 많이 인용되었는데, 예컨대 새뮤얼 워드 Samuel Ward는 1640년에 나온 다소 기이한 책인 『천연 자석의 경이, 신성한 도덕적 용도로 새롭게 쓰이는 천연 자석The Wonders of the Load-stone or, The Load-Stone Newly Reduc't into a Divine and Morall Use』에서 예수와 자석 사이의 유사성을 다소 억지스럽게 끌어낸다. 워드는 'load-stone'이라는 이름은 "영어와 네덜란드어에서만 독특하게 나타나는데", (구세주처럼) "이끌고 방향을 가리키고 길을 보여주기 때문에 생겨났다."라고 말한다. 그리고 "그다음으로 많이 불리는 이름들 중에는 Magnes도 있는데, 그 큰 힘과 장점 때문에 붙은 이름이다."라고 덧붙였다.

하지만 천연 자석이 발견된 장소에서 그 이름을 딴 것이라는 주장이 더 그럴듯하다. 문제는 플리니우스가 마그네시아라는 지역을 두 군데나 언급했고, 장소에 따라 제각각 다른 성질을 가진 자석이 다섯 가지 있다고 말했다는 점이다. 그는 이렇게 썼다. "이 돌들에서 관찰되는 가장 큰 차이점은 성性이고(어떤 것은 수컷이고 어떤 것은 암컷이다), 그다음으로 큰 차이점은 색이다." 플리니우스는 어떤 것은 빨갛고, 어떤 것은 검다고 했다. 터키의 아나톨리아 북서부에 있는 지역인 트로아드에서 나는 것은 "검은색의 암컷인데, 이 점에서 다른 것만큼 훌륭하지 않다." 즉, 더 약한 종류이다. 이보다 더 질이 떨어지는 것은 아시아의 마그네시아에서 나는 자석으로, 흰색의 이 돌은 속돌과 비슷하며 철을 끌어당기지 않는다. 그렇다면 이것을 굳이 자석이라고 불러야 하는지 의심스럽다. 나중에 보게 되겠지만, 이것은 완전히 다른 종류의 광물이었을 가능성이 높다.

플리니우스가 자석이 철을 끌어당기는 현상을 기술한 것은 아주 정확하지만, 자석에는 이보다 훨씬 기이한 힘이 있다고 전해졌다. 13세기의 독일 신학자 알베르투스 마그누스는 광물에 관한 책에서, 배우자의 부정을 시험하는 일 등에 쓰인 천연 자석의 예전 용도를 소개했다. "아내가 정숙한지 아닌지 알고 싶다면, 영어로 Magnes라고 부르는 천연 자석을 가져와서 … 그 돌을 아내의 머리 밑에 놓아두라. 만약 아내가 정숙하다면 아내는 남편을 안을 것이고, 부정하다면 곧 침대 밖으로 떨어질 것이다." 11세기에 프랑스 북서부 렌의 마르보드Marbode 주교가 보석에 관해 쓴 책에도 같은 이야기가 라틴어로 쓴 시로 등장한다. 〈그림 42〉는 1658년에 이 시를 영어로 번역한 것인데, 더 감성을 살린 1860년판 번역본도 덧붙여 소개했다.

이와 비슷하게 알베르투스는 도둑들이 범행에 착수하기 전에 천연 자석을 사용해 집에서 잠자는 사람들을 내보내는 방법을 소개한다. "만약 이 돌을 갈아서 집의 네 모퉁이에 뿌려놓으면, 잠자는 사람들이 모든 것을 남겨둔 채 집에서 나갈 것이다."

알베르투스는 중세 시대에 유행한 이야기도 소개한다. 이 이야기는 아리스토텔레스가 소개한 이야기로 잘못 알려지기도 했는데, 자석 산이 근처를 지나가는 배의 못을 모조리 빨아들여 배를 파괴한다는 내용이다. 이 이야기는 1526년에 출판된 『대초본서』와 『건강의 정원』 다른 판본들에 극적으로 묘사한 그림과 함께 실렸다(〈그림 43〉 참고).

If one would know her leads a whorish life,
Under her head, when that she sleeps, it shows:
For she that's chast, will presently imbrace
Her husband whilst she sleepeth; but a whore
Falls out o'th'bed, as thrown out with disgrace,
With stink o'th'Stone, which shows this, and much more.
i

For should'st thou doubt thy wife's fidelity
Unto her slumbering head this test apply;
If chaste she'll seek they arms, in sleep profound
Though plung'd: – th'adultress tumbles on the ground:
Hurled from the couch, so strong the potent fume,
Proof of her guilt, diffused throughout the room.
ii

아내의 정절이 의심된다면,

잠자는 아내의 머리에 이 시험을 해보라.

만약 아내가 정숙하다면, 깊이 잠든 상태에서 당신의 품으로 파고들 것이다.

하지만 부정을 저질렀다면, 침대에서 내동댕이쳐져

바닥으로 떨어질 것이다. 그리고 그녀의 죄를 증명하는

아주 강한 냄새가 온 방에 진동할 것이다.

그림 42   11세기에 마르보드가 쓴 자석에 관한 시를 1658년에 번역한 것(위). 아래는 1860년에 C. W. 킹C. W. King 목사가 번역한 것이다.

자석 산이 배를 파괴한다는 개념은 분명히 공상의 산물이지만, 아프리카의 모리타니에는 실제로 자철석만으로 이루어진 산이 있다. 케디에트에질산이 바로 그 산이다. 이 산은 서사하라와의 국경에서 50km쯤 떨어진 모리타니 서부에 있는데, 위성 지도에서 창백하고 황량한 사하라 사막 위에 어두운 색의 '애교점'처럼 선명하게 드러난다. 해안 지역에 있지 않아서 이 산이 배를 파괴할 위험은 없으며, 어쨌든 지나가는 배의 못을 뽑는다는 것은 말도 안 되는 이야기이다. 하

그림 43　15세기 말에 출판된 『건강의 정원』에 실린 목판화. 배가 자석 산을 지나가다가 쇠못이 모조리 빠지는 바람에 침몰하는 광경을 묘사하고 있다.

지만 이 산에서는 나침반이 제대로 작동하지 않는다.

　알베르투스는 자석의 환상적인 성질을 기술하는 것에 더해, 철 외에 다른 것을 끌어당기는 자석 이야기(아리스토텔레스의 주장을 빌려)도 들려준다. "어떤 것은 금을 끌어당기고, 다른 것은 은을 끌어당기며, 또 주석이나 철, 납을 끌어당기는 것도 있다." 1960년대에 알베르투스의 이 책을 번역한 도로시 위코프Dorothy Wyckoff는 이 이야기는 돌이 여러 가지 금속을 물리적으로 끌어당기기보다는, 제련 과정에 사용된 광물이 특정 금속에 강한 친화력이 있다는 뜻으로 받아들이는 편이 낫다고 주장했다. 예를 들면, 2장에서 우리는 회취법 과정에서 안티모니를 사용해 금속의 불순물을 '끌어당김으로써' 정제된 금을 따로 남기는 사례를 보았다. 하지만 알베르투스는 계속해서 더 공상적인 종류의 자석을 열거하는데, 그중에는 사람의 살("그런 자석에 끌리는 힘을 받는 사람은 웃음을 터뜨리고, 만약 자석이 아주 크다면 죽을 때까지 그 상태에 있다고 한다.")과 뼈, 머리카락, 물, 물고기를 끌어당기는 것도 있었다. 그는 심지어 "기름을 끌어당기는 '기름 자석'과 식초를 끌어당기는 '식초 자석', 와인을 끌어당기는 '와인 자석'도 있다."라고 주장했다. 16세기의 이탈리아 야금학자 반노초 비링구초(앞 장에서 초석을 다룰 때 나왔던)는 이런 주장을 펼친 알베르투스를 조롱했다. "그렇다면 사람을 위해 채소와 소금을 만드는 한 가지[자석]만 없는 셈이다. 그 자석만 있다면 어디서든 샐러드를 만들 수 있을 테고, 쟁반과 빵만 조금 있다면 아주 근사한 식사를 할 수 있을 것이다!"

여기서 우리의 관심을 끄는 또 다른 종류의 자석이 있는데, 이것 역시 플리니우스가 언급한 것이다. 플리니우스는 해변에서 나이터를 가열하다가 유리를 발견한 이야기를 한 뒤에 이렇게 덧붙였다. "하지만 나중에(인간의 재치는 아주 창의적이어서) 사람들은 나이터를 이 모래와 섞는 것에 만족하지 못하고 천연 자석[magnes lapis]을 집어넣기 시작했는데, 그것이 철뿐만 아니라 자연히 유리 액체도 끌어당길 것이라고 생각했기 때문이다." 플리니우스가 여기서 언급한 'magnes lapis'가 정확하게 무엇을 가리키는지는 불분명하다. 어쩌면 칼슘을 함유한 석회석이었을 수도 있는데, 이것은 유리를 안정한 상태로 유지하는 데 필요하다. 처음의 이유가 무엇이었건, 곧 유리 직공들 사이에서는 유리를 만들 때 혼합물에 일상적으로 이 '천연 자석'을 첨가하는 것이 상식이 되었다.

망가니즈—유리 직공의 자석

얼마 지나지 않아 용융된 유리에 특정 광물을 첨가하면 다양한 색을 낼 수 있다는 사실이 알려졌다. 예컨대 코발트 광석을 첨가하면 아름다운 파란색을 낼 수 있었다. 어떤 광물은 미가공 상태의 유리에서 초록색(미량의 철 때문에 나타남)을 제거해 더 가치 있는 투명한 유리를 만들 수 있었다. '가스'라는 단어를 만든 헬몬트는 "천연 자석은 또 다른 환상적인 작용을 통해 불로 가열해 완전히 끓거나 녹은 유리에서 어떤 것이라도 끌어낼 수 있다. 끓고 있는 초록색 또는 노란색 덩어리 상태인 많은 양의 유리에 아주 작은 천연 자석 조각을 집어넣으면 유리를 희게 만들 수 있다."라고 썼다. 그리고 자석은 "불타는 유리로부터 색을 띤 액체를 끌어당겨 집어삼킨다."라고 덧붙였다. 하지만 이 과정에 필요한 물질은 천연 자석인 자철석(철 산화물)이 아니라, 겉모습이 비슷해 이 광물과 혼동하기 쉬운 화합물인 망가니즈 산화물이다.

유리를 '세척'하는 데 쓰이는 광물이 보통 천연 자석과 다르다는 사실은 중세에도 알려져 있었다. 알베르투스는 자신의 책 중 보석을 다루는 부분에서 자석(라틴어로 'Magnes' 또는 'Magnetes'라고 쓴)에 관한 항목 뒤에 유리 직공들이 사용한 이 돌에 관한 항목을 'Magensia' 또는 'Magnosia'라는 제목으로 실었다. 비링구초는 1540년에 이탈리아어로 출판한 책에서 이 돌을 소량 사용하면 유리를 세척할 수 있을 뿐만 아니라 더 많은 양으로는 아름다운 보라색을 낼 수 있다고 지적하면서, 이 광물을 라틴어로 '망가네세manganese'라고 불렀다. 이 단어는 피렌체의 가톨릭 신부 안토니오 네리Antonio Neri가 1612년에 출간한 『유리 기술L'Arte Vetraria』에서도 사용했다. 50년 뒤에 'The Art of Glass'란 제목으로 나온 이 책의 영어 번역본과 그 후에 이 책을 바탕으로 나온 많은 책에서도 이 광물을 'manganese'♦라고 불렀다.

유리를 희게 만드는 광물은 가끔 다른 이름으로도 불렸는데, 여전히 그 광물의 핵심 성질을 반영한 이름이었다. 예를 들면, 1766년에 피에르-조제프 마케르Pierre-Joseph Macquer가 출간한 『화학 사전Dictionnaire de chymie』의 '유리화Vitrification' 항목에서는 유리의 색을 언급하면서 "이 색들은 망가니즈로 없앨 수 있는데, 망가니즈는 소량 첨가하면 유리를 깨끗이 할 수 있어 기술자들 사이에서 *유리 비누*라고 불린다."라고 설명한다. 19세기에 오스트리아 광물학자 빌헬름 카를 리터 폰 하이딩거Wilhelm Karl Ritter von Haidinger는 오늘날 이 광물의 이름으로 가장 널리 쓰이는 용어를 만들었다. 그가 만든 'pyrolusite(독일어로는 pyrolusit)'♦♦라는 단어는 '불'과 '세척 작용'을 뜻하는 그리스 단어들을 합친 것으로, 가열했을 때 유리 세척 효과를 나타내는 이 광물의 성질에서 딴 이름이다.

망가니즈라는 이름과 천연 자석을 연관 지은 옛날의 이 관행은 유리 제조 설명서에 보존되었다. 1699년에 나온 한 설명서에는 다음과 같은 구절이 있다. "루크레티우스Lucretius는 마케도니아 부근에 있는 리디아의 마그네시아 지역에서 산출되는 천연 자석을 마그네스

♦　정확한 영어 발음은 '맹거니즈'이다. 전에는 독일어 이름을 따 '망간mangan'이라고 불렀는데, 대한화학회는 영어식 발음도 라틴어식 발음도 아니고 그 국적을 알 수 없는 '망가니즈'로 표기하기로 결정했다.

♦♦　우리말로는 연망간석. 대한화학회 원칙에 따르면 '연망가니즈석'이라고 불러야 하나, 아직까지 국어사전에는 '연망간석'이 표제어로 올라 있다.

Magnes라고 불렀다고 설명한다. 따라서 우리가 유리 제조에 사용하는 종류의 광물에 마그네세Magnese와 망가네세Manganese라는 이름이 남아 있는 것은 놀라운 일이 아닌데, 그 이름으로 불리는 지역에서 그것이 나오기 때문이다."

문제는 영어 텍스트에서는 연망간석 광물을 가리키는 데 'manganese'라는 용어가 사용된 반면, 다른 언어들, 특히 라틴어 텍스트에서는 'magnesia'라는 용어가 여전히 많이 사용되었다는 점이다. 예를 들면, 1770년에 크론스테트의 대표적인 광물학 저서를 영어로 번역한 『광물학 체계에 관한 논고』에서는 'manganese'라는 단어를 사용했지만, 스웨덴어 원본에서는 'magnesia' 또는 'brunsten(브룬스텐)'(직역하면 '갈색 돌')'을 사용했고, 프랑스어 명칭 'mangonese(망고네스)'를 비롯한 다른 이름들은 단순히 언급만 하고 지나갔다. 동시대의 많은 사람들과 마찬가지로 크론스테트도 '브룬스텐(연망간석)'이 정확하게 무엇인지 몰랐다. 많은 사람들이 일종의 철 광물이라고 생각한 반면, 크론스테트는 금속을 거의 포함하지 않은 일종의 토류라고 생각했다. 이 광물을 처음으로 철저히 연구한 사람은 같은 스웨덴 사람인 셸레였는데, 이 놀라운 연구 과정에서 셸레는 불순물로 포함돼 있는 새 원소와 독성 기체인 염소를 발견했다. 하지만 위대한 셸레조차도 브룬스텐 광석에서 금속을 분리하진 못했다. 이그나티우스 고트프리트 카임Ignatius Gottfried Kaim이라는 오스트리아 화학자가 1770년에 망가니즈를 포함해 새로운 금속을 여러 가지 분리했다고 주장했지만, 실제로 그랬을 가능성은 희박하다. 망가니즈 금속은 1774년에 토르베른 베리만의 실험실 조수로 일하던 요한 고틀리프 간Johan Gottlieb Gahn이 처음 분리했다는 것이 의심의 여지가 없는 사실이다(간은 그

때까지 세상에 알려지지 않았던 약제사 셸레를 자신의 교수에게 소개함으로써, 이 놀라운 실험과학자와 그의 연구를 과학계에 널리 알린 것으로도 유명하다). 베리만은 간의 발견을 보고하면서 "검은색 마그네시아 혹은 유리 직공의 마그네시아라고 부르는 광물 물질은 새로운 금속의 금속회가 분명하다."라고 썼다. 베리만은 이 광물에 금속이 들어 있을 것으로 생각한다고 말했지만, 그것을 추출하지는 못했다. 하지만 "마침내 내 실험에 대해 아무것도 모르고 있던 간이 아주 강한 열을 사용해 큰 레굴루스regulus 조각을 얻는 데 성공했다." '레굴루스'('왕'을 의미함)란 용어는 특정 광석의 금속을 가리킨다. 베리만은 계속해서 '망가니즈 레굴루스'를 얻는 데 필요한 세부 정보를 모두 설명했다. 비록 영어 번역자는 새로운 금속을 또다시 '망가니즈'(오늘날 우리가 여전히 사용하고 있는 용어)라고 불렀지만, 베리만은 라틴어로 다른 이름을 사용했다. 혼란스럽게도 그는 "장황함을 피하고 토류인 마그네시아와 구별하기 위해 그것은 *마그네슘Magnesium*이라고 부른다."라고 썼다. 이것은 오늘날 우리가 마그네슘이라고 부르는 금속이 아니다. 베리만이 가리킨 것은 우리가 망가니즈라고 부르는 금속이었다! 그가 선택한 이름이 초래한 혼란을 살펴보기 전에, 먼저 그가 자신의 새로운 금속과 구별하려고 한 마그네시아 토류를 자세히 살펴보기로 하자.

흰 망가니즈와 마그네시아 알바

천연 자석과 연망간석은 둘 다 보통은 검은색인데, 베리만은 자신이 언급하는 것이 무엇인지 분명히 하기 위해 '마그네시아 니그라magnesia nigra'('검은 마그네시아'라는 뜻)라는 이름을 사용했다. 그 무렵에는 흰 마그네시아도 있었기 때문에 이런 이름을 쓴 것이다. 앞에서 보았듯이 플리니우스는 철을 끌어당기지 않는 아시아 마그네시아의 흰 '자석'을 언급했지만, 그 정체가 정확하게 무엇인지는 몰랐다. 흰 마그네시아, 즉 마그네시아 알바magnesia alba는 초기의 연금술 텍스트에서 가끔 언급되었지만, 그것이 정확하게 무엇인지는 불분명하다. 이 점은, 옛날의 다양한 원고들에서 초기의 연금술에 관한 영시를 수집해 모은 시선집 『영국 화학 극장Theatrum Chemical Britannicum』에서 두드러지게 드러난다. 이 시선집은 17세기의 수집가이자 애시몰리언 박물관 창립자인 엘라이어스 애시몰Elias Ashmole이 편찬했다. 애시몰은 이 시선집에 '몰던의 목사'가 지었다는 「녹색 사자 사냥The Hunting of the Greene Lyon」이란 시를 실었는데, 이 시에 다음 구절이 포함돼 있다.

To create *Magnesia* they made no care,

In their Bookes largely to declare;

But how to order it after hys creacion,

They left poore men without consolacion.

마그네시아를 만드는 법에 그들은 전혀 신경을 쓰지 않았지,

대체로 선언을 하기 위한 그들의 책에서.

하지만 만들어진 뒤에 그것을 정결하게 만드는 법에 관해서는

그들은 위로도 없이 불쌍한 사람들을 남기고 떠났다네.

아마도 흰 마그네시아는 단순히 마그네시아라고 불리던 지역 중한 곳에서 나는 흰색 물질이었을 것이다. 혹은 자석이라고 불린 다른 광물들과 특정 화학적 성질을 공유한 흰색 물질이었을 수도 있다. 예를 들면, 정상적인 광물 형태로 유리를 깨끗이 하는 데 쓰인 연망간석은 검은색이거나 갈색(셸레의 브룬스텐처럼)인 반면, 그것으로 유리에 동일한 효과를 나타내는 흰색 물질을 만드는 것이 가능하다. 연망간석을 뜨겁고 진한 산에 녹인 뒤, 거기다가 탄산나트륨 또는 탄산칼륨 용액을 섞으면 오늘날 우리가 탄산망가니즈라고 부르는 흰색 침전물이 생긴다. 이 물질을 공기 중에서 가열하면 연망간석이 일부 다시 생기는데, 지금도 연망간석이 유리를 희게 만드는 용도로 쓰이는 이유는 이 때문이다. 셸레는 이 방법으로 탄산망가니즈를 만들고, 그것을 '바이센 브라운슈타인weißen Braunstein'('흰 갈색 돌')이라고 불렀다. 이것이 영어로 번역되면서 'white manganese(흰 망가니즈)'가 되었다. 탄산망가니즈는 자연에서도 발견된다. 능망간석(대개 분홍색을 띤)이라는 광물로 산출되며, 쿠트노호라이트kutnohorite(발견 장소인 체코공화국의 지명에서 딴 이름)라는 광물에 탄산칼슘망가니즈로 섞여서 산출되기도 한다. 따라서 플리니우스의 '흰 자석'은 유리를 만드는 데 유용한 효과가 있는 흰 망가니즈 화합물을 가리켰을 가능성이 충분히 있다. 크론스테트는 실제로 흰 망가니즈 광물을 "엄밀하게는 소위흰 마그네시아"라고 언급하면서, 그것이 아주 희귀하다고 덧붙였다.

흰 망가니즈라는 용어는 탄산망가니즈를 가리키는 데 쓰였지만, 그 이전에는 완전히 다른 화합물, 그러니까 오늘날 우리가 탄산마그네슘이라 부르는 화합물을 가리켰다. 마그네슘과 망가니즈는 주기율표에서 완전히 다른 원소이지만, 그 화합물들을 두고 일어난 혼동 때문에 비슷한 이름을 갖게 되었다.

탄산마그네슘의 제법과 성질을 처음으로 광범위하게 연구한 사람 중 한 명은 프리드리히 호프만Friedrich Hoffmann이라는 독일 의사인데, 그는 18세기 초반에 이 물질을 라틴어로 '마그네시아 알바'('흰 마그네시아' 또는 '흰 자석')라고 불렀다. 이 물질은 1731년에 『광천수의 새로운 실험과 관찰 그리고 건강 보전과 질병 치료에 쓰이는 광천수의 용도 소개New Experiments and Observations upon Mineral Waters, Directing Their Farther Use for the Preservation of Health, and the Cure of Diseases』라는 제목으로 번역 출판된 호프만의 책을 통해 처음으로 영어로 소개된 것으로 보인다. 번역자는 식물 재를 이용해 인공적으로 초석을 제조하는 과정에서 남은 액체로 만드는 물질을 'white manganese'로 옮겼다. "흰 망가니즈는 초석을 정제할 때 염으로 변하지 않고 남은 모액母液♦ 잔류물을 증발과 하소 과정을 통해 얻는 백악 같은 알칼리 물질이다." 12년 뒤에 출간된 같은 책의 재판에는 'magnesia alba'라는 용어도 포함되었는데, 번역자는 "이 흰 망가니즈는 불쾌하지 않고 순한 하제 효능이 있는 의약품이지만, 영국에서는 거의 알려지지 않았고 별로 사용되지도 않는다."라고 덧붙였다. 프랑스에서 명명법 개혁이 일어나기 전에 이 물질의 이름으로 '마그네시

♦　여기서는 결정이 다 정출되고 난 뒤에 남은 포화 용액을 뜻한다.

아 탄산염carbonat of magnesia'이 제안되었지만, 18세기에 약국들과 다른 문헌들에서 널리 받아들여진 이름은 '마그네시아 알바'라는 이 라틴어 이름이었다.

이 이름은 처음에는 영국에서 거의 사용되지 않았지만, 1748년에 출판된『출생부터 세 살까지 어린이의 양육과 보살핌에 관한 논고 An Essay upon Nursing, and the Management of Children from Their Birth to Three Years of Age』에 실린 뒤로 곧 모든 약국에서 쓰이게 되었다. '마그네시아 알바'는 4장에서 스코틀랜드 화학자 조지프 블랙이 특정 탄산염 광물에서 고정 공기인 이산화탄소의 흡수와 방출을 연구할 때 조사했던 물질 중 하나로 나온 적이 있다. 블랙은 호프만이 개발한 마그네시아 알바의 제법을 역사적으로 고찰하고, 이 물질이 그 당시 의약품으로 널리 쓰인 상황을 소개했지만, 조심스럽게 다음 경고를 덧붙였다. "이 역사로 미루어보면 마그네시아는 아주 무해한 의약품인 것처럼 보이지만 … 이것을 자주 사용하는 일부 건강염려증 환자는 고창鼓脹과 경련이 일어날 수 있다."

마그네시아 알바에 관한 이 유명한 논문에서 블랙은 탄산마그네슘의 성질을 화학적으로 비슷한 탄산칼슘(대리석이나 백악의 주성분)과 비교한다. 두 물질의 주요 차이점 중 하나는 비트리올 정(황산을 가리키는 옛 용어)에 녹인 뒤에 남는 용액의 성질이다. 황산은 이 두 가지 탄산염과 반응해 이산화탄소를 내보내고 황산염 용액을 남긴다. 차이점은 황산칼슘(물에 아주 조금만 녹는)은 거의 아무 맛이 없는 반면, 황산마그네슘(물에 훨씬 잘 녹는)은 아주 쓴맛이 난다는 점이다. 셸레는 황산과 탄산망가니즈가 반응한 결과로 생기는 황산망가니즈(그가 '흰 망가니즈'라고 부른) 용액도 쓴맛이 난다고 지적했다. 이 공통의 성질이 두 물질 사이의 혼동을 더 부추겼을 가능성이 있다.

하지만 호프만이 초석 제조에 필요한 용액을 쓰지 않고 더 쉽게 마그네시아 알바를 만드는 데 사용한 물질은 바로 쓴맛이 나는 이 염, 황산마그네슘이었다. 그보다 100여 년 전에 런던 남서쪽에 위치한 작은 시장 도시 엡섬에서 황산마그네슘이 발견된 것도 다름 아닌 쓴맛 때문이었다.

황산마그네슘 — 엡섬염

오늘날 경마와 무기염으로 유명한 엡섬의 지방사에 따르면, 그 소중한 샘은 1618년 가뭄이 계속되던 어느 여름날에 헨리 위커Henry Wicker라는 사람이 발견했다. 그는 땅에 난 작은 구멍에 물이 가득 차 있는 걸 보고는 소들이 물을 마실 수 있도록 구멍을 넓혔다. 하지만 소들은 물을 입에 대려고 하지 않았는데, 물에 잘 알려져 있던 염인 명반(황산알루미늄과 황산칼륨의 복염)이 녹아 있어서 그랬던 것 같다. 한동안 이 물은 베인 상처나 타박상을 치료하는 데에만 사용되었지만, 1630년경에 몇몇 일꾼이 우연히 이 물을 마셨다가 예기치 않게 이 물에 하제 효과가 있다는 사실을 발견했다. 1690년대에 왕립학회 회원이던 니어마이어 그루Nehemiah Grew가 이 물의 화학적 성질을 조사해 먼저 라틴어로 그 결과를 발표하고 나서, 다시 영어로 「엡섬과 그 밖의 물에 포함된 쓴맛의 하제 염의 성질과 용도에 관한 논고」라는 제목의 논문으로 발표했다. 이 소논문에서 그루는 엡섬염(황산마그네슘)이 타르타르염(탄산칼륨)이나 '오줌염(탄산암모늄)' 같은 그 밖의 탄산염과 반응해 흰색 침전물(탄산마그네슘)을 만든다고 지적했다. "이 염과 타르타르염 그리고 그 밖의 오줌염이나 알칼리염을 용해시키면 흰색의 응고물 또는 중성염이 생기는데, 아무 맛도 나지 않지만 수렴제 맛이 약간 난다." 이것은 훗날 호프만이 개발해 발표한 제법으로, 초석을 만들 때 남는 액체로부터 마그네시아 알바를 추출하는 방법을 대체했다.

왜 탄산마그네슘이라는 이 물질이 마그네시아 알바라는 이름으로 불리게 되었을까 하는 의문이 남는다. 어쩌면 앞에서 이야기했듯이, 흰 망가니즈인 탄산망가니즈로 오인하여 그랬을 수 있다. 예를 들면, 돌로마이트(탄산칼슘과 탄산마그네슘의 복염)는 쿠트노호라이트(탄산칼슘과 탄산망가니즈의 복염)와 혼동하기 쉽다. 하지만 이름의 유래에 대해 다른 주장들도 있는데, 대부분은 진짜 자석처럼 다른 물질을 끌어당기는 이 물질의 능력과 관계가 있다. 1699년에 출간된 『유리 기술』의 새로운 영문판에는 "옛날 철학자들은 하늘의 초자연적인 힘과 별의 영향력을 끌어당기는 자석의 능력을 지닌 것이면 무엇이건 마그네시아라고 부른다."라는 내용이 나온다. 데일 잉그램Dale Ingram은 1767년에 마그네시아 알바와 엡섬 광천수의 기원과 성질을 다룬 소책자에서 오래전부터 연금술사와 화학자는 흰색 토류 물질이라면 어떤 것이건 마그네시아 알바라고 불러왔다고 하면서, "하지만 특히 공기 중에 노출되었을 때 아질산을 끌어당겨 흡수하여 무게가 늘어나고 흰색이 더 짙어지는 특이한 능력을 가진 물질을 가리킬 때" 이 용어를 쓴다고 설명했다. 이것은 다소 이상한 이야기인데, 이 물질은 질산염을 전혀 포함하고 있지 않기 때문이다. 하지만 초석(질산칼륨)을 만드는 과정에서 질산염이 분리돼 나와 생겼을 수도 있는데, 초석 자체는 지하실과 외양간 벽에서 공기 중의 성분을 흡수하며 자라는 것처럼 보였다.

요한 쿵켈은 『화학 실험실』(저자 사후 13년 뒤인 1716년에 출판된)에서 '스피리투스 문디Spiritus Mundi'◆를 언급했다. 이것은 진취적인 기업가 두 사람이 "특정 자석으로 모으고 사용할 수 있었던" 귀중한 액체를 가리켰다. 그들이 실제로 한 일은 백악(탄산칼슘)을 질산에 녹여 질산칼슘을 만든 것이었다. 그리고 나서 그 결과로 생긴 용액을 증발시켜 질산염 고체를 얻었는데, 이 물질은 공기 중에서 수분을 끌어당겼다. "그들은 이 물질을 추출했고, 그 물이 스피리투스 문디라고 말했다. 이 물질은 1로트당 12그로셴의 값이 나갔고, 온갖 곳에 쓰였다." 오늘날 우리는 질산칼슘에 흡습성, 즉 공기 중에서 습기를 빨아들이는 성질이 있다는 사실을 잘 알고 있다. 스피리투스 문디의 효능에 대해 쿵켈은 "믿음이 효과의 자리를 대신 차지한 게 틀림없다. 단순한 빗물도 마찬가지 효과를 나타냈을 것이기 때문이다."라고 정확하게 지적했다. 이 질산칼슘을 만든 화학자는 1장에 나왔던 크리스찬 아돌프 발두인으로, 우연히 이 물질을 너무 강하게 가열했다가 '빛 자석', 즉 '발두인의 인'을 발견했다. 쿵켈이 기술한 '물-자석'으로 사용된 물질은 탄산칼슘으로 만들었지만, 탄산마그네슘을 사용했더라도 동일한 효과가 나타났을 것이다. 그래서 아마도 이와 비슷한 개념에서 이 물질에 흰 자석, 즉 마그네시아 알바라는 이름이 붙었는지도 모른다.

◆　세계령世界靈을 의미하는 라틴어이다.

이 물질을 다룬 또 하나의 소책자로 1750년에 에스파냐에서 출판된 것이 있는데, 여기에는 이 물질은 "자석이 철을 끌어당기듯이 인체에서 해로운 체액을 끌어당겨 완전히 끄집어내기 때문에" 마그네시아라는 이름을 얻었고, "그 흰색에서 알바라는 이름을 얻었는데, 잘 만들면 눈처럼 하얗기 때문이다."라고 쓰여 있다.

그 이름을 어떻게 얻었건 간에, 광물학자 베리만의 체계와 1780년대에 프랑스 화학자들이 일으킨 획기적인 개혁을 통해 아주 많은 염에 붙은 이름도 '마그네시아 알바'라는 용어에서 유래했다. 베리만은 오늘날 황산마그네슘, 질산마그네슘, 염화마그네슘이라고 부르는 염들을 '마그네시아 비트리올라타magnesia vitriolata,' '마그네시아 니트라타magnesia nitrata', '마그네시아 살리타magnesia salita'라는 이름으로 불렀다. 프랑스 화학자들은 이 염들을 각각 '쉴파트 드 마녜지sulfate de magnésie', '니트라트 드 마녜지nitrate de magnésie', '뮈리아트 드 마녜지muriate de magnésie'라고 부르면서 각 염의 조성을 명확하게 나타냈다. 하지만 베리만과 프랑스 화학자들은 망가니즈의 염들 이름을 놓고는 의견이 엇갈렸다. 프랑스 화학자들은 망가네즈manganèse라는 이름을 사용한 반면, 베리만은 혼란스럽게도 자신이 금속 망가니즈를 가리킬 때 쓰는 마그네슘magnesium이란 이름을 사용했다. 프랑스 화학자들은 새로운 프랑스어 이름과 함께 라틴어 이름도 사용했는데, "모든 나라의 지식인에게 균일하고 명료한 방식으로 자신의 의도를 표현하는 방법을 제공하지 않는다면, 그것은 불완전한 것이 되고 말 것"이라고 생각했기 때문이다. 놀랍게도 이들이 마그네슘과 망가니즈를 가리키는 이름으로 추천한 라틴어 용어는 'magnesiæ'와 'magnesii'로 마지막 모음만 차이가 났는데, 아마도 베리만을 존중해서 그런 것으로 보인다. 예를 들면, 염화마그네슘은 '무리아스 마그네시아이Murias magnesiæ'로, 염화망가니즈는 '무리아스 마그네시이Murias magnesii'로 표기했다. 리처드 셰네빅스는 1802년에 출판된 『프랑스 신조어 작명자들의 원리에 따른 화학 명명법 해설』에서 이것이 얼마나 부적절한지 서슴없이 지적했다. 그는 "프랑스 명명법의 오류는 자국 언어에만 국한되지 않는다."라고 썼다.

설상가상으로 1782년에 아일랜드 광물학자 리처드 커원은 마그네시아를 대체할 이름으로 '무리아트 토류muriatic earth'를 제안했다. 라틴어에서 유래한 'muriatic'(어원은 '소금물'을 뜻하는 'muria')이란 형용사는 그 염을 바닷물에서 얻을 수 있음을 나타낸다. 문제는 이 형용사가 산酸을 나타내는 데에도 쓰였다는 점이었다. 당시에는 오늘날 우리가 염산 또는 염화수소산이라고 부르는 산을 '무리아트산muriatic acid'이라고 불렀다. 다행히도 커원의 제안을 받아들인 영국인 저자는 몇 명밖에 없었지만, 그 결과로 한 교과서는 무리아트염muriatic salt(염화물)과 무리아트 토류(마그네슘을 포함한 화합물)를 같은 페이지에서 다루었다. 천만다행으로 '무리아트산 무리아트muriate of muriatic acid'란 용어를 쓴 사람은 없는 것처럼 보이는데, 커원의 용법을 따랐다면 이것이 염화마그네슘을 가리키는 이름이 되었을 것이다.

앞에서 새로운 명명법을 신랄하게 비판했던 스티븐 딕슨은 커원과 같은 아일랜드인으로 가끔 협력자로 일하기도 했지만, "무리아트 토류란 이름 역시 마그네시아를 대체할 자격이 없다."라고 썼다. 그리고 다음과 같이 정확하게 지적했다. "특정 표본에서 이 물질이 바다에서 발견된 바다 토류marine earth 또는 무리아트 토류인 것은 사실이지만, 그 별칭을 사용할 배타적이거나 압도적인 자격이 있는 것은 아니다. 이 물질은 바다의 유일한 토류도 아니고, 바다에 가장 많이 포함된 토류도 아니다. 염화물을 포함한 석회muriated lime는 항상 바닷물과 염천에서 발견할 수 있으며, 바다 소금에는 마그네시아보다 석회가 더 많이 섞여 있기 때문이다." 또, 그는 마그네시아가 주로 발견되는 곳은 바다가 아니라 엡섬 같은 곳의 샘물이라고 덧붙였다. 그리고 "게다가 만약 마그네시아와 몇몇 물질의 화합물을 나타낼 목적으로 muriated라는 형용사를 사용하면서 이 이름을 선택한다면, 이 안은 절대로 정당화될 수 없을 것이다. 왜냐하면, 이 형용사는 muriatic acid(무리아트산)에 우선적인, 따라서 배타적인 소유권이 있기 때문이다."라고 결론지었다.

무거운 토류

셸레는 크론스테트가 앞서 한 분석을 계속하다가, 크론스테트가 조사한 일부 광물에서 새로운 원소를 발견할 수 있다는 사실을 알아챘다. 셸레는 1774년에 발표한 브룬스텐 광물에 관한 논문에서 특정 결정질 불순물을 기술하면서 그 화학적 성질을 자세히 밝혔다. 그는 브룬스텐에서 약간의 석회(탄산칼슘)를 확인했고, 그와 함께 미묘하게 다른 성질을 지닌 새로운 토류도 발견했다. 그 당시 셸레는 그것을 단순히 '특이한 종류의 토류'라고 불렀지만, 같은 시대에 살았던 요한 고틀리프 간(앞에서 금속 망가니즈를 처음으로 분리한 사람으로 나왔던)도 크론스테트가 '퉁스파트rungspat'(스웨덴어로 '중정석'이란 뜻으로 영어로는 'heavy spar'라고 한다)라고 부른 광물에서 이 토류를 발견했다. 벽개성劈開性 광물을 뜻하는 'spar'라는 용어는 오래전부터 일정한 결정질 모양으로 쉽게 부서지거나 쪼개지는 광물에 사용돼왔다. 크론스테트는 "반반하고 매끈한 면을 가진 마름모꼴이나 정육면체 혹은 판상으로 쪼개지는 돌을 spar라고 부른다."라고 썼다. 주성분이 황산바륨인 중정석은 셀레의 연구가 나오기 전에도 한동안 알려져 있었고, 간은 이것을 석회가 변형된 것이라고 생각했다. 중정석은 '금속성 대리석'을 의미하는 '마르모르 메탈리쿰marmor metallicum'이라는 이름으로도 불렸는데, 대리석(또 다른 형태의 탄산칼슘)을 닮았지만 금속처럼 밀도가 훨씬 컸기 때문이다. 1775년에 베리만이 간의 연구를 보고하면서 이 새로운 물질을 '중정석 토류earth of heavy spar'라고 불렀고, 나중에는 '아주 무거운 토류'란 뜻으로 '테라 폰데로사terra ponderosa'라고 불렀다.

기통 드 모르보는 1782년에 화학 명명법을 개혁하면서 "모든 물질은 구句가 아닌 이름으로 나타내야 한다."라고 천명했고, 따라서 '무거운 토류'나 '중정석의 흙 성분'처럼 "부적절하고 장황한 표현"을 불만스럽게 여겼다. 대신에 그는 '무거운'이란 뜻의 그리스어를 바탕으로 한 단어를 제안했는데, 처음에는 'barote'와 그 형용사 'barotic'을 제안했다. 이것을 나중에 커원이 'barytes'로 바꾸었고, 1787년에 프랑스 화학자들이 새로운 명명법을 만들면서 이를 승인했다. 거기서 기통은 "기억을 돕기 위해 이전 명칭[무거운 토류]의 의미를 충분히 보존하면서도, 오해를 불러일으키지 않도록 이전 명칭과 충분히 다른, βαρύς[barys]에서 따온 barytes라는 단어를 채택한다."라고 썼다.

무거운 돌―늑대의 거품 또는 목성의 늑대

'무거운 토류', 즉 퉁스파트는 한동안 크론스테트가 언급한 다른 광물과 혼동되었다. 그것은 그가 스웨덴어로 '퉁스텐tungsten'('무거운 돌heavy stone'을 의미)이라고 부른 광물이었다. 이 광물에서 셸레는 새로운 원소를 또 하나 발견했다. 오늘날 주성분이 텅스텐산칼슘으로 밝혀진 이 광물은, 이 점을 고려해 결국 셸레의 이름을 따 '셰일라이트scheelite'(회중석)라고 부르게 되었다. 그런데 회중석 말고도 텅스텐을 함유한 광석이 하나 더 있었다. 독일어로 '볼프람wolfram'(철망간중석)이라 부르는 광석은 회중석보다 훨씬 일찍부터 알려졌다. 이 독일어 단어는 2장에 나왔던, 광산에서 설교를 한 마테시우스 목사가 처음 언급한 것으로 보인다. 마테시우스는 1562년에 "라틴 민족은 볼프스카움Wolffschaum[늑대의 거품]이라 부르고, 또 몇몇 사람은 검은색과 길쭉한 모습 때문에 볼프스하르Wolffshar[늑대의 털]라고 부르는 볼프룸브Wolfrumb는 은광 옆에서 방연석이 발견되는 것처럼 주석 광석 옆에서 발견된다."라고 썼다.

'늑대의 거품'이란 용어의 유래는 16세기에 비텐베르크 대학교(수십 년 전에 신학자 마르틴 루터Martin Luther가 강의했던)에서 교수로 일하던 페트루스 알비누스Petrus Albinus가 명확하게 밝혔다. 알비누스는 주석 광석과 함께 발견되는 물질이 "불 속에서 주석의 성분을 훔쳐서 주석을 푸석푸석하고 듬성듬성하게 만든다."라고 기술했다. 그리고 이렇게 덧붙였다. "라틴 민족은 이것을 스푸맘 루피spumam lupi라고 부른다. 그것은 볼프람Wolffram 또는 볼프샤움Wolffschaum이라는 독일어 단어에서 유래한 것인데, 어떤 사람들은 볼프롬Wolffromm과 같은 뜻의 단어라고 생각한다." 이것은 그보다 앞서 광물학의 아버지로 불리는 게오르기우스 아그리콜라가 언급한 내용과 일치한다. 아그리콜라는 1546년에 "주석을 제련하는 암석과 비슷하게 균일한 색을 가진 검은색 돌이 발견되는데, 이 돌은 너무 가벼워서 그 속에 금속이 전혀 들어 있지 않다는 걸 금방 알 수 있다. 우리는 이것을 스푸마 루피*spuma lupi*라고 부른다."라고 썼다(spuma lupi는 라틴어로 '늑대의 거품'이란 뜻이다).

'늑대의 거품'과 동일한 뜻을 가진 이름(비록 라틴어식으로 표기한 것이긴 해도)과 주석과의 연관성에도 불구하고, 아그리콜라가 언급한 광물은 볼프람과 다른 물질일 가능성이 높다. 그는 이 물질의 밀도가 높지 않다고 분명히 말했지만, 텅스텐 광석은 밀도가 아주 높기 때문이다. 16세기의 광물 권위자인 라차루스 에르커도 이 광석을 언급했다. 그는 이것을 "옛날 광부들은 몰랐던" 광석이라고 하면서, 독일어 텍스트에서 'Wolffram'이나 'Woffram' 또는 'Wolfferam'으로 불렀다. 그 후 1683년에 출간된 영어 번역본에서는 'wolfram', 'woolfrain', 'woolferan', 'wolferan' 등의 변형 형태가 나타났다.

광부들은 주변의 모암과 차이가 나는 큰 밀도를 이용해 주석 광석을 정제했는데, 이 때문에 '볼프람'이 문제가 되었다. 볼프람은 밀도 차이 때문에 슬러리 탱크에서 주석 광석과 분리하기가 불가능했고, 생산된 주석의 질에 나쁜 영향을 미쳤다. 알비누스가 말한 것처럼 "주석의 성분을 훔쳐서" 주석을 부서지기 쉬운 상태로 만들어 그 가치를 떨어뜨렸다. 플로지스톤주의자 슈탈의 제자였던 독일 광물학자 요한 프리드리히 헹켈Johann Friedrich Henckel은 1747년에 독일어로 출간된 『광물학 강의Unterricht von der Mineralogie』에서 "볼프람(lupus Jovis)

은 나쁜 종류의 광물이다. 볼프람은 광부들이 상상하는 것처럼 주석을 빨아들이는 것이 아니라 주석을 훼손한다. 볼프람은 포함하고 있는 철로 주석을 더 단단하게 만든다."라고 썼다. 이 광석을 '루푸스 요비스Lupus Jovis'('목성의 늑대')라고 처음 부른 사람은 헹켈로 보이는데, 옛날부터 전해진 주석과 목성 사이의 연관성에 착안해 그렇게 불렀다.

최근의 글들에서 초기의 광부들이 이 광석이 "늑대가 양을 잡아먹듯이 주석을 집어삼킨다고" 생각해 볼프람이라는 이름을 붙였다는 설명이 자주 눈에 띈다. 하지만 애석하게도 이 낭만적인 이야기는 19세기 후반에 유래한 것으로 보인다. 비록 1730년에 독일어로 출판된 『새롭고 흥미로운 광산학 어휘 사전Neues und Curieuses Bergwercks-Lexicon』에서 저자가 분리하기 아주 어렵고 주석을 훼손하는 볼프람의 성질을 이야기한 뒤에, 아마도 "늑대처럼 훔치고 집어삼키기 때문에" 그런 이름이 붙었을 것이라고 말하긴 했지만 말이다.

늑대와의 연관성이 오늘날까지 계속 남아 있는 이유는 텅스텐의 원소 기호 W가 텅스텐의 다른 이름인 볼프람wolfram에서 유래했기 때문이다. 텅스텐을 최초로 분리하는 데 성공한 사람은 에스파냐의 후안 호세 델루야르Juan José D'Elhuyar와 파우스토 델루야르Fausto D'Elhuyar 형제이다. 형인 후안 호세는 셸레가 텅스텐 광물을 연구한 결과를 발표한 뒤에 베리만과 셸레를 찾아갔다. 셸레는 조야한 형태의 텅스텐 금속을 만들었을지 모르지만, 델루야르 형제는 그것을 자세히 기술한 논문 「볼프람의 화학적 분석과 조성까지 포함한 새로운 금속의 연구 결과」를 발표했다. 그 영어 번역본은 1785년에 나왔다. 델루야르 형제가 새로운 금속에 사용한 이름은 상당히 뒤죽박죽이었다. 원래의 프랑스어 버전에서 형제는 광물인 'Volfram'과 구별하기 위해 어미를 '-n'으로 바꾼 'Volfran'을 선택했다고 밝혔다. 그들은 이 금속의 다른 광물에서 유래한 'Tungste'나 'Tungstene'이란 이름보다 이 이름을 선호했는데, Wolfram이 훨씬 더 오래전부터 알려졌기 때문이다. 하지만 영어 번역본에서 번역자는 저자가 '-m'을 '-n'으로 바꾸었다는 사실을 지적하면서도 새로운 이름을 'wolfram'으로 소개했다. 프랑스 화학자들이 1787년의 명명법에서 이 금속의 이름을 'tungstène'으로 선택했기 때문에 영어에서도 같은 이름을 쓰게 되었지만, 처음에는 'tungstein'으로 썼다. 베르셀리우스는 원소의 라틴어 명을 기반으로 자신의 화학 기호들을 정했는데, 1811년에 "볼프라뮴 wolframium이 나쁜 이름이라는 것은 의심의 여지가 없지만, 이 금속에 붙여진 이름 중에서는 가장 낫다. '무거운 돌'이란 뜻의 스웨덴어 단어로 만든 텅스텐tungsten은 더 부적절하다."라고 결론지었다. 앞 장에서 나트륨과 칼륨의 이름을 다룰 때 보았듯이, 스코틀랜드 화학자 토머스 톰슨은 화학 기호에 관한 베르셀리우스의 논문을 출간할 때 자기 마음대로 원소 이름과 기호를 바꾸면서 위대한 베르셀리우스를 무시하는 경향이 있었다. 톰슨은 볼프라뮴을 바탕으로 W라는 기호를 사용하긴 했지만, 나중에 같은 논문에서 그것을 텅스텐에서 딴 Tn으로 바꾸었다. 다행히도 결국은 각국의 과학자들이 보편적인 표준에 합의했고, 오늘날 전 세계의 화학자들은 텅스텐의 화학 기호로 W를 사용한다.

납과 관련된 혼동

칼 빌헬름 셸레는 망가니즈, 바륨, 텅스텐의 토류에 관한 연구에 더해 새로운 원소를 확인함으로써 완전히 다른 세 광물이 수백 년 동안 혼동을 일으킨 문제까지 해결했다. 세 광물은 방연석(황화납)과 흑연(탄소), 휘수연석(황화몰리브데넘)이다. 그 혼동이 얼마나 심했던지 지금도 우리는 납 원소에서 유래한 용어를 이 세 물질에 사용한다.

천연 자석과 연망간석과 마찬가지로 이 세 광물은 겉모습이 놀랍도록 비슷하여 혼동하기 쉽다(모두 어두운 청회색을 띠고 광택이 난다). 셋 중에서 가장 흔한 것은 방연석galena인데, 따라서 덜 흔한 나머지 두 광물이 방연석과 혼동되어 납과 관련된 이름이 붙은 것은 놀라운 일이 아니다. '납'은 그리스어로 'molybdos(μόλυβδος)'여서, 건축가의 다림줄에 쓰는 다림추 등 납과 관련된 사물에 '몰리브다이나molybdæna'라는 단어가 쓰였다. 은광을 정제할 때 생기는 산화납 찌꺼기를 가리키는 데에도 역시 같은 단어가 쓰였다. 이 찌꺼기는 spuma argenti('은의 거품'), litharge('돌'과 '은'을 뜻하는 그리스 단어들에서 유래한), plumbago(아마도 납의 녹을 가리킨 듯)라고도 불렸다. 플리니우스는 자신의 저서 중 납을 다루는 부분에서 'molybdæna', 'galena', 'spuma argenti', 'plumbago'의 네 가지 용어를 모두 사용했다.

비록 플리니우스는 이 단어들을 주로 서로 다른 산화납의 변형 형태들(대개 밝은 빨간색과 노란색으로 발견되었는데, 아마도 최초로 채굴된 납 화합물들이었을 것이다)을 가리키는 데 사용한 것처럼 보이긴 하지만, 아그리콜라가 살던 16세기경에는 납의 가장 흔한 원천은 광택이 나는 검은색 광물인 방연석이었다. 아그리콜라는 플리니우스가

'galena'와 'molybdæna'와 'plumbago'라는 용어를 사용할 때, 실제로 가리킨 것은 방연석이었다고 주장했다. 이 셋이 아주 다르다는 사실은 2장에서 소개한 바 있는 아그리콜라의 책 『베르만누스』에 나온다. 이 책은 광물학자 베르만누스가 니콜라우스 안콘과 요한네스 나이비우스라는 두 학자와 대화를 나누는 형식으로 기술되어 있다.

> **나이비우스:** … 아직도 마음에 걸리는 게 하나 있습니다.
> **베르만누스:** 뭔가요? 제가 설명할 수 있을지도 모르지요.
> **나이비우스:** 디오스코리데스는 코리코스 부근의 세바스티아에서 발견된 몰리브다이나 광물이 황금색으로 밝게 빛난다고 썼는데, 당신이 제게 보여준 광물은 광채가 나긴 하지만 황금색하고는 거리가 먼 회색이란 사실입니다.

선생(베르만누스)은 학생(나이비우스)에게 "동의하거나 동의하지 않을 자유"가 있다고 대답하지만, 디오스코리데스가 납색의 방연석을 가리킬 때 '납석'이라는 다른 용어를 사용했다고 생각한다. 아그리콜라는 '불임'의 성질을 지닌 종류의 방연석도 언급한다. 이 광물은 불에 완전히 녹으면서 납을 하나도 내놓지 않는다. 이것은 흑연을 가리켰을 가능성이 높은데, 공기 중에서 높은 열로 가열하면 흑연은 이산화탄소 기체로 변하면서 미량의 불순물만 남긴다.

흑연―검은 납

흑연이 처음으로 분명하게 기술된 시기는 16세기 후반으로, 이때부터 미술가와 작가가 흑연을 사용했다는 기록이 나타나기 시작했다. 마테시우스는 한 설교에서 그 시대까지 사용돼온 필기구들을 요약하다가 마지막에 새로운 '금속'을 언급하며 마무리를 짓는데, 그 금속은 흑연임이 분명하다.

아직도 밀랍판 위에 철필로 글을 쓰는 사람이 있는데, 이것은 옛날에는 아주 흔한 방식이었습니다. 하지만 그 뒤로는 흰색의 나무판 위에 은필로 쓰거나, 니스를 바른 양피지 위에 납으로 쓰거나, 피지 위에 잉크로 썼고, 지금은 석판 위에 석필로 쓰거나 종이 위에 스스로 자라는 새로운 금속으로 씁니다.

흑연 중 특히 유명한 것은 영국 컴벌랜드주 케스윅 근처에 있는 보로데일 광산에서 캐낸 흑연이었다. 연필을 최초로 묘사한 1565년의 글과 그림에 등장하는 흑연은 아마도 여기서 나온 샘플이었을 것이다. 윌리엄 캠든William Camden은 영국과 아일랜드의 지형과 역사를 포괄적으로 다룬 대작 『브리타니아Britannia』를 라틴어로 썼는데, 1610년에 나온 그 영어 번역본에 이 광산들의 소개가 포함되었다. 이 책에서 저자는 "더웬트강이 구불구불한 언덕들로 둘러싸인 골짜기인 보로데일에서 시작하여, 더웬트 펠스라고 부르는 산맥 사이로 기어들어 바다 속으로 자신의 모습을 감추는" 곳을 묘사한다. 구리 광산들 외에 "이곳에는 토류 광물이나 반짝이는 단단한 돌(우리가 '검은 납'이라 부르는)도 많은데, 화가들은 이 돌로 선을 긋고 한 가지 색으로 초벌 그림을 그린다." 당연히 캠든은 그 광물이 정확하게 무엇인지 몰랐지만, "다른 사람들이 나를 위해 조사해주는 데" 만족했다. '검은 납black lead'이란 용어는 그 전부터 금속 납을 가리키는 데 쓰였는데, 주석과 비스무트와 구별하기 위해서였다(2장 참고). 하지만 여기서 검은 납은 분명히 납을 전혀 포함하지 않은 광물을 가리켰고, 그 이름이 시사하듯이 이 광물은 종이에(혹은 보로데일의 주민들이 흔히 그랬듯이 양에) 흔적을 남기는 용도로 사용되었다.

보로데일 광산은 1671년에 출판된 웹스터의 『메탈로그라피아 혹은 금속의 역사』에서도 언급되었다.

여기서 일반적으로 검은 납이라 부르는 물질에 대해 이야기하는 것이 적절해 보인다. 이것은 보통 납보다 손을 더 더럽히고, 화가와 필경사의 연필 재료로 쓰이고, 그와 비슷한 여러 용도로 쓰이기 때문이다. 북쪽에서는 이것을 흔히 켈로Kellow라 부르고, 어떤 사람들은 와트Wadt라 부른다. 이 광물이 나오는 광산이 아직도 컴벌랜드주 케스윅 근처에 있고 8~10년에 한 번씩만 작업을 하는데, 이 광물이 희귀해서 그러거나 그 가격을 유지하기 위해서 그럴 것이다.

여기서 언급된 'Kellow'는 'killow(킬로)'라고도 불렀다. 검은색의 무른 흑연질 광물을 가리키는 현지 단어로 보이며, 아마도 석탄 검댕이나 석탄 먼지를 가리키는 'collow(콜로)'와 연관이 있을 것이다. 'Wadt'는 'wad'와 'wadd'처럼 변형된 형태로도 쓰였는데, 아마도 '검다'라는 뜻이었을 것이다. 흥미롭게도 18세기에 이 단어는 검은색 산화망가니즈, 즉 셸레의 연구로 유명해진 브룬스텐을 가리키는 용도로 더 많이 쓰였다. 'wadt-lead(와트-레드)'라는 표현이 흑연을 가리키는 초기의 독일어 단어로 '물-납'을 의미하는 'Wasser-blei(바서-블라이)'에 영향을 주었을 가능성이 있지만, 그 반대일 수도 있다. '바서-블라이'라는 용어는 흑연에 붙여진 또 다른 이름(특히 프랑스어명과)하고도 관련이 있다. 그 이름은 프랑스어로 'le Plomb de Mer(르 플롱드 메르)', 라틴어로는 'Plumbum marinum(플룸붐 마리눔)'으로 '바다납'을 의미한다. 하지만 17세기의 프랑스 약제사 포메는 '납 광석'에 관한 절에서 검은 납을 언급하면서 이렇게 썼다. "옛날 사람들은 이 광물을 플룸바고 또는 바다납이라고 불렀는데, 이것이 바다 밑에서 나온다고 생각했기 때문이다." 그리고 최상질의 검은 납은 "높이 평가받는 긴 연필"을 만드는 데 쓰이고, 그래서 "이 품질의 납은 가격에 제한이 없으며, 건축가와 그림을 그리는 그 밖의 사람들이 간절히 원하기 때문에 이것을 거래하는 상인은 원하는 만큼 얼마든지 돈을 벌 수 있다."라고 덧붙였다. 심지어 오늘날에도 연필심은 납을 포함하지 않은 흑연인데도 불구하고, 영어로 '납'을 뜻하는 'lead(레드)'라고 부른다.

이처럼 흑연 광물에 납과 관련된 용어가 쓰이는 것에 더해, 'molybdæna(몰리브다이나)'란 단어까지 가세하면서 혼동을 더 부추겼다. 이 용어는 1741년에 영어로 번역 출판된 『금속 분석 기술의 기초 Elementa Artis Docimasticae』에서 저자인 요한 안드레아스 크라머Johann Andreas Cramer가 사용했다. 크라머는 몰리브다이나 광물을 다루면서 "이것은 케루사 니그라Cerussa nigra와 플룸붐 마리눔이란 이름으로도 불리며, 영어로는 와드Wad 또는 블랙-레드black-lead, 독일어로는 바서-블라이라고 불린다."라고 소개했다. 여기서 '케루사 니그라'는 '검은 백연白鉛'을 가리키는데, 백연은 납의 탄산염 광물로 흰색이다. 납에서 유래한 이 모든 이름에도 불구하고, 크라머는 몰리브다이나를 "강철 같은 결이 있는 납 광석 갈라이나Galæna와 혼동해서는 안 되며, 이 둘은 흔히 같은 이름으로 불리지만 전혀 다른 물질이다."라고 말한다.

갈라이나Galæna(방연석)는 납과 황이 화학적으로 결합된 광물이며, 이 두 원소는 방연석에서 쉽게 추출할 수 있다. 순수한 흑연(단순히 탄소로만 이루어진 홑원소 물질)에서는 납과 황을 추출할 수 없다. 그런데 오늘날 휘수연석molybdenite이라는 이름으로 알려진 세 번째 종류의 광물이 추가로 오해를 불러일으켰는데, 흑연과 방연석과 거의 비슷하게 생겼고, 흑연처럼 납을 전혀 추출할 수 없지만 방연석처럼 황을 포함하고 있기 때문이다. 확실한 휘수연석 샘플(비록 그는 그 샘플을 흑연이라고 생각하긴 했지만)을 맨 처음 연구한 사람 중 한 명은 스웨덴 광물학자로 최고의 제련업자이자 광산 감정가였던 벵트 안데르손 크비스트Bengt Andersson Qvist였다. 크비스트는 자신의 샘플에 황이 많이 포함돼 있다는 사실을 발견했지만, 그것이 철과 주석의 화합물이라고 잘못 생각했다. 그의 연구 결과는 1754년에 출판되었는데, 4년 뒤에 크론스테트가 광물학에 관한 자신의 대작『광물학 또는 광물계 분류에 대한 논고』에 그것을 실었다. 크론스테트는 '녹거나 금속으로 포화된 황'에 관한 절에 철과 주석과 황의 화합물이라고 생각한 이 광석을 포함시켰다. 그리고 스웨덴어로 'Wasserbely(바세르벨뤼)'와 '납-광석'을 뜻하는 'Blyerz(블뤼에르스)'라고 불렀는데, 이것들이 영어 번역에서는 'Wadd'와 'Black Lead'로 옮겨졌고, 중요하게는 스웨덴 원본과 영역본 모두에서 'Molybdæna'란 이름이 사용되었다.

몰리브데넘과 흑연의 정체가 밝혀지다

흑연의 본질을 밝히고 몰리브다이나에 들어 있는 새 원소를 밝혀냄으로써 혼돈스럽던 상황에 질서를 잡은 사람은 셸레였다. 셸레는 그 발견을 두 편의 논문으로 발표했다. 「납 광석, 몰리브다이나에 관한 실험」은 1778년에 나왔고, 「납 광석, 플룸바고에 관한 실험」은 그다음 해에 나왔다. 두 논문의 제목이 중요한 이유는 실제로는 어느 논문도 납 광석을 다루진 않았지만, 둘 다 함께 언급된 서로 다른 두 용어의 의미를 명확히 하는 데 도움을 주었기 때문이다. 1786년에 영어로 번역된 논문들에서는 납 광석을 전혀 언급하지 않았는데, 셸레는 "나는 여기서 광물을 취급하는 상점에서 볼 수 있는 일반적인 몰리브다이나[납 광석]를 다룰 생각이 없다. 그것은 내가 왕립학회에 보고하고 있는 실험에서 다루는 광석과 아주 다른 것이기 때문이다."라고 언급하면서 글을 시작한다. 그리고 계속해서 "내가 다루는 광석은 크론스테트가 자신의 광물학 저서에서 몰리브다이나, 멤브라나케아_membranacea_, 니텐스_nitens_라고 부른 것이자, 크비스트와 여러 사람이 실험한 것이다."라고 덧붙였다.

셸레가 실험한 광물은 오늘날에는 휘수연석이라 부르는 것으로, 이황화몰리브데넘(MoS_2)이 주성분이다. 셸레는 이 광물을 질산으로 처리해 백악처럼 흰 가루를 얻은 뒤에 이를 '테라 몰리브다이나terra molybdæna', 즉 '몰리브다이나의 흙'이라고 불렀는데, 오늘날에는 삼황화몰리브데넘(MoS_3)이라 부른다. 휘수연석의 다양한 반응을 정확하게 기술한 뒤에 셸레는 흑연처럼 보이는 물질을 재합성함으로써 그 조성을 확인하려고 했다. 그는 이렇게 썼다. "내가 이야기한 실험을 통해 이제 몰리브다이나의 분석이 끝났지만, 아직도 그것과 연관된 성분들을 가지고 이 광물을 다시 만드는 일이 남았다. 몰리브다이나에 황이 포함돼 있다는 사실은 이미 알려졌고, 내 실험도 같은 결과를 보여주었다." 그러고 나서 그는 황과 몰리브다이나의 흙을 가열해 "검은색 가루"를 만드는 과정을 설명했다. "그 가루는 손가락 사이에 넣고 문지르면 손가락을 반짝이는 검은색으로 물들였고, 모든 점에서 천연 몰리브다이나와 아주 똑같은 현상을 보였다." 그리고 "그렇다면 몰리브다이나에 지금까지 알려지지 않은 일종의 토류가 있다는 말인데, 이것은 산의 모든 성질을 지니고 있기 때문에 몰리브다이나산이라고 부를 수 있다."라고 올바른 결론을 내렸다.

많은 노력에도 불구하고 셸레는 그 광석에서 순수한 금속 샘플을 얻지는 못했다(실제로는 얻었을 수도 있지만, 그것은 아주 잘게 부서져 금속 덩어리가 아니라 검은색 가루처럼 보였다). 그 금속을 만들려면 훨씬 강렬한 용광로가 필요하다는 사실을 깨달은 셸레는 친구인 광물학자 페테르 야코브 옐름Peter Jacob Hjelm에게 그것을 만들어보라고 했다. 옐름은 1781년에 그 금속을 얻는 데 성공했고, 셸레의 전례를 따라 자신의 완벽한 몰리브다이나 금속을 '몰리브다이늄molybdænum'이라고 불렀다. 이 이름이 납을 가리키는 그리스어에서 유래했지만, 원래 형태 그대로인 'molybdænum' 혹은 더 간단한 형태인 'molybdenum'이 이 금속의 이름으로 굳어졌다. 가끔 '몰리브데늄molybdenium'이란 단어가 쓰이긴 했지만. 베르셀리우스도 '몰리브다이늄'이란 이름을 받아들이고, 이 원소에 오늘날 우리가 사용하는 원소 기호 Mo를 부여했다.

흑연에 관한 셸레의 논문은 분석가로서의 뛰어난 재능을(그와 동시에 자신의 발견에 적절한 이름을 선택하는 데에서는 무능력 또는 무관심을) 유감없이 보여준 사례였다. 그 논문의 제목은 스웨덴어로 'Försök med Blyerts, Plumbago'였는데, 제대로 번역하면 '납 광석, 플룸바고에 대한 실험'이 되겠지만, 1786년에 영어로 번역된 제목은 단순히 '플룸바고에 대한 실험Experiments on Plumbago'이었다. 이 논문은 탄소의 한 형태인 흑연을 다룬 것이기 때문에, 셸레가 앞서 발표한 논문에 대한 자신의 첫 번째 평을 다시 언급하면서 이 논문을 시작했다는 사실이 흥미롭다. "거기서 나는 처음에 상업계에 일반적으로 알려진 납 광석은 그 논문에서 내가 다룬 몰리브다이나와는 아주 다르다는 사실을 지적했다. 그리고 이제 나는 이것을 실험으로 증명할 영예를 얻게 되었다." 스웨덴어로 쓰인 논문 전체에서 셸레는 흑연을 '납 광석'을 뜻하는 '블뤼에르트스Blyerts'라고 불렀는데, 이 광물에 납이 전혀 들어 있지 않다는 사실을 보여주면서도 그렇게 했다! 그 당시의 영어 번역본에서 번역자는 '납 광석'이란 용어를 사용하지 않고 대신에 "일반적으로 상업계에서 검은 납 또는 플룸바고로 알려진 이것은 몰리브다이나와는 아주 다른 물질이다."라고 썼다. 그리고 나서 번역자는 논문 전체에서 '플룸바고'라는 단어를 계속 사용했고, 그럼으로써 사전에서 이 단어의 뜻을 (대개) '흑연'으로 풀이하도록 대못을 박았다.

언제나처럼 셸레는 분석에서는 정확했다. 오늘날 산화제(대개 그는 산화제로 나이터, 즉 질산칼륨을 사용했다)라 부르는 것을 가지고 가열함으로써 이산화탄소 기체가 생긴다는 사실을 발견했다. 그리고 더 자세히 연구하기 위해 '공기산'이라고 부른 이 기체를 커다란 소방광에 모았다. 셸레는 그 당시 유행하던 플로지스톤설에 의거해 결론을 내리고, 다음과 같이 썼다. "따라서 나는 플룸바고가 일종의 황광물 또는 숯이며, 그 구성 성분은 공기산이 다량의 플로지스톤과 결합한 것이라는 결론에 만족한다." 현대적인 용어로 표현하면, 이것은 흑연이 이산화탄소에서 산소가 빠져나간 물질로 이루어져 있다는 이야기와 같다. 셸레는 또한 흑연에 대개 황철석(이황화철)이 불순물로 약간 포함돼 있다는 사실도 정확하게 알아냈다. 이 점은 철이 흑연의 필수 성분이라고 생각한 훗날의 연구자들에게 문제가 되었다. '흑연은 철이 탄소와 결합한 것'이라는 개념은 약 30년 동안 이어졌다. 그러다가 마침내 셸레가 기술한 내용이 아주 정확하고, 황철석은 불순물에 지나지 않는다는 사실이 밝혀졌다.

셸레가 그 물질이 정확하게 무엇인지 보여주자, 금속 납을 바탕으로 한 이름은 이상적인 이름과 거리가 먼 것으로 보였다. 그래서 1789년에 '독일 지질학의 아버지'라 불리던 아브라함 고틀로프 베르너 Abraham Gottlob Werner는 '쓰다'라는 뜻의 그리스어 γράφειν[graphein]을 바탕으로 'graphite'(우리말로는 '흑연')라는 새 이름을 붙였는데, 이 물질은 연필에 가장 많이 쓰였기 때문이다.

이 새로운 '토류' 물질들을 철저히 조사한 셸레의 연구 덕분에 결국 망가니즈, 텅스텐, 몰리브데넘, 바륨 금속이 분리되었다. 셸레는 이 중에서 처음 세 가지 금속이 분리되는 것을 보았고, 이것들은 4장에 나왔던 라부아지에의 원소 표에 수록된 열일곱 가지 금속에 포함되었다(〈그림 33〉 참고). 바륨이 분리되는 것은 셸레도 라부아지에도 보지 못했다. 하지만 토류인 중정석, 마그네시아, 알루미나, 실리스도 그 표에 포함되었는데, 라부아지에와 그 동료들이 "이 토류들은 곧 원소로 간주되지 않을 것이라고 생각했는데도" 불구하고 그랬다. 그로부터 20년이 지나기 전에 데이비가 알칼리와 토류에서 금속을 분리했지만, 그 전에 라부아지에의 예언에 고무되어 실제로는 성공하지 못했는데도 토류에서 금속을 추출했다고 성급하게 주장하는 사례들이 쏟아져 나왔고, 이 주장과 함께 매우 부적절해 보이는 새 이름들이 등장했다.

아우스트룸, 보르보늄, 파르테늄

영어로 번역된 라부아지에의 『화학 원론』 재판에서 번역자 로버트 커는 "로어 헝가리(오늘날의 슬로바키아 중부 지역) 캠니츠의 광산학회 연구실에서 톤디와 루프레히트가 최근에 한 실험의 결과로 금속의 수가 크게 늘어난 것으로 보인다."라는 새 소식과 함께 토류에 관한 부분을 수정했다. 커가 언급한 두 과학자는 마테오 톤디Matteo Tondi와 안톤 레오폴트 루프레히트Anton Leopold Ruprecht이다. 톤디는 나폴리 대학교에서 공부한 이탈리아 학자이고, 루프레히트는 헝가리에서 태어나 18세기 후반부터 19세기 초까지 헝가리와 오스트리아에서 활동한 학자였다. 이들은 "일부 화학자들이 의심해온 텅스텐과 몰리브데넘과 망가니즈의 금속성을 확인했고, … 백악과 마그네시아, 중정석에서 금속 레굴루스를 얻는 데 성공했다." 이 발견은 톤디의 한 학생이 처음 발표했는데, 이 학생은 라부아지에가 이 연구에 영감을 제공했다고 썼다. "톤디는 텅스텐과 망가니즈를 환원하는 데 성공한 실험에서 힘을 얻었고, 게다가 일반적인 금속의 환원에 관한 라부아지에의 이론과 추론에 자극을 받았다. 그래서 같은 과정을 통해 단순한 토류를 환원할 수 있는지 없는지, 따라서 라부아지에가 자신의 『화학 원론』에서 모든 토류는 금속성 물질일지 모른다고 한 추측이 옳은지 그른지 알아보기로 결정했다."

관련 실험들은 모두 토류를 아마인유와 숯의 혼합물과 함께 가열하는 과정을 포함했다. 그 결과로 금속성 구체가 생겼고, 그중 일부는 자석에 끌려갔다. 독일의 위대한 화학 분석가 클라프로트는 곧 이 물질들이 대부분 반응이 일어난 점토 도가니에서 생긴 철 불순물임을 증명했다. 하지만 유럽 대륙의 '발견자들'은 자신들이 발견한 금속에 새 이름을 제안했고, 커는 이 상황을 다음과 같이 기술했다. "새로운 세 가지 금속에 대해 톤디는 중정석의 레굴루스에는 보르보늄 *borbonium*, 마그네시아의 레굴루스에는 아우스트룸*austrum*, 백악의 레굴루스에는 파르테눔*parthenum*이란 이름을 붙이고 싶어 한다." 이 이름들은 발견자들의 애국심을 반영한 것이었다. 파르테눔은 파르테노페(고대 그리스의 식민지가 있던 장소로 훗날 '신도시' 네아폴리스, 즉 나폴리가 된 곳)에서, 보르보늄은 부르봉가(그 당시 나폴리를 통치하던 왕가)에서, 아우스트룸은 오스트리아에서 딴 이름이었다. 커는 새 이름들이 부적절하다고 생각했다.

발견자에게 자신이 발견한 것에 이름을 붙일 권리가 있다는 사실은 합리적인 반대 이유가 없는 한 부정하기 어렵다. 하지만 이 이름들은 개혁을 통해 질서를 세우고자 한 프랑스 화학자들의 화학 명명법에 혼란을 야기할 것이다. 그래서 나는 발견물들의 이름으로 바리툼*barytum*, 마그네슘*magnesium*, 칼쿰*calcum*을 제안하고 싶다. 이 이름들은 단지 성만 중성으로 바꾸었을 뿐, 이것들을 만든 물질의 옛 이름을 개혁한 것과 부합한다. 그 금속들의 이름은 모두 새로운 명명법에 포함돼 있고, 그렇다면 이전에 토류라고 부르던 이 세 가지는 각각 이 금속들의 산화물이 된다. 만약 단일 용어를 원한다면 각각 바리타*baryta*, 마그네시아*magnesia*, 칼카*calca*를 쓸 수 있는데, 이 세 용어는 여성형이므로 새로운 명명법에서 알칼리 물질을 일컫는 이름으로 적절하다.

비록 커는 클라프로트가 이 발견들을 반박한 내용을 언급하긴 했지만, 라부아지에의 저서 영역본을 다시 인쇄할 때 이 부분을 삭제하지 않았다는 점이 흥미롭다. 사실 1802년에 5판을 찍을 때, 커는 아상프라츠와 아데의 화학 기호를 부록에 처음으로 번역해 실으면서, 심지어 '새로 발견된 금속'들을 나타내는 화학 기호 Ca, Mg, Ba를 포함시키기까지 했다(5장 〈그림 41〉 참고).

데이비의 원소들

칼슘과 마그네슘, 바륨, 스트론튬을 분리한 사람은 험프리 데이비인데, 금속 칼륨과 나트륨을 처음 만든 다음 해인 1808년에 마침내 이 원소들의 분리에 성공했다. 이 토류 원소들은 분리하기가 훨씬 어려웠는데, 이전에 사용한 것과 똑같은 방법, 즉 용융된 수산화칼륨이나 수산화나트륨을 전기 분해하는 방법을 사용할 수 없었기 때문이다. 토류는 그 수산화물을 가열하면 물이 빠져나가 토류가 산화물로 변하는데 이 물질은 녹지 않기 때문에 전류가 통하지 않아 전기 분해로 그 구성 원소들로 분해할 수 없었다. 데이비가 처음에 시도한 방법 중에는 토류와 산화수은 혼합물을 전기 분해하는 것도 있었는데, 그 결과로 아말감(금속과 수은의 혼합물)을 미량 얻었다. 그러다가 베르셀리우스가 수은을 한 전극으로 사용함으로써 더 나은 결과를 얻었다는 이야기를 듣고 나서 데이비는 자신의 방법을 완성시키는 데 성공했다. 데이비는 물에 살짝 적신 산화수은과 토류의 혼합물을 백금 전극(양극에 해당) 위에 쌓아놓고, 왕립연구소의 거대한 전지에서 나오는 전류를 흘려주는 방법으로 실험을 반복했다. 혼합물 위에 우묵하게 올려놓은 작은 수은 구체에 음극을 찔러 넣었다. 베르셀리우스와 달리 데이비는 충분한 양의 아말감을 얻었고, 거기서 수은을 증류해 날려 보내고 새로운 금속만 남게 했다(비록 여전히 수은에 오염돼 있는 경우가 많았고, 칼슘의 경우에는 특히 더 그랬지만).

데이비는 새로운 금속들에 이름을 붙여야 했지만, 베리만이 이미 금속 형태의 망가니즈에 마그네슘이란 이름을 사용했기 때문에 다른 이름을 붙이기로 했다. 그는 이렇게 썼다. "이 새로운 물질들에는 이름이 필요하다. 나는 고정 알칼리의 주성분 이름을 포타슘과 소듐으로 지은 것과 같은 원리에 따라, 알칼리 토류에서 나온 금속들의 이름을 바륨barium, 스트론튬striontium, 칼슘calcium, 마그늄magnium으로 짓고자 한다. 이 중에서 마지막 단어에는 분명히 반대 의견이 있겠지만, 마그네슘이란 이름은 이미 금속성 망가니즈에 사용되었기 때문에, 그것을 사용한다면 불분명한 이름이 될 것이다." 하지만 1812년에 『화학 철학의 원리Elements of Chemical Philosophy』를 출판할 무렵에 데이비는 다른 사람들의 설득에 넘어가 생각을 바꾸었다. 그래서 각주에 다음과 같이 썼다. "1808년에 발표한 토류의 분해에 관한 첫 번째 논문에서, 나는 마그네시아에서 나온 금속을 마그늄이라고 불렀는데, 만약 마그네슘이라고 부른다면 이전에 망가니즈에 붙은 이름과 혼동을 일으킬 것이라고 우려했기 때문이다. 일부 철학자 친구들의 솔직한 비판을 참고해, 나는 어미를 통상적인 방식대로 사용하기로 했다."

불같은 원소, 플루토늄

마그네슘이 적어도 한동안 '탈큠talcium'(독일어로는 'talkium')이란 이름으로 불린 것은 아마도 마그네슘과 망가니즈 사이에 벌어진 혼동 때문일 것이다. 탈큠은 마그네슘을 함유한 또 다른 광물인 활석(규산마그네슘의 수화물)에서 유래했다. 하지만 데이비가 무엇보다 격렬하게 반대한 것은 자신이 붙인 '바륨'이란 이름을 바꾸자는 제안이었다. 케임브리지 대학교의 광물학 교수 에드워드 대니얼 클라크Edward Daniel Clarke는 자신이 아주 강력한 '산소-수소' 블로토치를 사용해 알칼리 토금속 물질을 분리했다고 생각했다. 논문을 다음과 같은 표현으로 시작한 걸로 보아 클라크는 고전을 아주 좋아한 것 같다. "만약 불의 작용을 높이려면 가연성 물질이 물이어야 한다는 이야기를 이전 시대의 화학자들이 들었더라면, *아그리콜라* 같은 일부 저자는 … 아마도 신화에서 프로세르피나가 플루톤에게 겁탈당하는 장면에 등장하는 *키아네*의 샘이 이 사실을 상징적으로 나타낸다고 주장했을 것이다." 르네상스 화가들이 좋아한 주제 중 하나인 이 이야기는 제우스와 데메테르의 딸인 페르세포네(로마 신화의 프로세피나)를 하계의 신 하데스(로마 신화의 플루톤)가 납치한 사건이다. 앞에서 보았듯이 바륨이라는 이름은 셀레가 연구한 무거운 토류에서 유래했다. 클라크가 이 이름에 반대한 이유는 광물 자체는 밀도가 높은 반면, 거기서 분리한 금속은 밀도가 그다지 높지 않았기 때문이다. 그는 이렇게 썼다. "이 금속에 이름을 붙이는 일이 필요한데, βαρυς[barys]에서 유래한 이름을 그 *비중이 망가니즈나 몰리브데넘*보다 낮은 금속에 붙인다면 오류를 범하게 될 것이다. 따라서 나는 감히 플루토늄PLUTONIUM이란 이름을 제안한다. 이 금속은 *불의 지배* 덕분에 얻었기 때문이다. *키케로Cicero*에 따르면, 불의 신에게 봉헌한 같은 이름의 신전이 *리디아*에 있었다고 한다." 데이비는 이름을 바꾸자는 이 제안을 불쾌하게 여겼고, 심지어 인신공격으로 간주한 것으로 보인다. 그는 클라크에게 보낸 편지에서 이렇게 썼다. "중정석의 금속 이름을 바꾸는 일의 적절성에 대해 나는 당신의 의견에 동의하지 않습니다. … 당신의 실험에서는 내가 그 알칼리와 토류의 분해를 처음 발견했을 때 채택한 명명법의 일반 원리를 바꾸어야 할 *새로운* 이유를 전혀 찾을 수 없습니다."

데이비의 실패—이크티오사우루스 커틀릿

데이비는 그 당시 알려진 다른 토류의 샘플을 만들 수 없었지만, 그럼에도 불구하고 그 이름들을 제안했다. "만약 내가 운이 좋아 이 주제에 대해 더 확실한 증거를 얻을 수 있었더라면, 그리고 내가 찾던 금속 물질을 얻을 수 있었더라면, 그 금속 원소들에 실리큠silicium, 알루뮴alumium, 지르코늄zirconium, 글루큠glucium이란 이름을 제안했을 것이다." 이 이름들 중 온전한 형태로 살아남은 것은 지르코늄뿐이다. 이 원소는 클라프로트가 우라늄을 발견한 것과 같은 해인 1789년에 토류(즉, 산소와 결합한 원소) 형태로 처음 확인했다. 그는 실론(지금의 스리랑카)에서 산출된 보석에서 새로운 토류를 발견해, '실론의 야르곤jargon of Ceylon' 또는 '치르콘circon'이라고 부르다가 나중에 '치르콘zircon'(영어 발음은 지르콘)이라고 불렀다. 그는 이렇게 썼다. "나는 이것을 이전에 알려지지 않은 *새롭고 독특하고 단순한 토류*로 간주하는 것이 합당하다고 생각한다. 지금은 이것에 *치르콘-토류Zircon-earth*라는 이름을 붙이려고 한다. 하지만 나중에 다른 종류의 돌에서 발견되거나 다른 성질을 가진 것으로 드러난다면, 더 적절한 이름을 붙일 수도 있다." 그런데 얼마 지나지 않아 클라프로트 자신이 히아신스석이라는 더 흔한 암석에서 그것을 발견했다. 여기서 클라프로트는 딜레마에 빠졌다. 이 토류의 이름을 어떤 암석에서 따야 할까? 그는 이렇게 썼다. "야르곤은 사실 이미 분명히 구별되는 이름을 얻었다. 하지만 훨씬 더 오래되고, 더 긴 시간 동안 알려지고, 더 높은 가치를 인정받는 보석인 히아신스석에게 그 지위를 양보해야 하지 않을까? 만약 그렇게 된다면 *히아신스-토류hyacinth-earth*라는 이름을 채택해야 할 것이고, *circonia* 또는 *jargonia*라는 이름을 대체해야 할 것이다." 히아킨튬hyacinthium이란 이름은 매력적이었을지 몰라도, 그것은 1824년에 베르셀리우스가 칼륨 금속을 클라프로트의 토류 염과 함께 가열해 처음 분리한 지르코늄 금속이었다.

베르셀리우스는 또한 1823년에 같은 방법으로(이번에는 칼륨 금속을 플루오린화규소와 함께 가열함으로써) 규소를 맨 처음 분리한 사람으로 인정받는다. 하지만 이전에도 이 방법을 시도한 사람들이 있었는데, 성공 여부는 천차만별이었다. 베르셀리우스는 실리큠이란 이름을 바꾸고 싶은 생각이 없었지만, 스코틀랜드 화학자 토머스 톰슨이 그 이름에 반대하면서 이렇게 주장했다. "실리카의 주성분은 대개 금속으로 간주되어왔고 *실리큠*이라 불렸다. 하지만 이것이 금속의 성질을 지녔다는 증거는 전혀 없으며, 붕소와 탄소와 아주 비슷하기 때문에, 이 물질들과 같은 부류로 분류하고, *실리콘*[규소]이라고 부르는 게 더 낫다."

앞에서 언급했듯이 데이비의 글루큠은 한동안 '글루시늄'이란 이름으로 알려지긴 했지만, 결국에는 '베릴륨'으로 불리게 되었다. 베릴륨과 알루미늄 금속은 각각의 무수 염화물을 칼륨 금속과 함께 가열함으로써 처음으로 얻었다. 데이비가 붙인 'alumium(알루뮴)'이란 이름은 조금 더 설명할 필요가 있을 것 같다. 이 이름은 이 금속이 명반alum에서 나왔다는 사실을 반영한 것이긴 하지만, 발음하기가 쉽지 않았다. 그래서 데이비는 곧 자신이 제안한 이름을 'aluminum(알루미늄)'으로 바꾸었다가, 결국에는 'aluminium(알루미늄)'으로 바꾸었다. 한동안 이 두 가지 이름이 대서양 양편에서 모두 사용되었지만, 시간이 지나자 미국에서는 'aluminum'이 더 많이 사용되었다. 처음에는 이런 상황이 별 문제가 되지 않았는데, 그것은 이 원소가 극소량만 만들어졌기 때문이다. 사실, 알루미늄은 처음에는 너무나도 (심지어 금보다도) 희귀하고 비싸서, 프랑스 황제 나폴레옹 3세는 놀랍도록 가벼운 이 금속으로 나이프와 포크를 만들어 국빈 만찬 때 썼다. 하지만 마침내 이 금속이 값싸게 대량 생산되면서 일반 대중도 이 원소에 관심을 보이게 되자, 그 이름에 의문이 제기되었다. 1850년대에 찰스 디킨스Charles Dickens는 주간지《일상 용어Household Words》의 편집 책임을 맡고 있었다. 1856년 12월 13일자《일상 용어》에 실린 '알루미늄'이란 제목의 기사에서 디킨스는 "얼마 지나지 않아 우리는 새 금속을 갖게 될 텐데, 이 금속이 독특한 이름으로 불리더라도 전혀 부끄러워할 이유가 없다."라고 썼다. 그는 알칼리와 토류에 새로운 금속들이 존재할 가능성을 예견한 라부아지에의 통찰을 포함해, 간략한 역사를 소개한 뒤에 다음과 같이 이어나갔다.

은처럼 희고, 금처럼 변하지 않으며, 구리만큼 쉽게 녹으면서 쇠처럼 단단한 금속. 그리고 전성과 연성이 좋고 특이하게 유리보다 가벼운 성질까지 지닌 금속을 여러분은 어떻게 생각하는가? 그런 금속이 실제로 있다. 그것도 지구 표면에 상당히 많은 양이 존재한다. "어디에? 얼마나 먼 지역에서 산출될까?" 굳이 먼 곳을 찾으려고 할 필요가 없다. 이 금속은 도처에 존재하며, 따라서 바로 여러분이 사는 곳에도 존재한다. 심지어 여러분 집의 실내에도 많이 있다. 여러분은 하루에도 몇 번씩 그것을 만진다(정확하게 직접 접촉하는 것은 아니지만). 아주 가난한 사람들은 그것을 발로 밟고 다니며, 그 샘플을 적어도 조금이나마 갖고 있다. 사실, 산화물 형태로 존재하는 이 금속은 점토의 주성분 중 하나이다. 점토는 경작지의 주성분이자 도공이 재주를 발휘하는 재료 물질이기 때문에, 모든 농부는 일종의 광부 또는 채취자이며, 부서진 질그릇 조각은 그 나름의 주괴이다. 새로 발견된 이 금속은 바로 알루미늄이다.

디킨스는 "이후로 좋은 집안의 아기들은 알루미늄 수저를 물고 태어날 것이다."라고 하면서, 이 새로운 금속의 경이로움과 장점을 극찬한 후에 그 이름에 관한 문제를 다룬다.

끝으로 한 가지만 더 언급하기로 하자. 만약 알루미늄이 금과 은 또는 구리와 주석을 대체하길 바란다면, 혹은 다른 것을 대체하는 일 없이 자신만의 자리를 굳히길 바란다면, 미술과 제조 분야에서 그럴 수 있다. 하지만 더 나은 새 이름을 얻지 않는 한, 문학이나 대중 연설에서는 절대로 그럴 수 없을 것이다. 알루미늄 혹은 일부 사람들이 사용하는 알루미늄이란 이름은 프랑스어도 영어도 아니다. 이것은 화석화된 라틴어 단어로 일반 대중의 취향에는 이크티오사우루스 커틀릿이나 모아♦의 골수만큼 어울리지 않을 것이다. 더 짧고 대중의 기호에 맞는 이름을 선택할 필요가 있다. 우리는 이미 iron-ware tin(철제 주석)이라는 이름을 사용하고 있으니, 이것을 clay-tin(점토 주석)이라고 불러도 무방할 것이다. 또 quicksilver(수은)의 전례를 따라 loam-silver(양토 은)도 괜찮다. glebe-gold(흙금 혹은 토금)도 적어도 역사적으로는 mosaic gold(모자이크 골드, 황화제2주석)만큼 적절한 이름이다. 뛰어난 작명가가 그리스어와 라틴어 어원의 멋진 이름을 생각해낼지도 모르지만, 앵글로·색슨어 어원이긴 해도 argil(아질)이 훨씬 더 나아 보인다. 그래도 사전에 실린 단어들을 시도해볼 필요가 있다. 이곳저곳을 돌아다니는 땜장이나 선박용품 가게에서 히브리인 주인의 입으로 발음될 때 불쌍한 '알루미늄'의 운명이 어떻게 될지 궁금하다.

♦ 이크티오사우루스는 어룡魚龍의 일종이고, 모아는 뉴질랜드에서 멸종한 새이다.

국제순수응용화학연합은 1990년에야 이 금속 원소의 공식 영어명을 'aluminium'으로 정했다. 하지만 미국인이 사용하고 있던 'aluminum'이란 단어를 되돌리기에는 너무 늦었는데, 미국화학회가 이미 그보다 35년 전에 aluminum을 공식적인 이름으로 채택했기 때문이다.

데이비가 수많은 시도에도 불구하고 분리하지 못했던 원소가 하나 더 있는데, 그 과정에서 심지어 목숨을 잃을 뻔하기까지 했다. 그원소는 바로 플루오린이다. 데이비는 모든 원소 중에서 반응성이 가장 강한 이 원소를 분리하진 못했지만, 그 이름을 결정하는 데 일조했다. 그 이유를 알려면, 먼저 이 원소의 친척 원소를 자세히 살펴볼 필요가 있다. 이 원소는 데이비가 발견하진 못했지만, 결국에는 그가 정한 이름을 갖게 됐다. 그 원소는 바로 염소이다.

7

염을 만드는 것

"뭐라고요, 삼촌! 저 초록색 연기가 소금에서,
그러니까 우리가 먹는 소금에서 나오는 것이라고요?"

라이더 마이어Rider Meyer, 1887

이 장에서는 주기율표의 족들 중에서 끝에서 두 번째 족인 할로 겐족(halogen은 '염을 만드는 것'이란 뜻이다) 원소들을 살펴볼 것이다. 그중 첫 번째 원소는 셸레가 연망간석을 연구하다가 발견했다. 라부아지에도 이 물질을 알았지만, 그것이 원소라는 사실을 알아채지 못했는데, 거기에 산소가 포함돼 있다고 확신한 나머지 그 기체가 화합물이라고 지레짐작했기 때문이다. 그 물질이 원소라는 사실은 데이비가 증명했다. 그럼으로써, 30년도 더 전에 셸레가 발견하고서도 적절한 이름을 붙이지 않은 이 원소에 이름을 붙이는 영예는 이 영국인 화학자에게 돌아갔다. 데이비가 선택한 이름은 최근에 발견된 뒤에 2016년에 마침내 이름이 정해진 원소를 포함해, 이 족의 모든 원소들에 붙여진 이름에도 영향을 미쳤다.

바다산 공기

무기산mineral acid(직역하면 '광물산' 또는 '미네랄산')이라 부르는 보편적인 산이 세 가지 있는데, 이 산들은 모두 특정 광물들의 조합을 가열하여 얻을 수 있기 때문에 이런 이름이 붙었다. 이 산들의 현대적인 이름은 '질산nitric acid', '황산sulfuric acid', 염산hydrochloric acid'이다. 이 중에서 가장 나중에 발견된 것은 염산(염화수소산이라고 함)이다. 질산과 황산은 13세기 또는 14세기 초에 만들어졌다. 비교적 순수한 염산이 확실하게 만들어진 시기는 이보다 약 100년이 뒤지는데, 그 증거는 볼로냐에서 제작된 필사본에 남아 있다. '색의 비밀'이란 제목이 붙은 이 필사본에는 물로 뼈를 부드럽게 만드는 흥미로운 방법이 적혀 있다. "소금과 로마의 비트리올을 똑같은 양만큼 취해 함께 잘 간 다음, 증류기로 증류해 얻은 증류수를 잘 밀봉한 용기에 보관한다." 3장에서 보았듯이, '로마의 비트리올'은 금속 황산염 수화물인데, 아마도 황산철이나 황산구리였을 것이다. 이것을 소금과 섞은 혼합물을 가열하면 물과 염화수소가 생기는데, 이 둘이 섞여 산성 용액이 된다. 나중에 16세기와 17세기에 기록된 텍스트에도 '소금의 정' 또는 '소금 오일'이라 불린 이 물질을 비슷한 방법들로 만드는 내용이 적혀 있다. 첫 번째로 언급된 용도인 뼈를 부드럽게 하는 데에는 사실 염산을 사용하는 것이 효과가 가장 좋은데, 염산은 뼈에 섞인 광물질을 쉽게 녹이고 유기 물질만 대체로 온전한 상태로 남긴다. 묽은 염산에 몇 시간 동안 담가놓은 닭뼈는 부러뜨리지 않고 쉽게 구부릴 수 있다. 남은 유기 물질은 가끔 '오세인ossein'이라고 부르는데, 다른 무기산에는 훨씬 잘 손상된다.

산 용액은 15세기부터 알려졌지만, 순수한 염화수소 기체의 분리는 18세기 후반에 이르러서야 성공했다. 그 시점에서 조지프 프리스틀리는 캐번디시가 관찰한 사실에 호기심을 느꼈는데, 캐번디시는 "탄성 유체는 자신과 물 사이에 보통 공기의 장벽이 존재하는 한 탄성을 그대로 유지하지만, 물과 접촉하자마자 즉각 탄성을 잃는다."라고 언급했다. 캐번디시는 여러 가지 산과 금속이 반응해 수소를 만드는 과정을 연구했지만(4장 참고), 소금의 정(염산)을 구리와 함께 가열했더니 수소가 전혀 생기지 않았다. 그저 물에 아주 잘 녹는 이 탄성 유체, 즉 오늘날 우리가 '염화수소 기체'라고 부르는 것만 생겼다. 프리스틀리는 구리가 실제로는 이 반응에 관여하지 않으며, 염화수소 기체는 단순히 산을 가열할 때 산에서 빠져나온 것이라는 사실을 이내 발견했다. 게다가 물에 아주 잘 녹는 기체인 암모니아를 모을 때 사용한 것과 똑같은 방법(물 대신 수은을 사용하는)으로 그 기체를 모을 수 있다는 사실을 알아냈다. 그는 이렇게 기록했다. "이 놀라운 종류의 기체는 사실 소금의 정 증기 또는 기체에 지나지 않는다. 이 기체는 수증기나 다른 유체와 달리 찬 것에 닿아도 응결하지 않으며, 따라서 *산 공기*acid air, 혹은 더 구체적으로는 *바다산 공기*marine acid air 라고 부르는 것이 아주 적절하다." 이 기체는 다시 물에 쉽게 녹아 염산이 된다. 사실, 프리스틀리는 이 발견에 대해 다음과 같이 썼다. "이것을 머금은 물은 내가 본 것 중 가장 강한 소금의 정이 되어 쇠도 아주 빨리 녹인다." 그리고 이에 비해 "가장 훌륭한 소금의 정 중 3분의 2는 점액이나 물에 지나지 않는다."라고 덧붙였다.

프리스틀리는 '바다산marine acid'이란 용어를 사용했지만, 프랑스의 개혁가들을 포함해 많은 사람들은 라틴어식 용어인 '무리아트산muriatic acid'을 선호했다. 하지만 문제는 그들이 이 산의 정체를 정확하게 몰랐다는 데 있었다. 라부아지에는 이렇게 썼다. "비록 우리가 아직까지 이 바다 소금 산을 만들거나 분해하진 못했지만, 이 산도 나머지 모든 산과 마찬가지로 산소와 산성화 성분의 결합으로 이루어져 있다는 사실만큼은 추호도 의심할 수 없다." 이 주장은 모든 산에 산소가 들어 있다는 라부아지에 자신의 개념을 바탕으로 한 것이다. 예를 들면, 산소 기체는 황(그리고 물)과 반응하여 황산이 되고, 인(그리고 물)과 반응하여 인산이 된다. 하지만 무리아트산의 경우에는 라부아지에의 개념이 성립하지 않았으며, 무리아트산을 더 많은 산소와 결합시켜 셀레가 맨 처음 분리한 독성 기체인 염소를 만들 수 있다는 그의 주장 역시 틀린 것으로 드러났다.

셀레의 탈플로지스톤 소금산

셀레는 1774년에 망가니즈에 관한 논문에서 염소 기체를 처음 기술했는데, 연망간석(이산화망가니즈가 주성분인)을 무리아트산(염산)과 함께 가열했더니 "왕수 냄새와 함께 거품이 일어났다."라고 묘사했다. 금을 녹이는 데 쓰이는 강산으로 유명한 왕수는 처음에는 염들의 혼합물로 만들었다. 하지만 가장 간단한 방법은 진한 염산과 질산을 섞는 것인데, 이때 염소 기체가 발생한다. 셀레는 평소의 세심한 방식대로 이 황록색 기체를 많이 만들어 밀폐한 방광이나 유리 용기에 보관하면서 연구했다. 그는 이 기체가 "매우 자극적인 냄새와 폐를 크게 짓누르는" 성질이 있다고 기술했고, 또 색이 있는 종이와 꽃을 탈색시키고, 금속과 (심지어 금하고도) 결합하는 것을 포함한 그 반응을 자세히 소개했다.

셀레는 플로지스톤설을 사용해 염소가 어떻게 생기는지 설명했고, 망가니즈가 "플로지스톤을 강하게 끌어당겨" 산에서 그것을 제거한다고 말했다. 그래서 염소 기체를 '탈플로지스톤 소금산'이라고 불렀다.

물론 프랑스 개혁가들은 염소의 생성을 자신들의 새로운 산소설로 재해석했다. 즉, 염산이 플로지스톤을 잃는 게 아니라 산소를 얻어 염소가 생긴다고 설명했다. 푸르크루아는 1786년(영어로 번역된 것은 그로부터 2년 뒤)에 발간한 책에서 그 반응에 대해 "이 특이한 기체의 생성은 순수한 공기의 주성분, 즉 망가니즈회에서 산소를 포함한 원질이 염산으로 옮겨가기 때문에 일어나는 것으로 밝혀졌다."라고 썼다.

라부아지에의 산화무리아트산

현대적인 용어로 표현한다면, 연망간석(이산화망가니즈)은 산화제로, 염산에서 음전하를 띤 염소 이온을 산화시켜 중성 염소 원자로 만든다. 그리고 이 염소 원자 둘이 결합해 염소 기체가 생긴다. 단순히 염산에 산소가 첨가되는 것이 아니라, 연망간석에서 나온 산소가 산에서 나온 수소와 결합해 결국에는 물을 만든다. 최종 결과는 염소 이온에서 음전하를 띤 전자가 망가니즈로 이동하는 것으로 나타난다.

프랑스인의 새 명명법에서는 염소 기체를 '산화무리아트산acide muriatique oxygéné'이라고 불렀다. 염소 기체에 산소가 포함돼 있는 게 틀림없다는 라부아지에의 주장은 이 물질에 관한 그의 이론에 부합하는 것이었고, 그는 이 물질의 이름을 '산을 만드는 것'이란 뜻으로

'oxygène(산소)'이라 붙였다. 염소에 산소가 포함돼 있다는 이 이론을 뒷받침하는 실험적 증거도 일부 있었다. 예를 들면, 연망간석을 가열하면 산소가 나왔다. 그러고 나서 남은 물질을 염산과 반응시키면, 가열하지 않은 연망간석을 반응시킬 때보다 염소 기체가 훨씬 적게 나왔는데, 이 결과는 염소를 만드는 데 산소가 핵심 역할을 한다고 시사했다. 더욱 그럴듯한 증거는 물에 염소 기체를 녹인 용액을 햇빛에 노출하면 산소가 발생하고, 남는 것은 보통의 염산 용액이라는 관찰 결과였다. 이 결과를 보고 햇빛이 염소 화합물을 산소와 산으로 분해했다는 결론을 내리고 싶은 유혹이 들기 쉽지만, 라부아지에는 여기서 중요한 것을 간과했는데, 바로 물의 역할이었다. 지금은 잘 알려져 있지만, 물은 염소와 반응해 표백제 성분과 비슷한 화합물인 차아염소산次亞鹽素酸을 만든다.

그래서 라부아지에와 그 동료들은 염소 기체와 무리아트산에 미지의 원질이 핵심 성분으로 들어 있다고 생각했다. 황과 인이 산소 (그리고 그들이 간과한 물)와 결합해 황산과 인산이 만들어지는 것처럼, 이 미지의 원질도 산소와 결합해 무리아트산을 만든다고 보았다. 프랑스 화학자들은 미지의 물질을 '무리아트산의 주성분'을 뜻하는 'radical muriatique(라디칼 뮈리아티크)'라고 불렀는데, "이 이름은 베리만과 드 모르보의 전례를 따라 라틴어 단어 *muria*(무리아)에서 유래한 것으로 정했는데, 이 단어는 옛날에 소금을 가리키는 데 사용되었다."라고 설명했다. 그것이 정확하게 무엇인지 몰랐는데도 불구하고, 라부아지에는 이 '라디칼 뮈리아티크'를 그 당시 알려진 원소 목록에 포함시켰다.

마침내 염소라는 이름이 붙다

알칼리 토금속을 분리한 지 불과 2년 뒤인 1810년에 데이비는 그 당시 아직도 '산화무리아트산'으로 알려져 있던 물질의 본질에 관한 논문을 발표했다. 데이비는 건조한 염화수소 기체와 염소 기체에서 산소를 추출하려고 온갖 방법을 다 써보았다. 순수한 숯(대개 산소를 추출하는 능력이 아주 뛰어나 기체 상태의 산화물을 만드는)을 건조한 염소나 염화수소 기체 속에서 "심지어 백열 상태로 타게 해도" 아무 변화가 없었다. 염소 기체는 다른 물질들을 아주 쉽게 산화시켰고, 이 결과에 놀란 데이비는 이렇게 썼다. "여러 번 반복한 이 실험을 통해 나는 이 물질에 산소가 들어 있다는 가정에 의심을 품게 되었다. 이 물질은 느슨한 활성 상태에서 산소를 포함하고 있다고 가정돼왔다." 그는 사라진 산소를 찾기 위해 "지금까지 시도한 것보다 더 엄밀한 연구를 해보기로" 결정했다.

데이비는 자신이 새로 발견한 금속인 칼륨을 포함해 다양한 물질을 염화수소나 염소 기체 속에서 가열하면서 광범위한 실험을 한 뒤, 실험에서 생기는 산소는 모두 물에서 생기며, "무리아트산 기체에 물이 들어 있다는 개념은 아직까지 증명되지 않은 가정—산화무리아트산 기체에 산소가 들어 있다는—에 기반을 둔 가설에 지나지 않는다."라고 올바른 결론을 내렸다.

데이비는 염소 기체의 간략한 역사를 소개하는 것으로 논문을 시작했다. "산화무리아트산을 발견한 유명한 과학자는 그것을 수소가 빠져나간 무리아트산으로 생각하고, 보통 무리아트산을 수소와 산화무리아트산의 화합물로 생각했다. 그리고 이 이론을 바탕으로

산화무리아트산을 탈플로지스톤 무리아트산이라고 불렀다." 4장에서
보았듯이, 일부 화학자는 수소를 순수한 플로지스톤 자체라고 생각
했다. 만약 셸레의 실험 결과를 이런 식으로 해석한다면, 탈플로지스
톤 무리아트산은 수소가 빠져나간 염화수소, 즉 염소가 되어야 한다.
비록 셸레가 자신의 발견을 완전히 이런 식으로 생각하지는 않았겠
지만, 데이비는 염소 기체의 생성에 관한 셸레의 설명이 기본적으로
옳다고 생각한 것처럼 보인다. 이 시점에서 데이비는 그 물질에 새로
운 이름을 제안하지 않고 단순히 다음과 같이 썼다. "이 물질들의 불
완전한 현대적 명명법에 의존해 이 박학다식한 학회의 시간을 소모
할 필요가 없다. 이 명명법은 이 물질들의 본질과 조성에 관해 잘못
된 개념과 연결돼 있는 경우가 많으며, 더 발전된 단계의 조사에서는
과학의 발전을 위해 중대한 변경이 일어날 필요가 있다."

  하지만 데이비는 이 주제에 관한 다음번 논문에서는 이름을 제
안했는데, 이 논문은 1810년 11월 15일에 왕립학회에서 낭독하고 다
음 해에 발표했다. 이 논문에서 데이비는 염소가 산소와 비슷한 성
질을 많이 가진 원소임을 보여주는 실험 결과를 많이 제시했다. 그
리고 산화무리아트산이라는 이름을 왜 바꾸어야 하는지 명쾌한 논
증을 펼치면서 논문을 마무리지었다. "산소를 포함하지 않은 것으
로 알려졌고, 또 무리아트산을 포함할 수 없는 물질을 산화무리아트
산이라고 부르는 것은 그것을 채택한 명명법의 원리에 반한다. 논의
의 발전을 돕기 위해, 그리고 이 주제에 관해 올바른 개념들을 확산
시키기 위해 그 이름을 바꾸는 일이 필요해 보인다." 그러고 나서 셸
레가 더 적절한 이름을 제안하지 않은 것에 유감을 표시했다. "이 물
질의 위대한 발견자가 단순한 이름을 붙였더라면, 그 이름으로 되돌

아가는 편이 적절할 것이다. 하지만 탈플로지스톤 바다산은 현재의 발전된 과학 분야에서는 절대로 받아들일 수 없는 용어이다." 당시의 이론들을 반영한 이름들에서 교훈을 얻은 데이비는 더 중립적인 이름을 제안했다. "이 나라의 가장 유명한 일부 화학철학자들의 의견을 구한 뒤에 이 물질의 명백하고 특징적인 성질 중 하나인 색에 기초한 이름을 제안하는 것이 가장 적절하다고 판단했다. 그래서 그 이름을 'Chlorine(염소)' 또는 'Chloric gas(염소 기체)'로 부르자고 제안한다. 향후에 이 물질이 화합물로 밝혀지거나 심지어 산소를 포함하고 있는 것으로 밝혀지더라도, 이 이름은 잘못 붙여진 것이 될 염려가 없으므로 반드시 다시 바꾸어야 할 필요가 없다." 데이비가 제안한 이름은 순수한 염소 기체의 색인 '황록색'을 뜻하는 그리스어 'χλωρος'[chloros]에서 유래했다.

마지못한 수용

데이비의 연구 결론이 받아들여지기까지는 몇 년이 걸렸다. 1813년에 발행된 《필라델피아 컬럼비아 화학회 회보Memoirs of the Columbian Chemical Society of Philadelphia》에 실린 한 글은 "산화무리아트산이 원소여야 한다는 주장은 내가 보기에는 사실이 아닐 뿐만 아니라 우스꽝스러워 보인다."라는 말로 시작한다. 과학자들이 데이비의 결론을 받아들이길 주저한 이유 중 하나는, 그 결론이 "화학 분야에서 옳은 것을 모두 쓴 유명한 저자" 라부아지에의 이론, 즉 모든 산에 산소가 들어 있다는 이론이 틀렸다는 것을 의미했기 때문이다. 하지만 청산(사이안화수소, HCN)처럼 산소를 포함하지 않은 산들이 발견되고, 염소와 밀접한 관계에 있는 원소들이 발견되자, 데이비의 견해는 점차 화학적 사실로 굳어졌다.

데이비가 제안한 이름인 'chlorine(클로린)'은 처음에 다소 위태위태한 고비를 맞이했다. 데이비가 이 이름을 제안하면서 1811년에 발표한 논문을 프랑스어로 번역한 프리외르Prieur는 이 제안이 마음에 들지 않았던 게 분명하다. 그는 데이비가 옛날 명명법을 바탕으로 한 이름을 사용했다고 지적하고, 염소를 'murigène(뮈리젠)'으로 부르자고 제안했다. murigène은 프랑스어로 '소금물을 만드는 것'이란 뜻이다. 그는 이 선택을 다음과 같이 정당화했다. "murigène과 oxygène의 유사성은 아주 쉽게 알 수 있다. *뮈리드 다르장muride d'argent*[염화은], *뮈리드 데탱muride d'étain*[염화주석], *뮈리드 당티무안muride d'antimoine*[염화안티모니] 등이 뮈리젠과 해당 금속의 화합물이라는 사실은 누구나 즉시 이해할 것이다." 프리외르는 번역을 하면서 자신이 제안한 이름들을 데이비의 논문 모든 곳에 첨가하고 "처음으로 사용하는 이 이름들의 적절성에 대한 판단은 사람들에게 맡길 것이다."라고 설명했다. 그리고 "만약 내가 잘못 이해했다면, 이 이름들은 사람들의 기억에서 사라질 것이고, 나의 시도에서 과학이 입는 피해는 극히 사소할 것이다."라고 덧붙였다. 말할 필요도 없지만, 이 이름들은 더 이상 사용되지 않는다.

독일 화학자들도 chlorine이라는 단어를 즉각 받아들이지 않았다. 데이비의 논문을 독일어로 번역한 요한 슈바이거Johann Schweigger도 이 단어가 마음에 들지 않았다. 그뿐만 아니라, 프리외르가 제안한 라틴어와 그리스어가 반반씩 섞인 murigène도 그다지 탐탁지 않게 여겨졌는데, 이 단어는 독일 사람들의 귀에 쏙 들어오지도 않았다. 그래서 슈바이거는 chlorine 대신에 '소금을 만드는 것'이란 뜻의 그리스에서 유래한 'halogen(할로겐)'이란 이름을 제안했다. 이 용어는 chlorine을 대체하는 이름으로서는 오래 살아남지 못했다. 하지만 결국에는 주기율표에서 그 족 전체를 가리키는 이름이 되었는데, 이 족의 원소들은 모두 쉽게 염을 만들기 때문이다.

화학적으로 밀접한 관련이 있는 이 족의 다른 원소들이 발견되자, 결국에는 데이비가 제안한 이름들이 일반적으로 받아들여지게 되었다. 데이비의 주요 경쟁자였던 베르셀리우스의 집에서 일하던 가정부 안나Anna가 유리 제품을 씻다가 '산화무리아트산' 냄새가 난다고 불평하자, 베르셀리우스가 "안나, 이제 산화무리아트산이란 단어는 더 이상 쓰면 안 돼. 이제 chlorine(염소)이라고 불러야 해."라고 말했다는 아름다운 이야기가 전해온다.

chlorine은 나머지 할로겐족 원소들의 이름을 짓는 데 영감을 제공했다. 할로겐족 원소들 중에서 다음번에 이름이 붙은 것은, 이 족의 비반응성 원소들 중 원소 형태로는 맨 마지막에 분리된 플루오린이다.

흐르는 돌

플루오린fluorine은 플루오린을 많이 함유한 광물인 형석(fluorite 또는 fluorspar)에서 그 이름을 땄다. 형석의 주성분은 플루오린화칼슘

(CaF_2)이다. 아그리콜라는 『베르만누스』에서 이 광물의 이름이 '흐르다'라는 뜻의 라틴어 '플루오에레fluoere'에서 유래했으며, 용광로에서 쉽게 녹기 때문에 이런 이름이 붙었다고 말한다. 이 광물이 무엇이냐고 묻자, 저자의 분신인 광물학자 베르만누스는 이렇게 대답한다. "이것은 보석과 비슷하지만 아주 단단하진 않은 돌로, 광부들은 '플루오레스fluores'라고 부릅니다. 나는 이것이 부적절한 이름이 아니라고 생각하는데, 이 광물은 불에 녹아 햇볕 아래의 얼음처럼 액체로 변하기 때문이지요. 이 광물은 다양한 색으로 만들어져서 우리 눈을 즐겁게 합니다." 형석이 어디에 쓰이느냐고 묻자, 베르만누스는 "제련할 때 첨가하는 경우가 많은데, 녹은 광물을 더 유동적으로 만들기 때문이지요."라고 대답한다.

순수한 플루오린화칼슘은 열에 아주 강해 약 $1400°C$가 될 때까지 녹지 않는다. 하지만 천연으로 산출되는 광물은 불순물이 섞여 있어 이보다 훨씬 낮은 온도에서 녹는다. 가열하면 플루오린화칼슘은 주변의 물과 반응하여 녹아 부글거리면서, 유독한 플루오린화수소 기체를 내뿜고 녹이기 아주 힘든 산화칼슘을 남긴다. 일부 강철 제조업자들은 제조 과정에서 슬래그(용융된 금속 위에 떠오르는 금속 산화물/규산염 불순물 찌꺼기)의 점성을 낮추기 위해 아직도 형석을 융제로 사용한다.

형석을 최초로 연구한 사람도 셸레였다. 그는 1771년에 발표한 첫 번째 논문을 "플루오르Fluor 광물은 가열했을 때 어두운 장소에서 내는 아름다운 인광으로 특별히 눈길을 끄는 암석이다. 하지만 그 구성 성분은 거의 알려지지 않았다."라는 말로 시작했다.♦ 형석의 이 성질은 앞에서 잠깐 언급한 바 있다. 형석은 최초로 발견된 발광 물질 중 하나이다. 볼로냐 암석과 발두인의 포스포러스는 사실은 빛 에너지를 흡수했다가 그 에너지를 다시 천천히 빛으로 방출하는 인광 화합물이다. 오늘날 형석이 빛을 내는 메커니즘은 이와는 다른 것으로 밝혀졌다. 우주에서 날아온 고에너지 우주선宇宙線 같은 배경 복사와 충돌해 들뜬 상태가 된 전자의 에너지는 결정 구조의 틈이나 불순물에 반영구적으로 저장될 수 있다. 하지만 최대 몇 시간까지 비교적 짧은 시간의 지연 뒤에 빛을 재방출하는 인광 화합물과 달리, 형석은 다시 가열될 때까지 에너지를 재방출하지 않는다. 그래서 이전에 몇 년 동안 복사에 노출되면서 '충전된' 형석은 온도가 올라가면 저절로 빛을 내는 것처럼 보인다. 1771년에 셸레는 "플루오르 광물은 일단 완전히 가열하면 인광을 내뿜는 능력을 영영 잃는다는 사실이 잘 알려져 있다."라고 썼다. 사실은 이 말은 완전히 옳은 것은 아니다. 형석 결정은 그저 더 많은 복사에 노출되어 재충전이 일어나면 다시 인광을 방출할 수 있지만, 낮은 자연 배경 복사 수준에서는 시간이 아주 많이 걸린다. 방사선 노출 수준을 기록하는 배지(방사선량계)는 바로 이 성질을 이용해 만든다. 형석은 가열하면 사실상 영점으로 '재설정'할 수 있는데, 그러고 나서 방사선에 노출될 때 온도가 올라가면서 방출하는 빛의 양은 노출된 방사선의 양에 정확하게 비례한다. 이와 비슷한 개념을 사용한 '열발광 연대 측정법'으로 질그릇과 세라믹의 제작 시기를 측정할 수 있다. 제조 과정에서 불에 처음 구울 때 재료에 포함된 그런 반응 광물이 '재설정'된다. 따라서 그 후 시간이 지나

♦ Fluor는 독일어와 스웨덴어로 플루오린에 해당하는 단어이다. 전에는 우리도 '플루오르'를 공식 원소명으로 사용했지만, 대한화학회가 '플루오린'으로 바꾸었다. 일반적으로는 '불소'라는 용어를 많이 사용한다.

면서 배경 복사에 노출된 시간을 시료를 가열할 때 방출되는 빛의 양을 측정함으로써 추정할 수 있다.

벽개성 광물 산

1786년에 영어로 번역된 셸레의 논문 제목은 「플루오르 광물과 그 산에 관하여」였다. 이 산(셸레는 이 산을 스웨덴어로 'Fluss-spats-syra', 즉 '플루오르 벽개성 광물 산'이라고 불렀다)은 오늘날 '플루오린화수소산'이라 부르는 아주 유독한 산으로, 형석(플루오린화칼슘)을 진한 황산과 함께 가열하여 얻는다. 셸레의 연구는 그보다 앞서 존 힐 John Hill이 쓴 광물학 교과서에 소개되었는데, 이 책 부록에 '새로 발견된 스웨덴 산과 그것을 얻는 암석에 관한 소견'이란 제목으로 실렸다. 힐은 여기서 '스웨덴 산'이란 용어 외에 "어떤 사람이 매우 부적절하게도 *Sparry Acid*(벽개성 광물 산)란 이름을 붙였다. 어쩌면 … *Stony Acid*(암석산)이라고 부르는 편이 더 나을 것이다. 우리가 얻는 이 물질은 벽개성 광물이 아닌 암석에서 나오기 때문이다."라고 주장했다. 'stony acid'란 용어는 일반적으로 사용된 적이 없지만, 'sparry acid'란 용어는 18세기가 끝날 무렵에 많은 영어 교과서에서 사용되었고, 플루오린화수소산 기체도 가끔 'sparry gas'라고 불렀다. 하지만 화학 명명법을 개혁한 프랑스 화학자들은 'fluor'와 그 형용사형인 'fluoric'(프랑스어로는 fluorique)을 사용하기 시작했는데, 1782년에 기통 드 모르보가 'spar'나 'sparry'란 단어는 그 밖의 많은 광물도 가리키기 때문에 피해야 한다고 한 권고를 따른 것이다. 이 산의 염들은 'fluate'(플루오린화물)로 부르기로 했다. 그래서 오늘날 영어로 'calcium fluoride'(형석의 주성분인 플루오린화칼슘)라고 부르는 것은 'fluate of lime'이라 부르기로 했다.

라부아지에는 이전에 무리아트산(염산)에 대해 생각했던 것과 마찬가지로, 플루오린산이 미지의 광물과 산소가 결합한 것이라고 생각했다. 데이비는 무리아트산이 산소를 포함하고 있지 않으며, 대신에 수소와 염소(자신이 '클로린chlorine'이라고 이름 붙인)로 이루어져 있다고 보고했다. 그러자 오늘날 전기에 관한 발견으로 더 유명한 앙드레-마리 앙페르André-Marie Ampère(1775~1836)가 즉각 데이비에게 편지를 보내 두 산 사이의 유사성을 지적했다. 앙페르는 그 뒤에 쓴 편지에서 플루오린산도 산소가 들어 있지 않고, 단지 수소와 아직 분리되지 않은 원소만으로 이루어져 있을지 모른다고 하면서, 그 미지의 원소를 데이비의 '클로린'에서 유추하여 '플루오린'으로 부르겠다고 했다.

행운의 사고

1812년 8월 25일에 쓴 두 번째 편지(아직 분리되지 않은 원소의 이름을 플루오린으로 제안한)에서 앙페르가 무심코 던진 말이 그 후 과학의 진로를 확 바꿔놓았다. 마지막 단락에서 앙페르는 데이비에게 파리에서 새로 발견된, 단지 질소와 염소만으로 이루어진 '폭발성 기름'에 대한 소문을 들었느냐고 물었다. 그리고 아주 불안정한 이 화합물이 격렬하게 폭발하면서 발견자의 눈 하나와 손가락 하나를 앗아갔다고 경고했다. 데이비는 여섯 달이 지나서야 답장을 보냈다. "지금까지 당신의 친절한 편지에 답장을 보낼 기회가 없었습니다. 당신이 언급한 폭발성 기름이 제 호기심을 크게 자극하여 하마터면 눈 하나를 잃을 뻔했습니다. 몇 달 동안 틀어박혀 지낸 끝에 겨우 건강을 되찾았습니다."

앙페르에게 답장을 할 시간은 없었어도 "그 기름에 대해 영국 화학자들에게 경고하기 위해" 새로운 물질에 관한 논문을 쓸 시간은 있었다. 데이비는 자신의 발견을 밝힌 이 논문에서, 그 기름을 상당량 모으려고 시도하다가 폭발이 일어났다고 언급했다. 하지만 부상은 그 화합물이 격렬하게 분해되는 동안 어떤 기체가 생기는지 조사하기 위해 별도의 실험을 하던 도중에 일어났다. 편지에서 데이비는 물속에 그 기름 방울을 넣고 가열했는데, 갑자기 "날카로운 소리와 함께 격렬한 섬광이 번쩍이더니 시험관과 유리컵이 산산조각 났고, 나는 투명한 각막에 심한 부상을 입어 할 수 없이 이 편지는 대필자를 시켜 쓰고 있습니다."라고 밝혔다. 그리고 "이 실험은 이 물질을 다룰 때 극도의 주의가 필요하다는 걸 입증하는데, 내가 사용한 양은 겨자씨만 한 크기에 불과했기 때문입니다."라고 덧붙였다. 이 사고 때문에 데이비는 편지를 대신 써줄 조수가 필요해, 제본소에서 일한 경력이 있던 젊은이를 조수로 고용했다. 이 조수는 이전에 왕립연구소에서 데이비의 강연을 열정적으로 듣고 나서, 강연 내용을 적은 공책을 멋지게 제본해 데이비에게 선물한 적이 있었다(이 보물은 지금도 왕립연구소에 보관돼 있다). 마이클 패러데이Michael Faraday라는 이 젊은이는 그 후 왕립연구소에서 지내면서 19세기의 가장 유명한 과학자 중 한

명이 되었다. 패러데이는 화학적 발견(벤젠을 최초로 분리한 일을 포함해) 외에도 최초의 전동기를 만드는 업적을 세웠다.

해초

플루오린산의 조성에 관한 앙페르의 이론이 널리 받아들여지기 전에, 염소 기체에 산소가 들어 있지 않다는 데이비의 개념을 뒷받침하는 증거가 나타났다. 그 당시 영국과 프랑스는 전쟁 중이었지만, 나폴레옹 보나파르트Napoleon Bonaparte는 데이비와 그의 아내 그리고 새로 뽑은 조수 마이클 패러데이에게 안전한 파리 여행을 보장했는데, 알칼리 금속을 분리한 전기화학 분야의 연구 업적에 대해 데이비에게 훈장을 수여하려고 했다. 파리 여행 중이던 1813년 11월 23일, 앙페르는 데이비에게 1년쯤 전에 파리에서 발견된 기묘한 물질을 보여주었다. 프랑스 화학자들은 이 물질을 '미지의 물질 X'라고 불렀다.

이 물질은 1811년에 우연히 발견되었다. 미천한 초석 제조업자의 아들로 태어난 베르나르 쿠르투아Bernard Courtois(1777~1838)가 소다 생산에 사용한 금속 용기에 부식이 일어나는 원인을 찾다가 이 물질을 발견했다. 5장에서 보았듯이, 초석을 만드는 과정에는 알칼리 탄산염이 필요한데, 대개 식물을 태운 재에서 얻었다. 쿠르투아는 관목과 나무의 재를 사용하는 대신에 해초를 태운 재인 '켈프회'를 사용했다. 데이비는 그 기묘한 새 물질은 "소다의 탄산염을 추출한 뒤에, 단지 황산의 작용만으로 아주 쉽게 그 재에서 얻는다. 많은 열을 낼 만큼 황산의 농도가 높으면, 그 물질은 아름다운 보라색 증기로 나타나 플룸바고의 색과 광택을 가진 결정으로 응결된다."라고 썼다. 앙페르에게서 선물로 받은 샘플에 흥미를 느낀 데이비는 해외로 나갈 때면 늘 챙겨 간 휴대용 실험실을 사용해 즉각 연구에 착수했는데, 프랑스 화학자들도 따로 그것을 연구하고 있었다. 그 결과로 데이비는 연이어 네 편의 논문을 썼고, 이것들은 12월 6일부터 12월 20일까지《화학 연보Annales de Chimie》에 실렸다. 데이비의 실험은 그를 초대한 일부 프랑스 화학자들에게는 달갑지 않은 간섭으로 비쳤을 수 있지만, 수수께끼의 물질은 곧 염소와 비슷한 새 원소라는 사실이 드러났다. 게다가 이 새 원소는 수소와 쉽게 결합해 무리아트산과 비슷한 산을 만든다는 사실도 밝혀졌는데, 이것은 무리아트산이 데이비의 주장대로 수소와 염소가 결합한 화합물이라는 개념을 확고하게 굳히는 데 도움을 주었다. 염소와 비슷하다는 점은 또한 새로운 물질에 이름을 짓는 데에도 도움을 주었다. 프랑스 과학자들은 그 원소를 '보라색'을 뜻하는 그리스어에서 따 'ione(이온)'이라고 불렀다. 하지만 데이비는 영어명으로는 조금 변경된 이름을 제안했다.

프랑스에서 기체 상태의 색을 바탕으로, 이 새로운 물질의 이름으로 제안한 *ione*은 보라색을 뜻하는 그리스어 *ιον*[ion]에서 왔다. 이것이 수소와 결합한 물질의 이름은 *hydroionic acid*로 정해졌다. 하지만 영어에서 *ione*이란 이름은 혼란을 낳을 수 있는데, 그 화합물을 *ionic*과 *ionian*으로 불러야 하기 때문이다. 차라리 파르스름한 보라색이란 뜻의 그리스어 *ιωδης*[iodes]에서 따 iodine으로 정하면 이 혼란을 피할 수 있고, 또 클로린과 플루오린과 비슷한 계열의 이름이 될 것이다.◆

데이비는 1813년에 쓴 아이오딘에 관한 논문과 앙페르에게 보낸 편지에서 형석에 존재하는 원소를 앙페르의 제안대로 플루오린이라고 불렀는데, 그 원소가 아직 분리되지 않았는데도 불구하고 그랬다. 하지만 몇 년 뒤, 앙페르 자신은 이 이름에 의구심이 들었던 것으로 보인다. 플루오린산에 산소가 전혀 들어 있지 않다는 사실이 점차 받아들여지자, 이 산의 염들에 사용되던 이름들이 이상적인 이름과 동떨어진 것으로 보였다. 라부아지에와 그 동료들은 이 염들을 'fluate(플루오린화물)'라고 불렀다. 그런데 어미가 '-ate'로 끝나는 이름을 가진 염은 모두 산소를 포함하고 있다는 게 문제였다. 예를 들면, 금속의 황산염sulfate, 질산염nitrate, 인산염phosphate, 염소산염chlorate, 아이오딘산염iodate은 모두 금속과 산소가 황, 질소, 인, 염소, 아이오딘과 결합한 것이다. 반면에 금속의 황화물sulfide, 질화물nitride, 인화물phosphide, 염화물chloride, 아이오딘화물iodide은 산소를 전혀 포함하지 않으며, 단순히 금속과 다른 원소의 결합만으로 이루어져 있다. 무리아트산과 무리아트화물muriate 염은 처음에는 산소를 포함하고 있다고 생각됐지만, 산소가 없다는 사실이 밝혀지자 hydrochloric acid(염산)과 chloride salt(염화물 염)으로 이름이 바뀌었다. 앙페르는 자신이 데이비에게 제안했던 플루오린이라는 이름 대신에 '플루오르fluore'가 더 적절하다고 생각했지만, 프랑스어로 '플루오린화물'을

◆   프랑스에서는 조제프 루이 게이-뤼삭Joseph Louis Gay-Lussac이 보라색을 뜻하는 그리스어 ιοειδής(이오에이데스)에서 이 원소의 이름을 따와 iode(요오드)로 정했다는 것이 정설이다. 독일에서는 이를 Jod(요오트)로 표기했고, 독일의 과학 용어를 많이 채용한 일본에서는 沃度(요도)를 사용했다. 우리나라는 얼마 전까지 '요오드'라고 표기했지만, 대한화학회가 어중간한 영어식 발음인 '아이오딘'으로 바꾸었다(iodine의 정확한 발음은 '아이어다인' 또는 '아이어딘'이다). 하지만 아직도 언론과 일상생활에서는 '요오드'란 이름을 많이 사용한다.

가리키는 '플루오뤼르fluorure'가 발음하기' 쉽지 않다는 단점이 있었다. 결국 앙페르는 망치거나 파괴하거나 부패시키는 이 원소의 성질을 반영해 '해로운'이란 뜻의 그리스어에서 유래한 '프토르phtore'라는 이름이 가장 낫다고 생각했다. 이 이름은 1820년대와 1830년대에 주로 프랑스에서 소수의 화학자들만 사용했다. 1831년에 출판된 『유기 물질 화학의 체계A System of Chemistry of Inorganic Bodies』 7판에서 스코틀랜드 화학자 토머스 톰슨은 플루오린(아직 분리되지 않은 상태에 있던)을 소개하면서 다음과 같이 썼다. "앙페르는 그것에 *파괴적인*이란 뜻의 그리스어 $\varphi\theta o\rho\iota\varsigma$[phthorios]에서 따 프토린(Phthorine 혹은 Phthore)◆이라는 이름을 붙였다. … 하지만 이 새 이름이 채택될 수 없음은 너무나도 명백하다. 만약 모든 사람이 자기 내키는 대로 새 이름을 짓는다면, 온갖 이름이 차고 넘칠 것이다. 그가 새 이름을 지으면서 내세운, 자신이 이 가설의 최초 창안자라는 이유는 타당하지 않다. … 데이비가 말하길 처음에 플루오린이라는 용어를 제안한 사람은 바로 앙페르 자신이었다.

앙페르와 데이비를 포함해 그 당시의 많은 화학자들이 플루오린 원소를 분리하려고 열심히 노력했지만, 수십 년이 지날 때까지 아무도 성공하지 못했다. 그 전에 할로겐족 원소 중에서 다른 원소가 먼저 분리되었는데, 그 원소의 이름은 브로민이다.

◆ phtore와 phthore가 혼용되어 하나가 틀린 것이 아닐까 생각하기 쉽지만, 초기에 프랑스에서는 두 가지 철자가 다 쓰였다.

또 하나의 뮈리드

쿠르투아가 아이오딘을 분리한 사건은 큰 화제가 되어 다른 과학자들도 그의 실험을 반복했다. 그리고 그 결과로 주기율표의 같은 족에서 염소와 아이오딘 사이에 있는 원소가 발견되었다. 그 원소가 바로 브로민bromine이다. 1825년, 얼마 전에 약사 자격증을 딴 젊은이 앙투안 제롬 발라르Antoine Jérôme Balard(1802~1876)는 지중해에서 나는 해초에도 아이오딘이 들어 있는지 연구하고 있었다. 그는 다음 해에 「바닷물에 포함된 특정 물질에 관하여」라는 제목의 논문에서 해초의 재로 만든 잿물을 처리해 아이오딘을 만드는 방법을 기술했다. 아이오딘의 존재는 녹말 용액을 첨가할 때 나타나는 특유의 파란색으로 쉽게 확인할 수 있었다. 그런데 발라르는 이렇게 덧붙였다. "아이오딘이 그 일부를 이루는 파란색 구역 아래쪽에 다소 강렬한 노란색 색조 구역이 나타났다. 이 주황색은 바닷물 모액을 같은 방법으로 처리했을 때에도 나타났다. 그 색은 액체를 더 농축할수록 더 짙어졌다. 이 색과 더불어 특별히 자극적인 냄새도 났다." 7월 3일에 낭독한 이 발견의 예비 발표에서 발라르는 자신이 발견한 새 물질을 '뮈리드muride'라고 불렀다. 다음 달에 나온 더 자세한 보고서에서는 이 물질을 '브롬brome'이라고 불렀는데, 이것은 '악취'를 뜻하는 그리스어에서 유래한 이름이었다. 나중에 발라르는 뮈리드라는 이름은 '소금물'을 뜻하는 라틴어 'muria(무리아)'에서 유래했다고 설명하면서, 이 이름을 맨 처음 추천한 사람은 앙글라다Anglada라고 했다. 발라르는 이렇게 썼다. "이 이름은 그 기원을 특징적으로 묘사하고, 그 발견과 연관된 자연사의 주요 상황을 나타내기에 아주 적절해 보였다. 이 이름은 발음하기도 좋으며, 그 조합을 통해 합성 물질의 명칭을 만들기에도 아주 좋다." 그리고 다음과 같이 덧붙였다. 데이비와 여러 프랑스 연구자들이 "염소를 원소에 포함시킨 뒤에, 한 화학자가 그것을 *murigène(뮈리젠)*으로 부르자고 제안하면서 *muride(뮈리드)*라는 이름은 뮈리젠과 다른 원소의 결합물을 나타내는 데 쓰자고 했는데, 그 결합물은 산화물에 비교할 수 있다고 주장했고, 이후로 염화물chlorure[영어로는 chloride]로 불리게 되었다." 여기서 언급된 화학자는 앞에서 염소에 관한 데이비의 논문을 프랑스어로 번역한 사람으로 나왔던 프리외르이다. 그런데 발라르는 'muride'라는 단어를 완전히 다른 뜻으로 사용했고, 이 때문에 프랑스 과학 아카데미가 그의 연구를 조사하라고 임명한 위원은 발견자의 동의를 얻어 그 원소의 이름을 '악취'를 뜻하는 그리스어에서 유래한 브롬*brôme*으로 바꾸었다. 다음 해에 출판된 한 교과서에는 "이 이름은 영어로는 브로민Bromine으로 옮기는 게 적절하다."라는 내용이 나온다.

플루오린의 분리

할로겐족 원소인 염소와 브로민, 아이오딘 사이의 유사성과 그 화합물들 사이의 유사성에 주목한 화학자들은 이것들과 비슷한 원소인 플루오린이 반드시 존재할 것이라고 확신했다. 형석(플루오린화칼슘)과 플루오린화수소산 같은 플루오린 화합물의 원소 결합 비율과 반응으로부터 화학자들은 그 원자량을 정확하게 예측할 수 있었다.

멘델레예프는 심지어 플루오린을 관찰한 사람이 아무도 없는 상태에서 그것을 자신의 주기율표에 포함시켰다. 플루오린 원소를 분리하는 것은 쉽지 않았다. 많은 과학자(데이비를 포함해)가 그 과정에서 심하게 중독되었고, 심지어 몇 명은 목숨을 잃었다. 순수한 플루오린화수소는 19.5°C에서 끓는 휘발성 액체로, 전기가 통하지 않고, 거의 모든 금속을 녹이며, 심지어 유리까지 녹인다. 또, 피부를 통해 쉽게 흡수되어 심한 화상을 초래하는데, 이 손상은 몇 시간 뒤에야 나타난다. 1828년에 나온 한 교과서는 "이 산의 증기는 극도로 피해야 하고, 손은 아주 두꺼운 장갑으로 보호해야 한다. 아주 적은 양으로도 입을 수 있는 화상은 고문이라고 할 정도로 매우 고통스러운 통증을 초래하기 때문이다."라고 서술했다. 또한 "플루오린산은 이처럼 만지기에 매우 불쾌한 대상이기 때문에 화학자들은 이것을 사용하는 실험을 좋아하지 않는다."라는 내용도 나온다. 그럼에도 불구하고, 1886년 6월 26일에 앙리 무아상Henri Moissan(1852~1907)이 마침내 플루오린 기체를 분리하게 해준 물질은 무수 플루오린화수소와 전류가 통하도록 거기에 녹인 플루오린화수소칼륨이었다. 무아상은 그 혼합물을 냉각시켜 형석(플루오린의 공격을 받지 않는)으로 만든 마개가 달린 백금 장비로 전기 분해했다. 〈그림 44〉는 그 장비를 보여준다.

이틀 뒤, 무아상은 과학 아카데미에서 자신의 발견을 발표했다. 그는 금속 수은과 급속하게 반응시켜 염을 만들고, 물과 반응시켜 오존과 플루오린화수소산을 만드는 과정을 포함해 자신이 얻은 플루오린 기체의 격렬한 반응들 중 일부를 소개했다. 그러고 나서 조심스럽게 이렇게 말했다. "사실, 여기서 얻은 기체의 본질에 대해 다양한 가설이 나올 수 있습니다. 가장 단순한 가설은 우리가 플루오린과 마

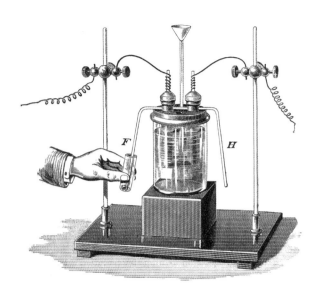

그림 44 1891년의 판화. 플루오린을 생성하는 무아상의 장비를 보여준다.

주하고 있다는 것입니다." 이 훌륭한 업적 덕분에 무아상은 1906년에 노벨 화학상을 받았지만, 슬프게도 스톡홀름에서 열린 시상식에 참석하고 돌아온 지 얼마 안 돼 세상을 떠났다.

모든 원소 중에서 반응성이 가장 강한 플루오린은 접촉하는 것은 무엇이건 반응하여 화합물이 되기 때문에 분리된 상태로는 자연계에 존재할 수 없다고 여겨져 왔다. 그런데 2012년에 갑자기 천연 상태로 존재하는 플루오린이 발견되었다. 그것은 아그리콜라가 약 500년 전에 처음 기술했던 광물인 형석에서 발견되었다. 희귀한 형태의 형석은 특유의 기묘한 냄새가 나서, 이 냄새 때문에 '악취 형석fetid fluorite', '스팅크스파stinkspar', '안토조나이트antozonite' 등의 이름으로 불린다. 이 광물에는 우라늄이나 토륨 같은 방사성 원소도 미량 들어 있는데, 방사성 붕괴에서 나오는 에너지가 플루오린화칼슘을 그 구성 원소들로 쪼갠다. 그 결과로 미량의 플루오린 기체가 형석 속에 갇히게 된다(형석은 플루오린과 반응하지 않는 극소수 물질 중 하나인데, 이미 반응을 할 만큼 다 했다고 볼 수 있기 때문이다). 이 광물을 부수면 갇혀 있던 플루오린 기체가 나오는데, 그래서 고약한 냄새가 난다.

원소들의 질서를 세우다

플루오린은 그 당시 아직 분리되지 않았는데도, 1869년에 멘델레예프가 만든 최초의 주기율표에 포함되었다(〈그림 45〉 참고). 이 표에서 원소들은 원자량 순서대로 세로 방향으로 배치돼 있고, 할로겐족 원소들, 즉 플루오린(F), 염소(Cl), 브로민(Br), 아이오딘(I)은 가로 방향으로 배치돼 있다. 다른 족의 원소들도 마찬가지로 배치돼 있다. 멘델레예프가 그 후에 개정한 주기율표와 현대의 주기율표에서는 이와 반대로 족들이 세로 방향으로 배열돼 있다. 이 최초의 주기율표에서도 다른 족들을 분명히 구별할 수 있는데, 예컨대 15족 원소들인 질소(N), 인(P), 비소(As), 안티모니(Sb), 비스무트(Bi)가 같은 가로줄에 늘어서 있는 것을 볼 수 있다. 멘델레예프가 주기율표를 사용해 아직 발견되지도 않은 원소들의 성질을 예측했다는 이야기는 유명하다. 첫 번째 성공은 '?=68'이라고 적힌 칸에 들어갈 원소의 성질을 예측한 것이었다. 나중에 보겠지만, 멘델레예프는 심지어 이 원소를 발견하는 방법까지 예측했다. 하지만 멘델레예프가 주기율표를 처음 만들 당시에는 한 족의 원소들 전부가 전혀 알려져 있지 않았다. 놀랍게도 이 원소들 중 하나는 18세기의 천재 과학자 헨리 캐번디시가 대기를 이루는 기체들을 연구하다가 발견했다. 이 원소들의 발견 과정을 이해하려면, 다시 눈을 하늘로 돌릴 필요가 있다.

ОПЫТЪ СИСТЕМЫ ЭЛЕМЕНТОВЪ,

ОСНОВАННОЙ НА ИХЪ АТОМНОМЪ ВѢСѢ И ХИМИЧЕСКОМЪ СХОДСТВѢ.

			Ti=50	Zr=90	?=180.
			V=51	Nb=94	Ta=182.
			Cr=52	Mo=96	W=186.
			Mn=55	Rh=104,4	Pt=197,4.
			Fe=56	Ru=104,4	Ir=198.
		Ni=Co=59		Pl=106,6	Os=199.
H=1			Cu=63,4	Ag=108	Hg=200.
	Be=9,4	Mg=24	Zn=65,2	Cd=112	
	B=11	Al=27,4	?=68	Ur=116	Au=197?
	C=12	Si=28	?=70	Sn=118	
	N=14	P=31	As=75	Sb=122	Bi=210?
	O=16	S=32	Se=79,4	Te=128?	
	F=19	Cl=35,5	Br=80	I=127	
Li=7	Na=23	K=39	Rb=85,4	Cs=133	Tl=204.
		Ca=40	Sr=87,6	Ba=137	Pb=207.
		?=45	Ce=92		
		?Er=56	La=94		
		?Yt=60	Di=95		
		?In=75,6	Th=118?		

그림 45　1869년에 멘델레예프가 처음 발표한 주기율표

8

바로 코밑에 있던 원소들

전체 화학자들이 실제로는 자기 코밑에 있었던 것을 지금까지
간과해왔다는 사실을 알면 몹시 불쾌해하지 않을까
나는 조금 염려스럽다.

트래버스Travers, 1928

　이 장에서는 주기율표의 마지막 족에 속한 원소들, 즉 희가스 또는 비활성 기체라 부르는 원소들을 살펴볼 것이다. 이 원소들은 1890년대에 대기 중에서 발견되었는데, 그 발견 이야기의 시작은 그보다 100년도 더 전에 꼼꼼한 헨리 캐번디시가 처음 한 관찰로 거슬러 올라간다. 이것은 예기치 못하게 한 족 전체의 원소들을 발견하는 사건으로 이어졌고, 이 때문에 주기율표에 세로 기둥을 하나 더 추가하게 되었다. 그리고 놀랍게도 이 모든 발견은 단 한 사람이 주도해 일어났다.

태양 스펙트럼

　아이작 뉴턴의 고전적인 실험 중 하나는 햇빛 줄기를 유리 프리즘에 통과시켜 스펙트럼으로 분해함으로써 백색광이 실제로는 무지개를 이루는 모든 색의 빛이 섞인 것임을 보여준 실험이다. 1802년, 팔라듐과 로듐 원소의 발견자인 윌리엄 하이드 울러스턴William Hyde Wollaston(1766~1828)은 이 실험을 살짝 변경해 원형 구멍 대신에 아주 좁은 슬릿slit으로 햇빛을 통과시켰다. 그 결과, 태양 스펙트럼이 완전히 연속적인 것이 아니라 군데군데 가느다란 검은색 선들이 있다는 사실을 발견했는데, 이 암선暗線을 지금은 프라운호퍼선이라 부른다. 이 이름은 요제프 프라운호퍼Joseph Fraunhofer(1787~1826)에게서 딴 것인데, 프라운호퍼는 유리 제품과 렌즈 제작에서는 당대 최고의 솜씨를 지니고 있었다. 그는 자신이 만든 최고 품질의 광학 렌즈를 사용해 태양 스펙트럼에서 많은 암선을 관찰하고, 500개 이상의 암선을 자세히 지도로 작성했다. 가장 선명한 암선은 A부터 H까지 알파벳 대문자로 나타냈는데, A와 B는 스펙트럼 중 빨간색 지역에, G와 H는 보라색 지역에 있었다. 이 암선들을 보정 기준선으로 사용함으로써 자신의 광학 도구에 사용할 유리 제품의 품질을 높이고, 경쟁자의 제품에 비해 자신의 제품이 월등함을 보여줄 수 있었다. 독일 물리학자 구스타프 키르히호프Gustav Kirchhoff(1824~1997)의 연구가 나오기 전까지 사람들은 암선의 정체를 알지 못했다. 키르히호프는 동료 화학자 로베르트 분젠Robert Bunsen(1811~1899)과 아름다운 협력 연구를 통해 지금도 화학에서 쓰이고 있는 아주 중요한 분석 기술을 개발했다. 두 사람은 이 기술을 사용해 새로운 원소 두 종을 발견했고, 또 다른 사람들이 더 많은 원소를 발견하는 길을 닦았다.

분광기

일부 물질이 불꽃 속에서 고유의 빛깔을 나타낸다는 사실은 이미 알려져 있었다. 특정 금속이 불꽃 속에서 반응해 나오는 빛을 프리즘에 통과시키면, 햇빛의 경우(무지개를 이루는 모든 색이 다 포함된 연속 스펙트럼이 나타난다)와 달리 서로 띄엄띄엄 분리된 색선들이 나타난다. 분젠과 키르히호프는 그 빛을 분석하기 위해 '분광기'라는 장비를 만들었고(〈그림 46〉 참고), 자신들이 조사한 각 원소(1족과 2족의 금속 원소들)가 저마다 고유한 스펙트럼을 나타낸다는 사실을 발견했다. 각 금속의 스펙트럼은 사용한 특정 염과는 아무 관계가 없는 것처럼 보였다. 브로민화칼륨과 염화칼륨, 수산화칼륨, 탄산칼륨, 황산칼륨은 모두 똑같은 스펙트럼을 나타냈고, 따라서 그 스펙트럼은 순전히 칼륨 이온의 존재 때문에 나타나는 것이었다. 또, 불꽃의 온도나 사용한 연료의 종류도 주어진 금속의 고유한 스펙트럼선에는 아

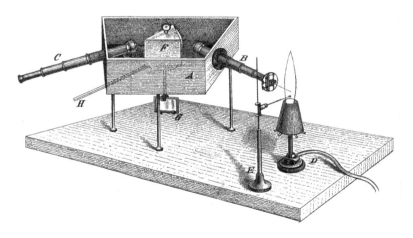

그림 46　　분젠과 키르히호프의 분광기. 분석할 시료를 백금 전선(E) 위에 올려 분젠이 개발한 가스버너(D)의 뜨거운 파란색 불꽃 속으로 집어넣는다. 버너에는 바람을 차단해 불꽃을 안정시키기 위해 원뿔 모양의 가리개가 달려 있다. 시료에서 나온 빛은 2개의 칼날로 만든 좁은 슬릿을 통과해 첫 번째 망원경(B)으로 들어간다. 그다음에는 유리 프리즘(F)이 들어 있는 어두운 상자로 가는데, 프리즘 속은 굴절 능력을 높이기 위해 용매로 채웠다. 프리즘은 각도를 조절하기 위해 약간 이리저리 돌릴 수 있다. 프리즘을 돌리면서 두 번째 망원경(C)으로 분리된 색선들을 관찰한다.

무 영향을 미치지 않았다. 게다가 색선들의 위치는 프라운호퍼가 발견한 암선들 중 일부와 정확하게 일치하는 것처럼 보였다. 예를 들면, 나트륨염의 스펙트럼은 서로 아주 가까이 위치한 두 노란색 선이 특징이었는데, 이 두 선은 프라운호퍼가 'D'라고 명명한 암선들과 정확하게 일치했다. 이 노란색 선들은 오늘날 '나트륨-D선'이라 부른다.

이 기술은 서로 다른 금속의 존재를 확인할 수 있었을 뿐만 아니라, 믿기 어려울 정도로 민감했다. 연구자들은 방(부피가 약 60m³인) 한쪽 구석에서 겨우 3mg의 염소산나트륨 시료와 설탕을 태우면서 반대쪽 구석에서 분광기를 통해 버너에서 솟아오르는 파란색 불꽃을 관찰했다. 2분 뒤에 분광기를 통해 나트륨의 노란색 선들이 분명하게 보였는데, 방 안에 퍼진 연기에 포함된 미량의 나트륨 이온 때문에 나타난 것이었다. 그들은 계산을 통해 염의 무게가 300만분의 1mg미만이어도 그 존재를 쉽게 감지할 수 있다는 결과를 얻었다. 이것은 그 당시 알려진 어떤 분석 방법보다도 민감한 것이었고, 화학 분석에 혁명을 가져왔다.

스펙트럼의 원소들

분젠과 키르히호프는 새 기술의 잠재력을 즉각 알아채고 그 열매를 수확하는 데 나섰다. 두 사람은 다양한 광천수와 광물, 심지어 담뱃재까지 분석하면서 미량의 금속염을 탐지했다. 그런데 이 기술은 이미 알려진 원소를 탐지하는 것보다 훨씬 더 대단한 일을 할 수 있었다. 그들은 이렇게 썼다. "스펙트럼 분석 방법은 새로운 원소 물질을 탐지하는 수단으로서도 중요한 역할을 할 수 있다. 자연에서 너무 희박하게 분산돼 있어 기존의 분석 방법으로는 탐지하거나 분리할 수 없는 물질도 단순히 그 불꽃의 스펙트럼을 분석함으로써 찾아낼 수 있다." 그리고 이 방법으로 자신들이 새 원소를 발견했다는 잠정적 주장을 처음으로 펼쳤다. "우리는 틀림없는 스펙트럼 분석 결과를 바탕으로 알칼리 금속 집단에 칼륨과 나트륨, 리튬 외에 리튬만큼 단순하고 특징적인 스펙트럼을 가진 네 번째 원소가 있다고 분명히 말할 수 있다. 이 금속의 스펙트럼은 우리의 장비에서 단 2개의 선으로만 나타내는데, 희미한 파란색 선은 스트론튬선인 Srδ와 거의 일치하고, 두 번째 파란색 선은 스펙트럼에서 보라색 끝부분 쪽으로 조금 더 먼 곳에 있다." 다음 해에 이 주제에 관한 두 번째 논문을 발표할 무렵에 두 사람은 뒤르크하임 지역의 광천수 44톤에서 새로운 금속의 염을 수 그램 분리했다. 더욱 인상적인 것은 이들이 새로운 알칼리 금속을 또 하나 발견하고, 리티아운모 180kg을 처리해 그 염을 수 그램 분리했다는 사실이다.

첫 번째 새 금속의 스펙트럼은 "서로 가까이 위치하면서 선명하게 나타나는 2개의 파란색 선"이 특징이었다. 분젠과 키르히호프는 이렇게 썼다. "알려진 원소 중에서 스펙트럼의 이 부분에서 두 파란색 선이 나타나는 것은 없기 때문에, 지금까지 알려지지 않은 알칼리 원소가 존재한다는 사실은 의심의 여지가 없다고 생각한다." 새로운 금속의 이름은 자신들의 혁명적인 기술과 그 원소의 스펙트럼 모양에서 영감을 얻어 지었다. "이 물질은 수천분의 1g만 존재하더라도, 심지어 훨씬 많은 양의 더 일반적인 알칼리와 섞여 있더라도, 눈부시게 환한 그 증기의 밝은 파란색 빛으로 쉽게 알아챌 수 있다. 이 사실에서 우리는 그 이름을 맑은 하늘의 파란색을 가리키는 라틴어 *caesius(카이시우스)*에서 따 *Caesium(카이슘)*으로(그리고 기호는 Cs로) 제안하고자 한다."[♦]

분젠과 키르히호프가 발견한 두 번째 새 알칼리 금속은 작센의 홍운모에서 비슷한 칼륨염이 불순물로 섞여 있는 백금염의 형태로 얻었다. 침전물을 끓는 물로 세척하길 반복해 칼륨염을 점점 제거한 뒤 남은 염을 분광기로 조사했다. 그들은 이렇게 썼다. "점점 희미해져가는 연속적인 칼륨 스펙트럼을 배경으로 스트론튬선 Srδ와 파란색 칼륨선 Kβ 사이에서 보라색 선 2개가 선명하게 나타난다. 이 새로운 선들은 세척을 계속할수록 그 밝기가 더 밝아지고, 스펙트럼의 빨간색, 노란색, 초록색 부분에서 더 많이 나타난다." 이번에도 선 스펙트럼의 모양에서 새 원소의 이름에 대한 영감을 얻었다. 그들은 "이 선들 중에서 이전에 알려진 물질에 해당하는 것은 하나도 없다. 그중에서 특별히 두드러져 보이는 것이 2개 있는데, 그것들은 프라운호퍼선 A와 그것과 같은 위치에 있는 칼륨선 Kα 너머에서 나타나며, 따라서 햇빛 스펙트럼의 빨간색 부분 중 가장 바깥쪽에 위치한다. 그래서 이 새로운 금속의 이름을 가장 어두운 계열의 빨간색을 나타내는 라틴어 'rubidus(루비두스)'에서 따 *Rubidium(루비듐)*으로(그리고 기호는 Rb으로) 제안한다."

[♦] Caesium은 영어로는 cesium으로도 표기하고 발음은 '시지엄'이지만, 우리는 '세슘'으로 표기한다.

초록색 선과 남색 선

분젠과 키르히호프가 극미량으로 존재하는 원소도 탐지할 수 있는 새 기술을 세상에 선보이자, 화학자들은 즉각 이 기술을 사용하기 시작했다. 1861년 3월, 영국 화학자 윌리엄 크룩스William Crookes(1832~1919)는 자기 집의 널따란 실험실에서 분광기를 사용해 온갖 시료를 조사했다. 10년 이상 소유해온 황산 제조 공장에서 가져온 셀레늄 잔류물을 살펴보면서, 텔루륨의 지문을 발견하길 기대했다. 그런데 대신에 "갑자기 밝은 초록색 선이 시야에 휙 나타나더니 다시 순식간에 사라졌다." 크룩스는 태양 스펙트럼을 많이 보았지만, "스펙트럼의 이 부분에 따로 분리돼 나타나는 초록색 선은 처음 보는 것이었고," 그래서 그 원인을 찾기 시작했다. 처음에는 그 원소가 황과 셀레늄, 텔루륨과 비슷할 것이라고 생각했지만, 나중에 그것이 금속이라는 사실을 깨달았다. 그는 봄에 그 발견을 처음 발표하고 나서 두 달 뒤에 이 새로운 원소에 이름을 붙였는데, 분젠과 키르히호프처럼 그 스펙트럼의 모양에서 영감을 얻었다. 크룩스는 "싹이 트는 가지를 가리키는 그리스어 θαλλός[thallos] 또는 어린 식물의 초록색 색조를 나타내는 데 자주 사용되는 라틴어 thallus(탈루스)에서 따 Thallium(탈륨)을 임시명으로" 제안했다. "내가 이 이름을 선택한 것은, 이 원소가 스펙트럼에서 나타내는 초록색 선이 현재 자라는 식물의 자유로운 색이 내뿜는 특유의 생동감을 연상시켰기 때문이다." 1863년, 독일 화학자 F. 라이히Ferdinand Reich와 H. T. 리히터H. T. Richter는 다양한 광석 시료에서 탈륨을 찾으려고 애썼는데, 탈륨 특유의 초록색 선 대신에 남색 선을 발견했다. 비록 크룩스처럼 낭만적인 묘사 능력은 없었지만, 두 사람도 새로운 원소의 이름을 그 스펙트럼선이 남색indigo이라는 사실에서 'indium(인듐)'이라고 지었다.

세슘과 루비듐, 탈륨, 인듐 등의 원소를 발견하는 데 분광기가 아주 중요한 역할을 했다는 사실을 감안하면, 멘델레예프가 반드시 존재할 것이라고 예측했지만 자신의 주기율표에 빈칸으로 남아 있던 원소들을 발견하는 데 이 기술이 결정적 역할을 하리라고 생각한 것은 전혀 놀라운 일이 아니다. 1871년, 멘델레예프는 자신의 주기율표 체계에 관해 광범위한 논문을 썼는데, 여기에는 '빠져 있는' 원소 2개를 자세히 예측한 내용도 포함돼 있었다. "주기율은 알려진 원소들의 체계에 여전히 존재하는 틈들을 시사하며, 알려지지 않은 원소들과 그 화합물들의 성질을 예측하게 해준다." 멘델레예프는 발견되지 않은 원소에 자신이 이름을 붙이는 일은 피하고 싶었기 때문에, 수를 세는 산스크리트어로 그 원소들을 나타냈고('하나', '둘', '셋'을 가리키는 '에카-eka-', '드비-dvi-', '트리-tri-'로), 이것은 그 원소가 같은 족의 알려진 원소 아래 몇 번째 칸에 위치하는지 알려주었다. 그래서 알루미늄과 규소 바로 밑에 있는 원소들에 대해 "본 저자는 발견되지 않은 이 원소들을 에카알루미늄eka-aluminium, El과 에카규소eka-silicium, Es라고 명명한다."라고 썼다. 그러고 나서 에카알루미늄의 성질을 다음과 같이 예측했다. "주기율에 따르면, 그 성질은 다음과 같을 것이다: 그 원자량은 $El = 68$; 그 산화물은 El_2O_3; 그 염은 ElX_3. 따라서 이 원소의 (유일한?) 염화물은 $ElCl_3$가 될 것이고 … $ZnCl_2$보다 휘발성이 더 클 것이다." 그리고 마지막으로 이렇게 덧붙였다. "El의 염 화합물이 지닌 휘발성과 그 밖의 성질들은 알루미늄과 인듐의 중간에 해당하기 때문에, 문제의 이 금속은 인듐과 탈륨과 마찬가지로 스펙트럼 분석을 통해 발견될 것이다." 멘델레예프의 이 예측은 1871년에 러시아어로 처음 발표되었다. 영어로 번역된 것은 그 원소가 발견되고 나서야 알려진 것으로 보이는데, 그제야 사람들은 이 예측이 얼마나 정확했는지를 알고 감탄했다.

프랑스 수탉

폴 에밀 르코크 드 부아보드랑Paul Émile Lecoq de Boisbaudran은 집 뒷마당에서 실험을 하면서 화학 연구를 시작했다. 삼촌의 재정적 지원으로 소박한 실험실을 지었고, 거기서 화학 분석 기술을 독학으로 익혔다. 그는 분광기를 다루는 데 아주 능숙해졌고 새로운 기술도 개발했는데, 특히 시료 원자에 들어 있는 전자를 들뜨게 하는 데 분젠 버너의 불꽃 대신에 전기 스파크를 사용하는 기술을 개발했다. 1874년, 르코크 드 부아보드랑은 35종의 원소를 분광기로 자세히 연구한 결과를 발표했다. 그리고 빠진 원소가 더 있을 것이라고 생각하고서 같은 해 2월에 피레네산맥에서 가져온 섬아연석 광물 시료 52kg을 조사하기 시작했다. 이 노력은 결실을 맺었고, 다음 해에 르코크 드 부아보드랑은 "1875년 8월 27일 오후 3시에서 4시 사이에 나는 피에르피트 광산에서 나온 섬아연석 광물을 화학적으로 조사한 산물에서 새로운 원소가 존재한다고 시사하는 증거를 발견했다."라고 선언했다. 자신이 새로 개발한 방법을 사용해서 얻은 성과였다. 이 방법은 아주 중요한 것으로 드러났다. 분젠 버너의 불꽃은 충분히 뜨겁지가 않아 방출 스펙트럼을 얻을 수 없었지만, 전기 스파크나 그보다 훨씬 뜨거운 '수소-산소' 불꽃으로는 얻을 수 있었다. 그는 "새로운 물질을 농축한 … 몇 방울은 전기 스파크의 작용을 통해 파장 약 417 지점에서 폭이 좁고 쉽게 관찰되는 보라색 광선이 주를 이룬 스펙트럼을 내놓았다."라고 썼다.

르코크 드 부아보드랑은 자신의 원소에 이름도 붙였다. "8월 29일부터 실시한 실험들을 통해 나는 문제의 물질이 새로운 원소라는 확신을 갖게 되었다. 이 원소의 이름을 갈륨Gallium으로 부르자고 제안한다." 그때 르코크 드 부아보드랑은 왜 갈륨이란 이름을 선택했는지 설명하지 않았지만, 1877년에 그 금속과 그 성질을 더 자세히 다룬 보고서에서 그 이름을 선택한 이유는 프랑스(갈리아)♦에 영광을 돌리기 위해서라고 설명했다. 하지만 정치 전문 잡지인 《라 르뷔 폴리티크 에 리테레르La Revue Politique et Littéraire》는 그 동기를 약간 의심스러운 시선으로 바라보았다. "우리가 보기에는 르코크 드 부아보드랑의 결정에 애국심이 작용한 것 같진 않다. 그는 단순히 16세기 학자들의 관례를 따라 자신의 이름을 라틴어로 바꾸었을 뿐이다. 르 코크Le coq(프랑스어로 '수탉'이란 뜻)는 라틴어로는 *gallus*이며, 따라서 *gallium*은 그 금속을 르코크가 발견했다는 뜻을 내포한다." 르코크 드 부아보드랑의 전기 작가들은 그가 그 금속에 자신의 이름을 붙인 것이 아님을 강조하려고 애썼다고 말한다. 하지만 그런 비난을 피하면서 조국의 이름을 붙이길 원했다면 언제든지 '프랑슘francium'이란 이름을 사용할 수 있었다. 실제로 마르게리트 페레Marguerite Perey

---

♦ 갈리아Gallia는 현재 프랑스를 포함한 유럽 지역을 가리키던 옛 지명이다.

는 1939년에 매우 불안정한 마지막 알칼리 금속 원소를 발견했을 때 그렇게 했다.

스칸듐, 게르마늄, 앙굴라륨

갈륨 발견 소식을 듣자마자 멘델레예프는 이 새로운 원소가 자신이 전에 예측했던 에카알루미늄이 틀림없다고 주장하는 논문을 발표했다. 그러자 즉각 그의 주기율표는 큰 관심을 받게 되었고, 그의 예측과 비슷하게 일치하는 원소가 2개 더 발견되자 더 확고하게 자리를 잡게 되었다. 두 원소 중 첫 번째 원소인 스칸듐scandium은 1879년에 스웨덴 화학자 라르스 프레드리크 닐손Lars Fredrik Nilson(1840~1899)이 발견했는데, 멘델레예프가 '에카붕소eka-boron'라고 불렀던 원소인 것으로 밝혀졌다. 닐손은 가돌리나이트(가돌린석이라고도 함)와 육세나이트라는 광물에서 얻은 복잡한 토류인 이트리아의 구성 성분 중 하나를 조사하고 있었다. 이트리아는 1794년에 처음 발견된 토류로, 이것이 새로운 원소 10종의 화합물임이 밝혀지기까지는 100년 이상이 걸렸다. 그중 7종에는 스웨덴의 지명과 연관된 이름이 붙었다. 닐손의 스칸듐은 1879년에 발견되었고, 툴륨thulium역시 1879년에 발견되어 스칸디나비아를 가리키던 고대 그리스어에서 이름을 땄고, 홀뮴holmium은 1886년에 발견되어 스톡홀름의 라틴어명에서 이름을 땄다. 그리고 1843년에 발견된 이트륨yttrium, 1879년에 발견된 에르븀erbium, 1886년에 발견된 테르븀terbium, 1907년에 발견된 이테르븀ytterbium은 모두 스톡홀름 군도의 많은 섬 중 하나인 레사뢰섬에 있는 이테르비 마을의 이름에서 땄다.♦

　게르마늄♦♦의 발견은 주기율표의 정당성을 다시 확인해주었다. 이 원소는 독일 화학자 클레멘스 빙클러Clemens Winkler(1838~1904)가 1885년 여름에 은을 많이 포함한 아지로다이트라는 광물에서 발견했다. 그 발견을 발표한 보고서에는 이 광물을 분석하면서 겪은 어려움이 포함돼 있다. "분석을 아무리 자주 그리고 세밀하게 하더라도, 항상 설명할 수 없는 6~7%의 손실이 나타났다. 이 오류의 원인을 찾느라 오랫동안 힘들게 애쓴 끝에 빙클러는 마침내 아지로다이트에서 새로운 원소의 존재를 확인하는 데 성공했다. *게르마늄*(원소 기호는 Ge)이란 이름이 붙은 새 원소는 그 성질이 안티모니와 아주 비슷하지만, 그와 동시에 분명히 구별된다. 아지로다이트와 함께 산출되는 광물들에 비소와 안티모니가 함께 존재하고, 이 원소들을 게르마늄과 분명하게 분리하는 방법이 없어 새 원소를 발견하기가 매우 어려웠다."

　새로운 원소의 화합물들이 안티모니 화합물들과 화학적으로 비슷하여, 처음에 주기율표에서 그 위치를 찾는 데 혼란이 있었다. 빙클러는 자신이 멘델레예프의 에카스티븀(에카안티모니)을 발견했다고 생각했다. 1886년 2월 26일, 빙클러가 새로운 원소를 발견했다는 발

♦　에르븀과 테르븀, 이테르븀은 라틴어 발음으로 보나 역사성으로 보나 이렇게 표기하는 게 맞고, 100년 이상 죽 이렇게 표기해왔다. 하지만 대한화학회는 역사성과 사회성을 무시하고 영어 발음인 '어븀', '터븀', '이터븀'으로 바꾸었다.

♦♦　이 역시 대한화학회가 정식 영어 발음인 '저메이니엄'과도 동떨어진 '저마늄'으로 바꾸었지만, 일반적으로는 게르마늄이란 이름이 더 많이 쓰이고 있다.

표를 읽은 직후 멘델레예프는 그에게 편지를 보내, 자신은 새로 발견된 원소가 에카스티븀이 아닌 에카카드뮴이라고 생각한다고 말했다. 하지만 에카스티븀과 에카카드뮴은 결국 둘 다 틀린 예측으로 드러났다. 현대의 주기율표에는 예측된 위치에 그런 원소가 존재하지 않는다. 멘델레예프는 또한 편지에서 이렇게 썼다. "게르마늄 자체의 큰 휘발성과 그 염화물의 큰 휘발성 때문에, 비록 다른 성질들은 매우 비슷하지만 이 원소를 에카규소로 볼 수 없습니다." 하지만 얼마 지나지 않아 그 원소의 정확한 위치는 바로 에카규소에 해당한다는 사실이 밝혀졌다. 그렇긴 하지만, 멘델레예프는 상당히 정확한 예측도 했다. 예를 들면, 염화게르마늄의 끓는점은 87°C인데, 그는 100°C 부근이거나 그보다 약간 낮을 것이라고 예측했다.

오랫동안 빙클러의 조수로 지낸 오트 브룽크Otto Brunck는 빙클러의 부고를 알리는 글에서, 빙클러가 처음에는 그 원소의 이름으로 '넵투늄neptunium'을 고려했다고 언급했다. 해왕성(영어로는 Neptune)의 존재와 정확한 위치를 그것이 발견되기 전에 프랑스 수학자 위르뱅 장 조제프 르베리에Urbain Jean Joseph Le Verrier가 예측한 전례가 있듯이(르베리에는 그 좌표를 독일 천문학자 요한 고트프리트 갈레Johann Gottfried Galle에게 보냈고, 갈레는 그 편지를 받은 바로 그날 밤에 그 위치에서 해왕성을 발견했다), 자신이 발견한 원소도 멘델레예프가 먼저 예측했다는 사실을 인정하고 싶어서 그랬다고 한다. 불행하게도, 넵투늄이란 이름은 10년 전에 다른 원소(틀린 발견으로 드러났지만)의 이름으로 제안된 것이어서 빙클러는 새 이름을 선택하기로 결정했다. 브룽크는 이렇게 썼다. "그래서 친구 바이스바흐Weisbach의 조언으로 르코크 드 부아보드랑과 L. F. 닐손의 전례를 따라, 이 새로운 원소가 처음 발견된 땅의 이름을 따 '게르마늄'으로 부르기로 했다." 하지만 한 프랑스 학술지의 편집자는 다른 생각을 갖고 있었다. "그것은 멘델레예프에게 적절한 경의를 표하는 행동이 될 것이고, 분명히 이 러시아 학자의 훌륭한 설계 덕분에 미래에는 그가 예측한 원소들에 그 자신이 붙인 이름들이 붙여질 것이다. 빙클러가 선례를 시작하고 남기게 하자. 세속적 취향이 너무 두드러지고 제라늄과 혼동할 수 있는 게르마늄이란 이름을 포기하고, 그의 새 원소를 '에카규소'라고 불러야 한다." 그러자 브룽크는 일부 프랑스 사람들은 르코크 드 부아보드랑이 자신의 이름을 따 원소 이름을 지었다고 생각한다는 점을 지적하면서, 그 편집자에게 갈륨의 이름을 둘러싼 논란이 정말로 전혀 없다고 생각하느냐고 물었다. 빙클러의 이름과 유사한 'Winkel(빙클)'이 독일어로 'angle(각도)'를 뜻한다는 사실에 착안해 브룽크는 이렇게 덧붙였다. "로타르 마이어Lothar Meyer와 두 보이스-라이몬트du Bois-Reymond는 빙클러에게 농담조의 조언을 했는데, 프랑스 국수주의자들의 수고를 덜어주기 위해 새 원소의 이름을 '앙굴라륨Angularium'으로 정하라고 했다."

멘델레예프가 새로운 원소인 갈륨, 스칸듐, 게르마늄을 예측한 것은 아주 인상적이었다. 그런데 완전히 새로운 족에 속해 그가 전혀 예측하지 못했을 뿐만 아니라, 처음에는 원소로 받아들이기조차 거부했던 원소들이 곧 무대에 등장했다. 그중에서 첫 번째 원소의 존재에 대한 증거는 멘델레예프가 최초의 주기율표를 만들기도 전인 1868년에 나왔다. 심지어 그 이름도 그 전에 등장했다. 유일무이하게 지구 밖에서 먼저 '발견'된 이 원소의 이름은 바로 헬륨이다.

방출과 흡수

1860년, 금속염의 불꽃 스펙트럼에 존재하는 밝은 선들의 중요성이 알려지고, 금속마다 이 선들이 고유한 패턴으로 나타난다는 사실이 밝혀졌다. 그리고 그해에 키르히호프는 마침내 태양 스펙트럼에 나타나는 암선인 프라운호퍼선의 기원을 설명했다. 그는 밝은 햇빛이 온도가 더 낮은 알코올램프의 불꽃 속에 있는 나트륨염을 지나가게 하면, 알코올램프 불꽃을 지나가지 않은 햇빛에 비해 태양 스펙트럼의 D선들이 더 어두워진다는 것을 보여주었다. 이와는 대조적으로 덜 밝은 햇빛이 더 뜨거운 램프의 강렬한 노란색 불꽃을 지나가게 하자, 그 방출 스펙트럼은 태양 스펙트럼에서 빠져 있는 D선들을 정확하게 대체했다. 키르히호프는 흡수선과 방출선 사이에 이런 차이가 있음을 분명히 보여주었다.

지금은 잘 알려진 사실이지만, 특정 원소에서 빛의 방출이나 흡수는 원자(혹은 이온) 속의 전자들이 한 에너지 준위에서 다른 에너지 준위로 이동할 때 일어난다. 분젠 버너의 뜨거운 불꽃은 일시적으로 전자들을 평소의 낮은 에너지 상태에서 높은 에너지 상태로 올라가게 한다. 그러고 나서 전자들이 원래의 낮은 에너지 상태로 돌아갈 때, 두 에너지 준위의 차에 해당하는 에너지가 빛의 형태로 방출된다. 이때 빛의 색은 그 에너지에 따라 결정된다. 스펙트럼에서 빨간색 끝 쪽의 빛은 작은 에너지 전이 때문에 생기고, 파란색 끝 쪽의 빛(혹은 자외선이나 심지어 X선)은 큰 에너지 전이 때문에 생긴다.

이와는 대조적으로, 만약 빛의 연속 스펙트럼(다양한 에너지 범위를 나타내는)을 어떤 원소의 기체 시료 속으로 지나가게 하면, 원자

속에서 허용된 전자의 에너지 전이를 일어나게 한 그 빛의 색들이 기체 원자에 흡수된다. 그래서 시료를 지나간 빛에서는 그 색이 빠지게 된다. 이 때문에 그렇지 않았더라면 연속 스펙트럼으로 나타나야 할 스펙트럼에서 그 색들이 사라진 것처럼 보이는 암선들이 나타난다. 키르히호프는 이 스펙트럼을 '반전'되었다고 묘사했는데, 특정 원소의 고유한 밝은 선들이 암선들로 변했기 때문이다. 분젠과 키르히호프는 1860년에 발표한 고전적인 논문에서 이렇게 썼다. "이것으로부터 암선들이 나타난 태양 스펙트럼은 태양 대기만으로 나타나는 스펙트럼이 반전된 것이라고 결론내릴 수 있다." 한때 영원히 다가갈 수 없을 것처럼 보였던 분야, 즉 태양을 화학적으로 분석하는 분야가 갑자기 가능한 것으로 변했다. 이제 남은 일은 불꽃 속에 넣었을 때 태양 스펙트럼의 암선들과 일치하는 밝은 선들이 나타나는 원소들을 찾기만 하면 되었다. 그들은 이렇게 덧붙였다. "스펙트럼 분석은 우리가 우쭐해하면서 보여주었듯이, 지상 물질에 미량으로 존재하는 특정 원소들을 아주 간단하게 탐지하는 방법을 제공할 뿐만 아니라, 지구 혹은 심지어 태양계의 한계를 벗어나 아주 멀리까지 뻗어가는 전인미답의 분야를 연구하는 길도 열어준다."

선들의 정체를 알아내다

얼마 후 많은 프라운호퍼선은 태양 대기에서 상대적으로 온도가 낮은 지역에 존재하는 수소, 나트륨, 철, 마그네슘, 칼슘 같은 특정

380

원소들 때문에 나타난다는 사실이 밝혀졌다. 일부 선들은 태양이 아니라 지구 대기에 존재하는 원소들의 흡수 때문에 나타난다는 사실도 곧 드러났다. 지구 대기를 지나오는 햇빛에서 나타나는 이 선들은 하루 중 태양을 관찰하는 시간에 따라 변했다. 태양이 머리 위에 있을 때 햇빛이 지구 대기를 통과하는 거리는 태양이 지평선 위에 있을 때보다 더 짧고, 그래서 빛이 대기에 덜 흡수된다. 이 분야에서 특별히 중요한 연구를 한 사람은 피에르 쥘 세자르 장센Pierre Jules César Janssen(1824~1907)이다. 1864년, 그는 높은 고도에서는 흡수가 줄어든다는 것을 보여주기 위해 고도 2700m 지점의 알프스산맥에서 관찰을 했고, 최대 21km 거리에 있는 큰 모닥불(햇빛을 대신하기 위해 만든)에서 오는 빛을 관찰해 공기 중의 분자들 때문에 흡수가 일어난다는 것을 보여주었다.

1889년에 한 실험에서 장센은 얼마 전에 완공된 에펠탑의 램프를 약 8km 떨어진 자신의 천문대에서 관찰했다. "에펠은 친절하게도 내가 하고 싶은 실험과 관찰을 할 수 있도록 샹드마르의 탑을 사용하게 허락해주었다. 나는 그곳에 설치된 강력한 광원을 이용하면, 지구 대기를 지나온 빛의 스펙트럼을 연구할 수 있고, 특히 태양 스펙트럼에서 산소 스펙트럼선의 기원과 관련이 있는 것도 연구할 수 있으리라고 생각했다." 이 실험을 통해 장센은 프라운호퍼 A선과 B선으로 알려진 두 선이 태양 대기에 존재하는 원소 때문이 아니라, 대기 중의 산소 분자(O_2)에 의한 흡수 때문에 일어난다는 사실을 발견했다.

아마도 장센이 한 가장 영웅적인 실험은 몽블랑산 정상에서 한 실험일 것이다. 그때 그는 60대의 나이에 잘 걷지도 못하는 상태에서 들것에 실려 4800m 고도까지 올라갔다. 이 실험은 태양 스펙트럼에 나타나는 흡수선이 실제로 태양 대기의 산소 때문인지, 아니면 순전히 지구 대기의 흡수 때문인지 알아보기 위한 것이었다. 하지만 여기서 우리의 관심을 끄는 것은 장센이 한 또 다른 관찰이다. 1868년 8월 18일, 장센은 개기 일식 때 햇빛을 분광기로 관찰하기 위해 인도 벵골만 근처에 있는 군투르로 갔다. 구체적으로는 '홍염'이라고 부르는, 태양 표면에서 가끔 분출되었다가 태양에 다시 흡수되는 거대한 물질 제트를 관찰하려고 했다. 개기 일식이 일어나는 동안 태양 몸체는 달에 완전히 가려지기 때문에, 수만 km까지 뻗어나가는 홍염을 태양 코로나와 함께 선명하게 볼 수 있다(코로나♦는 태양 대기의 가장 바깥 층을 이루는 아주 뜨거운 가스층으로, 들뜬 원자와 이온에서 방출되는 빛이 태양을 빙 둘러싼 것처럼 보인다). 장센은 "개기 일식이 일어난 직후 거대한 돌기가 2개 나타났고," 그중 하나는 "상상하기 어려울 정도의 밝기로 빛났다. 그 빛의 분석을 통해 나는 즉각 그것이 주로 수소 기체로 이루어진 거대한 백열 가스 기둥이라는 사실을 알았다."라고 썼다. 홍염의 스펙트럼은 수소(프라운호퍼 C선과 F선) 때문에 밝은 스펙트럼선들이 주를 이루고 있었다. 장센은 코로나에서 나오는 빛이 아주 밝다는 데 놀랐고, 세밀하게 변경한 장비를 통해 일식이 일어나지 않을 때에도 이 빛들을 관찰할 수 있다는 사실을 깨달았다. 그런데 이미 같은 결론을 얻은 천문학자가 있다는 사실을 장센은 꿈에도 몰랐다.

♦　코로나는 왕관을 뜻하는 라틴어이다. 태양 주변으로 뻗어나가는 빛이 태양신의 왕관을 연상시켜 붙은 이름이다.

D 근방의 선

1868년 8월에 일식을 관측한 과학자는 장센뿐만이 아니었다. 그 시기의 왕립학회 회의록을 보면 일식 관측을 위해 파견된 여러 연구 집단의 보고가 주를 이루는데, 이 보고들은 태양 홍염의 아름다운 붉은색 불길을 기술했다. 그런데 논문들 중에 평범한 10월의 어느 날에 런던에서 태양을 관측한 기록도 있었다. 노먼 로키어Norman Lockyer(1836~1920)는 분젠과 키르히호프의 연구가 보증한 새 분야에 자극을 받아 자신의 망원경에 분광기를 달았다. 로키어는 일찍이 1866년에 태양 대기의 흐릿한 빛은 여러 프리즘이나 회절격자를 지나면서 굴절이 많이 일어날수록 세기가 약해지는 반면, 홍염의 예리하고 밝은 방출선은 아무 변화가 없어 굳이 일식이 일어날 때까지 기다릴 필요 없이 쉽게 관찰할 수 있다는 사실을 발견했다. 그는 1868년 10월 20일에 최초로 태양 홍염을 성공적으로 관측했고, 이 소식을 즉각 왕립학회 사무총장에게 보냈다. 사무총장은 그다음 날에 이 소식을 받았다.

1868년 10월 20일

사무총장님, 이 시도가 가망 없는 것이 아닌가 하는 생각이 들 정도로 많은 실패를 거듭한 끝에 오늘 아침 저는 태양 홍염의 스펙트럼 일부를 얻고 관측하는 데 완벽하게 성공했다는 소식을 전하면서 아울러 앞으로 더 자세한 의사소통이 일어나기를 기대합니다.

그 결과로 저는 다음 위치들에 밝은 선 3개가 존재한다는 것을 알아냈습니다.

I. C와 완전히 일치하는 지점

II. F와 거의 일치하는 지점

III. D 근방

세 번째 선(D 근처에 나타나는)은 나머지 두 암선 중에서 굴절성이 더 큰 것보다 키르히호프의 척도로 8° 또는 9° 더 굴절성이 큽니다. 스펙트럼에서 이 부분은 재작성이 필요하기 때문에 정확하게는 말할 수 없습니다.

홍염의 스펙트럼이 아주 훌륭하다는 증거가 있습니다.

사용한 장비는 태양 분광기로, 이것을 만드는 데 사용된 기금은 정부 보조금 위원회에서 제공했습니다. 그 제작이 오랫동안 지연된 것이 유감스러울 뿐입니다.

J. 노먼 로키어 올림.

이 발표에서 중요한 점(개기 일식의 도움 없이 이런 결과를 얻었다는 획기적인 사실 외에)은 'D 근방'이라는 구절에 있다. 장센을 비롯해 다른 관측자들은 개기 일식이 일어나는 동안에 거의 동일한 관측을 했지만, 주황색 선이 D 근방이 아니라 D에 있으며, 따라서 유명한 나트륨 D선과 연관이 있을 가능성이 높다고 생각했다. 장센과 로키어는 둘 다 개조한 새 장비로 태양 플레어의 방출선과 어두운 프라운호퍼선들을 동반한 태양의 연속 스펙트럼을 동시에 관측할 수 있었다. 이 둘을 비교하자 수소 때문에 나타나는 C와 F 지점의 밝은 선은 어두운 프라운호퍼선과 같은 위치에 있는 반면, D 근방의 주황색 선은 정확하게 같은 위치에 있지 않았다. 로키어가 나중에 얻은 상태가 더 좋은 사진은 홍염의 밝은 방출선을 보여주는데, 어두운 흡수선들도 함께 나타난 평상시의 태양 스펙트럼 위에 흰색 선들이 놓여 있다 (〈그림 47〉 참고). 방출선들은 대부분 그 위치가 태양 스펙트럼의 어두운 흡수선과 정확하게 일치하며, 그것을 만들어낸 원소의 이름이 표시돼 있다. 하지만 나트륨 D선(그 위에 작은 방출선들이 있는) 바로 왼편에 있는 더 높은 방출선은 일치하는 암선이 없다. 그래서 이 방출선은 단순히 물음표(?)로 표시했다.

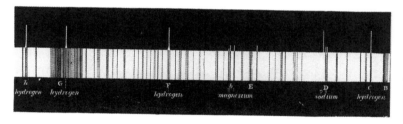

그림 47 방출 스펙트럼의 선들을 검은색 프라운호퍼선들이 함께 나타나 있는 흡수 스펙트럼 위에 겹친 로키어의 사진들 중 하나. 흡수 스펙트럼의 검은색 D선 바로 위에는 방출 스펙트럼의 짧은 선 2개가 있는데, 이것은 나트륨 원자 때문에 생긴 것이다. 이 선들 바로 왼편에는 더 높은 선이 있는데, 그 아래의 흡수 스펙트럼에는 이와 일치하는 프라운호퍼선이 없다. 이 선은 물음표로 표시되었다.

가상의 물질, 헬륨

새로운 선은 2개의 나트륨 D선 가까이에 위치해 D_3선이라 불리게 되었다. 로키어는 자신이 새로 발견한 이 선이 새로운 원소 때문에 나타난 것이라고 즉각 발표하지 않고 망설였다. 대신에 분광학에 경험이 더 많은 화학자 에드워드 프랭클랜드Edward Frankland(1825~1899)에게 조언을 구했는데, 이 선이 극심한 압력과 온도 조건의 수소에서 나온 것이 아닌지 확인하기 위해서였다. 광범위한 실험 끝에 로키어는 그 선이 아직 발견되지 않은 새 원소 때문에 나타난다고 믿었던 것으로 보이지만, 프랭클랜드는 확신이 서지 않았다. 흥미롭게도 로키어는 자신이 스펙트럼에서 발견한 원소를 직접 이름으로 부른 적이 전혀 없었던 것 같다(적어도 인쇄된 글에서는). 1869년 11월에 자신이 창간한 《네이처Nature》의 편집자를 맡고 있어 그럴 기회가 아주 많았는데도 불구하고 그러지 않았다. 하지만 같은 분야의 다른 연구자들은 로키어가 D_3선의 원인이 새 원소라고 믿었고, 또 그 새 원소를 '태양'을 가리키는 그리스어 'helios(헬리오스)'에서 따 'helium(헬륨)'이라고 불렀다는 사실을 알고 있었다. 그 이름은 새로 선출된 영국과학진흥협회 회장의 취임사에서 처음으로 활자화되었다. 그 연설은 1871년 8월 2일에 있었고, 그다음 날에 《네이처》에 전문이 실렸다. 그 연설에서 신임 회장 윌리엄 톰슨William Thomson은 과학의 발전 현황을 소개했다. 태양 분광학 분야에서 일어난 진전을 이야기할 때에는 어떻게 "화학자와 천문학자가 협력했는지," 그리고 어떻게 해서 "이때까지 화학 실험실에서만 볼 수 있었던 시약들이 지금은 천문대에 잔뜩 있는지" 언급했다. 나중에는 일식도 언급했다. "6~8분의 소중한 시간 동안 태양을 가린 달의 검은 원반 주위로 보이는 태양의 대기와 코로나를 분광기로 관측했습니다." 그리고 이렇게 덧붙였다. "'코로나'의 빛 중 적어도 감지할 수 있는 일부는 지구 대기의 헤일로이거나, 태양 주위에서 빛나는 수소와 '헬륨'의 빛이 흩어지면서 반사된 것이라는 사실이 입증된 것으로 보입니다." 이 보고서에 달린 각주에는 "프랭클랜드와 로키어가 노란색 홍염이 D에서 멀지 않은 지점에 아주 선명하게 밝은 선을 만든다는 사실을 발견했는데, 이것은 지금까지 지상의 불꽃에서는 확인된 바가 없는 선이다. 이것은 새로운 물질의 존재를 시사하며, 그들은 이것을 헬륨으로 부르자고 제안했다."라고 적혀 있다.

너무 확신에 넘치는 이 발언을 누그러뜨리기 위해서인지, 그다음 해에 같은 협회의 신임 회장 윌리엄 카펜터Willima B. Carpenter는 취임사에서 조금 다른 해석을 내놓았다. "로키어 씨는 태양 채층에서 백열 상태로 빛나는 수소에 대해, 또 그것을 수만 마일 높이까지 솟아오르게 하는 국지적 폭발에 대해, 마치 이 기체를 플라스크에 담아와 산소와 결합시켜 물을 만든 것처럼 매우 자신 있게 이야기합니다. 하지만 이러한 자신감은 순전히 수소 불꽃의 스펙트럼에 나타나는 특정 선이 태양 채층의 스펙트럼에서도 나타날 때, 이것이 수소의 존재를 *의미한다*는 가정에 바탕을 두고 있습니다." 그리고 새로운 원소에 대해 이렇게 말했다. "프랭클랜드와 로키어는 태양 홍염의 스펙트럼에서 지상의 어떤 불꽃하고도 일치하지 않는 밝은 선을 보고서, 이것을 자신들이 헬륨이라고 부르자고 제안한 가상의 새로운 물질이라고 주장합니다. 그런데 이들의 가정이 그다지 군건하지 않은 기반 위에 서 있다는 것은 명백합니다. 크룩스의 탈륨 연구를 예로 들자면, 크룩스는 스펙트럼에서 그때까지 알려진 어떤 물질로도 설명할 수 없는 선을 발견하고서 새 원소의 존재를 주장했고, 그 뒤에 새로운 금속이 실제로 발견되면서 그 주장이 입증되었습니다. 프랭클랜드와 로키어의 주장 역시 그러한 입증이 일어날 때까지 기다려야 할 것입니다." 로키어가 새로운 원소의 존재를 명시적으로 주장하지 않았다는(적어도 글로는) 사실을 감안하면, 이 비판은 다소 불공정해 보인다. 하지만 이런 불공정한 비판 사례는 이것뿐만이 아니었다.

멘델레예프도 이 새로운 원소 소식을 듣고 믿기 어렵다는 반응을 보였다. 1889년에 런던의 왕립연구소에서 강연을 하던 도중에 멘델레예프는 "가상의 물질 헬륨"을 언급하면서 "헬륨선은 단순히 오래전부터 알려진 원소가 우리의 실험에서 실현된 적이 없는 온도와 압력, 중력 조건에서 나왔을 가능성이 아주 높다."라고 결론지었다. 멘델레예프는 자신의 주기율표에는 헬륨이 들어갈 자리가 없다고 생각했다. 하지만 결국에는 단지 한 원소뿐만 아니라 그 친척들까지 함께 완전히 새로운 화학 원소족으로 집어넣을 자리를 주기율표에 마련해야 했다. 이 이야기는 질소의 밀도에 관한 수수께끼에서 시작되었다.

질소 문제

초기의 주기율표들에서 원소들은 원자량순으로 배열되었다. 오늘날 우리는 정확한 순서가 원자 번호로 결정된다는 사실을 알고 있다. 원자 번호는 그 원소의 원자핵에 들어 있는 양성자 수와 같으며, 양성자 수가 곧 원소의 종류를 결정한다. 19세기에는 원자핵의 구조가 알려져 있지 않았지만, 원자량순으로 배열한 원소들의 순서는 원자 번호로 정한 원소들의 순서와 거의 같기 때문에 유효한 주기율표를 만들 수 있었다. 그래도 과학자들은 원자량의 정확한 값에 큰 관심을 기울였다. 한 이론은 무거운 원소들은 사실상 수소 원자들이 겹쳐진 것이라고 주장했다. 그래서 탄소의 원자량은 수소의 12배이고, 산소의 원자량은 수소의 16배로 나타난다고 설명했다. 하지만 이 원자량들은 정확하게 수소 원자량의 정수배일까(그렇다면 이론을 뒷받침하는 근거가 된다), 아니면 대략 12배와 16배일까? 이 질문에 답하려면 원자량을 아주 정확하게 측정할 필요가 있었다. 기체 원소인 수소와 산소, 질소의 원자량을 측정하는 과제를 떠맡고 나선 사람은 존 윌리엄 스트럿John Willima Strutt이었는데, 스트럿은 1873년에 아버지가 세상을 떠나자 레일리 남작의 지위를 물려받아 레일리 경Lord Rayleigh이 되었다.

레일리가 사용한 방법은 사실상 텅 빈 유리 플라스크의 무게를 잰 다음, 그 속에 순수한 기체를 채우고 이걸 무게와 비교하는 것이었다. 하지만 이 간단한 설명으로는 실제로 이 측정에 들어간 수년간의 노고를 제대로 표현할 수 없다. 우선 특수 제작한 저울이 필요했고, 그것을 온도와 압력을 엄격하게 조절할 수 있는 방에서 사용해야 했다. 또, 무게를 달기 전에 저울을 하룻밤 동안 방치한 다음, 교란을 막기 위해 방 밖에서 창문을 통해 눈금을 읽어야 했다. 레일리의 측정은 아주 정확해서 유리 플라스크의 속을 비웠을 때 그 크기가 아주 약간 작아진다는 사실까지 알아냈는데, 내부의 압력이 외부에서 누르는 대기의 압력과 더 이상 균형을 이루지 않기 때문이었다. 이것은 공기 중에서 플라스크의 부력을 약간 변화시켰고, 작지만 측정 가능한 차이를 만들어냈다. 기체를 최대한 순수하게 만드는 것이 또 한 가지 문제였다. 하지만 결국은 이 모든 장애를 극복할 수 있었다. 3년 이상의 노력 끝에 레일리는 산소의 원자량이 수소의 15.912배라는 사실을 알아냈는데, 이것은 정확한 정수배가 아니었다. 이제 레일리는 산소와 수소의 원자량을 측정한 뒤에, 이번에는 더 간단한 문제라고 생각한 질소의 원자량을 측정하는 일에 나섰다.

레일리는 공기 중에서 산소와 수증기, 이산화탄소를 제거하고 나서 질소를 얻었고, 상당히 빨리 원자량을 측정했다. 하지만 다른 방법을 사용해 만든 질소로 측정을 반복할 필요가 있다고 생각했다. 이번에는 진한 암모니아 용액에 공기를 집어넣어 암모니아(NH_3)와 공기의 혼합물을 만들었다. 그리고 이 혼합물을 뜨거운 구리 촉매 위로 통과시키면서 산소와 암모니아가 반응하여 질소와 물이 생기게 했다. 여기서 물과 여분의 산소를 제거하여 질소를 얻었는데, 이 질소는 공기 중에서 온 것도 있고 암모니아에서 온 것도 있었다. 그런데 이번에 얻은 결과는 먼젓번에 얻은 결과와 달랐다. 이번에 측정한 질소의 원자량은 지난번보다 약간 작았다. 확인과 재확인 과정을 거친 뒤에도 설명할 수 없는 차이가 나타났다.

도저히 그 이유를 알 수 없었던 레일리는 1892년에 《네이처》에 편지를 보냈다. 그 편지는 다음 글로 시작한다.

나는 질소의 밀도에 관한 최근의 실험 결과가 너무나도 이해가 가지 않아, 독자 중에서 그 원인을 알려줄 사람이 있는지 도움을 청하기로 했습니다. 질소를 만드는 두 가지 방법에 따라 나는 상당한 차이가 나는 값을 얻었습니다. 그 상대적 차이는 약 1000분의 1로 그 자체로는 작다고 할 수 있습니다. 하지만 이것은 실험의 오차를 훨씬 벗어나는 값이고, 오로지 기체의 특성 차이에서만 나타날 수 있습니다. … 제가 묻고자 하는 질문은 이 차이의 원인이 무엇이냐 하는 것입니다.

레일리는 이미 알려진 불순물 등의 명백한 요인을 일부 열거했지만, 이런 요인들을 배제할 수 있는 이유도 설명했다. 18개월 뒤, 레일리는 더 자세한 논문을 제출했는데, 이번에는 공기로 만든 질소와 순수하게 화학적으로 만든 질소의 밀도를 서로 비교한 결과, 이전보다 더 큰 약 0.5%의 차이가 나타났다고 보고했다.

이 무렵, 레일리와 편지를 주고받던 화학자 윌리엄 램지William Ramsay(1852~1916)가 이 수수께끼를 푸는 데 자신이 도움을 줄 수 있는지 알아보기로 했다. 두 과학자는 서로 다른 방법으로 이 문제에 접근했다. 램지는 공기로 만든 질소를 가열한 마그네슘 금속 위로 지나가게 해 고체 질화마그네슘을 만들었다. 이 과정에서 램지는 잔여 기체의 밀도가 커진다는 사실을 발견했다. 이에 반해 레일리는 100년도 더 전에 캐번디시가 사용한 방법을 썼다. 즉, 전기 불꽃으로 질소를 산소와 반응시켜 질소 산화물을 만든 뒤, 그것을 알칼리에 녹여 제거했다. 두 사람 다 각자 나름의 방법으로 새로운 기체를 얻었다. 1894년 8월 4일, 램지는 레일리에게 보낸 편지에서 "친애하는 레일리 경, 마침내 그 기체를 분리했습니다. 그 밀도는 19.075이고, 마그네슘에 흡수되지 않습니다."라고 썼다. 그리고 이어서 몇 가지 세부 내용을 언급한 뒤에 "저는 이것에 대해 당신과 대화를 나누길 간절히 바랍니다. 당신은 옥스퍼드에 갈 예정인가요? 만약 그렇다면 그곳에서 만납시다. 저는 당신의 영역을 무단 침입하고 싶지 않았지만, 아무래도 이미 그런 것 같다는 생각이 듭니다."라는 말로 마무리를 지었다 (옥스퍼드는 다가오는 영국과학진흥협회 회의가 열릴 장소였다). 레일리는 편지를 받자마자 답장을 보냈다. "친애하는 램지 교수님, 비록 아주 적은 양이긴 하지만, 저도 그 기체를 분리했다고 믿습니다. 산소를 필요한 만큼 넣으면서 전기 불꽃으로(캐번디시의 방법에 따라) 공기 50cc를 제거하고 잔여 기체 0.3cc를 얻었는데, 이것은 산소도 질소도 (수소도) 아니었습니다." 레일리는 새로운 기체를 'X'로 지칭하면서 옥스퍼드에서 열리는 회의에서 예비 발표를 하고 공동 논문을 쓰자고 제안했다. 램지는 답장에서 이렇게 말했다. "저도 공동 발표가 최선의 방법이라고 생각하는데, 먼저 제안해주셔서 매우 고맙습니다. 저는 행운의 기회 덕분에 Q를 상당량 얻을 수 있었다고 생각합니다(X가 두 가지 더 있으니, 그것을 Q 또는 Quid(퀴드)♦라고 부르기로 하지요)."

새로운 발견은 1894년 8월 13일에 옥스퍼드에서 열린 영국과학진흥협회 회의에서 발표되었다. 그때에는 공식적인 논문은 발표하지 않았는데, 램지는 "대기 공기의 본질과 성질에 관해 새롭고 중요한 발견을 담은 논문"에 1만 달러의 상금을 내건 미국 워싱턴의 스미스소니언협회에 완전한 논문을 제출하고 싶었기 때문이다. 《더 타임스 The Times》는 그다음 날에 다음 기사를 실었다.

어제는 아홉 부문이 분주하게 돌아간 날이었는데, 그중 한 부문에서 놀라운 소식이 나왔다. 토요일과 일요일 무렵에 화학 부문 회의에서 아주 흥미로운 발표가 나올 것이라는 소문이 나돌았고, 박물관 대강당은 10시 30분에 사람들로 가득 찼다. 레일리 경은 그동안 기체의 밀도를 연구해왔는데, 대기에서 얻은 질소가 다른 원천에서 얻은 질소보다 조금 더 무겁다는 사실을 발견했다. 그는 이 사실을 설명하지 못했고, 다른 사람들의 정보를 구하고자 이 사실을 발표했다. 램지 교수는 대기에

♦   '무엇' 또는 '어떤 것' 등을 뜻하는 라틴어이다.

서 얻은 질소는 순수하지 않다는 믿음을 갖고 이 문제에 뛰어들었고, 대기에는 질소보다 비활성 성질이 더 강한 기체가 소량 들어 있다는 사실을 발견했다.

새로운 기체는 대기에서 약 1%를 차지하고, 그 스펙트럼은 "하나의 파란색 선으로 나타나는데, 질소 스펙트럼에서 이에 대응하는 선보다 훨씬 강렬하다."라고 묘사되었다.

애런, 해리스 부인, 옥스퍼드젠

레일리는 여성 참정권 운동의 기수인 프랜시스 밸푸어Frances Balfour 부인에게 보낸 편지에서 이렇게 썼다.

새로운 기체가 제 삶을 이끌어왔습니다. 저는 겨우 골무 4분의 1에 해당하는 양만 얻었을 뿐인데, 이것은 무엇을 하기에 충분치 않은 양입니다. 그래서 더 많은 양을 얻기 위해 발전기를 만들었고, 그것을 가지고 여러 날 일했지요. 이제 다소 많은 양을 얻었지만, 무게로 따진다면 금보다 약 1000배나 비싼 비용이 들었습니다! 새로운 기체에는 아직 이름이 붙지 않았습니다. 한 전문가에게 의견을 구했더니 애런aëron을 추천하더군요. 하지만 개인적으로 이 이름의 효과를 시험해보았더니, 반응은 거의 항상 "그럼 모세는 언제 오나요?"♦♦였습니다."

레일리 부인은 홀즈베리 경Lord Halsbury에게서 이런 말을 듣기도 했다. "그 기체가 농담조로 '해리스 부인Mrs Harris'이란 이름으로 불리는 것으로 알고 있습니다." 해리스 부인은 찰스 디킨스의 소설『마틴 처즐윗Martin Chuzzlewit』에 등장하는 인물인 갬프 부인Mrs Gamp의 상상 속 친구를 가리키는 이름이다.

1894년 8월 25일자 프랑스 풍자 잡지《르 주르날 아뮈장Le Journal Amusant》은 또 다른 이름을 농담으로 제시했다. 그 내용을 소개하면 다음과 같다.

영국인이 화학 경쟁에서 앞서나가기 시작하면서 이번에 확실히 쐐기를 박는 업적을 세웠다. 옥스퍼드 대학교의 한 교수가 공기 중에서 새로운 기체를 발견했다. 지금까지 우리는 공기가 산소와 아조트[질소]만으로 이루어져 있다는 개념에 만족했다. 그런데 옥스퍼드 대학교의 이 교수가 세 번째 성분을 만들어냈다. 다섯 대륙의 모든 실험실은 흥분에 들떠 있다. 새로운 기체의 이름은 아직 정해지지 않았지만, 우리는 그 이름을 옥스퍼드젠*oxfordgen*으로 정하면 필요한 해결책을 찾는 데 도움이 되리라 생각한다. 우리가 제안한 이름에는 ox가 있고, 게다가 지금은 영광의 도시가 된 그 도시를 상기시키는 단어도 있다. … 인류가 공기에 다른 기체가 들어 있다는 사실을 알지 못한 채 수천 년을 살아올 수 있었다는 사실을 생각하면, 실로 놀랍기 그지없다. 그리고 100년 동안은 공기에 단 두 가지 기체 성분만 들어 있는 것으로 알고 살아왔다. 다가오

♦♦ 애런은 Aaron과 발음이 같은데, Aaron은 성경에 나오는 모세의 형 아론을 가리키는 이름이기도 하다.

는 세기를 5년 남겨둔 지금, 세 번째 기체가 발견되었다! 이렇게 모든 것이 좋게 끝날 것이라고 속단하지 마라. 화학은 절대로 멈추는 법이 없다. 1950년에는 네 번째 기체가 발견될 것이다. 1990년에는 다섯 번째 기체가 발견될 것이다. 그리고 1세기에 계속 두 종류씩 발견되면서, 적어도 세상이 끝날 때까지 이런 추세가 이어질 것이다.

사실 날짜가 조금 틀렸고, 램지와 레일리가 실제로는 옥스퍼드 대학교 교수가 아니었다는 사실을 제외하면, 이 예측은 크게 빗나간 것이 아니다.

결국 새 기체의 이름은 옥스퍼드에서 열린 회의 때 처음 제안된 것으로 정해졌다. 제4대 레일리 남작인 로버트 스트럿Robert Strutt은 아버지의 전기에서 이렇게 썼다. "나는 그 자리에 없었다. 하지만 들은 이야기를 기억에서 최대한 떠올려보면, 의장의 정중한 발언과 그 기체를 아르곤('게으른' 또는 '비활성'이란 뜻의 그리스어 $\alpha\rho\gamma o\nu$[argon]에서 이름을 따)이라고 부르자고 한 H. G. 메이던H. G. Madan의 제안 외에 그다지 중요한 이야기는 없었다. 결국 이 제안이 채택되었다." 그리고 각주에서 "이 단어는 신약 성경의 포도밭 일꾼들 이야기 중 일부 일꾼들이 '하는 일 없이 장터에 서 있었다'라는 구절에 나온다."라고 덧붙였다. 이 이름이 곧장 사용된 것은 아닌데, 우선 이 기체가 정말로 비활성을 지녔는지 분명히 밝혀져야 한다고 생각했기 때문이다. 옥스퍼드 회의가 끝나고 나서 석 달이 지난 뒤, 램지는 레일리에게 보낸 편지에서 이렇게 썼다. "X의 비활성이 아주 강하다는 사실을 감안해 그 이름을 아르곤, α-$\varepsilon\rho\gamma o\nu$으로 부르는 게 어떻겠습니까?" 지금까지 아르곤은 다른 원소와 화학적으로 결합하여 안정한 화합물을

만든 적이 없어 '비활성'이란 이름에 아주 잘 어울리는 행동을 보여
주고 있다.

마침내 아르곤이 받아들여지다

많은 과학자들은 처음에는 이 새로운 발견을 받아들이길 주저
했다. 《더 타임스》에 아르곤argon의 발견이 발표된 뒤에, 제임스 듀어
James Dewar(1842~1923)는 《더 타임스》 편집자에게 편지를 보내 자신
의 실험에서는 새로운 기체가 존재한다는 징후가 전혀 나타나지 않
았다고 말했다. 듀어는 왕립연구소에서 공기와 그 성분 기체들의 액
화를 연구한 과학자로, 지금은 보온병을 발명한 사람으로 더 잘 알려
져 있다. 그는 8월 28일에 편지를 다시 보내, 산소에 전기를 방전시킬
때 오존 분자(O_3)가 생기는 것을 생각하면, 새로운 기체가 질소 분자
의 한 형태(필시 분자식이 N_3이고 극단적인 비활성 형태의 질소)일지도
모른다고 주장했다. 멘델레예프도 한동안 이 개념을 좋아한 것으로
보이는데, 그는 자신의 주기율표에 아르곤이 들어갈 자리를 새로 만
들길 주저했다.

화학자들은 그 기체에 대한 완전한 보고서를 얼른 읽고 싶어 안
달이 났다. 1894년 12월 6일에 열린 화학회 회의에서 듀어는 액화 공
기에 관한 자신의 연구를 소개하면서, 공기 중에 새로운 원소가 존재
한다는 주장에 또다시 의심을 표시했다. 불행하게도 램지와 레일리
는 모두 그 회의에 참석하길 거부했다. 《더 케미컬 뉴스The Chemical

News》는 이 회의 결과를 다음과 같이 보고했다. "그들이 방금 들은 발표 논문에 특별한 관심을 기울였다는 사실을 부정하려고 해봐야 아무 소용이 없었다. 하지만 불행하게도, 레일리 경과 램지 교수가 불참한 상황에서 그들은 오직 유령만 상대하며 '햄릿' 연기를 해야 하는 처지에 놓였고, 그런 상황에서 당연히 연극은 성공적인 화제를 이어갈 수 없었다. 화학자들은 옥스퍼드에서 열린 영국과학진흥협회 회의에서의 새로운 대기 성분의 발견에 관한 발표에 큰 흥미를 보였지만, 마음을 정하기 전에 추가 정보를 기다리기로 했다."

마침내 12월 21일자 《더 케미컬 뉴스》는 이렇게 보고했다. "왕립학회의 지난번 회의에서 레일리 경과 램지 교수는 새로운 기체, 즉 잠정적으로 '아르곤'이라는 이름이 붙은 기체에 관한 논문을 제출했다. 이 논문은 1895년 1월 31일에 열릴 회의에서 토론 주제로 삼기로 발표되었다." 그리고 각주에서 아르곤은 "'일하지 않는'이란 뜻의 그리스어 $\alpha\nu\text{-}\varepsilon\rho\gamma o\nu$에서 유래했고, 화학 기호는 A이다."라고 덧붙였다. 몇 년 뒤, 아르곤의 화학 기호는 같은 족의 다른 원소들과 보조를 맞추기 위해 Ar로 바뀌었다.

대기 중에 지금까지 알려지지 않은 원소가 존재한다는 개념은 흥미진진한 것이었지만, 무색의 기체는 대단한 볼거리가 되기 어렵다. 램지는 1월에 왕립학회에서 강연을 할 때 아르곤 샘플을 전시했는데, 레일리의 아들은 그때의 상황을 다음과 같이 회상했다.

램지 교수가 말씀하신 게 기억납니다. 친구들이 아르곤을 좀 보여달라고 하면, 그들의 호기심을 만족시키기 위해 밀봉된 유리 시험관을 꺼내 보여주었는데, 당연히 투명한 시험관 속에는 그다지 볼 만한 게 없었다고 했습니다. 레일리 경이 나중에 "아르곤을 그렇게 많이 갖고 있는 줄은 몰랐습니다."라고 말했지요. 그러자 램지 교수는 이렇게 대답하더군요. "병 속의 압력이 얼마인지는 말하지 않았지요. 나는 시험관이 깨져서 소중한 시료를 잃는 위험을 감수하고 싶지 않았어요!" 그 시험관은 밀봉하기 전에 그 속에 든 아르곤을 거의 다 뽑아낸 것이었죠!

캐번디시의 아르곤

레일리는 전기 스파크의 도움으로 질소와 산소를 결합시키는 캐번디시의 방법을 사용해 공기 중에서 질소를 제거했다. 공동 논문에서 램지와 레일리는 선배의 기술에 찬사를 늘어놓았다. "캐번디시의 실험을 캐번디시의 방식으로 반복하려고 시도하는 과정에서 이 놀라운 연구를 바라보는 우리의 존경심이 커졌다. 극소량의 물질을 가지고 며칠 심지어 몇 주일 동안 계속되는 작업을 하면서 캐번디시는 화학에서 가장 중요한 사실 중 하나를 확립했다." 캐번디시는 질소와 산소를 반응시킬 수 있음을 보여준 것 말고도, 공기 중에서 산소를 제거한 뒤에 남은 기체가 모두 질소인지, 아니면 다른 것이 존재하는지 확실히 밝히려고 했다. 그 과정에서 캐번디시는 1785년에 틀림없이 아르곤을 분리했을 것이다. 심지어 남은 구성 성분(질소와 산소 이외의)이 대기에 약 120분의 1의 비율로 들어 있다고 추정했는데, 오늘날 측정한 값은 107분의 1이다. 하지만 일반적으로 캐번디시는 아르곤의 발견자로 인정받지 못한다. 그것이 새로운 원소라는 사실을 알아채지 못했고, 그 특징을 완전히 기술하지도 못했으며, 게다가 이 방면에서 그가 한 연구는 100년 이상 간과되었기 때문이다.

앙글륨, 스코튬, 히베르늄

램지는 영국에서 초기에 주기율표를 지지한 사람들 중 한 명이고, 1891년에 주기율표를 기반으로 한 『무기화학 체계A System of Inorganic Chemistry』라는 교과서를 썼다. 이 책 서문에서 그는 이렇게 썼다. "뉴랜즈Newlands와 멘델레예프와 마이어가 원소들의 주기적 배열을 발견한 이후 약 25년이 흘렀다. 이것이 제공하는 비슷한 분류에 대한 명백한 지침에도 불구하고, 원소들의 주기적 배열을 기반으로 한 체계적인 영어 교과서는 하나도 나오지 않았다." 〈그림 48〉은 램지가 자신의 교과서에 집어넣은 주기율표를 보여준다. 물론 이 책을 쓸 당시에는 대기를 이루는 기체에 대한 연구는 아직 시작도 하지 않았다. 이 무렵에 나온 온갖 버전의 주기율표가 다 그랬듯이, 이 주기율표는 헬륨을 포함하고 있지 않으며, 심지어 본문에서도 언급하지 않았다. 램지가 사용한 주기율표는 현대적인 주기율표에 익숙한 사람들에게는 다소 이상하게 보일 텐데, Ⅰ족부터 Ⅶ족까지의 각 족에는 오늘날 대개 두 종류의 족으로 분류되는 원소들이 함께 들어 있기 때문이다. 두 '아족亞族' 원소들 사이에는 비슷한 점이 일부 있다. 예를 들면, Ⅵ족에서는 황이 황산(H_2SO_4)을 만들듯이, 크로뮴은 크로뮴산(H_2CrO_4)을 만든다. Ⅷ족 원소들은 현대적인 주기율표에서는 세 종류

주기율 체계에 따라 배열한 원소들

I.		II.		III.		IV.		V.		VI.		VII.		VIII.
(a)	(b)	(a)	(b)	(a)	(b)	(a)	(b)	(a)	(b)	(a)	(b)	(a)	(b)	
	H 1													
Li 7		Be 9		B 11		C 12		N 14		O 16		F 19		
	23 Na		24·5 Mg		27 Al		28·5 Si		31 P		32 S		35·5 Cl	
K 39		Ca 40		Sc 44		Ti 48		V 51·5		Cr 52·5		Mn 55		Fe 56, Co 58·5, Ni 58·5
	(63·5 Cu)		65·5 Zn		70 Ga		72·5 Ge		75 As		79 Se		80 Br	
Rb 85·5		Sr 87·5		Y* 89		Zr 90		Nb 94		Mo 95·5		? 100		Ru 101·5, Rh 108, Pd 106·5
	(108 Ag)		112 Cd		114 In		119 Sn		120·5 Sb		125 Te		127 I	
Cs 133		Ba 137		La* 142·5		Ce 140·5		?‡ 141		?§ 143		?‖ 150		? 152, ? 153, ? 154.
	156?		158 ?		159 ?		162† ?		166 ?¶		167 ?		169 ?	
? 170		? 172		Yb* 173		? 177		Ta 182·5		W 184		? 190		Os 191·5, Ir, 193, Pt 194·5.
	(197 Au)		200 Hg		204 Tl		207 Pb		208 Bi		214 ?		219 ?	
? 221		? 225		? 230		Th 232·5		? 237		U 240		? 244		

* Position doubtful. † Terbium ? ‡ Neodymium ? § Praseodymium ? ‖ Samarium ? ¶ Erbium ?

NOTE.—The atomic weights are in this table given only to the nearest half unit.

그림 48 1891년에 출간된 램지의 「무기화학 체계」에 실린 주기율표

의 족으로 분류된다.

공기 중에 새로운 원소가 존재할 가능성이 나타나자마자, 램지는 이 원소를 멘델레예프의 주기율표에서 어느 위치에 집어넣어야 할지 골똘히 생각했다. 자신의 질소 시료에서 아르곤의 비율을 높여 가던 단계여서, 아직 그 원소를 분리하기도 전이었지만, 계산을 통해 순수한 그 기체의 밀도가 얼마인지 알아냈다. 그 계산에서 나온 값은 실제 값에 아주 가까웠지만, 램지는 처음에 그 기체가 알려진 나머지 기체 원소들처럼 원자 2개가 결합한 분자의 형태로 존재할 것이라고 생각했다. 산소와 질소, 수소, 염소가 O_2, N_2, H_2, Cl_2의 이원자 분자의 형태로 존재하듯이 말이다. 만약 이 기체 원소도 이원자 분자 형태로 존재한다면, 새 원소의 원자량은 20 언저리가 될 것으로 보였다. 1894년 5월 24일에 레일리에게 보낸 편지 말미에서 램지는 다음과 같은 질문을 던졌다. "주기율표의 첫 번째 세로줄 끝에 기체 원소들이 들어갈 자리가 있다는 생각을 한 적이 있나요?" 그는 주기율표를 대략 그린 스케치를 동봉하면서, 플루오린(F) 바로 뒤쪽의 Ⅷ족에 그리고 철(Fe), 코발트(Co), 니켈(Ni) 금속 위쪽에 'X X X'를 집어넣었다. 램지는 원자량이 20 언저리인 원소가 세 종류 있고, 새로운 기체 원소는 이 세 원소 중 하나이거나 세 원소의 혼합물이라고 생각한 것으로 보인다. 나중에 램지는 이 생각을 구체적으로 설명했고, 세 원소의 이름까지 제안했다. "아르곤의 발견은 즉각 이 원소가 주기율표에서 차지할 위치에 대한 레일리 경과 나의 호기심을 자극했다. 밀도가 약 20[밀도가 16인 O_2를 기준으로 한 상대 밀도]이고, 산소와 질소처럼 이원자 분자 기체라면, 주기율표에서 플루오린 뒤에 올 것이다. 우리에게 떠오른 첫 번째 생각은, 아르곤이 철과 코발트와 니켈의 경우처럼 모두 원자량이 비슷한 세 기체의 혼합물일 가능성이 높다는 것이었다. 사실, 이 원소들의 이름까지 애국심의 편견에 사로잡혀 잠정적으로 앙글륨Anglium, 스코튬Scotium, 히베르튬Hibertium으로 제안되었다!" 각자 자기 조국을 영예롭게 하기 위해 프랑스(갈륨)와 스칸디나비아(스칸듐)와 독일(게르마늄/저마늄)의 이름을 딴 원소 이름을 지은 르코크 드 부아보드랑과 닐손과 빙클러의 전례를 따라, 레일리와 램지는 잉글랜드, 스코틀랜드, 아일랜드의 라틴어명을 바탕으로 한 이름을 생각했던 것이다.

그 성질을 연구할 수 있을 만큼 충분한 양의 아르곤을 분리했을 때, 놀랍게도 아르곤 기체는 이원자 분자가 아니라 단원자 분자 형태로 존재하는 것으로 드러났다(수은 기체도 같은 형태로 존재한다는 사실이 알려져 있었기 때문에, 이 발견이 전혀 전례가 없는 일은 아니었다). 그렇다면 아르곤의 원자량은 약 40이 되는 셈이어서 주기율표에서 염소 다음에 와야 했다. 이 위치도 문제가 있었는데, 원소들이 원자번호가 아니라 원자량 순서대로 배열돼 있었기 때문이다. 결과적인 순서는 거의 비슷하지만, 차이가 생기는 곳이 몇 군데 있다. 예컨대 코발트와 니켈의 원자 번호 순서는 원자량 순서와 다르다. 이 사실은 이 원소들에 또 다른 금속 원소가 불순물로 소량 포함돼 있지 않을까 의심하는 이유가 되었고, 그 결과로 2장에 나왔던 '그노뮴'이란 원소가 존재한다는 가설까지 나왔다. 이와 비슷하게 아르곤(원자 번호 18번)은 상대 원자량이 39.948인 반면, 칼륨(원자 번호 19번)은 상대 원자량이 39.098이다. 원소들의 순서를 정하는 진짜 이유가 밝혀지기 전이어서, 램지는 자신이 분리한 아르곤에 비슷한 성질을 가진 더 무거운 원소가 불순물로 섞여 있을지도 모른다고 생각했다.

더 많은 기체 원소들

램지가 이룬 발견 중 그다음으로 중요한 발견은 대영박물관 광물 부서에서 일하던 부책임자 헨리 마이어스Herny Miers에게서 얻은 힌트가 계기가 되었다. 마이어스는 아르곤의 발견을 발표한 1월 31일의 현장에 참석할 수 없었지만, 다음날 램지에게 보낸 편지에서 이렇게 썼다. "저는 어제 당신이 질소와 아르곤과 관련해 실험을 해온 우라늄을 원소로 언급했는지 여부를 모릅니다. 천연 우라늄산염에서 질소(?)가 자주 존재한다는 사실은 … 이 방향으로 실험해볼 가치가 있음을 시사합니다. 어쩌면 당신은 이미 그 실험을 했을 수도 있는데, 그렇다면 힐리브랜드의 결과에 관심을 가져보라고 권한 저의 무례를 용서해주시길 바랍니다." 마이어스가 언급한 논문은 미국 지질학자 윌리엄 힐리브랜드William Hillebrand가 쓴 것이다. 힐리브랜드는 다양한 우라늄 광물을 분석하다가 놀랍게도 거기에 질소 기체가 포함돼 있을지도 모른다는 사실을 발견했다. 그는 이렇게 썼다. "하지만 가장 놀라운 발견은 질소가 우라니나이트◆ 대부분 혹은 전부에 필수 성분으로 들어 있다는 사실인데, 그 양은 극미량에서부터 많게는 2.5% 이상에 이른다. 이 질소는 비산화성 무기산이 광물에 작용한 결과로, 기체의 형태로 빠져 나온다." 램지는 여기에 자극을 받아 그 우라늄 광물을 조금 구하려 했고, 마이어스는 그에게 거래상 명단을 보내주었다. 나중에 보낸 답장을 보면, 램지는 마침내 아르곤이 다른 원소와 결합한 화합물을 발견했다고 생각한 것처럼 보인다. "저는 당신이 저

◆　우라늄의 주요 광물이다.

를 화합물을 찾는 길로 보냈다고 생각합니다. 저는 만약 아르곤이 화합물을 만든다면, 분명히 희귀한 원소와 결합할 것이라고 늘 말해왔습니다. 만약 아르곤이 보통 원소와 결합한다면, 그것은 이미 오래전에 발견되었을 것입니다. 모든 희귀 원소를 대상으로 연구를 시작하는 것은 거의 가망 없는 일이었지만, 그런데도 나는 한번 시도해보기로 마음먹었습니다."

드러난 크립톤의 정체

램지는 한 제자에게 클레바이트◆에서 기체를 추출하는 일을 맡겼다. 그들은 시료를 정제한 뒤에 그 스펙트럼을 관찰하다가 놀라운 것을 발견했다. 램지는 1895년 3월 14일 목요일에 아내에게 보낸 편지에서 이렇게 썼다. "클레바이트 광물에서 새로운 기체를 또 발견한 것 같소. 그 양은 아주 적은데, 질소도 아니고 아르곤도 아니오. 그 스펙트럼은 아주 독특하고 색다르다오. 이것은 형제 [알아볼 수 없는 글씨]라오. 그 정체를 알아보려고 하오." 클레바이트에서 얻은 기체의 스펙트럼이 새로운 원소의 존재를 시사하자, 램지에게 맨 먼저 떠오른 생각은 이것이 잃어버린 아르곤의 '형제' 중 하나가 아닐까 하는 것이었다. 램지는 이 미지의 기체를 '숨겨진'이라는 뜻의 그리스어에서 이름을 따 '크립톤krypton'이라고 불렀다. 그는 아직도 아르곤이 비

◆　삼산화우라늄을 많이 함유한 섬우란석의 일종이다.

숫한 두 원소와 함께 주기율표에서 Ⅷ족의 '철-코발트-니켈' 삼총사 위쪽에 위치해야 한다고 생각하고 있었다. 그다음 일요일까지 램지는 탈륨을 발견한 분광학자 친구 윌리엄 크룩스에게 그 기체를 조사하게 했다. 그날 보낸 편지에서 램지는 이렇게 썼다. "크룩스는 그 스펙트럼이 새로운 것이라고 생각합니다. 그 처리 방법으로 미루어볼 때 이것이 아르곤 외에 기존의 다른 원소일 가능성은 거의 없는데, 또 분명히 아르곤은 아닙니다. 우리는 이 기체를 더 만들고 있고, 며칠 안에 밀도를 조사할 수 있을 만큼 충분한 양을 얻을 것입니다. 저는 이것이 아르곤과 함께 따라다니는 원소로, 우리가 찾던 '크립톤'이 아닐까 생각합니다."

3월 24일 일요일, 램지는 아내에서 보낸 편지에서 이렇게 썼다. "가장 큰 소식부터 전하겠소. 금요일에 나는 새로운 기체를 진공관에 넣고, 그 스펙트럼과 아르곤의 스펙트럼을 같은 분광기로 동시에 볼 수 있도록 했다오. 그 기체에는 아르곤이 있었소. 아주 밝게 노란색으로 빛나는 커다란 선이 노란색 나트륨선과 일치하지는 않았지만, 그것에 아주 가까운 곳에 있었지요. 나는 어리둥절했지만 수상한 낌새를 알아차렸다오. 나는 크룩스에게 이 소식을 알렸소. 토요일 오전에 할리Harley와 실즈Shields와 함께 어두운 방에서 그 스펙트럼을 보고 있을 때 크룩스가 보낸 전보가 도착했지요." 램지는 크룩스가 보낸 역사적인 전보의 사본을 함께 보냈는데, 거기에는 간단하게 "크립톤은 헬륨, 58749입니다. 와서 보세요."라고 적혀 있었다. 58749는 앞에서 골칫거리로 나왔던 D_3선의 파장 587.49nm를 가리킨다. 1895년 3월 26일에 왕립학회로 보낸 램지의 논문 제목은 「코로나 스펙트럼의 선들 중 하나인 D_3의 원인, 헬륨의 파장을 나타내는 기체에 관해」

였다. 장센과 로키어가 1868년에 태양에서 처음 발견한 이후로 불가사의의 원소였던 헬륨이 마침내 지구에서도 발견되었다. 램지는 즉각 로키어에게 샘플과 메모를 보내 이 발견 소식을 알렸다. 오늘날 우리는 이 원소가 방사성 붕괴 때 생성되기 때문에 우라늄과 그 밖의 방사성 원소 광물에 섞여 있다는 사실을 알고 있다. 알파 입자는 실제로는 양전하를 띤 헬륨 원자핵으로, 전자를 붙들면 중성 헬륨 원자핵이 되어 암석 속에 갇힌다. 파티용 풍선을 채우는 데 사용하는 헬륨 기체가 땅속에서 나오는 이유는 이 때문이다. 헬륨은 가끔 천연가스 매장층에서 발견되는데, 방사성 붕괴를 통해 생겨났다가 다른 기체들과 함께 그곳에 갇힌 것이다.

발견되지 않은 기체

램지는 자신이 발견한 두 원소를 주기율표에서 어디에 집어넣어야 할지를 놓고 여전히 고민하고 있었다. 이제 헬륨이 발견되었으므로 새로운 족 전체가 존재할지 모른다는 생각이 들기 시작했다. 1897년 8월에 캐나다 토론토에서 영국과학진흥협회 회의가 열렸는데, 램지는 화학 부문에서 발표를 했다. 이것은 앞서 앙글륨과 스코튬과 히베르늄에 관해 생각한 것을 담은 보고서였다. 하지만 이제 헬륨이 발견되었으므로, 램지는 앞으로 더 많은 기체가 발견될 것이라고 강하게 기대했다. "따라서 헬륨과 아르곤 사이에 헬륨보다 16단위가 더 크고 아르곤보다 20단위가 낮은 약 20단위의 원자량을 가진 미 발견 원소가 존재해야 합니다. … 이 추론을 더 확대하면, 이 원소는 나머지 두 동맹 원소처럼 다른 원소와의 결합에 무관심할 것입니다." 램지는 이 원소를 찾는 노력이 진행 중이라고 덧붙였다. "제 조수인 모리스 트래버스Morris Travers는 지칠 줄 모르고 이 미지의 기체를 찾는 일을 도왔습니다. 건초 더미에서 바늘 찾기라는 속담이 있지요. 만약 보상이 충분하기만 하다면, 현대 과학은 적절한 자석 장비의 도움으로 건초 더미에서 바늘을 찾는 그 일을 금방 해낼 것입니다. 하지만 이 가상의 기체가 소극적인 성질을 지녔다는 사실은 의심의 여지가 없고, 그것을 찾기 위해 살펴보아야 할 장소는 온 세계입니다. 하지만 그래도 그것을 찾으려고 시도해야 합니다."

바늘을 찾아야 할 장소에 대한 단서를 제공한 사람은 아일랜드 물리학자 조지 존스턴 스토니George Johnstone Stoney였다. 스토니는 질량이 제각각 다른 기체들이 지구의 중력을 뿌리치고 대기권 밖으로 탈출할 가능성을 계산했다. 이 계산에 따르면, 상대 원자량이 20인 기체는 대기에 남아 있어야 했다. 이 소식을 들은 램지는 통상적인 화학적 방법으로 공기 중에서 산소와 질소를 제거하고 남는 기체는 사실상 거의 아르곤이지만, 여기에 새로운 기체가 불순물로 극소량 포함돼 있을 것이라고 생각했다. 실제로 그랬다.

이 발견을 가능케 한 기술적 돌파구는, 1898년 초에 윌리엄 햄프슨William Hampson이 액화 공기를 비교적 많이 생산하기 위해 특허를 얻은 방법이었다. 훗날 '영국산소회사British Oxygen Company'로 발전할 회사가 시제품 장비를 즉각 만들었다. 햄프슨은 친절하게도 '업무 시간 외에' 만든 샘플을 램지에게 보내주었다. 첫 번째 샘플인 액화 공기 750밀리리터는 1898년 5월 24일에 도착했다. 램지와 조수 트래버스는 그것으로 무엇을 해야 할지 몰라, 액화 질소를 처음 접했을 때 모든 학생이 하는 행동을 했다. 즉, 고무를 얼리는 것을 포함한 이 런저런 실험을 하며 놀았다. 하지만 그들이 한 행동 중 가장 중요한 것은 기체를 천천히 증발하도록 내버려 두었다가 마지막 부분의 기체를 모두 붙든 것이었다. 거기서 의미 있는 결과가 나오리라곤 전혀 기대하지 않았던 두 사람은 일주일이 지날 때까지 그 기체를 통상적인 방법(뜨거운 구리 위에서 산소를 제거하고, 뜨거운 마그네슘 위에서 질소를 제거하는 과정)으로 처리하지 않았다. 그러다가 점심을 먹는 동안 나머지 질소를 제거하기 위해 남은 혼합물에 산소를 추가하고 전기 스파크를 일으켰다. 점심을 먹고 돌아오는데, 한 동료가 트래버스에게 "트래버스, 오늘 오후에 새로운 기체가 나오나?"라고 농담을 던졌다. 트래버스는 웃으면서 "틀림없이."라고 대답했다. 훗날 그는 그 뒤에 일어난 일을 다음과 같이 기술했다. "산소를 제거하는 과정은 평소와 다름없이 진행되었고, 남은 기체 중 일부를 스펙트럼관에 집어넣었다. 즉시 프리즘으로 살펴본 결과, 그 스펙트럼에는 특유의 아르곤선들이 선명하게 나타났다. 하지만 수은의 초록색 선 중 노란색 쪽에 아주 밝은 초록색 선이 강하게 나타났는데, 이것은 알려진 D선 중 어느 것도 아니라는 사실을 즉각 분명하게 알 수 있었다. 이 스펙트럼관에는 틀림없이 아르곤이 들어 있었고, 또한 지금까지 알려지지 않은 기체도 틀림없이 들어 있었다."

두 사람은 아르곤보다 가벼운 원소를 찾으려면, 액화 공기에서 끓어서 증발하는 기체 중 더 무거운 성분이 남아 있을 마지막 부분이 아니라 첫 번째 부분을 붙들어야 한다는 사실을 나중에야 깨달았다. 그래도 어쨌든 새로운 기체를 발견했으니, 그것은 큰 문제가 되지 않았다.

램지는 레일리에게 편지로 이 발견을 알렸다. "트래버스와 제가 공기 중에서 새로운 기체를 분리하는 데 성공했다는 소식을 알려드립니다. 당신은 제가 이 소식을 전하기 위해 가족 외에 편지를 보내는 첫 번째 사람입니다. … 왕립학회와 프랑스 과학아카데미에도 메모를 보냈습니다. 햄프슨의 도움 덕분에 우리는 어떤 양이라도 얻을 수 있습니다. … 더 가벼운 기체 성분을 찾기 위해 약 15리터의 아르곤이 준비돼 있습니다. 이것을 가지고 시도하기 전에 다음번 시도에서 그것을 찾을 수 있을 것이라고 생각합니다. 저는 그 이름을 크립톤이라고 부르기로 했습니다. 기억하시겠지만, 우리는 전에 이 이름을 생각했다가 대신에 아르곤을 선택했지요."

영국에서 이 기체를 발견했다는 최초의 공식 발표는 1898년 6월 7일 화요일에 《더 타임스》를 통해 보도되었다. "새로운 기체. 6월 6일, 파리(특파원으로부터). 오늘 열린 과학 아카데미 회의에서 베르톨레Berthelot는 레일리 경과 아르곤을 공동 발견한 램지 교수가 보낸 편지를 읽으면서, 같은 성질을 가진 또 다른 기체의 발견을 처음으로 발표했다. 램지 교수는 이 새로운 기체의 이름을 크립톤으로 부르자고 제안했다. 이 발견은 아르곤의 경우와 마찬가지로 분광기의 도움을 받아 일어났다."

가벼운 새 기체

《더 타임스》에 크립톤 발견 기사가 난 바로 그날, 가장 가벼운 기체 성분을 찾기 위한 연구가 시작되었다. 햄프슨이 액화 질소를 조금 더 가져다주었고, 트래버스와 램지는 대기 중의 질소 기체를 냉각시킨 뒤에 액화 질소가 다시 증발할 때 맨 처음 나오는 기체를 모았다. 그 스펙트럼은 큰 기대를 품게 했는데, 보라색과 빨간색, 초록색 영역에서 새로운 선들이 나타났다. 비록 그 결과는 아직 발표할 만큼 충분히 결정적인 것은 아니었지만, 이 단계에서 새 원소에 이름이 붙었다. 램지의 조수였던 트래버스가 그 이야기를 다음과 같이 들려주었다. 램지의 어린 아들 윌리willie가 "새로운 기체인 크립톤이 어떻게 만들어지는지 보려고 연구실에 왔는데, 바로 그 순간 액화시킨 대기 중의 질소가 처음 끓어오르는 부분에서 더 가벼운 기체의 존재를 시사하는 증거를 얻었다." 더 새로운 스펙트럼을 본 윌리는 이렇게 물었다. "이 기체를 뭐라고 부를 건가요? 나라면 Novum(노붐)이라고 부르겠어요." 그러자 램지는 "그리스어로 Neon(네온)이라고 부르는 게 나을 것 같구나."라고 대답했다. 그래서 새로 발견된 이 기체 원소에는(열세 살 어린이의 제안에 따라) 그리스어(라틴어가 아닌)로 '새로운'을 뜻하는 네온이란 이름이 붙었다.

왕립학회에서 크립톤에 관한 논문을 발표할 때, 램지는 듀어가 곧 대기 중의 더 가벼운 기체(필시 램지의 연구진도 얼마 전에 발견한 네온)에 관한 견해를 밝힐 것이라는 이야기를 들었다. 램지는 자신의 연구가 먼저 완전한 결과를 내놓길 간절히 원했다. 그날 오후, 햄프슨이 예고도 없이 액화 공기를 약간 가지고 왔다. 이번에 그들은 그것을 사용해 공기 중에서 분리한 다른 희가스 불순물을 포함한 아르곤 기체 15리터 중 일부를 냉각시켰다. 그리고 나서 그 액화 공기에서 증발하는 첫 번째 부분을 모았다. 다음날인 토요일에 더 많은 액화 공기로 같은 과정을 반복했고, 항상 액화 아르곤에서 증발하는 기체 중 휘발성이 가장 강한 성분을 붙들려고 노력했다. 일요일에 마지막 정제 작업이 끝난 뒤, 휘발성이 가장 강한 성분의 스펙트럼을 살펴보았다. 트래버스는 그때의 상황을 이렇게 기억했다. "유도 코일의 리드선을 진공관 단자에 연결한 뒤 한 사람이 전류를 흘려주자, 우리는 각자 작업대에 놓여 있던 직시 분광기를 하나씩 집어 들었다. 하지만 이번에는 우리가 다루는 것이 새로운 기체인지 아닌지 결정하기 위해 프리즘을 사용할 필요가 없었다. 스펙트럼관의 찬란한 진홍색 빛이 자명한 사실을 알려주었다. 그것은 우리를 한참 동안 깊은 생각에 잠기게 했고, 평생 잊지 못할 광경이었다. 지난 2년 동안 기울인 각고의 노력, 그리고 연구를 마치기 전까지 극복해야 할 모든 어려움을 보상할 만한 가치가 충분히 있었다. 발견되지 않은 채 남아 있던 기체는 아주 극적인 방식으로 세상에 모습을 드러냈다. 당장 그 순간은 이 기체의 실제 스펙트럼이 전혀 중요하지 않았다. 이 세상의 어떤 것도 우리가 본 것과 같은 광채를 낸 적이 없기 때문이다."

오늘날 네온 불빛의 이 놀라운 진홍색 빛은 광고 네온사인에 널리 사용되어 누구나 익숙하다. 엄밀하게는 빨간색 이외의 색은 '네온사인'이라고 불러서는 안 된다. 다른 색의 불빛은 유리관에 바른 형광 코팅에서 나오는데, 네온등에 채운 수은이나 아르곤 같은 기체에서 방출되는 자외선이나 남보라색 빛이 코팅 물질을 들뜬 상태로 만들어 원하는 색의 빛을 내기 때문이다. 하지만 밝은 빨간색 빛은 순수한 네온에서만 나온다(전류를 끄면, 그 유리관은 아주 투명해지고 텅 빈 것처럼 보인다). 만약 어린 윌리 램지가 순수한 네온에서 나오는 빛을 먼저 보았더라면, 이 새로운 기체 이름으로 다른 것을 생각했을지 모른다.

마지막 이방인

공기 중에는 아직 발견되지 않은 비활성 기체가 하나 더 남아 있었다. 7월 중순의 어느 날 저녁, 램지와 트래버스는 일부 '아르곤-크립톤' 잔여 기체를 분리하면서 늦게까지 일하고 있었다. 이제 그만 마무리하고 집으로 가려고 할 때, 트래버스가 펌프에 아주 작은 기체 거품이 남아 있는 걸 보았다. 차가운 기체 성분을 제거한 뒤에 끓어오른 마지막 기체로 보였다. 그것은 이산화탄소일 가능성이 매우 높았지만, 트래버스는 그래도 따로 수집할 필요가 있다고 생각했다. 그래서 그 때문에 설사 집으로 가는 마지막 전철이 끊긴다 하더라도 그렇게 하기로 했다. 다음 날, 알칼리 수용액을 사용해 그 기체에서 이산화탄소를 제거하고 잔여 기체를 약 0.3밀리리터 얻었고, 이것을 스펙트럼관에 집어넣어 그 스펙트럼을 살펴보았다. 트래버스는 공책에 이렇게 기록했다. "크립톤의 노란색 선이 아주 희미하게 나타났고, 초록색은 거의 보이지 않는다. 빨간색 선이 여러 개 있고, 3개의 밝은 선이 같은 간격으로 나타났고, 파란색 선도 여러 개 보인다. 이것은 노란색과 초록색을 내보내지 않는 압력 하에 있는 순수한 크립톤일까, 아니면 새로운 기체일까? 아마도 후자일 것이다!" 나중에 그는 가장 눈길을 끈 특징은 스펙트럼관에서 나온 아름다운 파란색 빛이었다고 언급했다. "그 스펙트럼의 파란색 빛을 나타내는 이름을 오랫동안 찾다가" 그들은 결국 '이방인'을 뜻하는 그리스어에서 '제논$_{xenon}$'이란 이름을 선택했다. 그들은 "파란색을 가리키는 그리스어와 라틴어 어원의 단어들은 이미 오래전에 유기화학자들이 사용했고, 우리가 결정한 이름은 적어도 화학 기호 Xe가 독특하다는 장점이 있다고" 생각했다.

레일리와 램지가 아르곤의 발견을 처음 발표했을 때처럼 램지가 발견한 마지막 비활성 기체도 영국과학진흥협회 회의에서 발표되었다. 그 회의의 의장은 윌리엄 크룩스였는데, 자신도 새로운 원소를 발견했다고 발표하면서, 몇 년 전에 자신이 발견한 탈륨처럼 그 스펙트럼에서 딴 이름을 제안했다(이번에는 그 스펙트럼을 맨눈으로는 볼 수 없었는데도). 그는 이렇게 썼다. "그 존재를 나타내는 그 선들의 집단이 자외선 스펙트럼 거의 끝에 외따로 떨어져 있기 때문에, 나는 가장 새로운 이 원소의 이름을 '혼자'를 뜻하는 그리스어 μονός[monos]에서 따 모늄Monium으로 정하자고 제안한다." 그리고 "스펙트럼의 빛을 찾다가 발견된 것이긴 하지만, 모늄은 아주 강한 개성을 지녀 최근에 발견된 기체 원소들과 아주 대조적이다. 하지만 비록 아주 어리고 제멋대로이긴 해도, 모늄은 어떤 화학 동맹에도 기꺼이 들어가려고 한다."라고 덧붙였다. 크룩스는 나중에 새 원소의 이름을 빅토리아Victoria 여왕의 즉위 50주년을 기념해(그리고 우연의 일치랄까, 여왕으로부터 기사 작위를 받은 뒤에) '빅토륨victorium'으로 바꾸었다. 안타깝게도 그의 발견은 가짜로 드러났다. 그 물질은 실은 이전에 알려진 희토류 원소들의 혼합물이었다. 이 회의의 화학 부문에서 발표된 내용들을 요약한 다음 글에 따르면, 사람들은 이러한 새로운 발견들에 다소 진저리가 났던 것 같다. "두 종의 새로운 원소, 모늄과 제논의 발견 발표는 회의의 처음 이틀 동안의 회의록에서 중요한 부분을 차지하지만, 새로운 원소들, 특히 희토류와 비활성 기체 원소들은 몇 년 전처럼 큰 관심을 불러일으키지 않는다."

화학자들은 대기에서 비활성과 낮은 비율 때문에 이전에 간과되

기체	비율(%)	끓는점
질소, N_2	78.084	−196°C
산소, O_2	20.946	−183°C
아르곤, Ar	0.934	−189°C
네온, Ne	0.00182	−246°C
헬륨, He	0.000524	−269°C
크립톤, Kr	0.000114	−153°C
제논, Xe	0.0000087	−108°C

표 2　건조한 공기 중에서 각 기체가 차지하는 비율과 각 기체의 끓는점

었던 원소 5종을 새로 발견했다. 공기에서 산소와 질소를 제거한 뒤에 남는 비활성 기체는 100년도 더 전에 캐번디시가 먼저 발견했지만, 화학자들이 이 기체들을 유의미한 양만큼 분리하는 데에는 아주 낮은 온도가 필요했고, 또 각각의 기체를 탐지하고 정체를 알아내는 데에는 분광기가 필요했다. 비활성 기체들이 공기 중에서 차지하는 비율이 얼마나 낮은지 보여주기 위해, 〈표 2〉에 건조한 공기 중에서 각 기체가 차지하는 비율을 끓는점과 함께 나타냈다.

　제논은 램지가 발견한 마지막 비활성 기체였지만, 그가 연구한 마지막 비활성 기체는 아니었다. 램지는 자신의 가장 섬세한 연구를 통해 지구에서 자연계에 존재하는 기체 원소 중 가장 무거운 원소인 라돈을 탐구했다. 하지만 주기율표의 이 영역에서는 모든 것이 무너지기 시작한다.

9

불안정한 영역

모든 것을 체계화하려는 화학자가
더 이상 천연 원소와 인공 원소를 구분할 수 없는 때가 왔다.

프리드리히 파네트Friedrich Paneth, 1947

방사능 시대의 시작

　1896년, 앙리 베크렐Henry Becquerel(1852~1908)은 사진 건판 위에 올려두었던 우라늄염이 나중에 현상된 사진 건판에 상을 남긴 것을 보고서 우연히 방사능 현상을 발견했다. 얼마 후 토륨도 방사능이 있다는 사실이 드러났다. 1898년, 마리 퀴리Marie Curie(프랑스로 오기 전 폴란드 이름은 마리아 스크워도프스카Maria Skłodowska)는 어떤 광물은 그 속에 포함된 우라늄이나 토륨의 양으로 설명할 수 있는 것보다 더 강한 '방사능radioactive'(마리 퀴리가 맨 처음 도입한 용어)을 지니고 있다는 사실을 발견했다. 그래서 그 광물에 또 다른 방사성 원소가 들어 있을 것이라고 추측했고, 오랜 정제 과정 끝에 마침내 그런 원소 두 종을 발견했다. 퀴리의 딸 에브 퀴리Ève Curie는 자신이 쓴 어머니의 전기에서 1898년 7월에 발견된 첫 번째 원소의 이름이 정해진 경위를 다음과 같이 기술했다.

　"이제 이름을 붙여야지." 피에르는 마치 그것이 어린 이렌Irène[첫 번째 딸]의 이름을 고르는 문제처럼 들리는 어조로 어린 아내에게 말했다. 한때 마드무아젤 스크워도프스카로 불렸던 마리는 잠시 입을 다물고 생각에 잠겼다. 그러다가 세계 지도에서 사라진 조국이 떠올랐고, 막연하게 만약 이 과학적 사건이 러시아와 독일, 오스트리아 ― 폴란드를 압제한 나라들―에서 발표되면 어떨까 하고 생각했다. 그리고 머뭇거리며 대답했다. "'폴로늄polonium'이라고 부르면 어떨까?"

마리 퀴리는 조국 폴란드의 이름을 따서 그 원소의 이름을 정했지만, 그 당시 폴란드는 독립국으로 존재하지 않았다. 이 선택은 정치적 성명과 같은 것이었다.

마리 퀴리와 피에르 퀴리가 발견한 두 번째 원소는 우라늄보다 수백만 배나 방사능이 강한 것으로 드러났다. 이 원소는 그 강렬한 방사능 때문에 '라듐radium'이란 이름이 붙었다. 3년 반 뒤에 수 톤의 피치블렌드 광석을 정제해 순수한 라듐염 0.1g을 분리하는 데 마침내 성공했을 때, 두 사람은 그 물질이 저절로 빛을 내는 것을 보고 매우 기뻐했다.

방사물

우라늄과 토륨에 방사능이 있다는 사실이 발견된 후 1899년 9월에 어니스트 러더퍼드Ernest Rutherford(1871~1937)가 추가로 중요한 발견을 했다. "나는 이 정상적인 방사선 외에 토륨 화합물에서 일종의 방사성 입자가 몇 분 동안 연속적으로 나온다는 사실을 발견했다. 편의상 '방사물emanation'이라고 이름 붙인 이것은 주변의 기체를 이온화시키고 얇은 금속층을 통과하고 상당한 두께의 종이를 아주 쉽게 통과하는 능력이 있다." 다음 해에 독일 물리학자 프리드리히 에른스트 도른Friedrich Ernst Dorn은 퀴리 부부의 라듐에서도 비슷한 방사물이 나오지만, 우라늄에서는 직접적으로 나오지 않는다는 사실을 발견했다.

처음에는 이 방사물이 정확하게 무엇인지 밝혀지지 않았지만, 시간이 지나면서 러더퍼드와 공동 연구자들은 "방사물이 아르곤 가족 원소들과 성질이 비슷한 화학적 비활성 기체"임을 보여주었다. 사실은 러더퍼드와 도른이 발견한 것은 동일한 새 원소의 두 가지 동위 원소였다. 같은 원소의 동위 원소들은 그 중성 원자에 들어 있는 양성자와 전자의 수는 똑같지만 중성자 수가 다르다. 그래서 화학적 성질은 똑같지만 물리적 성질에 약간 차이가 있는데, 특히 원자량에 좌우되는 성질이 그렇다. 라돈radon의 두 동위 원소는 반감기(시료가 방사성 붕괴를 통해 처음 양의 절반으로 줄어드는 데 걸리는 시간)에 큰 차이가 있다. 도른의 방사물은 반감기가 3.8일인 반면, 러더퍼드의 방사물은 55초에 불과하다.

한동안 과학자들은 두 가지 방사물이 동일한 원소라는 사실조차 알아채지 못했다. 미량의 기체를 다루는 데에는 뛰어난 재주를 지닌 윌리엄 램지가 반감기가 더 긴 라듐 방사물을 분리해 그 스펙트럼을 분석했다. 하지만 램지는 당시 사용되던 그 이름이 마음에 들지 않았다. 그는 "그러나 '라듐 방사물emanation from radium'은 어색한 표현이며, 지금은 그것이 원소라는 증거가 충분히 쌓였다. 원소라는 단어를 통상적인 의미로 사용한다면 말이다."라고 썼다.

램지는 그 방사물이 원소라는 사실을 받아들이긴 했지만, 나머지 모든 원소와 아주 달라서 다른 종류의 이름을 붙일 필요가 있다고 생각했다. 그는 이어서 이렇게 주장했다. "이제 그 방출원을 가리키는 동시에 그것과 다른 원소들 사이에 의심의 여지 없이 존재하는 극단적인 차이를 그 어미로 나타내는 이름을 짓는 것이 바람직해 보인다. 그것이 라듐에서 유래하므로, '엑스라디오exradio'라고 부르는 것이 어떻겠는가?" 그는 다른 원소들의 방사물(지금은 라돈의 다른 동위원소들로 밝혀진)에도 비슷한 용어를 적용할 수 있을 것이라고 제안했다. "토륨에서 나온 것으로 추정되는 방사물이 실제로 이 원소 때문에 생겨났고, 토륨에 극소량 섞여 있는 다른 원소 때문에 생겨난 것이 아니라는 사실이 밝혀진다면, '엑스토리오exthorio'처럼 비슷한 이름을 붙일 수 있을 것이다. 만약 악티늄actinium이 확실한 원소라는 사실이 확립된다면, 그 방사물은 '엑스악티니오exactinio'라고 부를 수 있을 것이다. 다른 방사물 원소가 발견될 가능성은 낮지만, 만약 발견된다면 동일한 명명법 원칙을 적용할 수 있을 것이다."

램지의 제안은 지지를 받지 못했다. 1910년, 방사능의 본질을 더 분명히 이해하게 되면서, 라듐 원자가 알파 입자(헬륨 원자핵)를 하나 잃고 라듐 방사물 원자로 변한다는 사실이 밝혀졌다. 램지는 그 밀도를 정확하게 측정한 증거로 이 이론을 뒷받침했다. 여기서 그는 새 이름을 제안했다. "'라듐 방사물'은 어색한 이름이다. 이제 이 원소가 주기율표에서 어떤 위치를 차지한다는 것은 틀림없는데, 이 이름은 그 위치를 추정하는 데 아무 도움도 되지 않는다. 아르곤 계열 기체들과의 연관성을 보여주기 위해 그와 비슷한 이름을 붙여야 할 것이다. 이 원소의 스펙트럼과 어는점, 끓는점, 임계점, 액체의 밀도, 기체의 밀도, 원자량의 최종 결정은 모두 이 실험실에서 일어났고, 이제 그 이름을 정하는 일만 남았다. 이 논문에서 사용한 'niton(니톤)'을 충분히 독특한 이름으로 제안한다."

램지는 이 원소가 빛을 내뿜는 성질에 착안해 '빛나는'이란 뜻의 라틴어 '니텐스nitens'에서 이 이름을 지었다. 라듐과 토륨과 악티늄의 방사물과 라돈, 토론, 악티온, 에마논, 니톤 등의 이름까지 포함해, 이 원소의 다양한 동위 원소들에 서로 다른 이름이 많이 붙어 문헌이 매우 혼란스러워졌다. 결국 반감기가 가장 긴 동위 원소인 라듐의 방사물임을 감안해, 그 이름은 라돈으로 결정되었다. 마리 퀴리는 '라디오네온radioneon' 또는 '라디온radion'이란 이름을 강하게 밀었지만, 받아들여지지 않았다.

할로겐족의 귀환

주기율표에서 라돈 바로 앞에 위치한 할로겐족의 다섯 번째 원소는 1940년에야 발견되었다. 이 원소는 자연계에서 처음 발견된 것이 아니라, 실험실에서 비스무트 원자에 알파 입자를 충돌시키는 방법으로 만들어졌다. 하지만 이 원소는 다른 인공 합성 원소들처럼 즉각 이름이 붙지 않았는데, '적절한' 원소로 간주되기 어려웠기 때문이다. 그 당시 더럼 대학교 화학 교수였던 프리드리히 파네트 교수는 1947년에 다음과 같이 기술했다.

5년여 전에 런던 화학협회에서 한 강연에서 주기율표를 완성하는 일에서 방사성 방법이 거둔 성공을 설명했다. 제시된 주기율표에서 87번 원소의 자리는 악티늄 계열에서 새로 발견된 파생물의 기호로 채워졌다.

하지만 43번, 61번, 85번, 93번 자리에는 아무 기호도 없었는데, 다소 자세히 설명한 것처럼 이 네 원소의 원자가 모두 인공적으로 만들어졌는데도 불구하고 그랬다.

이렇게 인공 원소에 완전한 '시민권'을 부여하길 거부하는 태도는 그 당시에는 타당해 보였다. 그 원자들은 보이지 않는 양만 만들어졌고, 불안정했으며, 대개 지구에 존재하지 않았다. 반면에 모든 천연 원소는 설사 방사성 원소 가족에 속하고, 수명이 아주 짧은 동위 원소로만 존재한다 하더라도, 상당히 많은 양이 항상 존재했다.

자신의 논문에서 파네트는, 수명이 짧은 방사성 원소 발견자들에게 제발 그들의 원소에 이름을 붙이라고 촉구했다. 새로운 할로겐족 원소의 발견자인 데일 코슨Dale Corson과 케네스 매켄지Kenneth MacKenzie와 에밀리오 세그레Emilio Segrè는 파네트의 말대로 했다.

1940년, 우리는 캘리포니아 대학교의 방사선연구소에서 60인치 사이클로트론으로 가속시킨 알파 입자를 비스무트에 충돌시켜 85번 원소의, 원자량이 211인 동위 원소를 만들었다.

그 당시 우리는 85번 원소의 여러 가지 화학적 성질을 확인했고, 생성된 동위 원소의 핵에 대한 연구를 상당히 완전한 수준으로 했다.

이제 우리는 이 새로운 원소에 이름을 붙이라는 요구를 받았다. 더 가벼운 할로겐족 원소인 염소와 브로민과 아이오딘에 이름을 붙인 체계, 즉 해당 물질의 일부 성질을 나타내는 그리스어 형용사를 변형한 이름을 사용하는 체계에 따라, 우리는 85번 원소를 '불안정한'이란 뜻의 그리스어 아스타토스astatos에서 딴 아스타틴astatine이라고 부르자고 제안한다. 사실, 아스타틴은 할로겐족 원소 중에서 유일하게 안정한 동위 원소가 존재하지 않는다. 제안된 화학 기호는 At이다.

초중원소

아스타틴이 합성된 후, 더 많은 원소들의 합성이 이루어졌다. 두 원소의 원자핵을 순간적으로 융합해 주기율표에서 우라늄 다음에 오는 원소들, 즉 초우라늄 원소가 만들어졌고, 최근에는 이보다 훨씬 무거운 초중원소도 만들어졌다. 1장에 나왔던 넵투늄과 플루토늄 외에 다른 원소들도 합성되었는데, 연구가 일어난 장소인 버클리를 기념해 그 이름이 정해졌다.

알베르트 아인슈타인Albert Einstein과 퀴리 부부, 어니스트 러더퍼드 같은 유명한 과학자의 이름이 붙은 원소도 있다. 물론 주기율표를 만든 드미트리 멘델레예프도 예외가 아니다. 최근에 주기율표는 7주기의 맨 마지막 원소인 118번 원소까지 채워졌다. 반감기가 7시간을 조금 넘어 비교적 긴 편인 아스타틴이나 약 4일이나 되어 거의 영원에 가까워 보이는 라돈과는 대조적으로, 최근에 합성된 많은 원소는 반감기가 수백만 분의 1초밖에 안 된다.

2016년 11월 28일, 국제순수응용화학연합은 최근에 합성된 원소 4종의 이름을 승인했다.

113번 원소는 발견자인 일본 이화학연구소理化学研究所 과학자들이 그 이름을 '니호늄nihonium'으로, 원소 기호는 Nh로 정했다. 이 이름은 '일본'을 뜻하는 일본어 단어 '니혼日本'에서 딴 것이다. 일본은 직역하면 '해가 떠오르는 곳'이란 뜻이다. 115번 원소는 '모스코븀 moscovium'으로, 그 기호는 Mc로 정해졌다. 이 원소를 처음 만든 연구소가 있는 도시인 모스크바에서 딴 이름이다. 이 두 원소의 이름은 베리만과 베르셀리우스가 시작한 전통에 따라 금속 원소를 구분하기 위해 어미를 '-ium'으로 정했다.

할로겐족 원소 중 맨 밑에 위치한 117번 원소의 이름은 '테네신 tennessine'으로 정해졌다. 이 이름은 최근의 초중원소들을 합성하는 데 기여한 연구소들의 업적을 기리기 위해 붙인 것으로, 이 연구소들은 미국 테네시주에 있다. 이 원소는 '해당 물질의 일부 성질을 나타내는 그리스어 형용사를 변형하여' 사용하는 할로겐족 원소의 경향을 그대로 따르지는 않았지만, 그래도 험프리 데이비가 염소chlorine에 이름을 붙일 때 처음 도입한, 어미를 '-ine'으로 하는 전통은 그대로 따랐다.

마지막으로, 현재로서는 주기율표의 마지막 원소이자 비활성 기체 가족인 18족의 마지막 원소 118번 원소에는 '오가네손oganesson'이란 이름이 붙었다. 원소 기호는 Og이다. 오가네손은 초중원소의 합성에 선구적인 업적을 세운 러시아 과학자 유리 오가네시안Yuri Oganessian(1933~)의 이름에서 딴 것이다. 이 원소는 엄청나게 짧은 반감기 때문에 그 화학적 성질이 하나라도 제대로 조사될 가능성은 아주 희박하지만, 같은 족의 다른 원소들처럼 반응성이 거의 없을 것으로 예상된다. 그래서 램지가 세운 전통에 따라 어미를 '-on'으로 했다. 친척 원소들과 보조를 맞추기 위해 헬륨이란 이름을 '헬리온 helion'으로 바꾸자는 주장이 간간이 나온다. 다행히도 아직까지 그런

일은 일어나지 않았다. 만약 그런 일이 일어난다면, 그 흥미로운 역사 중 일부를 잃게 될 것이다.

감사의 말

맨 먼저 내게 최초의 화학 실험 세트를 선물하고, '집을 날려 보내지' 않겠다고 약속한 내 말을 믿어 준 부모님에게 감사드리고 싶다. 내 생각에는 '사소한' 사고가 딱 한 번 있었는데, 그건 냄새가 아주 고약한 황화수소 기체 병이 넘어지는 바람에 온 집 안에 악취가 진동했던 일이었다. 그때 일에 대해서는 다시 죄송하다는 말밖에 할 수 없지만, 그 기체가 사이안화수소보다 독성이 더 강하다고 이야기했더라도 그 당시에는 별 도움이 되지 않았으리라고 확신한다. 늘 한결같은 사랑과 지원을 아끼지 않는 형 존John과 형수 트레이시Tracy 그리고 자기 분야에서 헌신적인 노력으로 인정받는 여동생 조앤Joanne과 매제 키스Keith에게도 감사드린다. 내가 우리 집안에서는 처음으로 대학에 갈 수 있도록 격려와 지원을 아끼지 않은 모든 가족에게 큰 고마움을 느낀다.

내가 자라난 가정에서부터 내 삶의 대부분을 차지하는 현재의 가정에 이르기까지, 나는 케임브리지 대학교 세인트캐서린스 칼리지라는 주변 공동체로부터 소중한 지원을 받았다. 그 지원은 칼리지 학장으로부터 도덕적 지원과 지도, 격려의 형태로 왔다. 현재에는 마크 웰랜드Mark Welland 학장 부부가 나를 지원해주고 있고, 이전에는 학장으로 재직했던 진 토머스Jean Thomas와 데이비드 잉그램David Ingram, 테런스 잉글리시Terence English 경 등이 나를 지원해주었다. 훌륭한 동료 과학자들도 영감을 제공했다. 특히 두 분 다 고인이 되었지만, 유명한 화학자였던 앨런 배트스비Allan Battersby와 오래전에 끔찍한 10대 소년을 대학교에 받아주었던 존 셰이크섀프트John

Shakeshaft를 빼놓을 수 없다. 우리 공동체는(주기율표의 원소들처럼) 제 각각 다른 특성을 가진 훌륭한 사람들이 함께 모인 도가니였기 때문에 번성을 누렸다. 예를 들면, 점심때 셰익스피어Shakespeare의 최고 전문가 옆에 앉아 함께 식사를 하거나 중세 프랑스어를 전공한 언어학자와 함께 커피를 마시는 것은 대단한 특권이다. 이 프로젝트 중 일부에 도움을 준 동료 교직원들에게 감사드린다. 특히 영어학 박사 폴 하틀, 중세 프랑스어를 연구하는 미란다 그리핀Miranda Griffin 박사, 에스파냐어 교수 제프리 캔터리스Geoffrey Kantaris, 각각 역사학과 고전학을 연구하는 존 톰슨John Thomson과 도로시 톰슨Dorothy Thomson 박사, 영어학 박사 헤스터 리스-제프리스Hester Lees-Jeffries, 앵글로색슨 스칸디나비아어와 켈트어를 가르치는 리처드 댄스Richard Dance 교수에게 감사드린다. 내가 한자漢字의 의미를 이해하려고 애쓸 때 꼭 필요한 도움을 제공한 리버 첸River Chen 박사와 한스 판 드 펜Hans van de Ven 교수에게도 고마움을 표시하고 싶다. 이 책을 만드는 데 직간접적으로 중요한 역할을 한 화학 교수 존 파일John Pyle, 각각 지리학과 해양생물학을 연구하는 이반 스케일스Ivan Scales와 헬렌 스케일스Helen Scales 박사, 재료과학 박사인 존 리틀John Little과 제스 귄Jess Gwyne, 회계과 직원 사이먼 서머스Simon Summers, 개발과 부장 데버러 러브럭Deborah Loveluck, 그리고 지금은 다른 대학에서 일하는 수학 교수 짐 맥엘웨인Jim MacElwaine과 존 게어John Gair, 화학 교수 폴 레이스비Paul Raithby 등의 교직원들에게도 감사드린다.

동료이자 친구이며 이전에 함께 책을 쓴 셀윈 칼리지의 제임스 킬러James Keeler 박사에게도 감사드린다. 제임스는 명료한 마음, 굉장한 화학 지식과 훌륭한 교수 능력으로 늘 내가(많은 사람들이 그러하

듯) 닮았으면 하고 소망하는 사람이다. 나는 수천 명의 학생들과 마찬가지로 제임스에게서 많은 것을 배웠다. 우리 학과의 경이로운 에마 파우니Emma Powney에게도 고마움을 전한다. 에마는 내 삶을 조직하고, 어떻게든 내가 제때 제 장소에서 강의를 마치도록 해준다. 또, 몇 년 전에 이 프로젝트의 초기 원고를 읽고 소중한 평을 해주었다.

물론 우리 교육 기관은 학생들을 가르치기 위해 존재하고, 나는 이 부문에서 다년간 작은 기여를 할 수 있는 영예를 누렸다. 나는 다른 교육자들도 자신보다 더 총명한 지성을 만나는 즐거움을 누리길 바란다(비록 이런 일이 운 좋게 *매일* 일어나진 않지만 말이다). 많은 학생이 세인트캐서린스 칼리지에서 자연과학을 공부했고, 나는 내가 가르친 학생 중 상당수와 지금 가까운 친구로 지내는 데 자부심을 느낀다. 그중에서 몇 명만 콕 집어 거명하기가 부담스럽지만, 긴 세월 동안 든든한 지원과 우정을 보여준 제임스 브림로James Brimlow, 클레어 배저Claire Badger, 제드 카니에프스키Jed Kaniewski에게 고마움을 표시하지 않을 수 없다. 더 최근 일에 관해서는 현재 박사 과정을 밟고 있는 다음 학생들에게 고마운 마음을 전한다. 피터 볼가Peter Bolgar는 이 책의 전체 원고를 검토하고 유익한 제안을 많이 해주었고, 조지 트레닌스George Trenins는 러시아어 번역을 즐겁게 도와주었다. 또, 안드레아 츠흘레비코바Andrea Chlebikova는 화학사에 대한 관심과 환상적인 컴퓨터 실력으로 큰 도움을 주었다.

비록 세인트캐서린스에서 보낸 학생 시절이 나와 겹치진 않지만, 전에 우리 학교에서 자연과학자로 지낸 피터 도슨Peter Dawson과 그의 아내 크리스티나Christina에게 우리 학교에 계속적으로 굉장한 지원을 제공하는 데 감사드린다. 특히 이 프로젝트와 관련해서는 주기율표의 초기 역사에 관한 자료를 놀라운 선물로 제공한 데 고마운 마음을 전한다. 2019년에 멘델레예프의 주기율표 발표 150주년을 기념하기 위한 우리의 노력을 돕기 위해, 두 사람은 관대하게도 여러 형태로 제작된 최초의 주기율표 인쇄본을 포함한 컬렉션을 세인트캐서린스 칼리지가 소장할 수 있도록 도움을 주었다. 이것은 러시아 밖에서는 가장 훌륭한 컬렉션이다. 이뿐만 아니라, 두 사람은 아주 친한 친구가 되어 이 책의 출간을 간절히 기다려주었다.

희귀한 책들의 출처를 이야기하자면, 이 책에서 인용한 참고 서적들과 복제한 그림들은 거의 다 내 서재에서 나왔다. 나는 스무 가지나 되는 라부아지에의 『화학 원론』판본을 수집하는 일이 왜 '필요했는지' 얼마든지 해명할 수 있다. 이 책들을 수집하는 데에는 30년 이상이 걸렸다. 이 책들은 전 세계의 우호적인 딜러들을 통해 구입했지만, 그레이엄 위너Graham Weiner, 로저 개스켈Roger Gaskell, 나이절 필립스Nigel Phillips, 조너선 힐Jonathan Hill, 훌리엔 코메야스Julien Comellas, 제임스 버메스터James Burmester, 위그 드 라튀드Hugeus de Latude의 지원과 조언과 격려(!)에 특별한 감사를 드린다.

내가 학교에 다닐 때부터 이 서재가 점점 성장하는 모습을 지켜보면서 경탄한 사람들 중에서 친구인 존 카디John Cardy, 덩컨 커테인 Duncan Curtayne, 애덤 러브데이Adam Loveday, 콜린 트레겐자 댄스Colin Tregenza Dance, 스티븐 드라이버Stephen Driver와 내 화학 선생님이었고 지금도 이 주제로 자주 이야기를 나누는 데이비드 베리David Berry를 빼놓을 수 없다. 이와 비슷하게 다년간 나의 많은 화학 이야기를 참고 들어준 팀 허시Tim Hersy, 앤드 워럴Andrew Worrall과 로라 워럴 Laura Worrall, 캐스린 스콧Kathryn Scott, 벤 필그림Ben Pilgrim, 페니 로보

섬Penny Robotham, 앤디 테일러Andy Taylor에게도 감사드린다. 전반적인 지원과 위생 점검뿐만 아니라 독일어 번역을 도와준(독일어에 능숙한 캣Kat과 리오Leo의 도움을 받아) 수재너 팽겔Susanna Pankel에게 고마움을 전한다. 초기 문헌을 제대로 옮기기가 가장 어려운 언어 같았던 독일어의 번역을 추가로 도와준 만프레트 케르슈바우머Manfred Kerschbaumer와 몹시 그리운 고故 볼프강 함페Wolfgang Hampe에게도 감사드린다.

옥스퍼드 대학교 출판부에서 학술서가 아닌 '일반 서적'인 이 책이 출간되도록 애써준 라사 메논Latha Menon과 제니 네제Jenny Negée에게 감사드린다. 두 사람은 이 책이 나오기까지 너무 오래 걸린 '잉태' 기간을 꾹 참고 견뎌주었고, 그러면서도 격려와 지도를 아끼지 않았다. 나의 첫 번째 책 출간이라는 모험을 감독한 마이클 로저스Michael Rogers, 조너선 크로Jonathan Crowe의 도움도 빼놓을 수 없다. 현명한 제안과 격려의 응원을 해준 익명의 비평가들에게도 감사드린다. 다른 분야의 전문가인 장하석Hasok Chang, 제니 램플링Jenny Rampling, 프랭크 제임스Frank James, 샬럿 뉴Charlotte New와 나눈 토론도 매우 유익했다. 사촌인 스튜어트 클레이턴Stuart Clayton에게 특별한 고마움을 전하고 싶은데, 수년 전에 그와 밤늦게 토론을 한 뒤에 4장의 제목에 대한 영감을 얻었다.

마지막으로, 나를 극진히 대해준 세 사람에게 감사를 표하고 싶다. 첫 번째는 당연히 아내 우무트 두르순Umut Dursun이다. 우무트는 몇 년 동안 변함없는 격려를 통해 이 프로젝트를 계속 진행할 수 있게 해주었을 뿐만 아니라, 희귀한 화학 텍스트에 끌리는 나의 집착을 이해하고 지원해주었다. 따로 표시된 일부 사례를 제외하고 이 책의 모든 그림과 사진은 우리의 소장품을 우무트가 사진으로 찍어 편집한 것이다. 이 일뿐만 아니라 그 밖의 많은 도움에 대해 나는 진심으로 큰 고마움을 느낀다. 마지막으로 언급하고 싶은 두 사람은 크리스토퍼 램Christopher Lamb과 고든 하그리브스Gordon Hargreaves로, 이들은 아주 가까운 가족이 된 절친한 친구들이다.

참고
문헌

○ Agricola, G. (1912). *De re metallica* (H. C. Hoover and L. H. Hoover, trans.). London: The Mining Magazine.

○ Agricola, G. (1955). *De natura fossilium* (Textbook of Mineralogy) (M. C. Bandy and J. A. Bandy, trans.). New York: Mineralogical Society of America.

○ Albinus, P. (1589−90). *Meisznische Land und Berg-Chronica, in welcher ein vollnstendige description des Landes, so zwischen der Elbe, Sala vnd Südödischen Behmischen gebirgen gelegen: So wol der dorinnen begriffenen auch anderer Bergwercken, sampt zugehörigen Metall un Metallar beschreibungen. Mit einuorleibten fürnehmen Sächsischen, Düringischen vnd Meissnischen Historien. Auch nicht wenig Tafeln, Wapen vnd Antiquiteten, derer etliche in Kupffer gestochen.* Dresden: Gimel Bergen.

○ Ampère, A.-M. (1816, May). 'D'une Classification naturelle pour Corps simples'. *Annales de Chimie et de Physique*, 2, 5−32.

○ Ampère, A.-M. (1885). 'Lettres d'Ampère a Davy sur le Fluor'. *Annales de Chimie et de Physique*, Series 6, vol. 4, 5−13.

○ Anon. (1787, December). 'Lettre aux auteurs du journal de physique, sur la nouvelle nomenclature chimique'. *Observations sur la physique, dur l'histoire naturelle et sur les arts*, 31, 418−24.

○ Anon. (1877, March 24). 'Bulletin'. *La Revue Politique et Littéarire revue des cours littéraires* (2E Série), 2E Serie Tome XII, p. 932.

○ Anon. (1894). 'Proceedings of Societies'. *The Chemical News and Journal of Physical Science*, 70, 301.

○ Anon. (1898). 'Chemistry at the British Association'. *Nature*, 58, 556.

○ Ashmole, E. (1652). *Theatrum Chemicum Britannicum*. London: Nath. Brooke.

○ Bailey, K. (1929). *The Elder Pliny's Chapters on Chemical Subjects*. London: Edward Arnold.

○ Bailey, K. (1932). *The Elder Pliny's Chapters on Chemical Subjects Part II*. London: Edward Arnold.

○ Balard, A. (1826). 'Memoir on a Peculiar Substance Contained in Sea Water'. *The Annals of Philosophy*. New Series, 12, 381 − 7, 411 − 26.

○ Balard, A. (1826). 'Mémoire sur une Substance particulière contenue dans l'eau de la mer'. *Annales de Chimie et de Physique*, 32, 337 − 84.

○ Balard, A. (1826). 'Nouvelles des Science. Chimie'. *Journal de Pharmacie et des Sciences Accessoires*, 12, 376 − 8.

○ Balard, A. (1826). 'Scientific Notices. Chemistry. Muride, a Supposed New Elementary Substance'. *The Annals of Philosophy*. New Series, 12, 311.

○ Barba, A. (1674). *The Art of Metals in Which Is Declared the Manner of Their Generation and the Concomitants of Them* (E. o. The R. H. Edward, trans.). London: S. Mearne.

○ Bartholomaeus, A. (1582). *Batman vppon Bartholome his booke De proprietatibus rerum, newly corrected, enlarged and amended: with such additions as are requisite, vnto euery seuerall booke: taken foorth of the most approued authors, the like heretofore not translated in English. Profitable for all estates, as well for the benefite of the mind as the bodie*. London.

○ Beckmann, J. (1797). *A History of Inventions and Discoveries* (W. Johnston, trans.). London: J. Bell.

○ Beddoes, T., and Watt, J. (1796). *Medical Cases and Speculations; Including Parts IV and V of Considerations on the Medicinal Powers, and the Production of Factitious Airs*. Bristol: J. Johnson.

○ Béguin, J. (1669). *Tyrocinium chymicum, or, Chymical Essays Acquired from the Fountain of Nature and Manual Experience*. London: Thomas Passenger.

○ Bergman, T. (1784). *Physical and Chemical Essays*. London: J. Murray.

○ Berkenhout, J. (1788). *First Lines of the Theory and Practice of Philosophical Chemistry*. London: T. Cadell.

○ Berzelius, J. J. (1811). 'Essai sur la Nomenclature Chimique' (J.-C. Delamétherie, ed.). *Journal de Physique, de Chimie et d'Histoire Naturelle*, 73, 253 – 86.

○ Berzelius, J. J. (1814). 'Essay on the Cause of Chemical Proportions, and on some

○ Circumstances relating to them: together with a short and easy Method of expressing them' (T. Thomson, ed.). *Annals of Philosophy; or, Magazine of Chemistry, Mineralogy, Mechanics, Natural History, Agriculture, and the Arts*, 3, 443 – 54.

○ Berzelius, J. J. (1913). *Jac. Berzelius bref. III Brefväxlingen mellan Berzelius och Alexandre Marcet (1812–1822)* (H. G. Söderbaum, ed.). Uppsala.

○ Berzelius, J. J. (1918). *Jac. Berzelius bref. III Brefväxlingen mellan Berzelius och Thomas Thomson (1813–1825)* (Vol. VI). Uppsala.

○ Biringuccio, V. (1942). *The Pirotechnia of Vannoccio Biringuccio, translated from the Italian with an introduction and notes by Cyril Stanley Smith and Martha Teach Gnudi*. New York: The American Institute of Mining and Metallurgical Engineers.

○ Black, J. (1756). 'Art. VIII. Experiments upon Magnesia Alba, Quicklime, and Some

○ Other Alcaline Substances'. *Essays and Observations, Physical and Literary. Read before a Society in Edinburgh, and Published by Them*. Volume II, 157 – 225.

○ Black, J. (1777). *Experiments upon Magnesia Alba, Quick-Lime, and Other Alcaline Substances*. Edinburgh: William Creech.

○ Black, J. (1803). *Lectures on the Elements of Chemistry, Delivered in the University of Edinburgh; by the late Joseph Black, M.D.* (J. Robison, ed.). London: Longman and Rees and Edinburgh: William Creech.

○ Blackadder, E. S., and Manderson, W. G. (1975). 'Occupational Absorption of Tellurium'. *British Journal of Industrial Medicine*, 32, 59 – 61.

○ Boerhaave, H. (1727). *A New Method of Chemistry; Including the Theory and Practice of That Art* (P. Shaw, trans.). London: J. Osborn and T. Longman.

○ Boerhaave, H. (1735). *Elements of Chemistry: Being the Annual Lectures of Herman Boerhaave, M.D.* (T. Dallowe, trans.). London: J. & J. Pemberton.

○ Boyle, R. (1660). *New experiments physico-mechanicall, touching the spring of the air, and its effects (made, for the most part, in a new pneumatical engine)*. Oxford: Tho. Robinson.

434

◦ Boyle, R. (1661). *The sceptical chymist: or Chymico-physical doubts and paradoxes, touching the spagyrist's principles commonly call'd hypostatical, as they are wont to be propos'd and defended by the generality of alchymists. Whereunto is praemis'd part of another discourse relating to the same subject.* London: J. Crooke.

◦ Boyle, R. (1672). *Tracts written by the Honourable Robert Boyle Containing New experiments, touching the relation betwixt flame and air, and about explosions, an hydrostatical discourse occasion'd by some objections of Dr Henry More against some explications of new experiments made by the author of these tracts: to which is annex't, An hydrostatical letter, dilucidating an experiment about a way of weighing water in water, new experiments, of the positive or relativelevity of bodies under water, of the air's spring on bodies under water, about the differing pressure of heavy solids and fluids.* London: Richard Davis.

◦ Boyle, R. (1673). *Essays of the strange subtilty great efficacy determinate nature of effluviums. To which are annext New experiments to make fire and flame ponderable: Together with A discovery of the perviousness of glass.* London: M. Pitt.

◦ Boyle, R. (1680). *The aerial noctiluca: or Some new phoenomena, and a process of a factitious selfshining substance: Imparted in a letter to a friend, living in the country.* London: Nath. Ranew.

◦ Boyle, R. (1681/2). *New experiments, and observations, made upon the icy noctiluca imparted in a letter to a friend living in the country: to which is annexed A chymical paradox.* London: B. Tooke.

◦ Bridge, D. (1994). 'The German Miners at Keswick and the Question of Bismuth'. *Bulletin of the Peak District Mines Historical Society,* 12, 108 – 12.

◦ Brimblecombe, P. (1996). *Air Composition and Chemistry* (2nd ed.). Cambridge: Cambridge University Press.

◦ Brunck, O. (1906). 'Obituary: Clemens Winkler'. *Berichte der Deutschen Chemischen Gessellschaft,* 39, pp. 4491 – 548.

◦ Camden, W. (1610). *Britain, or, A chorographicall description of the most flourishing kingdomes, England, Scotland, and Ireland, and the ilands adioyning, out of the depth of antiqvitie: beautified with mappes of the severall shires of England* (P. Holland, trans.).

London.

○ Carpenter, W. (1872). 'Inaugural Address of Dr William Carpenter, F.R.S., President'. *Nature*, 6, 306 – 12.

○ Casaseca, J. L. (1826). 'Note relative à la dénomination du brôme'. *Journal de Pharmacie et des Sciences Accessoires*, 12, 526 – 7.

○ Cavallo, T. (1781). *A treatise on the nature and properties of air, and other permanently elastic fluids. To which is prefixed, an introduction to chymistry*. London: Printed for the Author.

○ Cavendish, H. (1766). 'Three Papers, Containing Experiments on Factitious Air'. *Philosophical Transactions*, 56, 141 – 84.

○ Cavendish, H. (1784). 'Experiments on Air'. *Philosophical Transactions of the Royal Society of London*, 74, 119 – 53.

○ Chaptal, J. (1791). *Elements of Chemistry*. London: G. G. J. & J. Robinson.

○ Charas, M. (1678). *The royal pharmacopoeea, galenical and chymical according to the practice of the most eminent and learned physitians of France: and publish'd with their several approbations; by Moses Charras, th Kings Chief operator in his royal garden of plants; faithfully Englished; illustrated with several copper plates*. London: John Starkey.

○ Chenevix, R. (1802). *Remarks upon Chemical Nomenclature, According to the Principles of the French Neologists*. London: J. Bell.

○ Clarke, E. D. (1817). 'Account of some Experiments Made with Newman's Blow-pipe, by inflaming a highly condensed Mixture of the gaseous Constituents of Water; in a Letter to the Editor, from Edward Daniel Clarke, LL.D. Professor of Mineralogy in the University of Cambridge'. *The Journal of Science and the Arts*, 2(3), 104 – 23.

○ Corson, D. R., Mackenzie, K. R., and Segrè, E. (1947). 'Astatine: the Element of Atomic Number 85'. *Nature*, 159, 24.

○ Cramer, J. A. (1741). *Elements of the art of assaying metals, tr. from the Lat., to which are added notes and observations*. London: L. Davis and C. Reymers.

○ Cronstedt, A. F. (1758). *Försök til mineralogie, eller mineral-rikets upställning*. Stockholm.

○ Cronstedt, A. F. (1770). *An Essay towards a System of Mineralogy: by Axel Fredric Cronstedt. Translated from the original Swedish, with notes, by Gustav von Engestrom.* London: Edward and Charles Dilly.

○ Crookes, W. (1861). 'Further Remarks on the Supposed New Metalloid'. *The Chemical News*, 3(76), 303.

○ Crookes, W. (1861). 'On the Existence of a New Element, Probably of the Sulphur Group'. *The London, Edinburgh, and Dublin Philosophical Magazine and Journal of Science*, 21(140), 301 – 305.

○ Crookes, W. (1861). 'On the Existence of a New Element, Probably of the Sulphur Group'. *The Chemical News*, 3(69), 194.

○ Crookes, W. (1898). 'Inaugural Address of the British Association'. *Nature*, 58, 438 – 48

○ Curie, E. (1938). *Madame Curie.* London: William Heinemann Ltd.
(한국판: 에브 퀴리, 『마담 퀴리』, 자음과모음, 2006)

○ Davis, T. (1927, September). 'Kunckel and the Early History of Phosphorus'. *Journal of Chemical Education*, 4, 1105 – 13.

○ Davis, T. L. (1924). 'Neglected Evidence in the History of Phlogiston together with

○ Observations on the Doctrine of Forms and the History of Alchemy'. *Annals of Medical History*, 6, 280 – 7.

○ Davy, H. (1799). 'An Essay on Heat, Light, and the Combinations of Light'. In T. Beddoes, *Contributions to Physical and Medical Knowledge, Principally from the West of England, collected by Thomas Beddoes, M. D.* (pp. 5 – 147). Bristol: T. N. Longman and O. Rees.

○ Davy, H. (1800). 'Letter from Mr Davy, Superintendent of the Pneumatic Institution, to Mr Nicholson, on the Nitrous Oxide, or Gaseous Oxide of Azote, on Certain Facts Relating to Heat and Light, and on the Discovery of the Decomposition of the Carbonate and Sulphate of Ammoniac' (W. Nicholson, ed.). *A Journal of Natural Philosophy, Chemistry, and the Arts*, 3, 515 – 18.

- Davy, H. (1808). 'Electro-Chemical Researches, on the Decomposition of the Earths; with Observations on the Metals Obtained from the Alkaline Earths, and on the Amalgam Procured from Ammonia'. *Philosophical Transactions*, 98, 333 – 70.

- Davy, H. (1808). 'The Bakerian Lecture: On Some New Phenomena of Chemical Changes Produced by Electricity, Particularly the Decomposition of the Fixed Alkalies, and the Exhibition of the New Substances Which Constitute Their Bases; and on the General Nature of Alkaline Bodies'. *Philosophical Transactions*, 98, 1 – 44.

- Davy, H. (1809). 'Ueber einige neue Erscheinungen chemischer Veränderungen, welche durch die Electricität bewirkt werden. . .' (L. W. Gilbert, ed. and trans.). *Annalen der Physik, Neue Folge*, 113 – 76.

- Davy, H. (1810). 'Researches on the Oxymuriatic Acid, Its Nature and Combinations; and on the Elements of the Muriatic Acid. With Some Experiments on Sulphur and Phosphorus, Made in the Laboratory of the Royal Institution'. *Philosophical Transactions*, 100, 231 – 57.

- Davy, H. (1811). 'Expériences sur quelques combinaisons du gaz oximuriatique et de l'oxigène, et sur les rapports chimiques de ces principes avec les corps combustibles; par M. H. Davy'. *Annales de Chimie*, 68, 298 – 333.

- Davy, H. (1811). 'The Bakerian Lecture: On Some of the Combinations of Oxymuriatic Gas and Oxygene, and on the Chemical Relations of These Principles, to Inflammable Bodies'. *Philosophical Transactions*, 101, 1 – 25.

- Davy, H. (1812). *Elements of Chemical Philosophy*. London: J. Johnson & Co.

- Davy, H. (1813). 'On a New Detonating Compound'. *Philosophical Transactions*, 103, 1 – 7.

- Davy, H. (1814). 'Some Experiments and Observations on a New Substance which

- Becomes a Violet Coloured Gas by Heat'. *Philosophical Transactions*, 104, 74 – 93.

- Davy, H. (1839). *The Collected Works of Sir Humphry Davy, Bart* (J. Davy, ed.). London: Smith, Elder & Co.

- de Arejula, J. M. (1788). *Reflexiones sobre la nueva nomenclatura química propuesta por M.*

de Morveau, de la Academia de Ciencias de Dijon, y MM. Lavoisier, Berthollet, y de Fourcroy, de la Real Academica de Ciencias de Paris. Madrid: Don Antonio de Sancha.

○ Dickson, S. (1796). *An Essay on Chemical Nomenclature. . . in which are Comprised Observations on the Same Subject, by Richard Kirwan.* London: J. Johnson.

○ Dixon, E. S., and Wills, W. H. (1856, 13 December). 'Aluminium'. *Household Words: A Weekly Journal. Conducted by Charles Dickens,* 14(351), 507 − 10.

○ Dobbin, L. (1935). 'Daniel Rutherford's Inaugural Dissertation'. *Journal of Chemical Education,* 12(8), 370 − 5.

○ Dodoens, R. (1578). *A niewe herball, or historie of plantes: wherin is contayned the whole discourse and perfect description of all sortes of herbes and plantes: their diuers & sundry kindes: their straunge figures, fashions, and shapes: their names, natures, operations, and vertues: and that not onely of those whiche are here growyng in this our countrie of Englande, but of all others also of forrayne realmes, commonly vsed in physicke.* London: Gerard Dewes.

○ Dolan, B. P. (1998). 'Blowpipes and Batteries: Humphry Davy, Edward Daniel Clarke, and Experimental Chemistry in Early Nineteenth−Century Britain'. *Ambix,* 45(3), 137 − 62.

○ Domec, A. (1750). *Dissertacion physico−chimica mecanico−medica, sobre las excelentes virtudes. ..y modo de obrar de la magnessia blanca. . .Y discurso physico−chimico, sobre el mejor methodo de elaborarla, para conseguirla mas virtuosa; por Don Joseph Belilla.* Saragossa: J. Fort.

○ Dover, T. (1733). *Encomium argenti vivi: a treatise upon the Use and Properties of quicksilver; or, The Natural, Chymical, and Physical History of that surprising Mineral . . .* London: Stephen Austin.

○ Drummond, P. (2007). *Scottish Hill Names: The Origin and Meaning of the Names of Scotland's Hills and Mountains* (2nd ed.). Scottish Mountaineering Trust.

○ du Chesne, J. (1591). *A breefe aunswere of Iosephus Quercetanus Armeniacus, Doctor of Phisick, to the exposition of Iacobus Aubertus Vindonis, concerning the original, and causes of mettalles Set foorth against chimists.* London.

○ Ercker, L. (1580). *Beschreibung allerfürnemisten mineralischen Ertzt unnd Bergkwercks Arten, wie dieselbigen, und eine jede in Sonderheit jrer Natur und Eigenschafft nach, auss alle Metaln probirt und im kleinen Fewer sollen versucht werden, mit Erklärung etlicher fürnemer nützlichen Schmeltzwerck, im grossen Fewer auch Scheidung Goldts, Silbers, und anderer Metaln, sampt einem Bericht dess Kupffersaigerns, Messing brennens, und Salpeter siedens, auch aller saltzigen*

- *Minerischen proben, und was denen allen anhengig, in fünff Bücher verfast, dessgleichen zuuorn niemals in Druck kommen* (2nd ed.). Frankfurt am Mayn.

- Ercker, L. (1683). *Fleta minor, or, The laws of art and nature, in knowing, judging, assaying, fining, refining, and inlarging the bodies of confined metals in two parts: the first part contains assays of Lazarus Erckern, Chief Prover (or Assay-Master General of the Empire of Germany) in V. books, originally written by him in the Teutonick language, and now translated into English: the second contains essays on metalick words, alphabetically composed, as a dictionary, by Sir John Pettus.* . .London: Printed for the Author.

- Forchheimer, P. (1952). 'The Etymology of Saltpeter'. *Modern Language Notes*, 67(2), 103 – 6.

- Fourcroy, A.-F. (1788). *Elements of natural history, and of chemistry: being the second edition of the elementary lectures on those sciences, first published in 1782, and now greatly enlarged and improved, by the author, M. de Fourcroy.* . . London: G. G. J. & J. Robinson.

- Frobenius, S. A. (1733 – 1734). 'An Account of the Experiments Shewn by Sigismund August Frobenius, M.D.F.R.S. at a Meeting of the Royal Society on November 18, 1731, with His Spiritus Vini Aethereus, and the Phosphorus Urinae, from the Minutes of That Day, by Cromwell Mortimer, M.D.' *Philosophical Transactions*, 38, 55 – 8.

- Frobenius, S. A., and Hanckewitz, A. G. (1733 – 4). 'An Account of Some Experiments upon the Phosphorus Urinae, which May Serve as an Explanation to Those Shewn to the Royal Society by Dr Frobenius, on November 18, 1731, Together with Several Observations Tending to Explain the Nature of That Wonderful Chemical Production, by Mr Ambrose Godfrey Hanckewitz, F.R.S.' *Philosophical Transactions*, 38, 58 – 70.

○ Geoffroy, É. F. (1736). *A Treatise of the Fossil, Vegetable, and Animal Substances, That Are Made Use of in Physick.* London: W. Innys and R. Manby.

○ Gesner, K. (1576). *The newe iewell of health wherein is contayned the most excellent secretes of phisicke and philosophie, deuided into fower bookes. in the which are the best approued remedies for the diseases as well inwarde as outwarde, of all the partes of mans bodie: treating very amplye of all dystillations of waters, of oyles, balmes, quintessences, with the extraction of artificiall saltes, the vse and preparation of antimonie, and potable gold. Gathered out of the best and most approued authors, by that excellent doctor Gesnerus. Also the Pictures, and maner to make the vessels, furnaces, and other instrumentes therevnto belonging* (G. Baker, trans.). London.

○ Glaser, C. (1677). *The compleat chymist, or, A new treatise of chymistry teaching by a short and easy method all its most necessary preparations.* London: John Starkey.

○ Glauber, J. R. (1651). *A description of new philosophical furnaces, or, A new art of distilling: divided into five parts: whereunto is added a description Of the tincture of gold, or, the true aurum potabile: also the first part of the mineral work.* London: Tho. Williams.

○ Glauber, J. R. (1689). *The works of the highly experienced and famous chymist, John Rudolph Glauber containing great variety of choice secrets in medicine and alchymy, in the working of metallick mines, and the separation of metals: also various cheap and easie ways of making s.* London: Printed for the Author.

○ Goethe, J. W. (1872). *The Auto-Biography of Goethe. Truth and Poetry: From My Own Life* (J. Oxenford, trans.). London: Bell & Daldy.

○ Goulard, T. (1769). *A Treatise on the Effects and Various Preparations of Lead, Particularly of the Extract of Saturn, for Different Chirurgical Disorders.* London: P. Elmsly.

○ Gray, S. F. (1828). *The Operative Chemist; Being a Practical Display of the Arts and Manufactures which Depend upon Chemical Principles.* London: Hurst, Chance, & Co.

○ Gren, F. A. (1800). *Principles of Modern Chemistry, Systematically Arranged, by Dr Frederic Charles Gren.* London: T. Cadell.

○ Grew, N. (1697). *A Treatise of the Nature and Use of the Bitter Purging Salt Contain'd in Epsom, and Such Other Waters.* London.

○ Guyton de Morveau, L. B. (1788). *Method of chymical nomenclature, proposed by Messrs.*

De Morveau, Lavoisier, Bertholet, and De Fourcroy. *To which is added, a new system of chymical characters, adapted to the nomenclature by Mess. Hassenfratz and Adet* (S. James, trans.). London: G. Kerasley.

○ Hales, S. (1727). *Vegetable staticks: or, an account of some statical experiments on the sap in vegetables: being an essay towards a natural history of vegetation.* London: W. & J. Innys.

○ Hapelius, N. N. (1606). *Nova Disquisitio De Helia Artista Theophrasteo In Qua De metallorum transformatione, adversus Hagelii & Pererii Jesuitarum opiniones evidenter & solide disseritur.* Marpurgi: Rodolphi Hutwelckeri.

○ Haudicquer de Blancourt, J. (1699). *The Art of Glass: Showing How to Make All Sorts of Glass, Crystal, & Enamel.* London: Dan Brown et al.

○ Helmont, J. B. (1662). *Oriatrike, or, Physick refined. The common errors therein refuted, and the whole art reformed & rectified: being a new rise and progress of phylosophy and medicine for the destruction of diseases and prolongation of life.* London: Lodowick Loyd.

○ Henckel, F. (1756). *Introduction à la minéralogie, ou, connoissance des eaux, des sucs terrestres, des sels, des terres, des pierres, des minéraux et des métaux, avec une description abrégée des opérations de métallurgie. Ouvrage posthume de J.F. Henckel publie sous le titre de Henckelius in mineralogiâ redivivus & traduit de l'Allemand.* Paris: Guillaume Cavelier.

○ Hesiod. (1988). *Theogony and Works and Days* (M. L. West, trans.). Oxford: Oxford University Press.

○ Heywood, T. (1635). *The hierarchie of the blessed angells.* London: Adam Islip.

○ Hill, J. (1774). 'Appendix I. Observations on the New-Discovered Swedish Acid; and on the Stone from which It Is Obtained'. In Theophrastus, *[Theophrastou tou Eresiou Peri ton lithon biblion]: Theophrastus's History of stones: with an English version, and critical and philosophical notes, including the modern history of the gems, &c. described by that author, and of many other of the native fossils; by John Hill, to which are added, two letters, one to Dr James Parsons, F.R.S. on the colours of the sapphire and turquoise, and the other, to Martin Folkes, upon the effects of different menstruums on copper; both tending to illustrate the doctrine of the gems being colored by metalline particles* (2nd ed.) (J. Hill, trans.), pp. 267 – 78. London: Printed for the Author.

○ Hillebrand, W. F. (1890). 'On the Occurrence of Nitrogen in Uraniite and on the

○ Composition of Uraninite in General'. *American Journal of Science*, Series 3, 40, 384 – 94.

○ Hoffmann, F. (1731). *New experiments and observations upon mineral waters: directing their farther use for the preservation of health, and the cure of diseases* (1st ed.) (P. Shaw, trans.). London: J. Osborn and T. Longman.

○ Hoffmann, F. (1743). *New experiments and observations upon mineral waters, directing their farther use for the preservation of health, and the cure of diseases* (2nd ed.) (P. Shaw, trans.). London: T. Longman.

○ Hofmann, A. W. (1882). 'Zur Erinnerung an Friedrich Wöhler' (H. Wichelhaus, ed.). *Berichte der Deutschen Chemischen Gesellschaft*, 15(2), 3127 – 290.

○ Hooke, R. (1678). *Lectures and Collections*. London: The Royal Society.

○ Ingram, D. (1767). *An enquiry into the origin and nature of magnesia alba: and the properties of Epsom waters. Demonstrating, that magnesia made with those waters exceeds all others*. London: W. Owen.

○ Janssen, J. (1868). 'Indication de quelques-uns des résultats obtenus à Cocanada, pendant l'éclipsé du mois d'août dernier, et à la suite de cette éclipse'. *Comptes Rendus Hebdomadaires des Séances de l'Académie des Sciences*, 67, 838 – 9.

○ Janssen, J. (1889). 'SPECTROSCOPIE—Sur l'origine tellurique des raies de l'oxygène dans le spectre solaire'. *Comptes Rendus des Séances de l'Académie des Sciences*, 108, 1035 – 7.

○ King, C. W. (1866). *Antique Gems: Their Origin, Uses, and Value as Interpreters of Ancient History: and as Illustrative of Ancient Art: with Hints to Gem Collectors* (2nd ed.). London: John Murray.

○ Kircher, A. (1669). *The vulcano's, or, Burning and fire-vomiting mountains famous in the world, with their remarkables*. London: John Allen.

○ Kirchhoff, G., and Bunsen, K. (1860). 'Chemical Analysis by Spectrum-Observations'. *The London, Edinburgh, and Dublin Philosophical Magazine and Journal of Science*, 20(131), 88 – 109.

○ Kirchhoff, G., and Bunsen, R. (1860). 'Chemische Analyse durch Spectralbeobachtungen'. *Annalen der Physik und Chemie*, 110(6), 161 – 89.

○ Kirchhoff, G., and Bunsen, R. (1861). 'Chemical Analysis by Spectrum-Observations'. Second memoir. *The London, Edinburgh, and Dublin Philosophical Magazine and Journal of Science*, 22(148 and 150), 329 – 49 and 498 – 510.

○ Kirchhoff, G., and Bunsen, R. (1861). 'Chemische Analyse durch Spectralbeobachtungen. *Zweite Abhandlung*'. *Annalen der Physik und Chemie*, 113(7), 337 – 81.

○ Kirwan, R. (1784). *Elements of Mineralogy*. London: P. Elmsely.

○ Kirwan, R. (1794). *Elements of Mineralogy* (2nd ed.). London: P. Elmsly.

○ Klaproth. (1791). 'Crell's Chemical Journal; Giving an Account of the Latest Discoveries in Chemistry'. *Crell's Journal*, 1, 236.

○ Klaproth, M. (1801). *Analytical Essays towards Promoting the Chemical Knowledge of Mineral Substances*. London: T. Cadell.

○ Krafft, F. (1969). 'Phosphorus. From Elemental Light to Chemical Element'. *Angew. Chem. internat. Edit.*, 8(9), 660 – 71.

○ Kunckel, J. (1716). *Johann Kunckel von Löwensterns,Königl. Schwedischen Berg-Raths, und der Käyserl. Leopold. Societät Mit-Gliede, d. Hermes III. Collegium physico-chymicum experimentale: oder, Laboratorium Chymicum: in welchem Deutlich und gründlich von den wahren Principiis in der Natur und denen gewürckten Dingen so wohl über als in der Erden, als Vegetabilien, Animalien, Mineralien, Metallen, wie auch deren wahrhafften Generation Eigenschafften und Scheidung: nebst der Transmutation und Verbesserung der Metallen gehandelt wird . . . .* Hamburg.

○ Lavoisier, A.-L. (1776). *Essays physical and chemical, by M. Lavoisier, member of the Royal Academy of Sciences at Paris, &c.* (T. Henry, trans.). London: Joseph Johnson.

○ Lavoisier, A.-L. (1783). *Essays, on the effects produced by various processes on atmospheric air with a particular view to an investigation of the constitution of the acids.* Warrington: J. Johnson.

○ Lavoisier, A.-L. (1784). 'MÉMOIRE Dans lequel on a pour objet de prouver que

444

l'Eau n'est point une substance simple, un élément proprement dir, mais qu'elle est subceptible de décomposition & de recomposition'. *Histoire de l'Académie Royale des Sciences. Année M.DCCLXXXI*, 468 – 94.

○ Lavoisier, A.-L. (1790). *Elements of Chemistry, in a New Systematic Order, Containing All the Modern Discoveries*. Edinburgh: William Creech.

○ Lavoisier, A.-L. (1793). *Elements of Chemistry, in a New Systematic Order, Containing All the Modern Discoveries* (2nd ed.) (R. Keer, trans.). Edinburgh: William Creech.

○ Le Fèvre, N. (1664). *A compleat body of chymistry wherein is contained whatsoever is necessary for the attaining to the curious knowledge of this art*. London: Octavian Pulleyn Junior.

○ Lecoq de Boisbaudran, P. É. (1875). 'Caractères chimiques et spectroscopiques d'un nouveau métal, le Gallium, découvert dans une blende de la mine de Pierrefitte, vallée d'Argelès (Pyrénées)'. *Comptes rendus hebdomadaires des séances de l'Académie des sciences*, 81, 493 – 5.

○ Lecoq de Boisbaudran, P. É. (1875). 'Chemical and Spectroscopic Characters of a New

○ Metal, Gallium, Discovered in the Blende of the Mine of Pierrefitte, in the Vally of

○ Argeles, Pyrenees'. *The Chemical News*, 32, 159.

○ Lemery, N. (1677). *A Course of Chymistry* (1st ed.). London: Walter Kettilby.

○ Lemery, N. (1680). *An appendix to a course of chymistry being additional remarks to the former operations*. London: Walter Kettilby.

○ Lemery, N. (1686). *A course of chemistry containing an easie method of preparing those chymical medicins which are used in physick: with curious remarks and useful discourses upon each preparation, for the benefit of such who desire to be instructed in the knowledge of this art* (2nd ed.). London: Walter Kettilby.

○ Lemery, N. (1698). *A course of chemistry, containing an easie method of preparing those chymical medicins which are used in physick. with curious remarks and useful discourses upon each preparation, for the benefit of such as desire to be instructed in the knowledge of this art* (3rd ed.). London: Walter Kettilby.

○ Lockyer. (1869). 'Notice of an Observation of the Spectrum of a Solar Prominence'.

○ *Proceedings of the Royal Society of London*, 17, 91 − 2.

○ Lydgate, J. (1498). *Hrre [sic] folowyth the interpretac[i]on of the names of goddis and goddesses of this treatyse folowynge as poetes wryte.*

○ Macquer, P. J. (1777). *A Dictionary of Chemistry* (2nd ed.). London: T. Cadell and P. Elmsly.

○ Magnus, A. (1560). *The boke of secretes of Albertus Magnus of the vertues of herbes, stones, and certayne beasts: also, a boke of the same author, of the marvaylous thinges of the world, and of certaine effectes caused of certaine beastes.*

○ Magnus, A. (1967). *Book of Minerals* (D. Wyckoff, trans.). Oxford: Clarendon Press.

○ Maplet, J. (1567). *A greene forest, or A naturall historie vvherein may bee seene first the most sufferaigne vertues in all the whole kinde of stones & mettals.* London.

○ Mathesius, J. (1562). *Sarepta oder Bergpostill sampt der Jochimssthalischen kurtzen Chroniken.* Nürnberg.

○ Maud, J., and Lowther, S. (1735). 'A chemical experiment by Mr John Maud, serving to illustrate the phoenomenon of the Inflammable Air shewn to the Royal Society by Sir James Lowther, Bart, as Described in Philosoph. Transact. numb. 429'. *Philosophical Transactions*, 39, 282 − 5.

○ Mendeleeff, D. (1889). 'The Periodic Law of the Chemical Elements'. *Journal of the Chemical Society, Transactions*, 55, 634 − 56.

○ Mendeleev, D. (1875). 'Remarks in Connection with the Discovery of Gallium'. *The Chemical News*, 32, 293 − 5.

○ Merrifield, M. P. (1849). *Original Treatises dating from the XIIth to XVIII Centuries. On the Arts of Painting in oil, miniature, mosaic, and on glass; of gilding, dyeing, and the preparation of colours and artificial gems; preceded by a general introduction; with translations, preface, and notes.* London: John Murray.

○ Millar, J. (1754). *A new course of chemistry: in which the theory and practice of that art are delivered in a familiar and intelligible manner.* London: D. Browne.

○ Minerophilo. (1730). *Neues und Curieuses Bergwercks-Lexicon, worinnen nicht nur alle und iede beym Bergwerck, Schmeltz-Hütten, Brenn-Hause, Saiger-Hütten, Blau-Farben-Mühlen, Hammerwercken u. vorkommende Benennungen, sondern auch derer Materien, Gefässe, Instrumenten und ArbeitsArten Beschreibung enthalten, Alles nach dem gebraüchlichen Bergmännischen Stylo, so wohl aus eigener Erfahrung, als auch aus bewehrtesten Scribenten mit besondern Fleiss zusammen getragen Und in Alphabetische Ordnung zu sehr beqvehmen Nachschlagen gebracht, von Minerophilo, Freibergensi.* Chemniz.

○ Mitchell, T. D. (1813). 'On Muriatic and Oxy-Muriatic Acids, Combutions, &c. &c.'

○ *Memoirs of the Columbian Chemical Society of Philadelphia,* 1, 102 – 17.

○ Moissan, H. (1886). 'Mémoires Présentés. Chimie. Action d'un courant électrique sur l'acide fluorhydrique anhydre'. *Comptes rendus hebdomadaires des séances de l'Académie des sciences,* 102, 1543 – 4.

○ Musgrave, S. (1779). *Gulstonian Lectures Read at the College of Physicians February 15, 16, and 17.* London.

○ Needham, J. (1974). *Science and Civilisation in China. Volume 5: Chemistry and Chemical Technology. Part 2: Spagyrical Discovery ad Invention: Magisteries of Gold and Immortality.* Cambridge: Cambridge University Press.

○ Needham, J. (1986). *Science and Civilisation in China. Volume 5: Chemistry and Chemical Technology. Part 7: Military Technology; the Gunpowder Epic.* Cambridge: Cambridge University Press.

○ Nicholson, W. (1801). 'Account of the New Electrical or Galvanic Apparatus of Sig. Alex. Volta, and Experiments Performed with the Same' (W. Nicholson, ed.). *A Journal of Natural Philosophy, Chemistry, and the Arts,* 4, 179 – 87.

○ Paneth, F. A. (1947). 'The Making of the Missing Chemical Elements'. *Nature,* 159, 8 – 10.

○ Paracelsus. (1941). *Four Treatises of Theophrastus von Hohenheim Called Paracelsus* (H. E. Sigerist, ed. C. L. Temkin, G. Rosen, G. Zilboorg, and H. E. Sigerist, trans.). Baltimore: The John Hopkins Press.

- Paris, J. A. (1831). *The Life of Sir Humphry Davy, Bart. LL.D. Late president of the Royal Society, Foreign Associate of the Royal Institute of France, &c, &c, &c.* London: Henry Colburn and Richard Bentley.

- Pearson, G. (1794). *A translation of the table of chemical nomenclature: proposed by De Guyton, formerly De Morveau, Lavoisier, Bertholet, and De Fourcroy; with additions and alterations: to which are prefixed an explanation of the terms, and some observations on the new system of chemistry.* London: J. Johnson.

- Pepper, J. H. (n.d.). *The Playbook of Metals including personal narratives of visits to coal, lead, copper, and tin mines* (A. N. ed.). London: George Routledge and Sons.

- Pettus, J. (1683). 'Fleta minor, Spagyrick Laws, the Second Part. Containing Essays on Metallick Words: Alphabetically Composed, as a Dictionary to Lazarus Erckern'.

- In *Fleta minor, or, The laws of art and nature, in knowing, judging, assaying, fining, refining, and inlarging the bodies of confined metals in two parts. . .* London: Printed for the Author.

- Pliny. (1601). *The Historie of the World. Commonly Called, the Naural Historie of C. Plinius Secundus* (P. Holland, trans.). London: Adam Islip.

- Pomet, P. (1725). *A compleat history of druggs* (2nd. ed.). London: R. & J. Bonwicke.

- Porta, G. (1658). *Natural magick by John Baptista Porta, a Neapolitane: in twenty books: 1 Of the causes of wonderful things. 2 Of the generation of animals. 3 Of the production of new plants. 4 Of increasing houshold–stuff. 5 Of changing metals. 6 Of counterfeiting gold. 7 Of the wonders of the load–stone. 8 Of strange cures. 9 Of beautifying women. 10 Of distillation. 11 Of perfuming. 12 Of artificial fires. 13 Of tempering steel. 14 Of cookery. 15 Of fishing, fowling, hunting, &c. 16 Of invisible writing. 17 Of strange glasses. 18 Of statick experiments. 19 Of pneumatick experiments. 20 Of the Chaos.; Wherein are set forth all the riches and delights of the natural sciences.* London: Thomas Young.

- Pownall, H. (1825). *Some particulars relating to the history of Epsom: compiled from the best authorities; containing a . . . description of the origin of horse racing, and of Epsom races, with an account of the mineral waters, and the two celebrated palaces of Durdans and Nonsuch,*

&c., &c. *To which is added, an appendix, containing a botanical survey of the neighbourhood.* Epsom; London: W. Dorling; J. Hearne.

◦ Prandtl, W. (1948, August). 'Some early publications on phosphorus'. *Journal of Chemical Education*, 25(8), 414 – 19.

◦ Priestley, J. (1774). *Experiments and Observations on Different Kinds of Air.* London: J. Johnson.

◦ Priestley, J. (1775). 'An Account of Further Discoveries in Air'. By the Rev. Joseph Priestley, LL.D. F.R.S. in letters to Sir John Pringle, Bart. P.R.S. and the Rev. Dr Price, F.R.S. *Philosophical Transactions*, 65, 384 – 94.

◦ Priestley, J. (1775). *Experiments and Observations on Different Kinds of Air.* London: J. Johnson.

◦ Priestley, J. (1783). 'Experiments Relating to Phlogiston, and the Seeming Conversion of Water into Air'. *Philosophical Transactions*, 73, 398 – 434.

◦ Principe, L. M. (2016, May). 'Chymical Exotica in the Seventeenth Century, or, How to Make the Bologna Stone'. *Ambix*, 63(2), 118 – 44.

◦ Ramsay, W. (1897). 'An Undiscovered Gas. Opening Address by Prof. Ramsay of the Chemistry Section of the Meeting of the British Association'. *Nature*, 56, 378 – 82.

◦ Ramsay, W., and Collie, J. N. (1904). 'The Spectrum of the Radium Emanation'. *Proceedings of the Royal Society of London*, 73, 470 – 6.

◦ Ray, J. (1673). *Observations topographical, moral, & physiological made in a journey through part of the low-countries, Germany, Italy, and France.* London: The Royal Society.

◦ Rayleigh. (1892). 'Density of Nitrogen'. *Nature*, 46, 512 – 13.

◦ Rayleigh, and Ramsay, W. (1895). 'Argon, a New Constituent of the Atmosphere'.

◦ *Proceedings of the Royal Society of London*, 57, 265 – 87.

◦ Ruscelli, G. (1578). *The third and last part of the Secretes of the Reuerend Maister Alexis of Piemont, by him collected out of diuers excellent authors, with a necessary table in the ende, conteyning all the matters treated of in this present worke. Englished by William Ward.* London: John Wyght.

° Rutherford, E. (1900). 'A Radio-active Substance Emitted from Thorium Compounds'. *The London, Edinburgh, and Dublin Philosophical Magazine and Journal of Science*, 49, 1 – 14.

° Rutherford, E., and Soddy, F. (1902). 'The Cause and Nature of Radioactivity. Part II'. *The London, Edinburgh, and Dublin Philosophical Magazine and Journal of Science*, 4, 569 – 85.

° Sage, B.-G. (1800). 'Sur la décomposition de l'acide nitreux fumant, par le moyen du charbon' (J.-C. Delamétherie, ed.). *Journal de Physique, de Chimie, d'Histoire Naturelle et des Arts*, 50, 310 – 12.

° Salmon, W. (1671). *Synopsis medicinae, or, A compendium of astrological, Galenical, & chymical physick philosophically deduced from the principles of Hermes and Hippocrates, in three books: the first, laying down signs and rules how the disease may be known, the second, how to judge whether it be curable or not, or may end in life or death, the third, shewing the way of curing according to the precepts of Galen and Paracelsus. . .* London: Richard Jones.

° Scheele, K. W. (1780). *Chemical Observations and Experiments on Air and Fire* (J. R. Forster, trans.). London: J. Johnson.

° Scheele, K. W. (1786). *The Chemical Essays of Charles-William Scheele. Translated from the Transactions of the Academy of Sciences at Stockholm. With additions.* London: J. Murray.

° Scheele, K. W. (1931). *The Collected Papers of Carl Wilhelm Scheele; translated from the Swedish and German Originals by Leonard Dobbin* (L. Dobbin, trans.). London: G. Bell.

° Scheffer, H. T. (1775). *Herr H. T. Scheffers Chemiske föreläsningar, rörande salter, jordarter, vatten, fetmor, metaller och färgning, samlade, i ordning stälde och med anmärkningar utgifne.* Uppsala: Tryckte på Bokhandlaren M. Swederi: Bekostnad hos Joh. Edman.

° Scheffer, H. T. (1992). *Chemical Lectures of H. T. Scheffer* (T. Bergman, ed., and J. A. Schufle, trans.). Dordrecht, Boston, London: Kluwer Academic Publishers.

° Schroeder, J. (1669). *The compleat chymical dispensatory in five books treating of all sorts of metals, precious stones and minerals, of all vegetables and animals and things that are taken from them, as musk, civet, & c., how rightly to know them and how they are to be used in physick,*

450

with their several doses: the like work never extant before: being very proper for all merchants, druggists, chirurgions and apothecaries, and such ingenious persons as study physick or philosophy. London: Richard Clavell.

- Schweigger, J. (1811). 'Nachschreiben des Herausgebers, die neue Nomenclatur betreffend'. *Journal für Chemie und Physik*, 3, 249 – 67.

- Scoffern, J. (1839). *Chemistry No Mystery; or a Lecturer's Bequest.* London: Harvery and Darton.

- Sendivogius, M. (1650). *A New Light of Alchymie.* London.

- Shakespeare, W. (1598). *The History of Henrie the Fourth; with the Battell at Shrewsburie, betweene the King and Lord Henry Percy, Surnamed Henrie Hotspur of the North. With the humorous conceits of Sir John Falstalffe.* London: Andrew Wise.
  (한국판: 윌리엄 셰익스피어, 『헨리 4세』, 아침이슬, 2012)

- Stahl, G. E. (1730). *Philosophical Principles of Universal Chemistry: or, the foundation of a scientifical manner of inquiring into and preparing the natural and artificial bodies for the uses of life.* London: John Osborn and Thomas Longman.

- Strutt, R. J. (1924). *Life of John William Strutt, Third Baron Rayleigh*, O.M. London: Edward Arnold & Co.

- Tachenius, O. (1677). *Otto Tachenius his Hippocrates chymicus, which discovers the ancient foundations of the late viperine salt and his clavis thereunto.* London: Nathan Crouch.

- Thomson, G. (1675). *Ortho-methodoz itro-chymike: or the direct method of curing chymically. Wherein is conteined the original matter, and principal agent of all natural bodies. also the efficient and material cause of diseases in general. their therapeutick way and means.* I. London: B. Billingley, and S. Crouch.

- Thomson, T. (1802). *A System of Chemistry.* Edinburgh: Bell & Bradfute.

- Thomson, T. (1817). *A System of Chemistry, in Four Volumes* (5th ed.). London: Baldwin, Cradock, and Joy.

- Thomson, T. (1831). *A System of Chemistry of Inorganic Bodies.* London and Edinburgh: Baldwin & Cradock, London, and William Blackwood, Edinburgh.

- Thomson, W. (1871). 'Inaugural Address of Sir William Thomson, LL.D., F.R.S.,

President'. *Nature*, 4, 262 – 70.

○ Tihavsk (1791). 'On the Metals Obtained from the Simple Earths'. *Crell's Chemical Journal, Giving an Account of the Latest Discoveries in Chemistry, with Extracts from Various Foreign Transactions: Translated from the German with Occasional Additions*, 1, 283 – 306.

○ *The Times*. (1894, 14 August). 'Index'. pp. 9 & 11.

○ *The Times*. (1898, 7 June). 'A New Gas'. p. 5.

○ Travers, M. (1928). *The Discovery of the Rare Gases*. London: Edward Arnold.

○ Travers, M. (1956). *A Life of Sir William Ramsay*. London: Edward Arnold.

○ Turner, E. (1827). *Elements of Chemistry: Including the Recent Discoveries and Doctrines of the Science*. Edinburgh: William Tait.

○ Valentinus, B. (1660). *The Triumphant Chariot of Antimony*. London: Thomas Bruster.

○ Valentinus, B. (1670). *The Last Will and Testament of Basil Valentine*. London: Edward Brewster.

○ Valentinus, B. (1678). *Basil Valentine His Triumphant Chariot of Antimony*. London: Dorman Newman.

○ Waite, A. E. (1894). *The Hermetic and Alchemical Writings of Aureolus Phillipus Theophrastus Bombast, of Hohenheim, called Paracelsus the Great*. London: James Elliott & Co.

○ Wall, M. (1783). *Dissertations on Select Subjects in Chemistry and Medicine by Martin Wall, M.D. Physician at Oxford, Public Reader of Chemistry in that University, and late Fellow of New College*. Oxford: D. Prince and J. Cooke.

○ Ward, S. (1640). *The wonders of the load-stone. Or, The load-stone newly reduc't into a divine and morall use*. London: Peter Cole.

○ Watson, R. (1781). *Chemical Essays. By R. Watson, D.D.F.R.S. and Regius Professor of Divinity in the University of Cambridge*. Cambridge.

○ Watson, R. (1786). *Chemical Essays. By R. Watson, D.D. F.R.S. and Regius Professor of Divinity in the University of Cambridge*. Cambridge.

○ Watson, R. (1817). *Anecdotes of the Life of Richard Watson, Bishop of Landaff, written by himself at different intervals, and revised in 1814*. London: T. Cadell and W. Davies.

- Watt, J. (1846). *Correspondence of the Late James Watt on His Discoveries of the Theory of the Composition of Water. With a Letter from His Son* (J. P. Muirhead, ed.). London: John Murray.

- Webster, J. (1671). *Metallographia, or, A History of Metals.* London: Walter Kettilby.

- Whitehorne, P. (1562). *Certain waies for the orderyng of souldiers in batteles after divers fashion, with their maner of marchyng: And also fygures of certaine new plattes for fortificacion of Townes: And more over, howe to make Saltpeter, Gunpoulder, and divers sortes of fireworkes or wilde fyre, with other thynges apertaining to the warres. Gathered and set foorthe by Peter Whitehorne.* London: Nicolas Englande.

- Whytlaw Gray, R., and Ramsay, W. (1911). 'The Density of Niton ("Radium Emanation") and the Disintegration Theory'. *Proceedings of the Royal Society,* 84, 536 – 50.

- Wiegleb, J. C. (1789). *A General System of Chemistry, Theoretical and Practical. Digested and Arranged, with a Particular View to Its Application to the Arts* (C. R. Hopson, trans.). London: J. & J. Robinson.

- Winkler, C. (1886). 'Discovery of a New Element'. *Nature,* 33, p. 418.

- Winkler, C. (n.d.). 'Germanium, Ge, ein neues, nicht-metallisches Element'. *Berichte der Deutschen Chemischen Gesellschaft,* 19, pp. 210 – 11.

- Woodall, J. (1617). *The surgions mate, or A treatise discovering faithfully and plainely the due contents of the surgions chest.* London: Laurence Lisle.

- Y-Worth, W. (1692). *Chymicus rationalis, or, The fundamental grounds of the chymical art rationally stated and demonstrated by various examples in distillation, rectification, and exhaltation of vinor spirits, tinctures, oyls, salts, powers, and oleosums.* London: Thomas Salusbury.

458

지은이 피터 워더스 Peter Wothers

케임브리지 대학교 화학과에서 강사로, 그리고 세인트캐서린스 칼리지 화학과에서
교무과장으로 일하고 있다. 어린 학생과 일반 대중에게 화학 지식을 보급하는 일에
깊이 관여하고 있으며, 2010년에는 영국 학생들을 대상으로 인기 있는 케임브리지
화학 챌린지 대회를 만들었다.
피터 워더스는 시범 강연으로 영국에서뿐만 아니라 국제적으로도 유명하며, 2012년
에는 왕립연구소가 주최하는 크리스마스 강연에서 '현대의 연금술사'라는 제목으
로 강연을 했다. 동료인 제임스 킬러와 함께 출판한 『화학 반응은 왜 일어나는가』
와 『화학 구조와 반응성』을 포함해 인기 있는 교과서도 여러 권 공저로 집필했다.
2014년에는 여왕 생일 기념 화학 부문 MBE 훈장을 받았다.

옮긴이 이충호

서울대학교 사범대학 화학과를 졸업하고, 교양 과학과 인문학 분야의 번역가로 활
동하고 있다. 2001년 『신은 왜 우리 곁을 떠나지 않는가』로 제20회 한국과학기술도
서 번역상을 받았다.
옮긴 책으로는 『진화심리학』, 『사라진 스푼』, 『동물의 생각에 관한 생각』, 『경영의
모험』, 『오리진』, 『돈의 물리학』 등이 있다.

·신비한 주기율표 사전·

원소의 이름

118개 원소에는 모두 이야기가 있다

펴낸날 초판 1쇄 2021년 6월 10일

　　　　초판 7쇄 2024년 6월 10일

지은이 피터 워더스

옮긴이 이충호

펴낸이 이주애, 홍영완

편집 양혜영, 김애리, 백은영, 문주영, 박효주, 최혜리, 장종철, 오경은

디자인 기조숙, 박아형, 김주연

마케팅 박진희, 김태윤, 김소연, 김슬기

경영지원 박소현

도움교정 유지현

펴낸곳 (주)월북 **출판등록** 제2006-000017호

주소 10881 경기도 파주시 광인사길 217

전화 031-955-3777 **팩스** 031-955-3778

홈페이지 willbookspub.com

블로그 blog.naver.com/willbooks **포스트** post.naver.com/willbooks

트위터 @onwillbooks **인스타그램** @willbooks_pub

ISBN 979-11-5581-374-4 03430